BIM und TGA

Jetzt diesen Titel zusätzlich als E-Book downloaden und 70 % sparen!

Als Käufer dieses Buchtitels haben Sie Anspruch auf ein besonderes Kombi-Angebot: Sie können den Titel zusätzlich zum Ihnen vorliegenden gedruckten Exemplar für nur 30 % des Normalpreises als E-Book beziehen.

Der BESONDERE VORTEIL: Im E-Book recherchieren Sie in Sekundenschnelle die gewünschten Themen und Textpassagen. Denn die E-Book-Variante ist mit einer komfortablen Volltextsuche ausgestattet!

Deshalb: Zögern Sie nicht. Laden Sie sich am besten gleich Ihre persönliche E-Book-Ausgabe dieses Titels herunter.

In 3 einfachen Schritten zum E-Book:

1. Rufen Sie die Website **www.beuth.de/e-book** auf.

2. Geben Sie hier Ihren persönlichen, nur einmal verwendbaren E-Book-Code ein:

   30321K05ABA5K26

3. Klicken Sie das „Download-Feld“ an und gehen dann weiter zum Warenkorb. Führen Sie den normalen Bestellprozess aus.

Hinweis: Der E-Book-Code wurde individuell für Sie als Erwerber dieses Buches erzeugt und darf nicht an Dritte weitergegeben werden. Mit Zurückziehung dieses Buches wird auch der damit verbundene E-Book-Code für den Download ungültig.

Dr.-Ing. Bernd Essig

BIM und TGA

Engineering und Dokumentation der Technischen Gebäudeausrüstung

3. überarbeitete und erweiterte Auflage 2021

Herausgeber:
DIN Deutsches Institut für Normung e. V.

Beuth Verlag GmbH · Berlin · Wien · Zürich

Herausgeber: DIN Deutsches Institut für Normung e. V.

Berlin · Wien · Zürich
Saatwinkler Damm 42/43
13627 Berlin

Telefon: +49 30 2601-0
Telefax: +49 30 2601-1260
Internet: www.beuth.de
E-Mail: kundenservice@beuth.de

Satz: Beuth Verlag GmbH, Berlin

Druck: L&C Printing Group, Poland

Gedruckt auf säurefreiem, alterungsbeständigem Papier nach DIN EN ISO 9706

ISBN 978-3-410-30321-3
ISBN (E-Book) 978-3-410-30322-0

Inhaltsverzeichnis

Autorenporträt

Dr. Bernd Essig

Dr.-Ing. Dipl.-Ing. Universität Stuttgart

Dr. Bernd Essig studierte an der Universität Stuttgart Maschinenwesen mit den Studienschwerpunkten „Energiesysteme zur Technischen Gebäudeausrüstung" und „Prozessdatenverarbeitung". Schon während seines Studiums und im Rahmen seiner wissenschaftlichen Tätigkeit an der Abteilung Stromerzeugung und Automatisierungstechnik des Instituts für Feuerungs- und Kraftwerkstechnik an der Universität Stuttgart beschäftigte er sich mit dem Schwerpunkt des computerunterstützten Engineerings und der funktionsbezogenen Dokumentation von Automatisierungssystemen im Bereich der Energieerzeugung, d.h. in Kraftwerken. Weitere technische Bereiche waren verfahrenstechnische Anlagen und Walzwerke, also technisch stets sehr komplexe und anspruchsvolle Anlagen und Prozesse, die schon vor vielen Jahren mit aufwendigen Programmen geplant wurden, um Planung, Bau und Betrieb dieser Einrichtungen zu optimieren und damit Verfügbarkeit, Sicherheit und Wirtschaftlichkeit zu gewährleisten.

In seiner Dissertation mit dem Titel „Beitrag zur rechnergestützten, funktionsbezogenen Leittechnik-Projektierung erläutert am Beispiel der Gebäudeleittechnik" beschäftigte er sich mit CAD-/CAE-basiertem Engineering, der Strukturierung und Kennzeichnung technischer Systeme der Technischen Gebäudeausrüstung und der Generierung von Automations- und Simulationsprogrammen aus den Planungsdokumenten.

Im Rahmen von verschiedenen Vorlesungen zu Informationsmanagement und Facility Management sowie in einer Vielzahl von Fachveröffentlichungen und Vorträgen berichtete er über diese in anderen technischen Bereichen praktizierten Dokumentations- und Engineering-Methoden und stellte dar, wie diese auf Bau und Technische Gebäudeausrüstung übertragen und sinnvoll in allen Phasen und Gewerken angewendet werden können.

Durch die Mitarbeit in verschiedenen Normungsgremien konnten viele dieser Inhalte weiterentwickelt, fachlich diskutiert und verbessert werden, so z.B. die damalige VDI 6021 „Datenaustausch für die thermische Lastberechnung von Gebäuden" aus dem Jahr 1988 oder die DIN 6779-12 „Kennzeichnungssystematik für technische Produkte und technische Produktdokumentation – Teil 12: Bauwerke und Technische Gebäudeausrüstung" aus dem Jahr 2003. Zukünftig wird die internationale Norm ISO 81346-12 die Nachfolge der DIN 6779-12 antreten und einen essenziellen Beitrag zu BIM und TGA leisten.

Er ist seit vielen Jahren Mitglied und stellvertretender Obmann des Gemeinschaftsausschusses Kennzeichnungssysteme (GA KS) und zuständig für die Anwendung der Kennzeichnungssystematik im Baubereich und in der TGA. Als Convenor leitet er die entsprechende ISO-Arbeitsgruppe TC 10/SC 10/WG 10 „Reference Designation System", die einen ISO-Standard ISO 81346-12 zur Referenzkennzeichnung im Baubereich erarbeitet. Derzeit wird ISO 81346-10 „Power Supply Systems" überarbeitet.

Aufgrund der fachbereichsübergreifenden Anwendungsmöglichkeit der Referenzkennzeichnung in allen technischen Bereichen ist er Mitglied sowohl im nationalen DIN-Spiegelgremium Industrie 4.0 wie auch international im Smart Manufacturing Coordination Committee (SMCC) der ISO, die im Rahmen von Industrie 4.0 die erforderliche Standardisierung und notwendige Normung weltweit koordiniert und vorantreibt.

Als Mitglied der Ingenieurkammern Baden-Württemberg und Hessen ist er eingetragen in verschiedenen Fachgruppen zur Energieberatung und für Energiemanagementsysteme und Sachverständiger für die EnEV.

Darüber hinaus ist er Mitglied beim VDI und VBI und DGNB-Auditor sowie Mitglied des DGNB-Expertenpools.

Seit 1998 ist er geschäftsführender Gesellschafter der SCHOLZE-THOST GmbH Planen und Beraten mit Sitz in Leinfelden-Echterdingen bei Stuttgart.

Vorwort zur zweiten Auflage

Seit Erscheinen der ersten Auflage hat sich in der Entwicklung und Anwendung von BIM sehr viel getan. Sowohl bei privatwirtschaftlichen als auch öffentlichen Bauprojekten werden erste Pilotanwendungen gestartet. Erste konkrete und durchaus positive Erfahrungen liegen bereits vor. So wurden im Rahmen der Messe Bau 2017 in München in einem abschließenden Fachsymposium die Ergebnisse des Förderprojekts BIMiD – BIM-Referenzobjekt in Deutschland präsentiert und Empfehlungen der BIMiD-Projektpartner und -Praxispartner aufgrund der gemachten Erfahrungen an das interessierte Publikum weitergegeben [BIMiD].

„Mit BIM macht Bauen wieder Spaß!" war eine der Erfahrungen, wie sie von Frau Sabine Burkert vom BIMiD-Projektpartner Volkswagen Financial Service auf den Punkt gebracht wurde.

In den zahlreichen Vorträgen hat sich aber auch gezeigt, dass noch vieles getan werden muss, dass die Methodik BIM bei möglichst vielen Baubeteiligten, d. h. bei Planern, Ausführenden, Bauherren, Behörden, Nutzern und Betreibern, verstanden, als selbstverständlich erachtet und gemeinsam, konsequent und durchgängig angewendet wird. Durchgängig bezieht sich hier sowohl auf möglichst alle Gewerke des Baus als auch auf alle Lebensphasen eines Bauwerks.

Im Bereich der Technischen Gebäudeausrüstung werden in vielen Projekten die Anlagen konsequent 3-D-geplant und die Gewerke der TGA untereinander wie auch mit dem Gebäude und dem Tragwerk geometrisch koordiniert. Was jedoch noch nicht selbstverständlich ist, ist die Tatsache, dass, wenn die TGA perfekt koordiniert und kollisionsfrei bauteilorientiert in das Gebäude eingebaut ist, die TGA und damit das Gebäude noch lange nicht funktionieren. Den Nachweis der bedarfs- und nutzungsgerechten Auslegung der TGA-Anlagen und -Komponenten, die modellbasierten Hydraulikberechnungen, die funktionale Vernetzung von Versorgern und Verbrauchern und letztlich die gesamte Automation von Gebäude- und Raumsystemen ist in den Modellen – wenn überhaupt – nur ansatzweise vorhanden und nutzbar. Das heißt, es gibt noch keine funktionsorientierten Gebäudemodelle.

In Erweiterung der ersten Auflage ist in dieser zweiten Auflage ein Schwerpunkt zur funktionsbezogenen Betrachtung und notwendige Inhalte in BIM-Teilmodellen der TGA gelegt worden. Das funktionale Zusammenwirken der mechanischen Energie- und Medienversorgungssysteme und der elektrischen Energie-, Sicherheits- und Kommunikationssysteme in Verbindung mit prozessnahen und übergeordneten Automationssystemen muss mehr in die Modelle integriert werden. Nur so wird es möglich sein, Funktionen in der Planung zu prüfen, im Rahmen der Inbetriebnahme die anlagentechnische Realisierung zu verifizieren und in der Betriebsphase einen möglichst sicheren und störungsfreien Anlagen- und Gebäudebetrieb sicherzustellen.

Dass dies nicht allein durch die Dokumentation mit Hilfe eines 3-D-Modells erreicht werden kann, soll durch die Vielzahl der funktionsbezogenen Dokumentationsbeispiele gezeigt werden. Selbstverständlich muss diese funktionsbezogene Objektdokumentation in eindeutigem Bezug zu allen anderen objektbezogenen Dokumenten und den physikalisch vorhandenen Objekten im Gebäude stehen.

Leinfelden-Echterdingen, Juni 2017

Dr.-Ing. Bernd Essig

Vorwort zur dritten Auflage

Seit dem Erscheinen der zweiten Auflage hat sich in der Entwicklung und Anwendung von BIM sehr viel getan – deutlich mehr als von der ersten zur zweiten Auflage. Sowohl privatwirtschaftliche als auch öffentliche Bauprojekte werden auf Basis der BIM-Methode abgewickelt. Um BIM besser zu verstehen und einen inhaltlichen Konsens über Inhalte und Vorgehen zu erzielen, wurden in den vergangenen Jahren eine Vielzahl von Normen und Richtlinien dazu erarbeitet. Grundlage vieler nationaler Normen waren internationale Vorlagen, deren Inhalte entweder direkt übernommen oder fortgeschrieben und teilweise an nationale Gegebenheiten angepasst und ergänzt wurden.

Des Weiteren wurden Leistungsbilder überprüft, insbesondere das Leistungsbild der Honorarordnung für Architekten und Ingenieure HOAI. War die anfängliche Meinung, dass die HOAI nicht mehr zu BIM passe, wurde festgestellt, dass dem nicht so ist und nur die Spezifika der BIM-Methode in die Leistungen der einzelnen Leistungsphase zu integrieren sind. Dabei wurden Leistungen ergänzt, mit Hilfe derer zunächst die BIM-Grundlagen in einem Projekt abzustimmen sind. Hier wurden die Begriffe AIA – Auftraggeber Informations-Anforderungen – und BAP – BIM-Abwicklungsplan – geprägt. Über weitere Besondere Leistungen sollen die Modelle der verschiedenen Gewerke und Anlagen weiter detailliert und mit anderen Modellen abgestimmt werden. Unter dem Begriff „Modelle“ wurden hierbei jedoch im Wesentlichen nur die 3-D-Modelle gesehen, die im Bereich Bau für das Entwerfen, Berechnen und als Ausführungsgrundlage dominieren.

Im Bereich TGA greift dies eindeutig zu kurz, sodass nur dort, wo Funktion und Produkt in einer direkten Beziehung stehen, wie z. B. HKLS-Anlagenbau, ein erkennbarer methodischer Fortschritt mit mehr Qualität und Effizienz erzielt werden konnte. In den Bereichen Elektrotechnik und Gebäudeautomatisierung jedoch, wo Funktionen nicht direkt auf Objekte im 3-D-Modell abgebildet werden, z. B. einzelne Leistungen, oder viele komplexe Automationsfunktionen in digitalen Leitsystemen auf diesbezüglich nichtssagender Hardware ablaufen und wesentliche Inhalte nur in funktionsbeschreibenden Dokumenten dargestellt werden (z. B. Funktionsschemata), steckt die Einführung und Umsetzung der BIM-Methode noch in den Kinderschuhen.

In dieser dritten Auflage wurden zum einen Inhalte und Darstellungen der zweiten Auflage aktualisiert. In diesem Zusammenhang wurden auch Planungs-, Dokumentations- und Digitalisierungsmethoden beschrieben, die helfen sollen, die zuvor aufgezeigten BIM-Lücken in der Planung und Dokumentation der gesamten TGA zu schließen und die Möglichkeiten der gewerkeübergreifenden Modellintegration weiter zu erhöhen – für Planen, Bauen und Betreiben. Zum anderen wurden Leistungsbilder und Grundlagen zur Honorierung von BIM-Zusatzleistungen beschrieben, wie sie in Projekte über AIA und BAP vorgegeben und bei Projektbeginn zwischen den Beteiligten als Grundlage für die Umsetzung abgestimmt werden. Nachdem seit der zweiten Auflage in der Zwischenzeit auch die ISO 81346-12 veröffentlicht wurde, wurde hier eine Vielzahl an Beispielen zur Anwendung dieser Norm in der TGA ergänzt.

Leinfelden-Echterdingen, Dezember 2020

Dr.-Ing. Bernd Essig

Vorwort

BIM – Building Information Modeling ist der Begriff, der aktuell in der Bauindustrie in aller Munde ist. BIM wird als der Ansatz gesehen für die Verbesserung der Planungs- und Ausführungsqualität, für die Beschleunigung von Bauprojekten bei gleichzeitiger Verbesserung der Wirtschaftlichkeit. Durch die BIM-inhärente Digitalisierung wesentlicher Prozesse in der Planung und Errichtung bis in die Betriebsphase sollen Abläufe optimiert und die Effizienz und Effektivität gesteigert werden. BIM wird auch als einer der wesentlichen Lösungsansätze gesehen, um die viel diskutierten Probleme mit der Abwicklung von Großprojekten in Deutschland nachhaltig in den Griff zu bekommen. Mit BIM als methodischem Ansatz soll durch ein bewusstes Miteinander vieler nachweislich hoch qualifizierter Planer und Baufirmen in Deutschland ein Mehrwert und Nutzen aller geschaffen werden, letztendlich auch für Bauherren, Nutzer und Betreiber der Gebäude.

Was BIM für die Technische Gebäudeausrüstung bedeutet, soll in diesem Buch näher erläutert werden. Wie bei allen großen Entwicklungen und Änderungen wird auch BIM kritisch beäugt. Es tun sich zunächst Personen hervor, die versuchen, sich mehr oder weniger qualifiziert und fundiert durch Bedenkenäußerungen zu positionieren, deutlich mehr Risiken als Chancen sehen – dies war auch schon bei der Umstellung vom Zeichenbrett zum CAD oder von der Schreibmaschine zur Textverarbeitung so.

Wer jedoch schon Einblicke hatte in das Engineering und die Fertigung in anderen technischen Bereichen, wie beispielsweise dem Automobilbereich, dem Maschinenbau oder dem Großanlagenbau, weiß, dass es dort schon viele Jahre Methoden und Werkzeuge gibt, über die jetzt im Rahmen von BIM diskutiert wird.

Mit diesem Buch soll gezeigt werden, dass BIM für die Technische Gebäudeausrüstung mehr bedeutet als der Umstieg von 2-D-Zeichnungen zu 3-D-Konstruktionen, d. h. der Einsatz eines bestimmten Werkzeugs, das von anderen im Miteinander gefordert wird oder in bestimmten Anwendungsbereichen anderen Programmen gegenüber gewisse Vorzüge bietet.

Es soll vielmehr verdeutlicht werden, dass die eigentlichen inhaltlichen Planungs- und Bauleistungen nach wie vor qualifiziert zu erbringen sind, dass sich aber andererseits durch die BIM-Methode Abläufe und Prozesse ändern werden und bisher eingesetzte Werkzeuge anzupassen sind oder durch andere ersetzt werden müssen.

Um diese notwendigen Veränderungen verstehen zu können, werden bestimmte Grundlagen der Informationstechnik und Datenmodellierung beschrieben.

Diese sollen aber auch gleichzeitig zeigen, dass bei Berücksichtigung bestimmter diesbezüglicher Grundregeln und Arbeitsweisen deutlich mehr Nutzen als Aufwand entsteht.

Ein wesentlicher Teil das Buchs behandelt die Referenzkennzeichnung als methodische Grundlage des Engineerings von technischen Systemen als essenzielle Grundlage und Bestandteil von BIM, d. h. die Verwaltung von technischen Objekten, Objektinformationen und Objektrelationen und die durchgängige Dokumentation der Technischen Gebäudeausrüstung von der Planung bis in die Betriebsphase.

Leinfelden-Echterdingen, Juni 2015

Dr.-Ing. Bernd Essig

1 Einleitung

1.1 Allgemeines

Immer mehr Branchen werden von der Digitalisierung erfasst [Capital1]. Schon vor Jahren begann die Digitalisierung der Musikbranche, der Filmbranche, der Fotobranche, der Printmedien, des Handels oder des Finanzwesens, und in den kommenden Jahren werden Industriebereiche wie die Automobilbranche und der Maschinen- und Anlagenbau von dieser Digitalisierungswelle erfasst, siehe Bild 1.1.

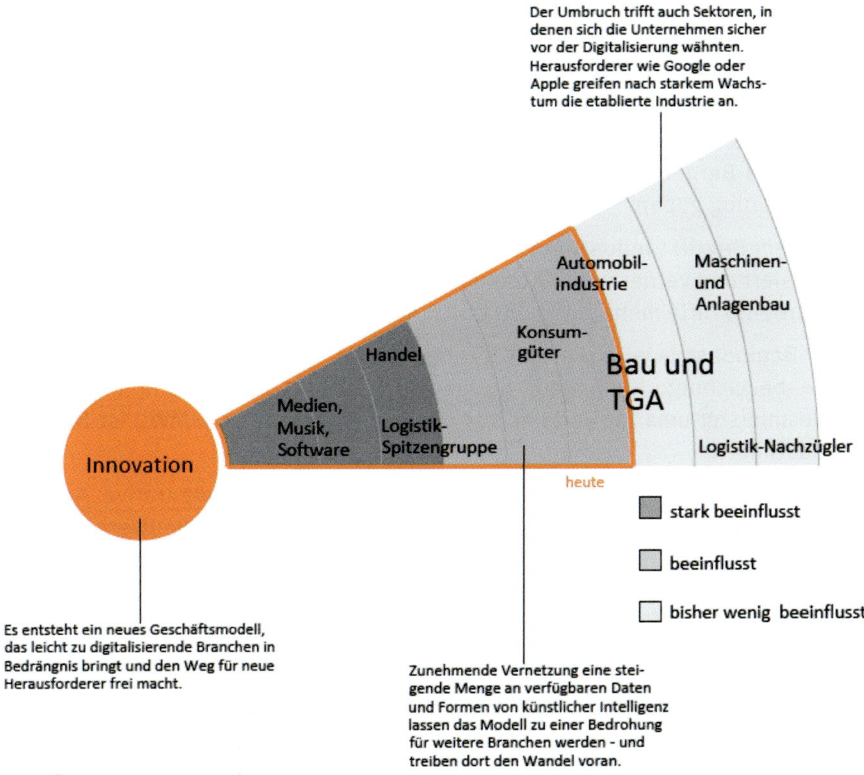

Quelle: Auf einen Blick: Angriff der Datensammler [Capital1], ergänzt um Bau und TGA

Bild 1.1: Digitalisierung in verschiedenen Bereichen

Durch die Digitalisierung wurden neue Technologien eingeführt, Prozesse zum Teil komplett verändert, was sich auf die Industrie dahingehend ausgewirkt hat, dass ehemalige Großunternehmen in die Bedeutungslosigkeit versunken und mit den innovativen Technologien neue Großkonzerne in kürzester Zeit entstanden sind.

Ein Artikel zur Digitalisierung in Branchen in der Ausgabe 2015-16 der Computerwoche [Maiborn] fasst die Situation, vor die sich viele Unternehmen gestellt sehen, wie folgt zusammen:

> „Statt sich vor neuen digitalen Geschäftsmodellen zu fürchten, sollten die etablierten Unternehmen sie selbst ausprobieren. Dazu müssen sie sich drei Dimensionen anschauen: die Organisation einschließlich der Mitarbeiter, die Geschäftsstrategie und letztendlich auch die Technik."

Die nächsten großen Digitalisierungswellen rollen nun auf Produktion und Fertigungs- und Bauindustrie zu. Nach einer im Jahr 2016 veröffentlichten Studie von Roland Berger [RBerger] wird es auch auf dem Bau keine Alternative zur Digitalisierung geben.

Unter dem Begriff „Industrie 4.0" werden in den Fabriken Produktionsabläufe digitalisiert und vernetzt, der Automatisierungsgrad weiter erhöht und menschliche Arbeitskräfte mehr und mehr durch Roboter ersetzt.

In der Bauindustrie wird dieser Vorgang als BIM – Building Information Modeling – bezeichnet. Nach dem Stufenplan Digitales Planen und Bauen des Bundesministeriums für Verkehr und digitale Infrastruktur [BMWI] ist BIM wie folgt definiert:

„Building Information Modeling (BIM) bezeichnet eine kooperative Arbeitsmethodik, mit der auf der Grundlage digitaler Modelle eines Bauwerks die für seinen Lebenszyklus relevanten Informationen und Daten konsistent erfasst, verwaltet und in einer transparenten Kommunikation zwischen den Beteiligten ausgetauscht oder für die weitere Bearbeitung übergeben werden."

Folgende Begriffe aus der Definition verdeutlichen die Besonderheiten und Merkmale von BIM als weg- und zukunftsweisende Methode der Projektbearbeitung:

- kooperative Arbeitsmethodik
- digitale Modelle eines Bauwerks
- Lebenszyklus
- Informationen und Daten konsistent
- Transparenten Kommunikation

Nachdem diese Entwicklungen in verschiedenen Ländern wie beispielsweise in Großbritannien, den skandinavischen Ländern, Singapur oder den USA schon vor einigen Jahren begonnen haben und in Projekten nachweislich angewendet werden, haben sich die Baubeteiligten in Deutschland jetzt ebenfalls auf diesen Weg gemacht.

Die vom Bundesministerium für Verkehr und digitale Infrastruktur eingesetzte Reformkommission Bau von Großprojekten empfiehlt in ihrem Endbericht die umfassende und verstärkte Nutzung von BIM über alle Phasen und bei allen Beteiligten als wesentlichen Baustein zur Beherrschung der Komplexität [KommGP]. So sollen nach Aussage der Kommission Kostensicherheit, Termintreue, höhere Transparenz und optimierte Kommunikationsprozesse erreicht werden.

Dass die Digitalisierung im Baubereich in Deutschland noch nicht weit vorangeschritten ist, zeigt Bild 1.2.

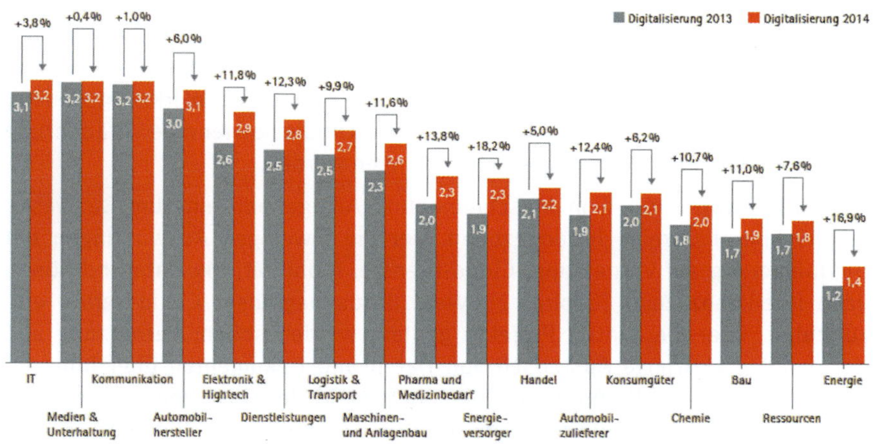

n=187; Quelle: Accenture Digitaler Index (1: minimale Digitalisierung; 2: geringe Digitalisierung; 3: teilweise digitalisiert; 4: stark digitalisiert)

Quelle: Accenture Strategy: Mut, anders zu denken: Digitalisierungsstrategien der deutschen Top 500, www.accenture.de/wachstum, 2015

Bild 1.2: Digitalisierung nach Industrien, 2013 und 2014

Nach Bild 1.2 rangiert die Baubranche an drittletzter Stelle, was den Grad der absoluten Digitalisierung in Deutschland betrifft, weist aber mit 11 % einen relativ hohen Wert für die Steigerung des Digitalisierungsgrads von 2013 bis 2014 auf, was möglicherweise auf die beginnende Digitalisierung der Baubranche zurückgeführt werden kann.

Schon in den 90er-Jahren gab es in diesen Branchen dahingehend Veränderungen, dass mit der Entwicklung von Computern CAx-Technologien Einzug in die Planung und Prozessbearbeitung hielten. Waren dies in der Fertigungsindustrie bereits weit entwickelte Anwendungen des Computer Aided Designs (CAD), des Computer Aided Engineerings (CAE) oder der computerunterstützten Fertigung (CAM – Computer Aided Manufacturing), so wurde in der Bauindustrie in vielen Fällen nur das Zeichenbrett durch einen „digitalen Tuschefüller" ersetzt – mehr Computer Aided Drawing als Design, geschweige denn Computer Aided Engineering.

In vielen Unternehmen hat sich dieser „digitale Zeichenstift mit erweiterten Möglichkeiten" bis heute gehalten, und viele sind stolz darauf, wie mit einfachen und günstigen CAD-Werkzeugen Pläne erstellt werden können. Die Produktionsmittel vieler Planer entsprechen bezüglich deren Anwendung somit einem Stand von vor 20 Jahren.

Seit dieser Zeit haben jedoch die Rechen- und Speicherkapazitäten um mehrere Zehnerpotenzen zugenommen, und darüber hinaus sind viele Anwendungen, Prozesse, Werkzeuge und Unternehmen weltweit vernetzt. Mit diesen technologischen Möglichkeiten stehen nun Werkzeuge zur Verfügung, die eine digitale Revolution der Bauprozesse einläuten, obgleich die Werkzeuge allein, ohne BIM als Methode verstanden zu haben, nicht die notwendige Veränderung mit entsprechendem Nutzen und Erfolg bringen werden.

In Bild 1.3 wurde mit dem Maschinen- und Anlagenbau ein zum Bauwesen vergleichbarer Bereich herangezogen, der die jeweiligen Auswirkungen der Digitalisierung auf Vernetzung, Cloud-Dienste, Mobilität, Big Data und Künstliche Intelligenz zeigt [Capital 2]. Viele Büros beginnen, Cloud-Server einzurichten, über die zentral Projekte geplant werden sollen; Vernetzung und der damit praktizierte Austausch von Daten und Dokumenten über internetbasierte Dokumentationsserver haben bereits in der täglichen Praxis einen hohen Stellenwert, vergleichbar mit dem der Mobilität. Als Big Data können Informationsmodelle und damit verbundene Datenserver gesehen werden, deren Bedeutung in den kommenden Jahren im Zusammenhang mit BIM noch mehr ins Bewusstsein rücken wird. Auf Basis der (semantischen) Modelle wird es dann möglich sein, inhaltsbezogene Regeln zu den Modell- und damit Architektur-, Tragwerks- und TGA-Inhalten zu erstellen, die weit über Kollisionsprüfungen hinausgehen werden (Künstliche Intelligenz).

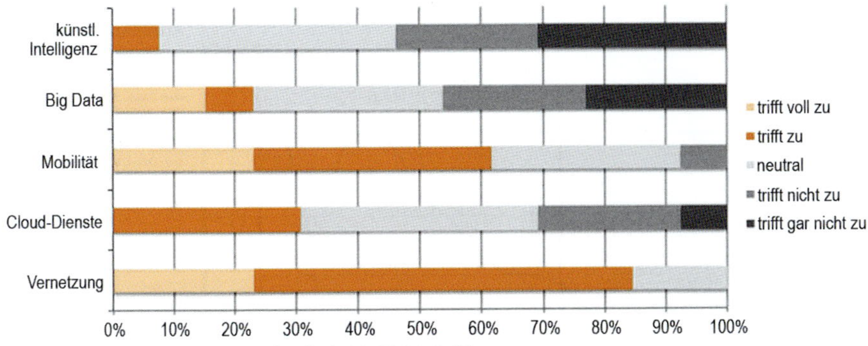

Quelle: Drang zur Vernetzung, Capital, 04-2015, S. 47

Bild 1.3: Digitalisierungstrends und deren Einfluss auf den Maschinen- und Anlagenbau

Zu den meistgenannten Vorteilen, die sich aus Digitalisierung und BIM ergeben werden, zählen:

- höhere Kostensicherheit,
- Steigerung von Produktivität und Effizienz,
- höhere Terminsicherheit,
- besseres Risikomanagement,
- bessere Planungsqualität,
- Qualität und phasenübergreifende Durchgängigkeit der Projektinformationen,
- Verbesserung der Transparenz,
- Planen und Bauen miteinander,
- bessere Lebenszyklusbetrachtungen.

Dass insbesondere Steigerungen von Effizienz und Produktivität im Baubereich erforderlich sind, zeigt eindrucksvoll die Erhebung des Statistischen Bundesamts zur Produktivität von Erwerbstätigen in verschiedenen Branchen, siehe Bild 1.4.

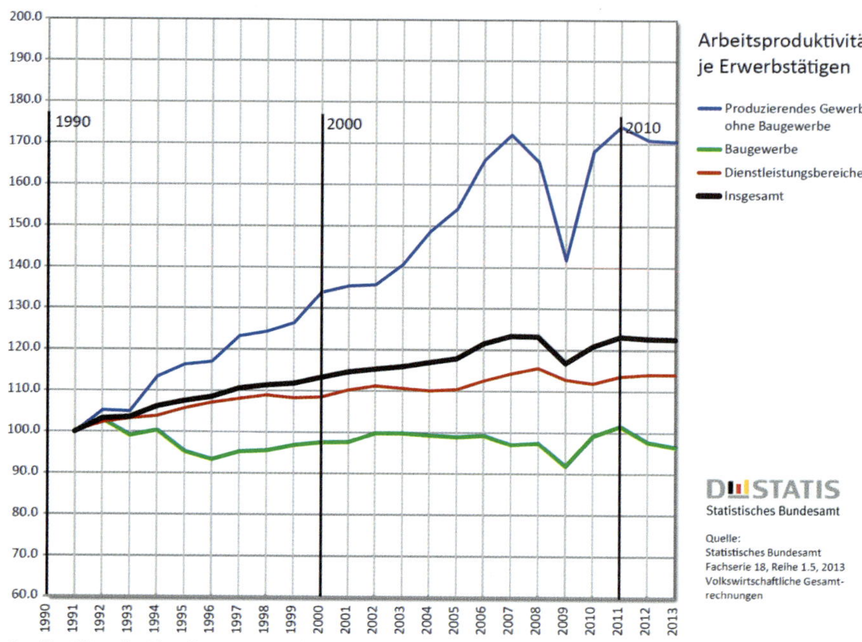

Quelle: Wernik, Plattform Bauen digital – Eine BIM-Strategie in Deutschland, buildingSMART Forum 2014

Bild 1.4: Arbeitsproduktivität je Erwerbstätigen in verschiedenen Branchen

Demnach ist die Arbeitsproduktivität im Baugewerbe im Vergleich zum Durchschnitt, zum Dienstleistungsbereich und zu anderen produzierenden Gewerbesektoren abgeschlagen auf dem letzten Platz und weist – was viel erschreckender ist – über die vergangenen 25 Jahre im Vergleich zu den anderen Branchen keine Steigerung, sondern eine Reduktion der Produktivität auf.

Nachdem schon Mitte der 90er Jahre mit dem Begriff „Facility Management“ die phasenübergreifende Lebenszyklusbetrachtung von Gebäuden unter technischen, aufgabenbezogenen und wirtschaftlichen Gesichtspunkten thematisiert wurde, so geschieht dies nun vor dem Hintergrund eines lebenszyklusübergreifenden Informationsmodells mit den Begriffen

BIM – Building Information Modeling,

BAM – Building Assembly Modeling,

BOOM – Building Operation Optimization Modeling,

siehe Bild 1.5. Wie auch bei den Facility-Management-Betrachtungen wird zum einen die wirtschaftliche Bedeutung der Betriebsphase (BOOM) unterstrichen, zum anderen dargestellt, dass bereits in der Planungsphase (BIM) die Grundlagen für einen wirtschaftlichen Betrieb und eine Gesamtwirtschaftlichkeit zu legen sind.

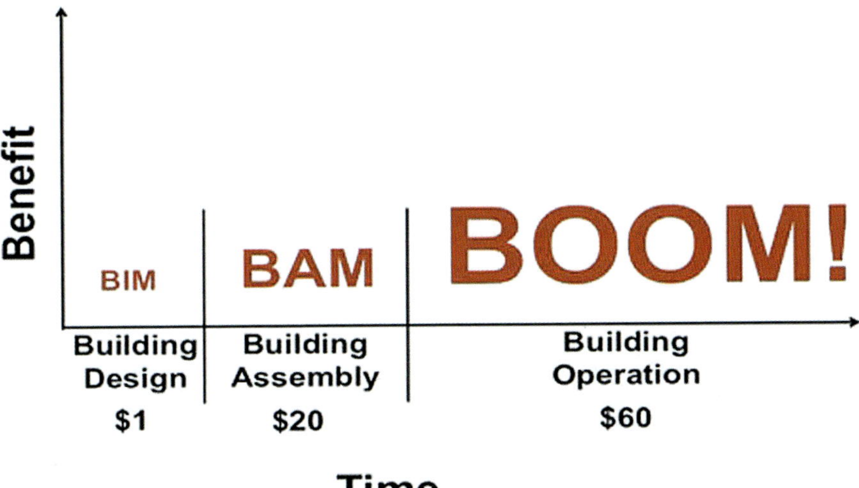

Quelle: MacLeamy, The Future of the Building Industry: BIM-BAM-BOOM! [MacLeamy]; Ferguson, BIM, BAM, BOOM – The life of a Building Information Model [Ferguson]

Bild 1.5: Die Zukunft der Bauindustrie: BIM – BAM – BOOM

Betrachtet man die Auswirkungen von BIM bezüglich der Aufwände und damit einhergehenden Inhalte und die damit verbundenen Wechselwirkungen mit entsprechenden Kosten, so zeigen allgemeine Untersuchungen [BIMLeitfaden] und erste praktische Erfahrungen, dass sich Aufwände in der Planung zu frühen Planungsphasen hin verlagern, siehe Bild 1.6.

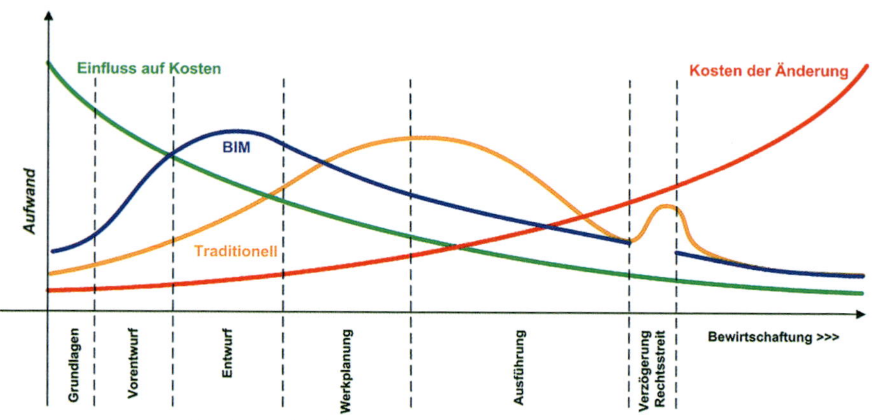

Quelle: Liebich et al. (2011) nach Patrick MacLeamy

Bild 1.6: Aufwandsverlagerung und Einfluss auf Kostenentwicklung

Mit der Verlagerung von detaillierten Inhalten in frühere Planungsphasen, insbesondere in die Entwurfsphase nach der aktuellen HOAI 2021 [HOAI21], ergeben sich zwangsläufig Veränderungen im Planungsvorgehen, sodass eine Abgrenzung zwischen Entwurfsplanung und Ausführungsplanung nicht mehr, wie bisher praktiziert, möglich sein wird und auch nicht mehr sinnvoll ist. Nach Untersuchungen der Anwaltskanzlei Kapellmann und Partner [Grüner] und den Untersuchungen im Rahmen des Forschungsprojekts „Die Auswirkungen von Building Information Modeling (BIM) auf die Leistungsbilder und Vergütungsstruktur für Architekten und Ingenieure sowie auf die Vertragsgestaltung“ [Liebich] steht die derzeitige HOAI nicht dem Planen nach BIM entgegen. In der Vertragsgestaltung sind phasenbezogene Beauftragungen und mögliche Mehraufwände entsprechend zu bewerten und zu berücksichtigen.

In einer BIM-Studie des Fraunhofer-Instituts für Planer und Ausführende zum Thema „Digitale Planungs- und Fertigungsmethoden“ wurde 2015 durch eine Online-Befragung untersucht, wie die aktuelle Durchdringung von BIM bei den Befragten ist, wo es in der Bauabwicklung zu prozessbedingten Fehlern kommt und welche Potenziale hier bei den Befragten gesehen werden [Fraunhofer]. Einige wichtige Aussagen und Erkenntnisse der Studie waren:

- Jeder Fünfte der Befragten kennt die Planungsmethode BIM nicht.
- Von denen, die nicht mit BIM arbeiten, sind 39 % überzeugt, dass bewährte Planungsmethoden ausreichend seien.

- Fast jeder Vierte geht davon aus, dass sich die Planungsmethode BIM bis in zehn Jahren, 13 % bereits in fünf Jahren flächendeckend durchgesetzt haben wird. 17 % der Befragten schätzen hingegen, dass sich diese Planungsmethode gar nicht durchsetzen wird.
- Fast die Hälfte der Teilnehmer stimmen der Aussage bis zu 100 % zu, dass sich durch die Verwendung von digitalen Gebäudemodellen die Kommunikation im Planungs- und Bauprozess verbessert hat.

Wie bei allen Neuerungen und Entwicklungen in der Baubranche wird auch in dieser Studie gezeigt, dass es viele Vorbehalte und Bedenken gibt und dass BIM einen zu honorierenden Zusatzaufwand darstellt. Für viele ist es von vorrangiger Bedeutung, dass erst juristische Aspekte und die Honorierungsfragen geklärt werden, die EDV-Werkzeuge und Datenaustauschschnittstellen nachweislich funktionieren und positive Anwendungserfahrungen vorliegen. Die zwingende Notwendigkeit für methodische Weiterentwicklungen wie auch die Chancen, die in BIM liegen, der zuvor beschriebenen Produktivitäts- und Effizienzmisere zu begegnen, sehen noch sehr wenige.

1.2 BIM und TGA

1.2.1 Allgemeines

Der Stellenwert und die zunehmende Bedeutung der Technischen Gebäudeausrüstung in allen Phasen eines Gebäudes sind hinlänglich bekannt. Es sind nicht nur der hohe Planungs- und Koordinationsaufwand und die komplexe Installation und Integration der verschiedenen Systeme von der Errichtung bis zur einwandfreien Funktion, sondern besonders deren Bedeutung für die sichere, zuverlässige, energieeffiziente und wirtschaftliche Nutzung sowie den Betrieb von Gebäuden. Auch mit BIM ändert sich daran nichts, betrachtet man nur die im Bild 1.7: Aufgabenverteilung in der Planung mit BIM dargestellte Aufgabenverteilung von Planungsanteilen beim Einsatz von BIM [Wernik1]. Dabei stellt die TGA den zweitgrößten Honorar-Anteil dar, mit großem Abstand zum drittgrößten.

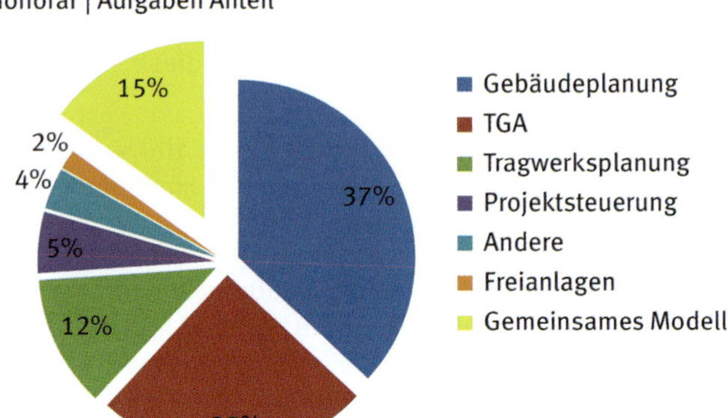

Quelle: Wernik, Effiziente Prozessintegration im Bauwesen durch Building Information Modeling (BIM) [Wernik1]

Bild 1.7: Aufgabenverteilung in der Planung mit BIM

Lange schon gab es in vielen Projekten Bestrebungen, technische Informationen zu Gebäuden und Technischer Gebäudeausrüstung so zu strukturieren und mit Hilfe von EDV-Systemen und in Dokumenten so zu speichern, dass sie schnell und einfach wiedergefunden, weiterverarbeitet und für bestimmte Aufgaben genutzt werden können. Dies zielte sowohl auf die Planung als auch auf die Errichtung und besonders auf den Betrieb der technischen Einrichtungen ab. Schon bevor durch Building Information Modeling das zentrale Informationsmanagement in das Bewusstsein gerückt wurde, war es stets das Ziel, Dokumente so zu erstellen, dass sie von anderen genutzt oder weiterbearbeitet werden können, z.B. über Referenzieren von Architektur-CAD- Zeichnungen in Konstruktionszeichnungen der verschiedenen TGA-Gewerke. In Form von Dokumentations-Pflichtenheften wurden dazu möglichst in frühen Projektphasen Vorgaben in der Art gemacht, dass mit möglichst allen in einem Projekt eingesetzten EDV-Werkzeugen Daten und Dokumente erstellt und ausgetauscht werden können. Diese sollten von anderen Programmen möglichst direkt weiterbearbeitet werden können und das möglichst ohne Informationsverluste.

Eine Studie der Hypovereinsbank [RB-HVB] bestätigt die Relevanz der Digitalisierung für den Bau und die Technische Gebäudeausrüstung. Wie die in Bild 1.8: Megatrends Nachhaltigkeit und Digitalisierung dargestellten Megatrends zeigen, sind von besonderer Bedeutung alle Themen, die im Zusammenhang mit der Digitalisierung stehen, wie z.B. BIM, Virtuelle Projekträume

(Cloud-basierte Anwendungen), Smart Home (Smart Building, Smart City etc.), Smart Construction, Apps und 3-D-Druck.

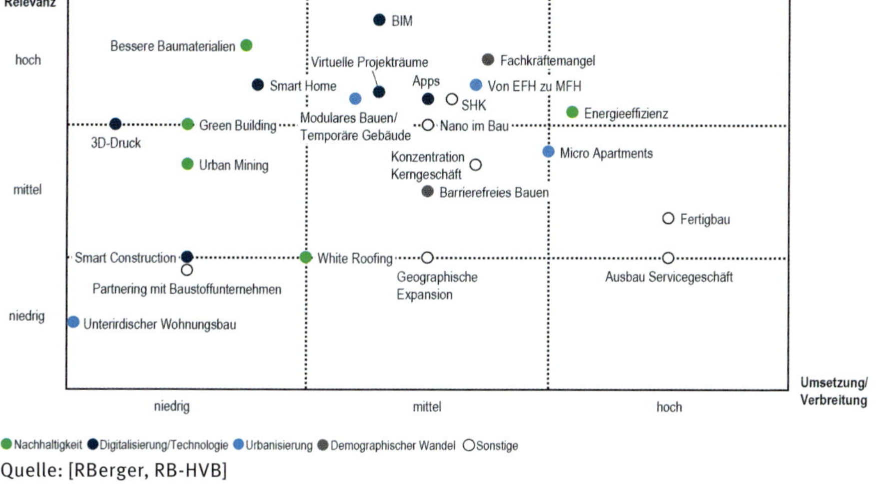

Quelle: [RBerger, RB-HVB]

Bild 1.8: Megatrends Nachhaltigkeit und Digitalisierung

Gleichermaßen bedeutend für die Technische Gebäudeausrüstung sind alle Megatrends im Zusammenhang mit Nachhaltigkeit, d. h. Themen wie z. B. Green Building und Energieeffizienz.

Inwieweit verschiedene Beteiligte am Bau und insbesondere die Spezialisten der technischen Gebäudeausrüstung resp. Gebäudetechnik durch die Megatrends betroffen sind, ist ebenfalls der Studie [RB-HVB] zu entnehmen. Wie Bild 1.9 zeigt, profitiert die Gebäudetechnik aus allen Trends und wird daher zukünftig eine zunehmend bedeutungsvollere Rolle spielen.

	A Internationale Konzerne	B Breit aufgestellte Mittelständler	C Lokale/regionale Bauunternehmen	D Spezialisten – klassischer Bau	E Spezialisten - Gebäudetechnik
Nachhaltigkeit	+	+	+	+	+
Digitalisierung/ Technologie	+	+	–	○	+
Urbanisierung	+	○	○	+	+
Demographischer Wandel	○	○	○	–	○
Zusammenfassende Bewertung	+	+	○	○	+

+ Chance – Herausforderung ○ Neutral

1) Einschätzung auf Basis von 32 Interviews

Quelle: [RB-HVB]

Bild 1.9: Chancen verschiedener Baubeteiligter bezogen auf die Megatrends

Nicht nur die einzelnen Trends als vielmehr die Kombination verschiedener Trends, d.h. die Themen Umweltschutz, Nachhaltigkeit und Energieeffizienz und Energieeinsparung, gepaart mit den digitalisierungsbasierten Themen wie Smart City, Smart Building, Smart Home etc., Informationsmodelle und digitaler Dokumentation. Die Anwendung bezieht sich dabei sowohl auf den gesamten Lebenszyklus Planen, Bauen, Betreiben bis zur finalen Entsorgung als auch auf Neubauten und noch vielmehr auf Bestandsbauten. Einzig der demografische Wandel und die damit einhergehende qualifizierte Besetzung von Stellen mit Ingenieuren für die Bearbeitung der interdisziplinären Aufgaben bis hin zu Führungsaufgaben wird mit zur größten Herausforderung werden, die es zu meistern gilt.

Die Auswirkungen der Digitalisierung auf den Anlagenbau und das Engineering in diesem Bereich wurden in einer Studie des VDMA [VDMA] beleuchtet. Die Aussagen decken sich mit den Erkenntnissen für die Technische Gebäudeausrüstung, und viele Methoden des Anlagebauengineerings lassen sich übertragen.

Auch im Anlagenbau spielt das digitale Abbild der technischen Anlage die zentrale Rolle in deren gesamtem Lebenszyklus. Mit dem Engineering werden die Grundlagen gelegt nicht nur für Planung und Errichtung der technischen

Anlagen, sondern für deren langjährigen Betrieb und die umfassende digitale Dokumentation aller Prozesse und Zustände bis zum Rückbau der Anlage. Um die technisch anspruchsvollen und komplexen Zusammenhänge sicher zu beherrschen, wird das System Engineering zunehmend an Bedeutung gewinnen, was die Arbeitsmethodik in Bezug auf die folgenden fünf Punkte prägen wird:

- frühe Erprobung und Validierung,
- digitale Verfügbarkeit von Daten und Prozessen überall,
- Rückkopplungsschleifen aus dem Betrieb,
- integrative Entwicklung von Produkt, Prozess und Produktionssystemen,
- Modularisierung und Wiederverwendung von Anlagen- und Systemkomponenten.

Die Relevanz dieser fünf Punkte auf die Arbeitsweise im Engineering ist in Bild 1.10 dargestellt.

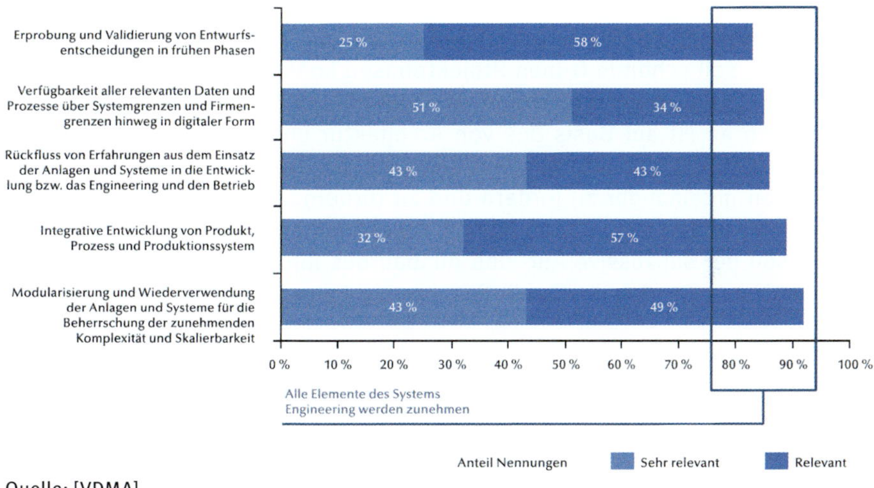

Quelle: [VDMA]

Bild 1.10: Auswirkungen der Digitalisierung auf die Arbeitsweise im Engineering

Grundlage für das Engineering wird eine zentrale Datenbasis sein, über die es möglich sein wird, Engineering-Aufgaben parallel zu bearbeiten, Prozesse und technische Zusammenhänge zu simulieren, die Anlagen zu betreiben und über den gesamten Lebensweg stetig weiterzuentwickeln.

Um diese Ziele zu erreichen und den daraus resultierenden Anforderungen gerecht werden zu können, sind auf Basis durchgängiger Planungsstrukturen Methoden, Werkzeuge und Engineering-Rahmenbedingungen zu entwickeln bzw. weiterzuentwickeln. Wesentliche Voraussetzung für ein effizientes Zusammenwirken ist, dass Medienbrüche reduziert werden. Der digitale Papieraustausch auf Basis von PDF-Dokumenten ist durch einen intelligenten Austausch von Daten und Dokumenten mit digitalen Formaten zu ersetzen, die in Folgeapplikationen eine direkte Weiterbearbeitung ermöglichen. Dies betrifft den Datenaustausch sowohl innerhalb des Projekts als auch mit allen externen Lieferanten und Projektbeteiligten.

Durch die Abwicklung aller Prozesse über eine Cloud-basierte Infrastruktur sollen alle Ressourcen integriert werden, d. h. interne und externe Bearbeiter und Systeme. Ebenso sollen auf dieser Grundlage Prozesse mit Hilfe von Simulationen frühzeitig optimiert und im Betrieb Anlagen und Prozesse überwacht, gesteuert und optimiert werden.

1.2.2 Vorgehen

Wie werden sich Digitalisierung und BIM auf die TGA auswirken? Wie in Bild 1.6 dargestellt, soll schon in frühen Projektphasen konsequent eine stärkere und inhaltlich detailliertere Integration der TGA-Inhalte in die Planung erfolgen. Von Beginn an ist auf Basis des von Architektur und Tragwerksplanung vorgegebenen Modells zu arbeiten, mit dem Ziel, die Zusammenarbeit und damit das Planen miteinander zu fordern und zu fördern. Mit diesem konzertierten Miteinander und einem auf das Modell abgestimmten verlustarmen Datenaustausch soll der sukzessive Auf- und Ausbau des Informationsmodells – letztendlich bis zum Betrieb des Gebäudes – erreicht werden, siehe Bild 1.11 [May].

Zusammenarbeit mit Anderen (Ziel)

Akkumulation von Information (ohne Datenverluste)

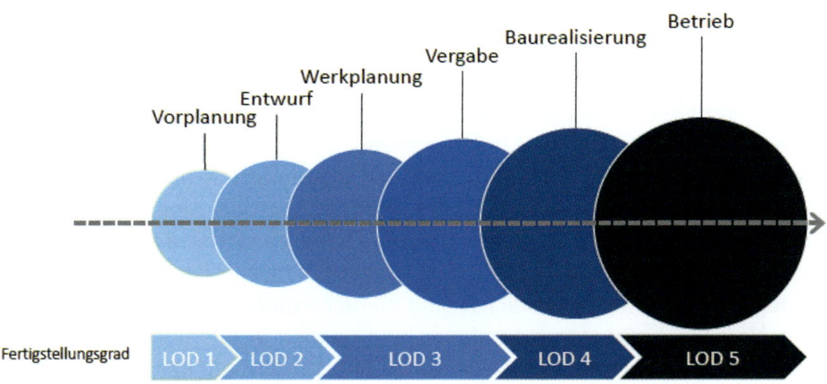

Quelle: May, BIM-Strategie Deutschland (Skizze) – Digitalisierung der Wertschöpfungskette Bau, Arbeitsgruppe Moderne IT-gestützte Planungsmethoden (BIM) [May]

Bild 1.11: Akkumulation von Information ohne Datenverlust

Dies bedeutet nicht nur den oben beschriebenen Austausch von Dateien zwischen den verschiedenen Projektbeteiligten, sondern das gezielte „Anreichern" von Informationen in einem Informationsmodell, d. h., der Detaillierungsgrad soll sukzessive gesteigert und fortgeschrieben werden, nach Bild 1.11 von Detaillierungslevel 1 bis 5 (LOD – Level of Development) [BIMForum].

Im BIM-Leitfaden für Deutschland werden die Veränderungen und Einflüsse auf die Planungskultur beschrieben, die sich durch die BIM-Methodik ergeben werden [BIMLeitfaden]. Auf den Menschen bezogen wird BIM ein strukturiertes, systematisches und diszipliniertes, aber gleichzeitig auch höher qualifiziertes Arbeiten erfordern. Dies wird nur gelingen, wenn es den Menschen gelingt, entsprechende Hilfsmittel dafür einzusetzen. Unter Voraussetzung eines strukturierten und systematischen Arbeitens auf Basis eines zentralen Informationsmanagements werden Kommunikation, Vernetzung und Zusammenarbeit deutlich intensiviert. Prozesse werden dadurch besser prüfbar, steuerbar und effektiver.

Für eine reibungslose Zusammenarbeit sind Regeln, Richtlinien und vertragliche Vereinbarungen erforderlich. Damit die BIM-Methoden mehr Nutzen als Aufwand bringen, werden leistungsfähige Programme benötigt. Diese sollen einerseits mit höchster Funktionalität die Bearbeitung der verschiedenen Aufgaben unterstützen, andererseits aber auch durch möglichst offene Schnittstellen den Datenaustausch zwischen unterschiedlichen grafischen und nicht-grafischen Anwendungen ermöglichen, die für durchgängige Kommunikationsprozesse grundsätzlich erforderlich sind.

Dass trotz der moderneren und leistungsfähigeren Werkzeuge und des einfacheren modellbasierten Datenaustauschs die etablierten Planungsschritte, wie sie schon Jahrzehnte praktiziert werden, nicht ihre Daseinsberechtigung verlieren und nach wie vor strukturiert und systematisch abzuarbeiten sind, darf in keinem Fall außer Acht gelassen werden. Auch bei einem bauseits vermeintlich nahezu fertig geplanten Gebäude sind zunächst Bedarfe und Versorgungskonzepte zu ermitteln und zu bewerten, was sich durch BIM nicht grundlegend ändern wird. Zunächst sind einfache und dann zunehmend detaillliertere Versorgungssysteme zu planen und danach in ausführungsorientierte Anlagen und Komponenten im Gebäude zu überführen, die dann wiederum für deren Errichtung ausgeschrieben werden.

Durch das Strukturieren und Identifizieren der technischen Systeme in Anlagen und Komponenten und die Unterteilung der Gebäude in Ebenen, Räume und Zonen wurden objektbezogene Daten und Dokumente geschaffen; dies schließt den Bezug von Dokumentenbezeichnungen auf die darin enthaltenen technischen Einheiten sowie die Vorgabe von entsprechenden objektbezogenen Datenpunktkennzeichen mit ein. In vielen Fällen war dies mit der Vorgabe verbunden, diese Objektinformationen für die Bewirtschaftung direkt in ein unterstützendes EDV-System, sei es für das Instandhaltungs-, das Flächen-, das Störungs- oder das Energiemanagement, übertragen zu können. Aus diesem Grund wurden die Vorgaben als CAFM-Pflichtenhefte bezeichnet, obgleich die Vorgaben schon ab der Planungsphase Grundlage für einen effizienten Austausch von Daten und Dokumenten waren.

Es hat sich jedoch in vielen Projekten bei unterschiedlichen Anwendern gezeigt, dass die vermeintliche Notwendigkeit und Selbstverständlichkeit der Umsetzung dieser Vorgaben keineswegs als selbstverständlich erachtet wurden, obgleich sie für sinnvolle und nutzbringende Anwendung von EDV-Programmen notwendig und unabdingbar waren. Von vielen wurden die Vorgaben in einigen Fällen gelesen und zur Kenntnis genommen, in wenigen Fällen jedoch sofort verstanden. Von den meisten wurden mit Hilfe von EDV-Programmen Zeichnungen, Beschreibungen, Berechnungen und Tabellen erstellt und in Zeichnungen Symbole beschriftet, so wie dies schon immer praktiziert wurde – auch zu Zeiten, als es noch keine EDV gab –, ungeachtet der weiterführenden Möglichkeiten aufgrund der Vorgaben. Gehen wir davon aus, dass alles inhaltlich richtig war, auf Papier gut und lesbar aussah, so konnten die Inhalte, sollten sie von einem anderen Programm weitergenutzt werden, leider nur abgezeichnet, abgeschrieben oder tabellarisch neu erfasst werden.

Auch viele Grundanforderungen und Aspekte einer strukturierten und für Dritte einfach nachvollziehbaren Dokumentation sollten für viele Anwender bekannt sein und mit BIM nur bewusstgemacht und konsequenter umgesetzt werden. Dazu zählen beispielsweise:

- strukturierte und sinnhafte Datei- und Dokumentenbezeichnungen,
- systematische Dateiablage,
- eindeutige Objektbezeichnungen, die in allen Dokumenten gleich sind,
- formal aufgebaute Objekttabellen, erstellt mit geeigneten Werkzeugen, die in CAD-Dokumenten eingefügt oder referenziert, nicht jedoch „abgemalt" werden,
- objektbezogene CAD-Anwendung mit Hilfe von Symbolen und logisch beigefügten Objekteigenschaften, d. h. keine als Textobjekt beigefügte Objektinformationen,
- Erstellen von Objektlisten durch Auslesen von CAD-Inhalten,
- eindeutige Verweise auf Folgedokumente.

Um die Zusammenhänge und Wechselwirkungen zwischen BIM und TGA zu veranschaulichen, wird in den folgenden Kapiteln auf die nachfolgend angeführten Themen und Methoden eingegangen. Diese sollen die Erkenntnis fördern, dass sich nicht die Inhalte ändern, sehr wohl jedoch die mit den Werkzeugen einhergehenden Methoden und Grundlagen. Gleichzeitig soll der Blick auf die weitergehenden Möglichkeiten und die ungenutzten Funktionalitäten bereits eingesetzter Werkzeuge gelenkt werden.

Folgende Bereiche von BIM und TGA werden behandelt:

- Aufgaben und Prozesse und der damit einhergehende Informationsbedarf im Rahmen der
  - Planung von Technischer Gebäudeausrüstung,
  - Errichtung und Inbetriebnahme der Technischen Gebäudeausrüstung,
  - Betreiben von Technischer Gebäudeausrüstung.

- Entwicklung, Entwurf und Dokumentation von Informationsmodellen, um ein Grundverständnis zu schaffen, wie Daten und Dokumente zu strukturieren sind, damit sie aufgabenbezogen zu hilfreicher Information und zu prozessbezogenem Wissen werden. Hier soll auch gezeigt werden, dass die meisten Informationen in Tabellen verwaltet werden können, diese jedoch nach bestimmten Grundregeln aufzubauen sind, damit die darin enthaltenen Informationen weitergegeben und von anderen direkt genutzt werden können.
- Ermittlung des Versorgungsbedarfs mit den dabei entstehenden Daten und Dokumenten.
- Systeme der Technischen Gebäudeausrüstung und die darin enthaltenen Objekte, Objekteigenschaften und Objektbeziehungen, die – weitestgehend unabhängig davon, mit welchen Werkzeugen gearbeitet wird – so zu behandeln sind, dass sie in Informationsmodellen direkt „eingebaut“ werden können und eine Informationsakkumulation selbstverständlich und automatisiert wird.
- Strukturierung und Kennzeichnung von Systemen und Objekten der Technischen Gebäudeausrüstung als Grundkonzept, um Objekte und deren Eigenschaften systematisch verwalten und jedwede Objektbeziehung realisieren und dokumentieren zu können. In Verbindung mit der datentechnisch richtigen Erstellung von Tabellen stellt die Kennzeichnungssystematik die Grundlage für eine effektive Informationsverwaltung dar. Nicht das Speichern von Informationen ist entscheidend, sondern das einfache und schnelle Finden.
- Unterschiedliche Arten der Dokumentation von Gebäuden und Technischer Gebäudeausrüstung, d. h. BIM besteht nicht ausschließlich aus einem 3-D-Modell, sondern all den verschiedenen Dokumentenarten, die zur Veranschaulichung der Inhalte der TGA erforderlich sind.
- Übergeordnete Dokumentationsprozesse und weitergehende Informationsnutzung, wie beispielsweise im Rahmen von Nachhaltigkeitszertifizierungen oder im Facility Management, d. h. im Betrieb der Gebäude und der Technischen Gebäudeausrüstung.

Es wird sich an vielen Stellen, Anwendungen und Zusammenhängen zeigen, dass sich das Thema Digitalisierung im Wesentlichen reduzieren lässt auf folgende vereinfachten Betrachtungseinheiten:

- **Objekte**

  z. B. System, Funktionseinheit, Gebäude, Räume, Anlagen, Komponenten, Dokumente, Signale, Rohrleitung, Kanal, Ventil, Pumpe, Leitungsschutzschalter, Regler, Messstelle, Luftförderung, Wärmeübertragung, Filterung,

- **Objekteigenschaften**

  z. B. Heizleistung, Volumenstrom, Durchmesser, Länge, Hersteller, Typ, Energieverbrauch, Nutzungsdauer, Format, Stromstärke, Druckabfall,

- **Objektbeziehungen**

  z. B. versorgt, wird versorgt von, befindet sich in, ist verbunden mit, enthält

- **Objektrepräsentationen**

  z. B. schematische Darstellung, 3D-Darstellung, Listendarstellung, Verbalbeschreibung, Datenblatt.

2 Projektbezogene BIM-Vorgaben

2.1 Einleitung

Soll ein Projekt auf Basis der BIM-Methode abgewickelt werden, so sind konkrete Vorgaben, was dabei bei der Umsetzung der Methode zu berücksichtigen ist und wie die Umsetzung der Methode erfolgen soll, unabdingbar.

Unbedingt neu und erst aufgrund von BIM erforderlich sind derartige Projektvorgaben jedoch nicht. Schon immer gab es Vorgaben, wie Projektinformationen und -dokumente zu erstellen sind. Mit der Anwendung digitaler Planungswerkzeuge (CAx-Werkzeuge) und dem damit einhergehenden Datenaustausch war es erforderlich, Datenaustauschformate sowohl innerhalb der Planungs- und Bauphase als auch zur Betriebsphase zu definieren. Stets war das Ziel, den Informationsverlust bei einem Datenaustausch zwischen Anwendungsprogrammen so gering wie möglich zu halten. Die Hauptaugenmerke lagen schon immer auf dem Datenaustausch von der Planung in die Ausführung und von der Ausführungsphase in die Betriebsphase. Auch die Diskussion, sollen bestimmte Anwendungsprogramme und die diesbezüglich proprietären Datenaustauschformate vorgeschrieben werden oder soll der Datenaustausch so weit möglich systemunabhängig auf der Basis neutraler Datenaustauschformate erfolgen, ist so alt, wie der Austausch digitaler Daten praktiziert wird.

Entsprechende Vorgaben waren verfasst in CAD-, CAFM- oder Dokumentationsrichtlinien oder Pflichtenheften. Diese waren sowohl projektbezogen verfasst als auch als unternehmensweite, projektübergreifende Standardvorgaben. In der Regel wurde die Umsetzung und Einhaltung zwingend als Bestandteil des Vertrages vorgeschrieben.

Im Kontext von BIM wird auch immer von Modellen resp. Informationsmodellen gesprochen, die durch Anwendung der BIM-Methode erstellt werden sollen. Um entsprechende Vorgaben für die Erstellung von Modellen erarbeiten zu können, ist es hilfreich, ein Grundverständnis dafür zu haben, was Modelle sein können und wie diese in den zu spezifizierenden Fällen beschaffen sein sollen. Grundlegende Untersuchungen dazu hat Herbert Stachowiak 1973 in seinem Buch „Allgemeine Modelltheorie“ beschrieben [Stachowiak].

Danach ist ein Modell ein vereinfachtes theoretisches oder physisches Abbild der Wirklichkeit, das mindestens drei wesentliche Merkmale aufweist (vgl. auch de.wikipedia.org/wiki/Modell):

1) **Abbildung**

   Ein Modell repräsentiert immer ein natürliches oder ein künstliches Original, das selbst auch schon ein Modell sein kann.

2) **Verkürzung**

   Das Modell wird vom Modellersteller auf den jeweiligen Zweck, für den es erstellt wird, mit genau den Eigenschaften, die dafür erforderlich sind, angepasst.

3) **Pragmatismus**

   Das Modell soll sein Original ersetzen in Bezug auf ...

   ... für wen sie erstellt werden,

   ... wann sie erstellt werden und

   ... wozu und wofür sie erstellt werden.

Eine Schlussfolgerung daraus ist, dass grundsätzlich nicht nur jedes vermeintliche Modell ein Modell ist, sondern jede einzelne Informationseinheit in Form unterschiedlicher Dokumentenarten, die im Gesamtprozess von einem Beteiligten geschaffen, übermittelt und von anderen weitergenutzt werden. Das Gesamtinformationsmodell wäre dann die Gesamtheit aller Modelle/Teilmodelle und einzelner Dokumente, die es gilt, homogen und durchgängig zusammenzufügen, sodass diese von allen für verschiedenste Aufgaben und zu unterschiedlichen Zeitpunkten genutzt werden können. Damit dies so weit wie möglich gelingen kann, ist es zwingend erforderlich, durch konsistente und entsprechend umfangreiche Vorgaben die Grundlagen und Voraussetzungen für die Erstellung des Gesamtinformationsmodells zu schaffen.

Mit Einführung der BIM-Methode hat sich der Sprachgebrauch dahingehend verändert, dass verpflichtende BIM-Vorgaben in sogenannten Auftraggeber-Informations-Anforderungen (AIA) seitens Bauherr oder Auftraggeber verfasst und den Projektbeteiligten in Verbindung mit dem Vertrag vorgegeben werden. Diese können um BIM-BVB ergänzt werden, d.h. Besondere Vertragsbedingungen im BIM-Kontext sowie konkrete Anwendungsfälle, die auf Basis der BIM-Methode zu bearbeiten sind. Diese Vorgaben sind als Lastenheft vonseiten des Auftraggebers im Sinne der DIN 69901 zu verstehen. Dieses beschreibt das Was und Wofür.

Wie und womit die im Lastenheft bzw. AIA enthaltenen Vorgaben von den Projektbeteiligten umgesetzt werden, wird in einem Pflichtenheft, dem sogenannten BIM-Abwicklungs-Plan (BAP), beschrieben. Dieser dient der Koordination sowohl inhaltlich, organisatorisch als auch terminlich der

Umsetzung der BIM-Vorgaben im Projekt und kann, da er kein Vertragsbestandteil ist, im weiteren Projektverlauf vereinbarungsgemäß fortgeschrieben, werden.

Um ein gemeinsames Grundverständnis für BIM-Vorgaben in Form von AIA und BAP zu erreichen, ist Blatt 10 der VDI 2552 im Januar 2020 als Entwurf erschienen. Ebenso gibt Teil 1 der Handreichungen des Bundesministeriums für Verkehr und digitale Infrastruktur in insgesamt zehn Teilen einen Überblick über notwendige Vorgaben in einem Projekt [BIM4INFRA20201].

Im Rahmen eines VDI-Seminars zum Thema BIM in der Gebäudetechnik wurde von Dr. Robert Elixmann, Kapellmann Rechtsanwälte ein Überblick über mögliche Inhalte eines Vertrages in BIM-basierten Projekten, siehe Bild 2.1: Inhalte eines BIM-basierten Vertrages gegeben.

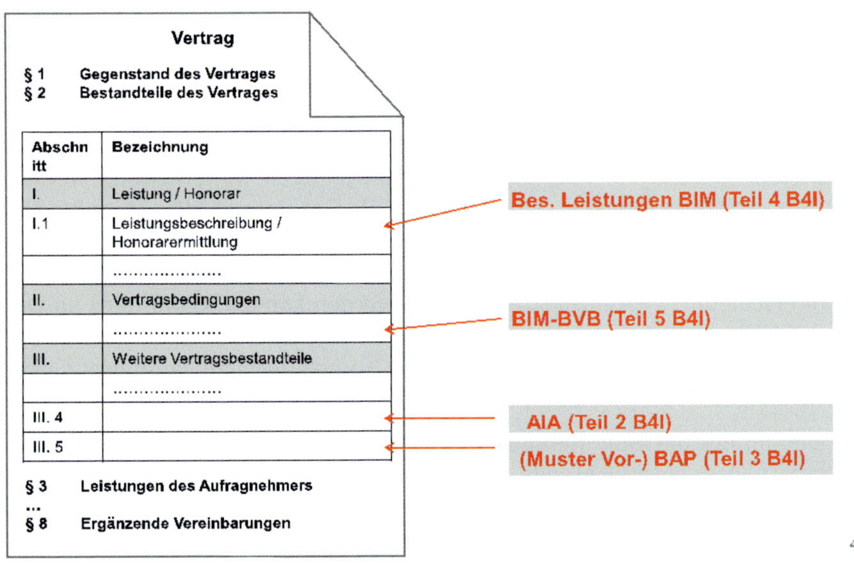

Quelle: [Elixmann]

Bild 2.1: Inhalte eines BIM-basierten Vertrages

Wichtigste Erkenntnis ist dabei, dass, nachdem der Vertrag geschlossen ist, möglichst keine Änderungen darin durchgeführt werden sollten. Das heißt, die BIM-bezogenen Vorgaben in AIA, BVB und (Vor-)-BAP sollten so formuliert sein, dass sie eine Grundlage bilden für die Erstellung des BAP, der nach Vertragsabschluss von den Projektbeteiligten zu erarbeiten ist.

Im Folgenden werden die relevanten Bestandteile der zu vereinbarenden Grundlagen, insbesondere AIA mit Anwendungsfällen und BAP, näher beschrieben.

2.2 Auftraggeber-Informations-Anforderungen

In den Auftraggeber-Informations-Anforderungen (AIA) werden die qualitativen und quantitativen Anforderungen an die zu erstellenden und zu liefernden Daten und Dokumente in einem Projekt beschrieben. Bei vielen Auftraggebern erfolgt dies auf Basis eines projektübergreifenden Standards. Insbesondere bei Auftraggebern, die die errichteten Immobilien selbst nutzen und betreiben, zielen die standardisierten Vorgaben auf eine Nutzung der Daten und Dokumente im Betrieb der Immobilie mit bereits definierten IT-Systemen. Gleichzeitig können bei standardisierter Lieferung von Daten auch darauf abgestimmte Prüf- und Qualitätssicherungsprozeduren und -werkzeuge projektübergreifend eingesetzt werden. Daher ist eine wesentliche Anforderung an die AIA, dass möglichst alle darin enthaltenen Vorgaben in der späteren Umsetzung überprüfbar sein müssen. Im Vortrag von [Elixmann] wird die notwendige Qualität der AIA-Vorgaben wie folgt beschrieben:

– Spezifizierung der messbaren Leistungsergebnisse des Auftragnehmers
– v. a. Spezifizierung der modellbasierten Abgabeleistungen des Auftragnehmers; konkrete Beschaffenheit der Modelle (Was)
– Lastenheft i. S. d. Projektmanagement-Norm DIN 69901, Teil 5

In VDI 2552, Blatt 10 ist die Methodik der AIA-Erstellung anhand konkreter Schritte zur Festlegung der richtigen Menge, Qualität und Detailtiefe beschrieben, d. h.:

1) Entscheidung, welche BIM-Ziele und Anwendungsfälle durch den AG verfolgt werden und welche Informationsanforderungen sich daraus ergeben
2) Identifizierung von Risiken und Entscheidungen, zu deren Bewältigung digitale Informationen benötigt werden

Die AIA umfassen im Wesentlichen folgende Vorgaben, wie sie auch beispielsweise das Bundesministerium für Verkehr und digitale Infrastruktur als Leitfaden für öffentlich Projekte veröffentlicht hat [BIM4INFRA20202]:

1) Einleitung
2) Projektspezifische Rahmenbedingungen
3) Normen und Richtlinien
4) Ziele und Anwendungsfälle

5) Vorgaben zur Modellerstellung

6) Vorgaben zur System- und Modellstrukturierung

7) Vorgaben zur Klassifizierung und Identifizierung von Objekten

8) Vorgaben zu grafischen und geometrische Daten

9) Vorgaben zur Datenqualität und Detaillierungsgrade

10) Datenlieferprozesse und Lieferzeitpunkte

11) Prüfung und Qualitätssicherung

12) Softwareanforderungen und Technologien

13) Organisation und Rollen

Die AIA sollten keine methodischen Vorgaben enthalten, wie und womit die Vorgaben von den Projektbeteiligten zu erstellen sind, außer bestimmte proprietäre Vorgaben sind an dafür erforderliche Methoden und Werkzeuge gebunden.

Die in den AIA enthaltenen Vorgaben sollten so beschrieben sein, dass jeder in der Lage ist, den diesbezüglichen Aufwand für die Umsetzung und Einhaltung der Vorgaben kalkulieren zu können.

Die AIA werden in der Regel auftraggeberseits vom BIM-Manager gemäß Rollendefinition nach VDI 2552-2 in Verbindung mit BIM-Zielen und -Anwendungen verfasst und deren Einhaltung und korrekte Umsetzung im weiteren Projektverlauf überwacht.

Aus Sicht der TGA ist es besonders wichtig, konkrete Vorgaben zu erhalten, auf deren Basis die Erstellung von Daten, Dokumenten und Modelle der technischen Systeme gewerkeübergreifend einheitlich möglich ist. Die Vorgaben müssen dazu den Belangen sowohl der mechanischen Systeme als auch der elektro-, sicherheits- und automatisierungstechnischen Systeme genügen. Nur so wird eine Basis geschaffen, Teilmodelle gleichartig zu erstellen und diese über die geometrische Struktur hinaus auch informationstechnisch zu integrieren. Einen wesentlichen Beitrag dazu leistet die Referenzkennzeichnung nach IEC 81346 resp. ISO 81346-12, siehe Kap. 13, auf deren Basis sowohl Systeme der TGA als auch des Baus gleichartig strukturiert, klassifiziert und identifiziert werden können, auch in Ergänzung der Vorgaben in den Blättern 4 und 5 der VDI 2552, vgl. E VDI 2552 Blatt 4, VDI 2552 Blatt 5, vgl. Bild 2.2.

STRUKTURIERUNG

Eine Strukturierung wird immer für einen bestimmten Zweck aufgebaut.

Dabei sind folgende Strukturierungen als Leitgedanke üblich:
- **Räumliche Strukturen**
- Gewerke und **Systeme**
- Zeitliche Abfolgen
- Verantwortlichkeiten
- EDV-Anforderungen
- Beschreibende Objekteigenschaften

Je Strukturierungsart muss sichergestellt werden, dass die Daten eindeutig einer Unterteilung zugeordnet werden können.

KLASSIFIZIERUNG

Zur Strukturierung der gemeinsamen Datenumgebung sollten **einheitliche Klassifizierungssysteme** verwendet werden.
Typische Klassifizierungssysteme sind z.B. Bauteilklassifikationen auf den Vorgaben der **ISO 12006-2**, Kostengruppen nach DIN 276 oder Raumnutzung nach DIN277.
Sinnvoll ist auch eine einheitliche Klassifizierung nach Objekttypen.

KENNZEICHNUNG

Eindeutige Bezeichnungen der Bauteile sind unabhängig von ihrer Klassifikation wichtig für den Datenaustausch und für die nachfolgenden Prozesse. Die eindeutige Identifikation eines Bauteils kann über die Bezeichnung GUID unabhängig nachvollzogen werden.
Beispiele hierfür sind das projektspezifische Anlagenkennzeichnungssystem (AKS), Betriebsmittelkennzeichen, etc.

Bibliography ISO 12006-2:2015(E)

[4] ISO/IEC 81346, *Industrial systems, installations and equipment and industrial products – Structuring principles and reference designations*

Quelle: E VDI 2552 Blatt 4, VDI 2552 Blatt 5

Bild 2.2: Notwendige AIA-Festlegungen für die TGA a. d. B. VDI 2552

Bei den Vorgaben zu Detaillierungsgraden ist darauf zu achten, dass durch Vorgaben konkreter Modellinhalte und Objekteigenschaften inhaltliche fachliche Verantwortung aufseiten des Daten-lieferanten, z.B. eines Planers, nicht konterkariert wird. Hier ist es besonders wichtig, dass in der AIA nur vorgegeben wird, welche formalen und syntaktischen Randbedingungen bei der Datenlieferung zu beachten sind.

2.3 Anwendungsfälle

Wie bereits im Kap. 2.2 im Zusammenhang mit den Inhalten der AIA erwähnt, dienen Anwendungsfälle (AwF) dazu, konkrete Anforderungen und Ziele der Datenlieferung kontextbezogen zu beschreiben. Damit ist die Vorgabe von Anwendungsfällen Grundlage für die Erstellung von LOIN (Level Of Information Need) nach E DIN EN 17412, auf die in Kap. 2.5.6 näher eingegangen wird, und die die Umsetzung der Anwendungsfälle beschreiben.

Vorgaben zu Anwendungsfällen gibt es mittlerweile in verschiedenen Standards und Publikationen. So werden z.B. im Entwurf VDI 2552 Blatt 10 folgende allgemeine Anwendungsfälle in Verbindung mit den jeweiligen übergeordneten Projekt- und BIM-Zielen beispielhaft aufgeführt, ohne diese jedoch genauer zu beschreiben:

- modellbasierte Visualisierung und Kommunikation
- Virtual Reality/Augmented Reality
- visuelle Modellprüfung

- teilautomatisierte Modellprüfung
- modellbasierte Kollisionsprüfung
- modellgestützte Mengenermittlung modellbasiertes Mängelmanagement
- modellgestützte Qualitätschecklisten
- Nutzung eines CDE
- Erstellen eines As-built-Models
- Attribuierung gemäß der AIA

Eine weitere Auflistung und beispielhafte Beschreibung einzelner Anwendungsfälle ist in [BIM4INFRA20202] zu finden. Darin werden folgende AwF aufgeführt:

- AWF 1 Bestandserfassung
- AWF 2 Planungsvariantenuntersuchung
- AWF 3 Visualisierungen
- AWF 4 Bemessung und Nachweisführung
- AWF 5 Koordination der Fachgewerke
- AWF 6 Fortschrittskontrolle der Planung
- AWF 7 Erstellung der Entwurfs- und Genehmigungsplanung
- AWF 8 Planung des Arbeits- und Gesundheitsschutzes
- AWF 9 Planungsfreigabe
- AWF 10 Kostenschätzung und Kostenberechnung
- AWF 11 Leistungsverzeichnis, Ausschreibung, Vergabe
- AWF 12 Terminplanung der Ausführung
- AWF 13 Logistikplanung
- AWF 14 Erstellung von Ausführungsplänen
- AWF 15 Baufortschrittskontrolle
- AWF 16 Änderungsmanagement der Planung
- AWF 17 Abrechnung von Bauleistungen
- AWF 18 Mängelmanagement
- AWF 19 Bauwerksdokumentation
- AWF 20 Nutzung für Betrieb und Erhaltung

Eine genauere Beschreibung dieser Anwendungsfälle ist in Teil 6 der Handreichungen enthalten [BIM4INFRA20206].

In verschiedenen Dokumenten einer Publikation des DVP – Deutschen Verband Projektmanagement in der Bau- und Immobilienwirtschaft e.V. zum Thema „Projektmanagement und Building Information Modeling – Arbeitshilfen für die Leistungen nach AHO-Heft 9“ werden eine Vielzahl von Anwendungsfällen im Zusammenhang mit Kostenmanagement, Terminmanagement, Projektmanagement und Qualitätsmanagement in Form detaillierter Steckbriefe beschrieben [DVP]. Die verschiedenen Anwendungsfälle sind auch für Anwendungen in der TGA nutzbar und sinnvoll.

Bild 2.3 zeigt eine Checkliste für die Definition eines Anwendungsfalls am Beispiel der modellbasierten Mengenermittlung.

Steckbrief		AwF 10.2	Modellbasierte Mengenermittlung									
Kurzbeschreibung	•	Die Mengen der Leistungspositionen werden anhand des Modells automatisiert ermittelt und können bei Änderungen modellbasiert aktualisiert werden										
Ziel	•	Möglichst exakte Mengenermittlung										
	•	Reduzierung des Mengenrisikos vor Ausschreibungen										
	•	Weiterverwendung der Ergebnisse für weitere Anwendungsfälle (z. B. Terminplanung und Kostenermittlung)										
Einordnung	[ ]	Anwendungsfall [Primär]										
	[x]	Prozessunterstützender Anwendungsfall [Sekundär]										
Zeitpunkt		VorPr	HOAI-Leistungsphasen									Betrieb
		0	1	2	3	4	5	6	7	8	9	B
				X	X		X	X		X		
Frequenz	•	Zum Abschluss einer Leistungsphase										
	•	Nach Bedarf bei Nachtragsleistungen										
Verantwortlichkeit			Erstellen/ Durchführen	Fortschreiben	Mitwirken/ Zuarbeit	Überprüfen	Steuern	Anerkennung/ Freigabe	Sonstige projektspezifisch	Sonstige projektspezifisch		
		LPH 2,3,5,6,8	OPL FP	OPL FP		PS		AG				
Präzisierung (sofern AG-spezifisch vorgesehen)	•	Voraussetzung ist eine zur gewünschten Detailtiefe des Mengengerüstes konforme Attributierung der Bauteile										
	•	Voraussetzung ist die Konformität des Mengengerüstes zur Struktur der Kostengliederung										
	•	Gegebenenfalls zu hohe Genauigkeit in frühen Leistungsphasen										
AG-Ressourcen	•	Keine AwF-spezifischen										
Ergebnis	•	Mengenermittlung in Tabellenform oder als Leistungsverzeichnis										

Quelle: nach [DVP]

Bild 2.3: Beispiel für Anwendungsfallbeschreibung

In den verschiedenen Dokumenten sind weitere Anwendungsfälle beschrieben, so z. B.:

- Fortschrittskontrolle der Planung
- Modellbasierte Kostenkontrolle und -steuerung
- Planungsfreigabe
- Modellbasierte Kostenermittlung
- Modellbasierte Leistungsbeschreibung
- Modellbasierte Terminplanung
- 4D-Modellierung zur Terminsteuerung
- 4D-Modellierung zur Beschreibung des Bauablaufs
- Logistikplanung
- Baufortschrittskontrolle
- Abrechnung der Bauleistungen
- Modellbasierte Kostenkontrolle nach Abrechnungseinheiten
- Mängelmanagement „modellgestützt“
- Augmented Reality
- Bauwerksautomation und Störungsbehebung
- Modellbasierte Ökobilanzberechnung

In Bezug auf die methodische Anwendung von BIM in der TGA sind die folgenden Anwendungsfälle möglich:

- Modellbasiertes Raumbuch
- Modellbasiertes Instandhaltungsmanagement
- Modelbasierte Facility Services
- Modelbasierte TGA-Leistungsverzeichnisse
- Modellbasierte Schlitz- und Durchbruchsplanung
- Modellbasierte TGA-Berechnungen
- Modelbasierte thermische Simulationen/Energieverbrauchssimulationen

In der Spezifikation der TGA-bezogenen Anwendungsfälle sind konkrete Inhalte sowie wichtige Normen und Richtlinien, die bei der Umsetzung der Vorgaben in Modellen und Dokumenten zu berücksichtigen, zu beachten. So kann die Spezifikation eines TGA-Anwendungsfalles folgende Inhalte beschreiben:

- Anwendungsfallbezeichnung
- Leistungsphasen: Beauftragte Leistung, Leistungserbringung, Beteiligte, Übergabeschnittstellen
- Anwendungsfalldimensionen
- Beschreibung
- Ziele
- Grundvoraussetzungen (geometrisch, alphanumerisch)
- (Digitale) Grundlagen seitens Auftraggeber
- Allgemeine Grundlagen, Normen und Richtlinien
- Möglicher Workflow
- Definition der Übergabe-Schnittstellen
- Modellierung und Modellstruktur
- Phasenbezogene Modellqualitäten: Level of Development/Detail (LOD), Level of Geometry (LOG), Level of Information (LOI), ...; Festlegungen für relevante, nicht definierte Bauteile; Attribute/Parameter/Properties; Klassifikationssysteme; Kodierung und Schlüssel
- Rollen und Zuständigkeiten
- Software-Anforderungen
- Datenformate und Datenübergabe an den Auftraggeber
- Übernahme der Informationen in den Gesamtinformationspool (CDE)

Abhängig von den zu erreichenden Zielen in einem Projekt oder nach Vorgabe eines Bauherrn sind die hierfür erforderlichen Anwendungsfälle auszuwählen; in der Regel sind diese noch individuell und projektbezogen anzupassen. Die Anwendungsfälle können aus den hier aufgeführten ausgewählt werden. Ebenso können noch weitere, zielabhängige Anwendungsfälle hinzukommen.

2.4 BIM-Abwicklungs-Plan

Im BIM-Abwicklungs-Plan, kurz BAP, wird auf Basis der AIA festgelegt, wie in einem Projekt die AIA-Vorgaben konkret umzusetzen sind. Ist nach DIN 69901 die AIA als Lastenheft zu sehen, so ist der BAP das darauf aufbauende Pflichtenheft, das das Wie und Womit beschreibt. Koordiniert vom BIM-Manager wird der BAP seitens des Auftragnehmers nach Vertragsabschluss und als Grundlage für die BIM-basierte Planung vom BIM-Gesamtkoordinator gemeinsam mit den verschiedenen BIM-Koordinatoren der einzelnen Projektbeteiligten erstellt.

Der BAP behandelt folgende Inhalte:

- Einleitung und Projektspezifika
- Projektziele
- Projektorganisation
- Umsetzung und Ablauf
- Terminplanung
- Qualitätssicherung
- Datenformate, Datenschnittstellen und Datenlieferung
- Plattformen (CDE) und Werkzeuge
- Qualitätssicherung zur Einhaltung der AIA

2.5 LOX – Modellentwicklungsgrade

2.5.1 LOD – Level of Development

Durch die Festlegung von Modellentwicklungsgraden wird definiert, in welcher Projektphase welche Informationen zu einer bestimmten Objektart und in der Gesamtheit aller Objekte für das gesamte Gebäudemodell vorliegen müssen. Durch den Fertigstellungsgrad wird die Detaillierungstiefe dem Planungsstand entsprechend beschrieben. Der Fertigstellungsgrad wird als Level of Development – LOD bezeichnet, synonym auch als Level of Detail eine zugehörigen Planungsphase entsprechend.

Das BIMForum gibt jährlich eine neue Spezifikation von LOD zu unterschiedlichen Objektarten von Bau und TGA heraus [BIMForum]. Darin sind fünf LOD-Level von LOD 100 bis LOD 500 beschrieben. Im Einzelnen sind die LOD wie folgt definiert:

LOD 100 Konzeptuell

Schematische, funktionale Darstellung des Objekts.

LOD 200 Vereinfachte Geometrie

Schematisch-generische aus den funktionalen Anforderungen abgeleitete Volumenkörperdarstellung mit ungefähren Abmessungen, Form und Raumbedarf.

LOD 300 Detaillierte Geometrie

Schematisch-generische aus planerischen Berechnungen und Bemessungen abgeleitete Abmessungen, Form, Raumbedarf bzgl. Aufstellung, Einbau, Betrieb und Instandhaltung.

LOD 400 Ausführung, Fertigung

Darstellung als konkretes Konstruktions- oder Bauelement mit realistischer Form und Abmessungen sowie Verbindungen zu anderen Objekten mit erforderlichen Zusatzkomponenten; der Raumbedarf ist wie zuvor bezogen auf die fortgeschriebene Detaillierung unter Berücksichtigung der Zusatzkomponenten und Verbindungen.

LOD 500 Bestand (As-built)

Darstellung der tatsächlich eingebauten Elemente mit dem entsprechenden Raumbedarf (As-build-Darstellung) unter Berücksichtigung aller erforderlichen Konstruktions- und Montageelemente.

In Bild 2.4 ist am Beispiel einer Pumpe und eines Wärmeerzeugers dargestellt, welche Informationen beim entsprechenden LoD enthalten sein müssen.

Level	Beispiel Pumpe	Beispiel Wärmeerzeuger
LoD 100		
LoD 200		
LoD 300	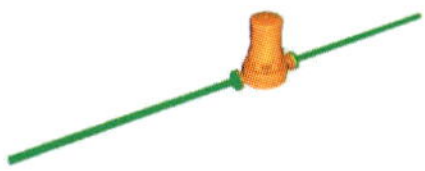	
LoD 400	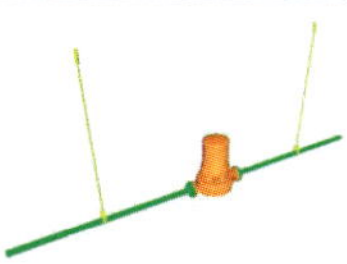	
LoD 500	weitere nicht-grafische Objektinformationen	

Quelle: nach [BIMForum]

Bild 2.4: LoD-Definition einer Pumpe

Über LOD 500 hinaus wurde noch **LOD 600** definiert [Draft]. LOD 600 enthält Informationen für das Facility Management und Aufgaben der Gebäudeüberwachung und -instandhaltung, d.h. beispielsweise Lebenszyklusinformationen, Instandhaltungsanforderungen, Identifikationsnummer, Hersteller, Typ oder sonstige Betreiber- und Nutzerinformationen.

Um einschätzen zu können, in welcher Planungsphase welcher Detaillierungslevel zu erreichen ist, ist es am hilfreichsten, die LOD an den Planungsphasen nach der HOAI zu spiegeln. Das heißt, welcher LOD ist mit dem Entwurf zu erreichen, welcher Detaillierungsgrad wird für eine Ausschreibung benötigt, und lassen sich anhand der LOD Ausführungsplanung und Werk- und Montageplanung unterscheiden?

Bild 2.5 zeigt eine mögliche Zuordnung der LOD auf die HOAI-Planungsphasen.

D2010.20 – Domestic Water Equipment

100	See D20	112 D2010.20-LOD-100 Domestic Water Equipment
200	Schematic layout with approximate size, shape, and location of equipment; approximate access/code clearance requirements modeled	113 D2010.20-LOD-200 Domestic Water Equipment
300	Modeled as design-specified size, shape, spacing, and location of equipment; approximate allowances for spacing and clearances required for all specified anchors, supports, vibration and seismic control that are utilized in the layout of equipment; access/code clearance requirements modeled.	114 D2010.20-LOD-300 Domestic Water Equipment
350	Modeled as actual construction element size, shape, spacing, and clearances required for all specified anchors, supports, vibration and seismic control that are utilized in the layout of equipment.	115 D2010.20-LOD-350 Domestic Water Equipment
400	See D2010.10	116 D2010.20-LOD-400 Domestic Water Equipment

Quelle: [BIMForum] und eigene Darstellung

Bild 2.5: Zuordnung von LOD zu HOAI-Planungsphasen

Zur weiteren und feineren Unterscheidung vom BIM-Modellentwicklungsgraden und Beschreibung von Modellinhalten und -qualitäten wurden in [vanTreeck] als Erweiterung der Level of Development das sogenannte LoGICaL-Schema entwickelt. LoGiCaL steht dabei für „Level of Geometry, Information, Coordination and Logistic“. Die verschiedenen Modellqualitätsarten werden in den folgenden Kapiteln beschrieben.

2.5.2 LOG – Level of Geometry

Der Level of Geometry definiert den geometrischen Entwicklungsgrad eines Modells und kennzeichnet die geometrische Detaillierung. Hierbei wird nicht nur die Geometrie des Objekts selbst als „Störkörper“, sondern auch der für das Objekt zu berücksichtigende Wartungsraum und Montageraum berücksichtigt, siehe Bild 2.6.

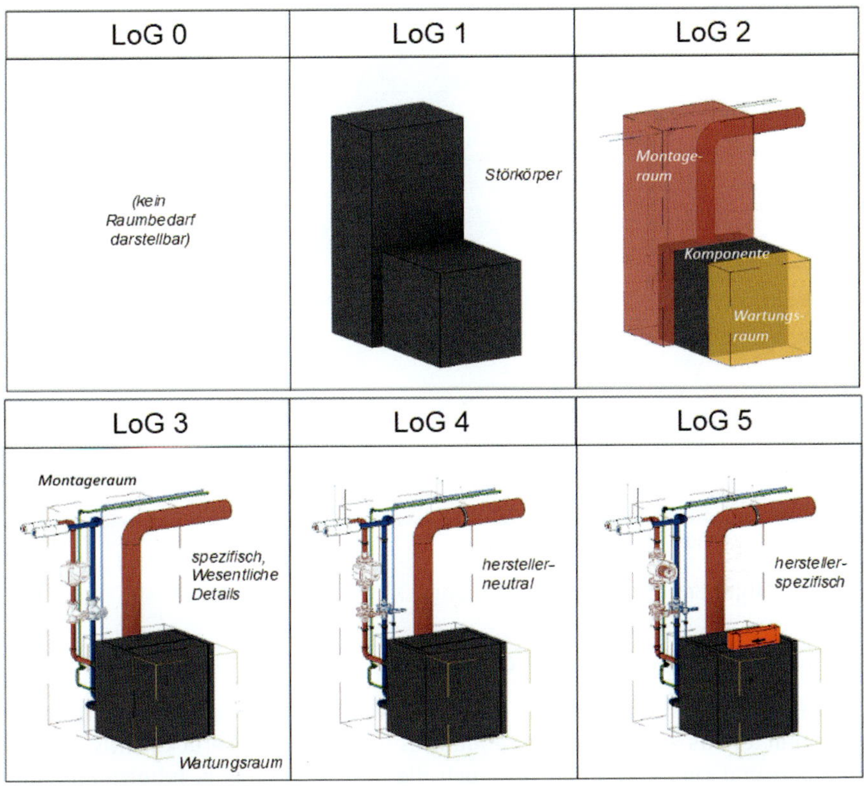

Quelle: nach: Van Treeck, Erweiterung von BIM Modellentwicklungsgraden zur Unterscheidung von Modellinhalt und Modellqualität [vanTreeck]

Bild 2.6: Detaillierungsgrade des Level of Geometry

Die nach VDI 3805 definierten Objekte enthalten auch Angaben zum Störraum. Bild 2.7 zeigt eine herstellerneutrale Pumpe mit einem der Größe und Leistung entsprechenden Einbauraumbedarf als Störraum im VDI-Selektor

[VDISelektor]. Unabhängig von der genaueren geometrischen Darstellung ist es in frühen Planungsphasen ausreichend, das Objekt als Störraum darzustellen, jedoch in Verbindung mit den entsprechenden technischen Auslegungsdaten.

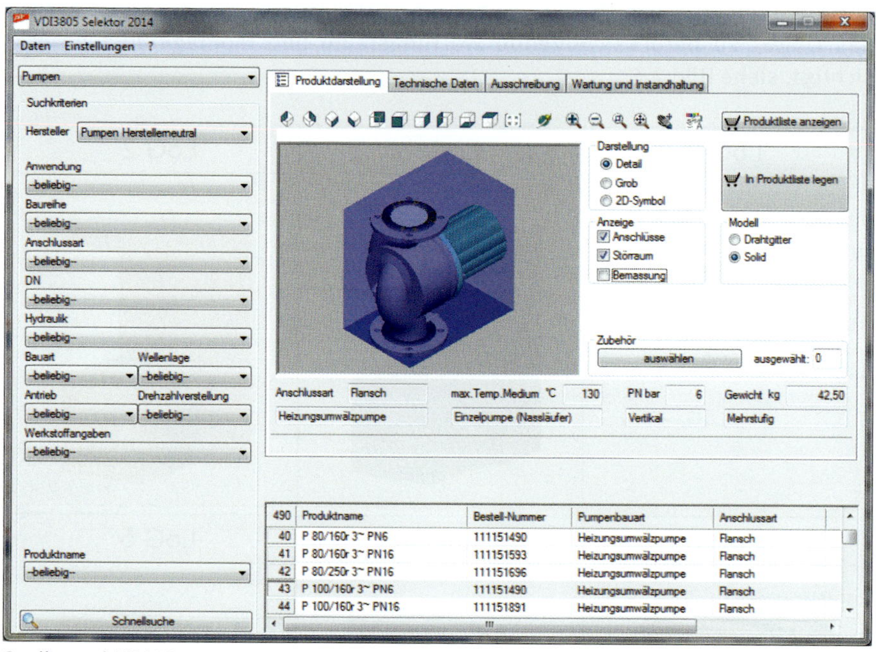

Quelle: nach VDI 3805

Bild 2.7: Objekt mit Störraumdarstellung

2.5.3 LOL – Level of Logistic

Der Level of Logistic beschreibt den logistischen Entwicklungsgrad mit Bezug auf einen lebens-zyklusübergreifenden Terminplan unter Berücksichtigung von Rahmen- und Feinterminplan wie auch die Montageplanung, Inbetriebnahmeplanung sowie Instandhaltungsplanung in der Betriebsphase.

2.5.4 LOC – Level of Coordination

Durch den Level of Coordination wird beschrieben, wie der Abstimmungs- und Koordinationsgrad von Objekten und Teilmodellen ist. Dabei werden sowohl die Übereinstimmung des Modells mit übergeordneten Konzepten, Dokumentation von geometrischen Kollisionen und die Übereinstimmung des Modells mit dem tatsächlich gebauten Bestand bewertet.

Obgleich LOC 4 den gebauten Zustand beschreibt, wird erst mit LOC 5 die Übereinstimmung des Modells und das systemübergreifende oder systemtechnische Zusammenwirken der Objekte mit Bezug auf Funktionsbeschreibungen der technischen Systeme überprüft. Dieser Level ist vom zeitlichen Ablauf der Planung bereits mit der Entwurfsplanung und damit LOD 300 zu erreichen, was im Rahmen des Inbetriebnahmeprozesses zu prüfen und nachzuweisen ist.

2.5.5 LOI – Level of Information

Der Level of Information beschreibt die aufgaben- und zweckbezogene Informationstiefe des Modells, d. h. die semantische Attributierung von Objekten. Dies bezieht sich sowohl auf generisch-funktionale als auch herstellerspezifische und betriebsbezogene Informationen.

2.5.6 LOIN – Level of Information Need

In DIN EN 17412, die aktuell in einer Entwurfsversion vorliegt, werden Modelle/Teilmodelle in zweckbezogenen Szenarien, vergleichbar zu Anwendungsfällen (vgl. Kap. 2.3), beschrieben. Dies erfolgt auf der Basis von Vorgaben zur geometrischen Detaillierung (LOG), Vorgaben zu erforderlichen beschreibenden Eigenschaften (LOI) sowie weitere Dokumentenarten (DOC). Weitere Inhalte der LOIN-Beschreibung sind der genaue Zweck, die Schritte bzw. Meilensteine der Informationslieferung, die am jeweiligen Anwendungsfall Beteiligten sowie die jeweiligen Objekte in einem Strukturplan, siehe Bild 2.8.

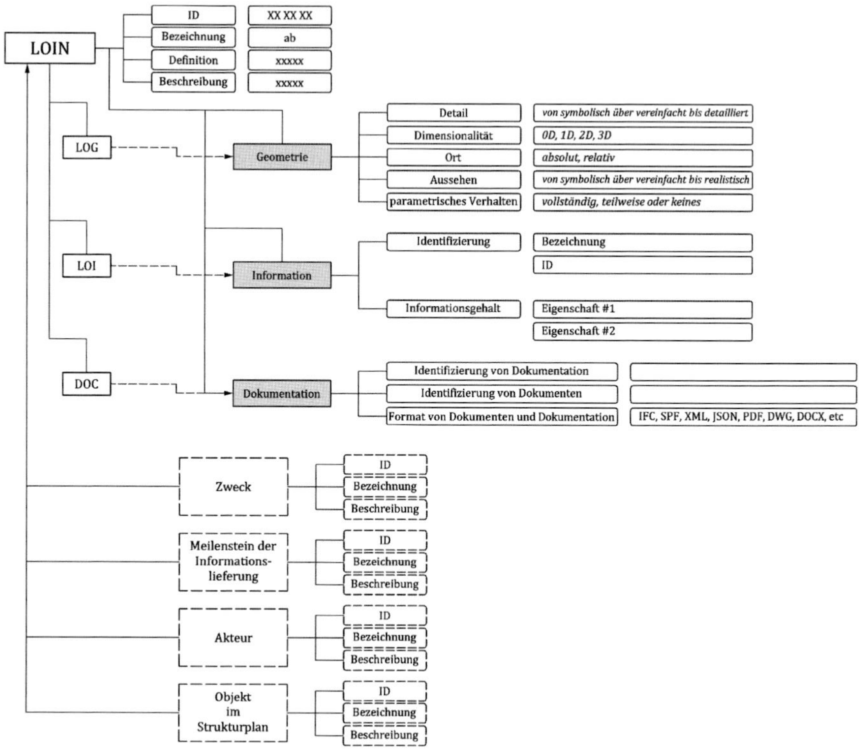

Quelle: nach E DIN EN 17412

Bild 2.8: LOIN-Rahmen

Projekt:

Festelegungen zum LOIN - Level of Information Need

Grad des Informationsbedarfs nach E DIN EN 17412 und DIN EN ISO 19650-1

Fachbereich:
Anwendungsbereich:

Unternehmen:
BIM-Koordinator:
Kontakt:
Software:
Formate:
Beschreibung:

	LP1/LP2	bis LP3/4	bis LP5/7	bis As-built	Anmerkung
LOG - Level of Geometry (Geometrischer Genauigkeitsgrad)					
symbolisch	-	x			
vereinfacht	-		x	(x)	
detailliert	-			x	

LOI - Level of Information (Informationsgad)

SLC_Domain
SLC_Bezeichnung
SLC_RDS_Funktion
SLC_RDS_Produkt
SLC_RDS_Typ
SLC_RDS_Ort_Aufstellung
SLC_Bemerkung

Documente/Dokumentenarten nach IEC 61355	
AA01 - Deckblatt	✓
AB04 - Dokumentenverzeichnis	✕
CA21 - Kostenberechnung	○
DD01 - Erläuterungsbericht	
EC03 - Luftmengenberechnung	
EC04 - Trinkwasserberechnung	
EC16 - Baubeschreibung	
EC19 - Anforderungsspezifikation	
EC24 - Schnittstellenbeschreibung	
ED01 - Berechnungsblatt, technisch	
FB04 - Anlagenschema	
FB05 - Strangschema	
LE01 - Ansichtszeichnung	
LF01 - Schnittzeichnung	
LH02 - Installationszeichnung (Gebäude)	
PD01 - Anlagen- und Komponentenliste	
PD04 - Produkttypliste	
TB06 - Detailzeichnungen	

Quelle: SCHOLZE-THOST GmbH

Bild 2.9: Beispielformular zur LOIN-Definition

2.6 Issue-Management

Probleme, Konflikte oder erforderliche und gewünschte Änderungen in Zeichnungen wurden sowohl in Papierdokumenten als auch 2-D-CAD-Dokumenten zur Kenntlichmachnung „eingewolkt". Damit wurden Lage und Bereich in der Zeichnung markiert. Schwierig war dabei, den Verlauf der Bearbeitung zu verfolgen und bis zur Abarbeitung zu verwalten.

Im BIM-Kontext werden unter der Überschrift „Issue-Management" alle Themen, Aufgaben, Probleme oder Vorfälle, die im Rahmen einer Projektabwicklung zu behandeln sind, verstanden. Dazu zählen insbesondere Vorfälle, die sich aus der Prüfung digitaler Modelle, z.B. im Rahmen der Kollisionsprüfung, ergeben, Änderungen an Planungsständen oder sonstige modellbezogene Planungsinhalte, die unter den jeweils betroffenen Projektbeteiligten abzustimmen sind. Issues könne sich auch auf konkrete Anwendungsfälle beziehen, die explizit beschrieben und vereinbart wurden.

Die Abwicklung des Issue-Managements erfolgt auf der Basis des BIM-Collaboration-Formats (BCF) mit Hilfe dafür eingesetzter Datenaustauschserver, sogenannte Collaboration-Server. In Bild 2.10 ist eine typische Dashboard-Darstellung eines BCF-Servers dargestellt. Damit erhält der Benutzer eine Übersicht über den aktuellen Stand und Status aller über die Projektlaufzeit behandelter Issues.

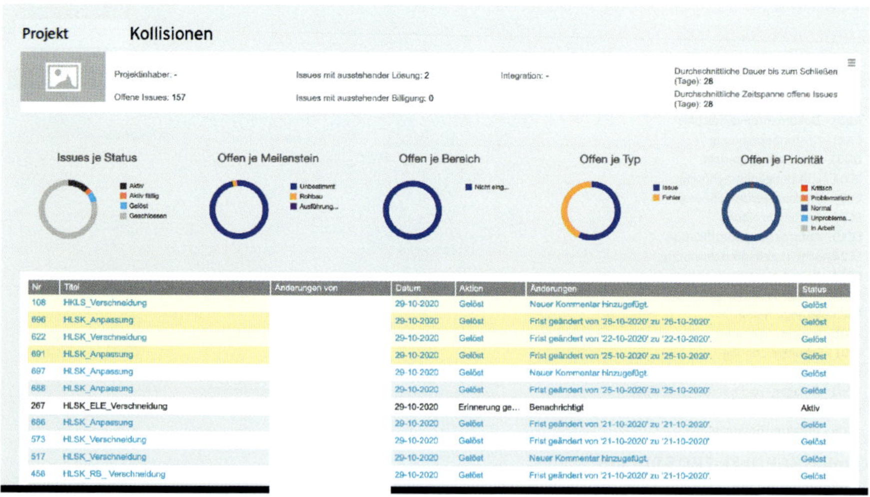

Quelle: eigene Darstellung

Bild 2.10: Dashboard-Darstellung von Issues in einem Collaboration-Server

Im Gegensatz zu den früher in Zeichnungen üblichen Änderungswolken ist mit Hilfe des Issue- Managements möglich, die einzelnen Issues mit verschiedensten Parametern zu beschreiben und in Verbindung mit einer eindeutigen Kennung (GUID) zu verwalten.

Bild 2.11 zeigt eine Maske mit verschiedenen Feldern, über die die Aufgabe beschrieben werden kann.

Issue-Typen können beispielsweise Anfragen, Fehler, Kollisionen, Änderungen oder Überschneidungen sein. Prioritäten sind z.B. kritisch, problematisch, normal unproblematisch oder in Arbeit. In dem Feld „Zugewiesen" können die jeweiligen Bearbeiter, die die Aufgaben bearbeiten, angegeben werden.

Mit den Parametern Meilenstein und Frist kann ein Issue zeitlich zugeordnet werden. Meilensteine können beispielsweise HOAI-Phasen sein, bestimmte Arten von Prüfungen (z.B. Kollision HKLS und ELT, Kollision HKLS und Tragwerk), größere Änderungen oder sonstige umfangreichere Vorgänge, die zeitlich zuzuordnen sind.

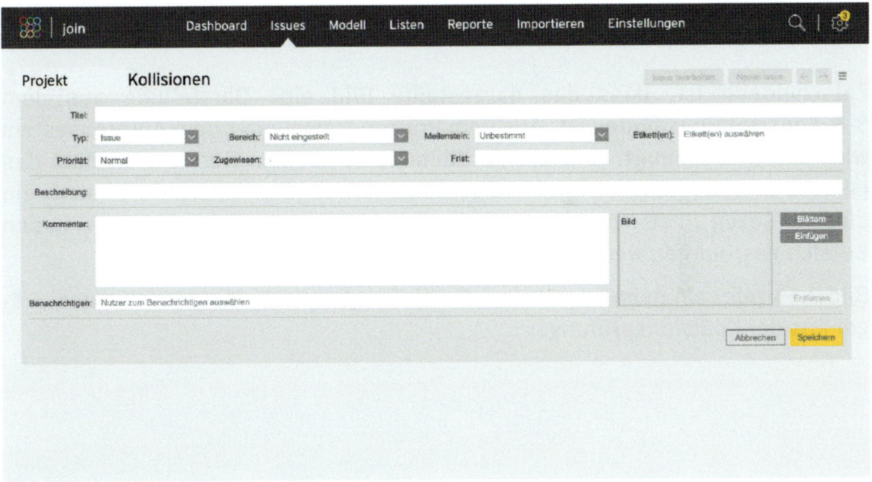

Quelle: eigene Darstellung

Bild 2.11: Maske zur Beschreibung eines einzelnen Issues

Mit den Parametern Titel, Beschreibung und Kommentar kann das als Bild dargestellte Issue, auch als BIM-Snippet bezeichnet, genau beschrieben werden. Eine Liste von Issues mit den entsprechenden Angaben ist in Bild 2.12 dargestellt.

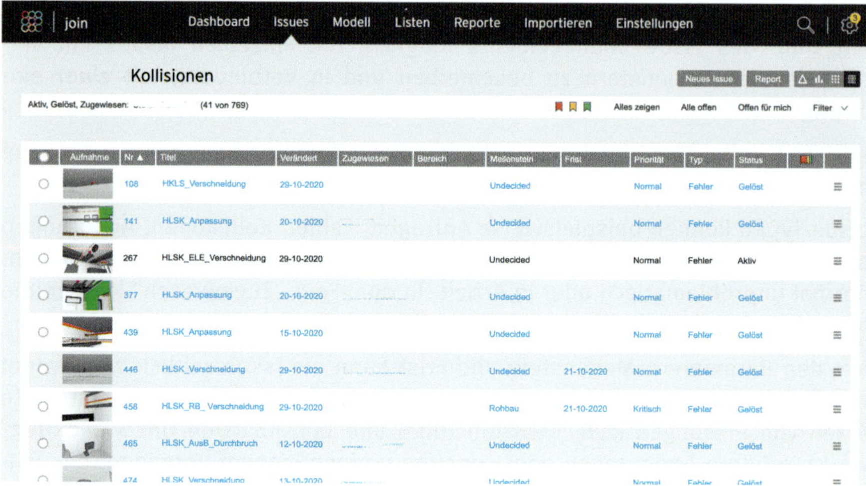

Quelle: eigene Darstellung

Bild 2.12: Liste einzelner Issues

Entscheidend ist, dass das dargestellte Bild eine Darstellung aus dem 3-D-Konstruktionsmodell ist. Aus dem Prüfprogramm oder dem Autorensystem wird das Bild erzeugt, und die Koordinaten zu diesem Bereich, an dem das Issue lokalisiert ist, wird im BCF-Datensatz mit abgespeichert. So besteht ein direkter Bezug zu dem Autorenmodell, über den direkt aus der BCF-Datei in den Bereich gesprungen werden kann.

Bild 2.13 zeigt ein Beispiel mit einer Durchdringung eines Kanals mit einem Träger aus der Kollisionsprüfung.

Quelle: eigene Darstellung

Bild 2.13: Bearbeitungsprozess von Issues im Collaboration-Server

Erhält der Bearbeiter der Lüftungsplanung aus der Kollisionsprüfung die entsprechende BCF-Datei, so lädt er diese Datei in sein Anwendungsprogramm und wird aufgrund der genauen Verortung im Model zu der Position geführt. Alternativ dazu können mit Hilfe eines BCF-Manager-Plug-ins des jeweiligen Anwendungsprogramms über die bcfapi-Schnittstelle die issuebezogenen Datensätze direkt abgerufen werden.

Über den Collaboration-Server kann die Bearbeitung des Vorfalls rückgemeldet und damit abgeschlossen werden, d. h., es wäre hier ein Durchbruch zu erzeugen oder der Kanal müsste verlegt werden.

3 BIM-Honorierung

3.1 Einleitung

Seit BIM in Projekten Einzug gehalten hat, wird über die entsprechende Honorierung diskutiert. Entscheidend für eine Honorierung ist die Frage, ob die Anwendung der BIM-Methode nur eine andere Art und Weise der Planung ist oder ob dadurch zusätzliche Aufgaben entstehen und dafür entsprechende Leistungen zu erbringen sind.

Mit dem Thema BIM-bezogene Leistungen und damit einhergehender Honorierung haben sich schon verschiedene Institutionen beschäftigt.

3.2 BIM-Leistungsbilder

Im Oktober 2017 ist unter dem Titel „BIM-Leistungsbilder“ von Kapellmann Rechtsanwälten eine erste Veröffentlichung erschienen, die die von der HOAI bekannten Leistungsbilder um BIM-bezogene Leistungen ergänzt hat [Kapellmann]. Für den Bereich der Technischen Gebäudeausrüstung wurden die verschiedenen Planungsphasen im Wesentlichen um folgende Grundleistungen (GL) und Besondere Leistungen (BL) erweitert:

LPH 1 – Grundlagenermittlung

- GL: Mitwirken bei der Klärung der Planungsmethode und der Auftraggeberinformationsanforderungen
- GL: Mitwirken bei dem Erarbeiten eines BIM-Abwicklungsplans
- BL: Bereitstellen einer digitalen Kollaborationsplattform (Common Data Environment, CDE)
- BL: BIM-Management
- BL: Digitale Erfassung der technischen Ausrüstung von Bestandsgebäuden oder Grundstücksinformationen
- BL: Prüfung der BIM-Qualifikation von anderen an der Planung fachlich Beteiligten

LPH 2 – Vorplanung

- GL: Mitwirken bei dem Fortschreiben des BIM-Abwicklungsplans (einschließlich digitaler Datenaustausch und Schnittstellen zu den an der Planung fachlich Beteiligten)
- GL: Planungskonzept: Darstellung anhand digitaler Informationen

- GL: Bereitstellen von mit digitalen Informationen erzeugten Arbeitsergebnissen
- GL: Kostenschätzung auf Basis der mit digitalen Informationen abgeleiteten Mengen
- BL: Erstellen des technischen Teils eines Raumbuches auf Basis digitaler Informationen
- BL: Erhöhter Detaillierungsgrad des Fachmodells
- BL: Aufbereiten von Fachmodellen anderer an der Planung fachlich Beteiligter zur Koordination und Integration
- BL: Erstellen eines Fachmodells nach besonderen Anforderungen, um dieses für Dritte auswertbar zu machen
- BL: Untersuchen von alternativen Lösungsmöglichkeiten nach verschiedenen Anforderungen unter Verwendung von Fachmodellen

LPH 3 – Entwurfsplanung

- GL: Fachmodell nach Art und Größe des Objekts im erforderlichen Umfang und Detaillierungsgrad unter Berücksichtigung aller fachspezifischen Anforderungen, z. B. bei Gebäuden in einer Detaillierung, die dem Maßstab 1:100 entspricht.
- GL: Berechnen und Bemessen – jeweils unter Berücksichtigung der – Daten aus den Fachmodellen anderer an der Planung Beteiligten
- GL: Darstellung des Entwurfs als Fachmodell in einem in Auftraggeberinformationsanforderungen oder einem BIM-Abwicklungsplan festgelegten Umfang
- GL: Kostenberechnung auf der Basis der aus dem Fachmodell oder digitalen Informationen abgeleiteten Mengen
- BL: Fortschreiben des technischen Teils des Raumbuches auf Basis digitaler Informationen
- BL: Visualisierung eines Terminplans auf Basis des Fachmodells
- BL: Aufstellen einer modellbasierten Kostenermittlung zur Erstellung eines Mittelabflussplans Besondere Präsentationsformen und aufbereiten der Fachmodelle der an der Planung fachlich Beteiligten zur Koordination und Integration

LPH 4 – Genehmigungsplanung

- GL: Erarbeiten und Zusammenstellen der vornehmlich aus dem Fachmodell abgeleiteten Vorlagen ...

LPH 5 – Ausführungsplanung

- GL: Erarbeiten der Ausführungsplanung als Fachmodell mit ergänzenden zeichnerischen und textlichen Arbeitsergebnissen ...
- GL: Darstellung der Anlagen als Fachmodell in einem in Auftraggeberinformationsanforderungen oder einem BIM-Abwicklungsplan festgelegten Detaillierungsgrad einschließlich Dimensionen (keine Montage- und Werkstattpläne)
- GL: Anfertigen von Schlitz- und Durchbruchsplänen gemäß den im BIM-Abwicklungsplan definierten Prozessen und Datenformaten unter Verwendung des eigenen Fachmodells und der durch die Objektplanung bereitgestellten Fachmodelle der anderen fachlich an der Planung Beteiligten
- GL: Prüfen und Anerkennen der Montage- und Werkstattpläne oder Fachmodelle
- BL: Digitale Bemusterung – Modellierung der Einzelabhängungen und Unterkonstruktionen entsprechend den Erfordernissen
- BL: Fortschreiben von Raumbüchern auf Basis digitaler Modelle
- BL: Fortschreiben der gewerkeübergreifenden Brandschutzmatrix
- BL: Erstellen bzw. Fortschreiben der Simulationen zur Prognose des Verhaltens von Gebäuden, Bauteilen, Räumen und Freiräumen

LPH 6 – Vorbereitung der Vergabe

- GL: Ermitteln von Mengen (soweit zweckmäßig modellbasiert) als Grundlage ...
- BL: Aufbereiten des Fachmodells als Bestandteil der Vergabeunterlagen

LPH 7 – Mitwirkung bei der Vergabe

- BL: Digitalisieren von analogen Angeboten und Ausschreibungsergebnissen (z. B. Überführen in GAEB-Standard und Verknüpfen mit weiteren Daten)

LPH8 – Objektüberwachung (Bauüberwachung) und Dokumentation

- GL: Mitwirken bei der Koordination der am Projekt Beteiligten unter Verwendung der Fachmodelle

- GL: Gemeinsames Aufmaß oder digitale Leistungsfeststellung
- GL: Rechnungsprüfung... anhand nachvollziehbarer digital auswertbarer Leistungsnachweise (z.B. GAEB-Standard oder Abrechnungsmodelle gem. BIM-Abwicklungsplan)
- GL: Kostenfeststellung, ggf. auf Basis der aus dem Fachmodell abgeleiteten Mengen und sonstiger digitaler Informationen (z.B. Dateien im GAEB-Standard)
- GL: Prüfung der übergebenen Revisionsunterlagen (ggf. As-built-Modell)
- BL: Fortschreiben der Ausführungspläne (zum Beispiel Grundrisse, Schnitte, Ansichten) bis zum Bestand (As-built-Modell)
- BL: Erfassung des Baufortschritts im Fachmodell
- BL: Modellbasiertes Mängelmanagement
- BL: Mitwirken beim Erstellen eines Baulogistikmodells
- BL: Mitwirken beim Erstellen eines Facility-Management-Modells

Zu den hier aufgeführten Leistungen werden keine Vorgaben oder Empfehlungen zur jeweiligen Honorierung gemacht. Diese können in jedem Projekt als Grundlage dienen, BIM-bezogene Leistungen mit entsprechenden Honoraren zu vereinbaren.

3.3 AHO Nr. 11 – Leistungen BIM

In der in der AHO-Schriftenreihe mit der Nr. 11 im Januar 2019 veröffentlichten Publikation „Leistungen Building Information Modeling – Die BIM-Methode im Planungsprozess der HOAI" wurden die oben beschriebenen Leistungen zu den HOAI-Phasen weitestgehend übernommen [AHO11]. Diese wurden in den nachfolgend aufgeführten BIM-Leistungen in Verbindung mit einem Modelldetaillierungsgrad (MDG) für die Fachplanung Technische Ausrüstung zusammengefasst, ohne jedoch die Grundleistungen der HOAI zu ändern. Zu verschiedenen Besonderen Leistungen wurden Honorierungsempfehlungen gegeben, obgleich es zum jetzigen Zeitpunkt aufgrund fehlender Praxiserfahrungen schwer ist, den tatsächlichen Aufwand realistisch bewerten zu können. Außerdem kann in vielen Fällen der Aufwand für die in den AIA aufgeführten Leistungen erst nach den Festlegungen im BAP genauer abgeschätzt und bewertet werden. Erste Erfahrungen zeigen, dass die tatsächlichen Aufwände eher geringer sind, jedoch auch stark abhängig von den Kenntnissen und Erfahrungen des einzelnen Planers wie auch der anderen Planer, mit denen zusammenzuarbeiten ist. Insbesondere die Beherrschung seiner

BIM-bezogenen Planungstools in Verbindung mit einer hohen Datenschnittstelleneffizient sind maßgeblich für den Aufwand.

Zu den Leistungsphasen LPH1 bis LPH9 sind BIM-Leistungen beschrieben, beginnend mit dem Mitwirken bei der Erarbeitung von projektbezogenen BIM-Grundlagen in AIA und BAP in Verbindung mit Anwendungsprogrammen und zentralen Daten- und Dokumentenverwaltungsplattformen. Weitergehende Leistungen beziehen sich auf die Anreicherung von Objekteigenschaften in den Modellen, die modellbasierte Erstellung des technischen Teils eines Raumbuchs und das Mitwirken bei modellbasierten Prozessen, wie beispielsweise Modellkoordination, Vollständigkeits-, Konsistenz- und Kollisionsprüfungen. Des Weiteren soll der Ausschreibungsprozess modellbasiert unterstützt und durchgeführt werden. Die Modelle sollen genutzt werden für die Werk- und Montageplanung sowie der Vorbereitung des Betriebs hinsichtlich einer Wartungsplanung und mit allen erforderlichen betriebsorientierten Eigenschaften zu Lage, Qualität und Dimensionierung von Objekten bis hin zur Überführung von Modellen in CAFM-Systeme dienen. Angedeutet sind auch Leistungen in Richtung 4-D- und 5-D-BIM, d. h. die modellbasierte Terminplanung und -verfolgung bzw. die modellbasierte Bearbeitung von kostenbezogenen Vorgängen und Tätigkeiten.

Die Honorierungsvorschläge für die jeweiligen Leistungen werden, wie in anderen AHO-Broschüren auch, pauschal, nach Aufwand oder als Prozentpunkte (v. H.) bezogen auf das Planungshonorar angegeben. Der Umfang der Prozentpunkte über alle Leistungen beträgt zwischen 8,0 und 14,5 v. H.

Die mit den Leistungen im Zusammenhang stehenden Modellierungsgrade MDG orientieren sich stark an den an verschiedenen Stellen beschriebenen Level of Development/Detail LOD. Die Zählung beginnt in LPH 1 mit MDG 010 (keine Modellanforderungen) und endet in LPH 9 mit MDG 600, was dem Detaillierungsgrad eines CAFM-Systems entsprechen soll. Die MDG beziehen sich sowohl auf geometrische Detaillierungsangaben als auch besonderes auf die Eigenschaften von Objekten in alphanumerischer Form im Modell, wobei insbesondere bei öffentlichen Projekten bei bestimmten Eigenschaften die Produktneutralität zu beachten ist.

Zu jeder Leistungsphase sind Ergebnisse des modellbasierten Arbeitens beschrieben, anhand derer die Leistungserfüllung geprüft werden kann. Da die Ergebnisse nur sehr kurz zu beschreiben sind, sind jedoch für eine Qualitätssicherung die Inhalte noch wesentlich genauer zu beschreiben und vorzugeben.

Aktuell befindet sich die Broschüre Nr. 11 in der Überarbeitung.

3.4 Planungsleistungen und Honorar mit BIM

Auch die aktuelle Buchveröffentlichung „Planungsleistungen und Honorare mit BIM“ [Bahnert] widmet sich den BIM-bezogenen Leistungen in den verschiedenen Planungsphasen für die TGA. Wie in den zuvor beschriebenen Publikationen, insbesondere der konkreten Leistungsinhalte der AHO Nr. 11, werden insbesondere die Leistungen zur Abstimmung der projektbezogenen Vorgaben und Inhalte aus den AIA, die Mitarbeit im Rahmen der BAP-Erstellung sowie die damit einhergehende Koordination und Abstimmung mit den anderen Planungsbeteiligten genannt. Planerische Zusatzleistungen beziehen sich auf die 3-D-Modellierung in den oben schon beschriebenen verschiedenen Modelldetaillierungsgraden (MDG) in den verschiedenen Planungsphasen und die Attributierung der TGA-Modellobjekte (Bauteile/Elemente) in den Fachmodellen.

Als Vorschlag für die Honorierung der genannten Leistungen werden diese von der Arbeitsgemeinschaft BIM und Honorar (ABH) jeweils mit unterschiedlichen Prozentsätzen bewertet. Je Anlagengruppen ergibt sich ein Honorar von 6,20 %, d. h. bei vier Anlagengruppen ein Honorar von 24,80 %, das in dieser Höhe mit dem des Objektplaners vergleichbar ist.

Die in Heft 11 des AHO benannten Honorarsätze weisen eine größere Bandbreite als die von der ABH spezifizierten auf. Die ABH hat diese präzise den zu erbringenden Leistungen zugeordnet, die dem im Buch beschriebenen Planungsprozessschema zu entnehmen sind. Auch sieht die ABH den „BIM-Aufwand“ unabhängig von der Honorarzone und ausschließlich durch die Leistungen geprägt. Die ABH spricht aus diesem Grund von einem Ergänzungshonorar.

4 Planung von Technischer Gebäudeausrüstung

Viele, insbesondere gewerblich und industriell genutzte Gebäude müssen von Systemen der Technischen Gebäudeausrüstung ver- und entsorgt werden. Um die erforderlichen Systeme bedarfsgerecht auslegen, konzipieren und konstruieren zu können, bedarf es vieler unterschiedlicher Informationen zum Gebäude und zu dessen Standort, zur Gebäudekonstruktion, zu einzelnen Räumen und möglichst genauer Angaben zur Belegung und Nutzung der verschiedenen Flächen in den Räumen. Der prinzipielle Ablauf der Planung ist in Bild 4.1 dargestellt.

Der Planungsprozess selbst ist beschrieben in der „Honorarordnung für Architekten und Ingenieure – HOAI“, derzeit in der aktuellen Fassung 2021 [HOAI2021]. Darin sind die Leistungsphasen 1 bis 9 festgelegt, d.h. die Phasen von der Grundlagenermittlung über die Planungsphasen, Ausschreibung und Vergabe, Objektüberwachung bis zur Objektbetreuung im Betrieb.

Wie bereits in Kapitel 1.1 erläutert, gibt es bezüglich der HOAI keine grundsätzlichen Vorbehalte gegen eine Durchführung der Planung mit BIM. Sind über die durch die HOAI geregelte Vergütung der Planungsgrundleistungen hinaus im Rahmen von BIM nachweislich weitergehende Leistungen zu erbringen, so ist deren Vergütung zusätzlich zu vereinbaren. Gleiches gilt für die Verlagerung von Planungsinhalten späterer Leistungsphasen auf einen früheren Planungszeitpunkt, vgl. Bild 4.1.

In diesen Phasen werden Dokumente unterschiedlicher Art als Ergebnis der Bearbeitung der verschiedenen Planungsaufgaben erstellt, phasenübergreifend fortgeschrieben und weiter detailliert. Zur Orientierung, welche Dokumente in welcher Phase und in welchem Gewerk zu erstellen sind, kann die VDI 6026 herangezogen werden. In dieser wird in Form einer Planungsmatrix dargestellt, welche Dokumentenarten in den Gewerken nach DIN 276, Kostengruppe 400 und in den einzelnen Phasen der HOAI sowie in der Montage- und Bestandsdokumentation zu erstellen sind. Dabei wird jeweils erläutert, welche Systeme in den Kostengruppen zu dokumentieren und wie die Schnittstellen zwischen den Systemen zu behandeln sind. Der prinzipielle Aufbau ist in Bild 4.2 dargestellt.

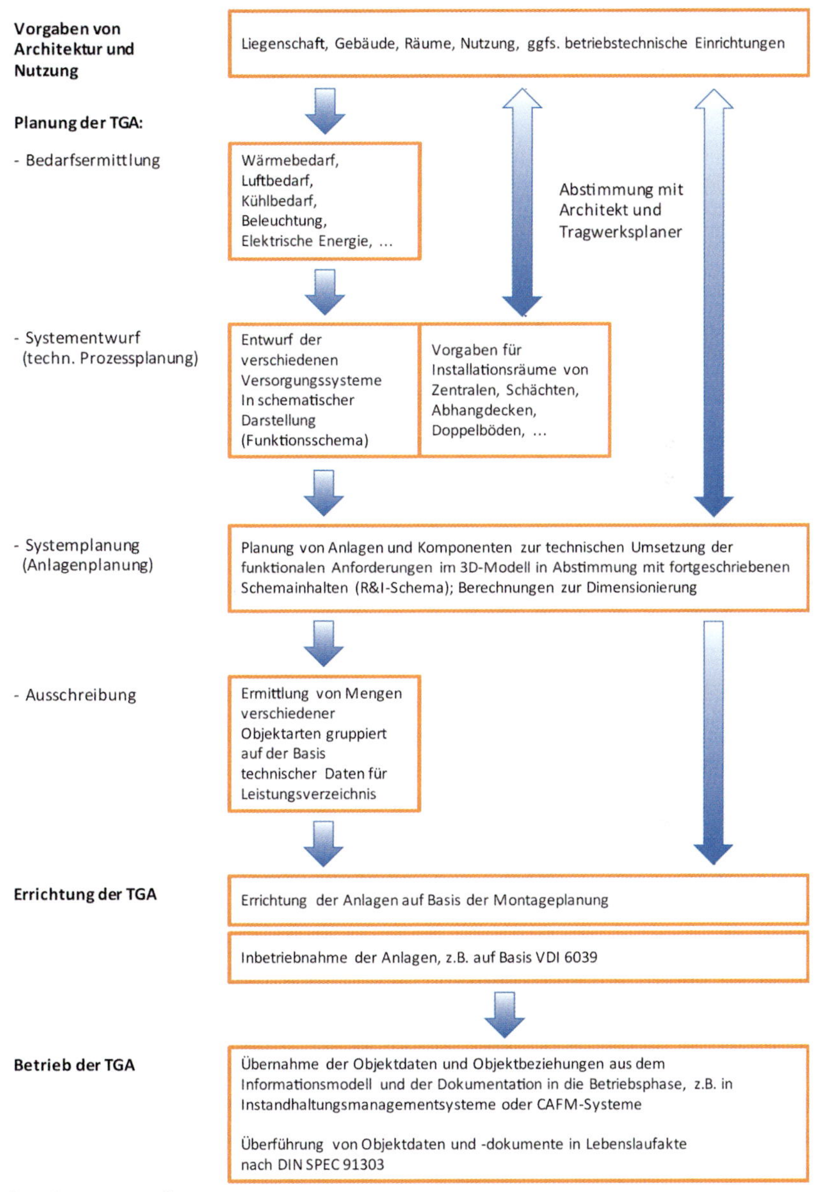

Quelle: eigene Darstellung

Bild 4.1: Vorgehen bei der Planung von Technischer Gebäudeausrüstung in deren Lebensweg

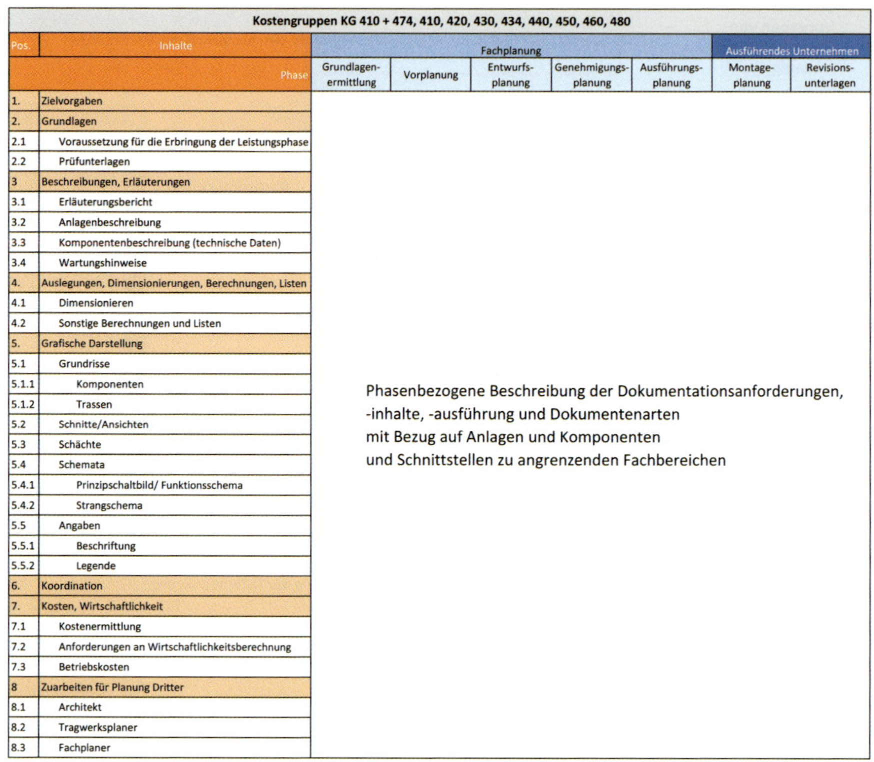

Kostengruppen KG 410 + 474, 410, 420, 430, 434, 440, 450, 460, 480								
Pos.	Inhalte	Fachplanung					Ausführendes Unternehmen	
	Phase	Grundlagen-ermittlung	Vorplanung	Entwurfs-planung	Genehmigungs-planung	Ausführungs-planung	Montage-planung	Revisions-unterlagen
1.	Zielvorgaben	Phasenbezogene Beschreibung der Dokumentationsanforderungen, -inhalte, -ausführung und Dokumentenarten mit Bezug auf Anlagen und Komponenten und Schnittstellen zu angrenzenden Fachbereichen						
2.	Grundlagen							
2.1	Voraussetzung für die Erbringung der Leistungsphase							
2.2	Prüfunterlagen							
3	Beschreibungen, Erläuterungen							
3.1	Erläuterungsbericht							
3.2	Anlagenbeschreibung							
3.3	Komponentenbeschreibung (technische Daten)							
3.4	Wartungshinweise							
4.	Auslegungen, Dimensionierungen, Berechnungen, Listen							
4.1	Dimensionieren							
4.2	Sonstige Berechnungen und Listen							
5.	Grafische Darstellung							
5.1	Grundrisse							
5.1.1	Komponenten							
5.1.2	Trassen							
5.2	Schnitte/Ansichten							
5.3	Schächte							
5.4	Schemata							
5.4.1	Prinzipschaltbild/ Funktionsschema							
5.4.2	Strangschema							
5.5	Angaben							
5.5.1	Beschriftung							
5.5.2	Legende							
6.	Koordination							
7.	Kosten, Wirtschaftlichkeit							
7.1	Kostenermittlung							
7.2	Anforderungen an Wirtschaftlichkeitsberechnung							
7.3	Betriebskosten							
8	Zuarbeiten für Planung Dritter							
8.1	Architekt							
8.2	Tragwerksplaner							
8.3	Fachplaner							

Bild 4.2: Planungs- und Dokumentationsmatrix nach VDI 6026 (Entwurf 2020-07)

Die Dokumentenarten selbst, wie beispielsweise Installationszeichnung, Anlagenschema, Stromlaufschema, sind in VDI 6026 nicht näher bezüglich der jeweiligen Darstellungsart und der erforderlichen Inhalte beschrieben. Hier ist es empfehlenswert, sowohl für die Beschreibung der Dokumentenarten und -inhalte als auch gleichzeitig als Grundlage für die objektbezogene Dokumentenkennzeichnung die DIN EN 61355 heranzuziehen, vgl. Kapitel 13.6. Diese sieht vor, Dokumente und Informationen mit Beginn der Planung direkt auf die jeweiligen Objekte zu beziehen. Was in der VDI 6026 nicht explizit als eine Art der Dokumentation oder Dokumentart im Sinne der IEC 61355 angeführt ist, ist ein BIM-3-D-Modell.

Wird in vielen Fällen bei Darstellungen zu BIM nur der geometrische, bauteilorientierte und direkt sichtbare Teil von Gebäude (3-D-Gebäudemodell) und zugehöriger Technischer Gebäudeausrüstung (TGA-Anlagenmodelle) gezeigt (siehe Bild 4.3), so sind in Bezug auf die Technische Gebäudeausrüstung die Bereiche Funktionalität und funktionale Vernetzung, gebäude- und nutzungsabhängiger Bedarf sowie der Betrieb der technischen Einrichtungen von entscheidender Bedeutung. Diese Teilmodelle sind alle in einem durchgängigen und konsistenten BIM-Gesamtmodell zueinander in Beziehung zu setzen.

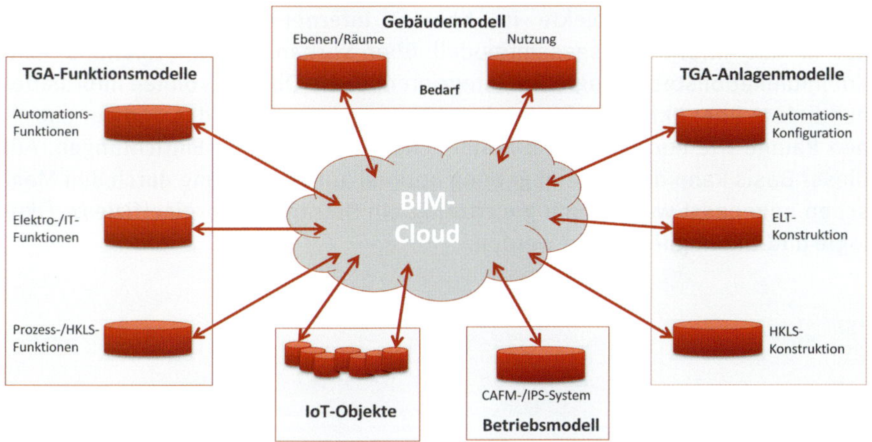

Quelle: eigene Darstellung

Bild 4.3: BIM-Cloud mit funktions-, bauteil-, nutzungs- und betriebsbezogenen Teilmodellen

Typisch für diese Art der systemübergreifenden Integration ist heutzutage eine Cloud als zentrale Datenverwaltung, über die alle Anwendungssysteme Daten- und Dokumente austauschen. Im Besonderen wird hier auf die im Feld „TGA-Funktionsmodelle“ dargestellten funktionsorientierten Teilmodelle der Gebäude- und Raumautomation, der Elektrotechnik und der Prozesstechnik, d. h. der Wärme- und Kälteversorgung, Raumluft- und Sanitärtechnik etc. verwiesen. Gleichermaßen muss ein weiteres wichtiges Ziel sein, für den Betrieb der technischen Einrichtungen und Aufgaben des Betreibens, Instandhalten, Optimieren, Anpassen an Nutzungsänderungen, Anlagen- und Energiemonitoring, aus der BIM-Cloud Bestandsinformationen über die zu bewirtschaftenden Objekte zur Verfügung zu stellen und Betriebsdaten der Objekte ebenfalls zu verwalten (Betriebsmodell).

Vorstellbar ist auch, dass zukünftig physikalisch vorhandene Komponenten direkt über deren intelligente Steuerungseinheiten in die Cloud eingebunden werden. Damit stünden aus dem über einen Datenbus angekoppelten Objektcontroller sowohl technische Objektinformationen und Dokumente, die mit dem Objekt geliefert wurden, als auch aktuelle und möglicherweise auch historische Betriebsdaten des Objekts im Zugriff über die Cloud vernetzt zur Verfügung.

In gleicher Art wird es erforderliche werden, beliebige physische und virtuelle (Informations-)Objekte im Kontext Internet-of-Things (IoT) funktional in das Informationsgesamtmodell über vorhandene Informations- und Kommunikationstechnologien zu integrieren. Diese Objekte können Informationen liefern über aktuellen Zustand und Nutzung des Gebäudes und der einzelnen Räume wie auch der darin befindlichen Personen und Einrichtungen. Auf dieser Basis kann die Raumumgebung optimal auf die Nutzung durch den Menschen angepasst werden und gleichzeitig ein Betrag zu Energieeffizienz, Ökologie und Ökonomie gleistet werden.

5 Bedarfsermittlung

5.1 Übersicht

In den meisten Gebäuden sind Systeme für folgende Versorgungsaufgaben erforderlich:

- Kalt- und Warmwasserversorgung,
- Entsorgung von Schmutzwasser,
- Entsorgung von Regenwasser,
- Heizung und Wärmeversorgung,
- Außenluftversorgung,
- Kühlung und Kälteversorgung,
- Stromversorgung,
- Beleuchtung,
- Kommunikation,
- Personenbeförderung,
- Löschwasserversorgung,
- Messung, Steuerung und Regelung.

Darüber hinaus gibt es abhängig von Größe, Struktur und Nutzung des Gebäudes Bedarf für weitere Versorgungssysteme wie beispielsweise:

- Versorgung mit besonderen Fluiden und Gasen,
- Versorgung mit Tageslicht,
- Brandfallversorgung und -entsorgung,
- Schutz und Sicherung von Personen, Gebäude und Nutzung,
- Weitergehende Information und Kommunikation,
- Ver- und Entsorgung von betriebstechnischen Anlagen und technischen Prozessen,
- Nutzungsspezifische Versorgungen, z. B. Küchen, Labore, Badeeinrichtungen, Reinigungsanlagen,
- Übergeordnete Automatisierung, Auswertung und Optimierung.

Darauf aufbauende weitergehende Auslegungen und Berechnungen, die im konkreten Zusammenhang mit Systemen der Technischen Gebäudeausrüstung stehen, sind beispielsweise:

- Nachweis zum Gebäudeenergiegesetz (GEG) ,
- Berechnung und Auslegung der Netzhydraulik von Kanal- und Rohrleitungssystemen,
- Kurzschluss- und Selektivitätsberechnungen,
- Gesamtenergiesimulation,
- Zertifizierung der Nachhaltigkeit eines Gebäudes.

In den nachfolgenden Kapiteln werden die verschiedenen Vorgänge nach Bild 4.1 zur Auslegung von Versorgungssystemen beschrieben, die in jedem Gebäude im Rahmen der Planung durchzuführen sind. Dabei geht es weniger um die Auslegung selbst, als vielmehr um den Informationsbedarf zur Durchführung der Berechnungen, die Informationsbereitstellung von Bau-, Nutzungs- und Betriebsseite und die Anforderungen an die Verwaltung aller Ein- und Ausgabeinformationen in einem Informationsmodell. Es zeigt sich vielfach, dass in verschiedenen Berechnungen dieselben Daten benutzt werden. Sofern diese Daten nicht zentral in einem Gebäudemodell und in einem zentralen Bauteilkatalog verwaltet werden, sondern in den verschiedenen Anwendungsprogrammen, führt dies unweigerlich zu Dateninkonsistenzen aufgrund der Verletzung des Single-Source-Prinzips.

Aufbauend auf der Bedarfsermittlung werden die zur Deckung des Bedarfs erforderlichen Systeme konzipiert und geplant.

Damit die Berechnung mit geringstmöglichem Aufwand erstellt werden kann, ist eine wesentliche Voraussetzung, dass alle berechnungsrelevanten Informationen im Architekturmodell in das TGA-Berechnungsmodell direkt übernommen und ohne Anpassungen genutzt werden können. Erfolgt beispielsweise eine Projektbearbeitung auf der Basis von Modellen, die mithilfe des Programms Revit™ der Firma Autodesk erstellt wurden, so sind die in Bild 5.1 dargestellten Punkte vor Bearbeitung zwischen Architektur und TGA bezüglich der erforderlichen Modellqualitäten abzustimmen.

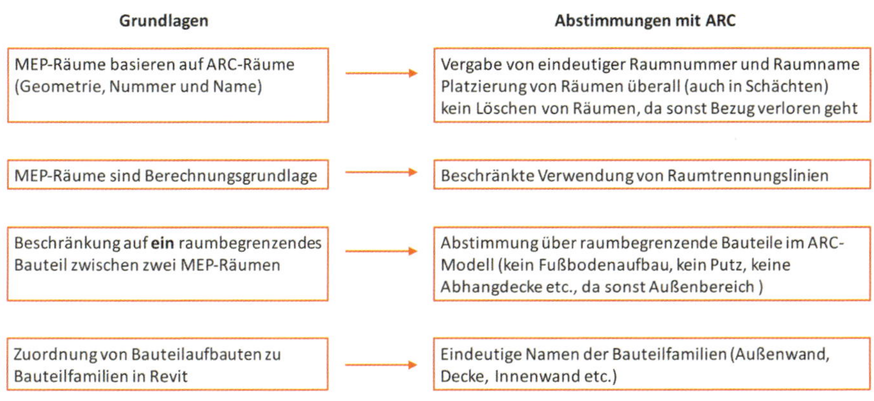

Quelle: eigene Darstellung

Bild 5.1: Abstimmung vom Modellanforderungen zwischen Architektur- und TGA-Model für Autodesk Revit™

5.2 Lüftungsbedarf – DIN EN 15251

Die Planung von Lüftungs- und Klimaanlagen in gewerblich genutzten Gebäuden erfolgt auf Basis der DIN EN 15251 (ehem. DIN EN 13779). Die Lüftung dient der Versorgung der Menschen in den Gebäuden mit Außenluft und der Abführung verschmutzter Raumluft und -feuchte. In der Regel erfolgt die Lüftung mit Hilfe von maschinellen Belüftungs- und Entlüftungsanlagen.

Für die Ermittlung der zonen- und raumweisen Luftmengen sind folgende Angaben zum Gebäude, zu den Zonen bzw. Räumen und zur jeweiligen Nutzung erforderlich, die zum Zeitpunkt der Übergabe und während des Normalbetriebs anzugeben sind:

- Beschreibung der Umwelt- und Umgebungsbedingungen,
- Außenklimadaten in Sommer und Winter,
- Angaben zur Bauart des Gebäudes,
- Beschreibung des Gebäudes mit Konstruktionsdaten,
- Nutzung und Anforderungen, die weiter zu detaillieren und fortzuschreiben sind,
- Belegungsprofile an typischen Tagen, Wochenenden und Sondernutzungszeiten,
- Konstruktionsdaten, geometrische Beschreibung und Ausrichtung der Gebäudeteile,

- Nettovolumen, Bodenfläche und Nutzung der einzelnen Räume oder Gruppen gleichartiger Räume mit Angaben zu:
  - der Anzahl von Personen mit Aktivitätsgrad und Art der Bekleidung je Raum als Tagesgang mit stündlichen Werten,
  - inneren Wärmelasten (Beleuchtung, Maschinen) als sensible Last durch Konvektion, Strahlung und latente Lasten als Tagesgang mit Stundenwerten,
  - sonstigen inneren Verunreinigungs- und Feuchtigkeitsquellen, ggf. auch als Tagesgang mit Stundenwerten,
  - raumbezogenen Abluftvolumenströmen.
- Anforderungen in den Räumen mit Angaben zu:
  - inneren Lasten; Anforderungen bezüglich der thermischen Bedingungen und Zugluftrisiko in Aufenthaltsbereichen,
  - der Regelung des Raumklimas für die vorgesehene Nutzung,
  - den thermischen Bedingungen und Feuchtebedingungen,
  - Festlegungen zur Luftqualität in den Räumen,
  - Grenzwerten der Luftgeschwindigkeiten in Aufenthaltsbereichen,
  - Grenzwerten von Schalldruckpegeln,
  - Beleuchtungseinrichtungen oder Beleuchtungsstärken, Beleuchtungsarten und elektrischen Leistungen.

Die Angabe der raumbezogenen Luftvolumenströme kann wie in Bild 6.10 dargestellt erfolgen, jedoch auch in einem dem jeweiligen Raum zugeordneten Datensatz im Architekturmodell.

5.3 Wärmebedarf – DIN EN 12831

Die Berechnung der Wärmeleistung zur Sicherstellung einer Norm-Auslegungstemperatur von Räumen, Zonen und dem gesamten Gebäude ist auf Basis der DIN EN 12831 durchzuführen. Mit den errechneten Werten sind die jeweiligen Heizflächen und in der Summe die Wärmeerzeugungseinrichtungen zu dimensionieren. Der Wärmeverlust eines Raumes errechnet sich aus der Summe des Transmissionswärmeverlusts über die angrenzenden Raumflächen und dem Lüftungswärmeverlust durch die erforderliche Lüftung des Raums und ungewollte Infiltration aufgrund von Undichtigkeiten der Gebäudehülle.

Im Sinne von BIM sind die für die Berechnungen erforderlichen Daten über das Gebäudemodell beizustellen. Dies sind:

- der Standort und die Lage des Gebäudes zur Ermittlung der Norm-Außentemperatur und der Wind-Abschirmungsklasse,
- Abmessungen und wirksame Masse des Gebäudes und Anzahl der Geschosse,
- Angaben zur erdreichberührten Fläche und Abstand zum Grundwasser,
- Angaben zu Höhenlage und Nutzung der verschiedenen Zonen und Räume (Raumart) zur Festlegung der zu erreichenden Norm-Innentemperatur und Angaben zu Dauer des Heizbetriebs und Aufheizphase sowie die geometrischen Raumdaten,
- Angaben zu allen raumumschließenden Bauteilen mit Lage, Größe, Schichtenaufbau, bauphysikalische Werte der einzelnen Schichten sowie Angaben zu bauteilbezogenen Wärmebrücken,
- Angaben zur natürlichen oder maschinellen Lüftung von Räumen in Verbindung mit dem Raumvolumen des jeweiligen Raumes,
- Angaben zur Luftdurchlässigkeit n_{50} für das gesamte Gebäude.

Der in Bild 5.2 dargestellte Kopf des Formblatts zur raumweisen Berechnung der Norm-Heizlast und Auslegungs-Heizleistung zeigt die raumbezogenen Daten, die über das Gebäudemodell zur Verfügung zu stellen sind.

Die in Spalte 2 in Bild 5.2 aufgeführten Bauteile, eigentlich Bauteilarten mit gleichen bauphysikalischen Eigenschaften, werden in der Regel in einem Bauteilkatalog mit allen hierfür erforderlichen Daten verwaltet. Bei einem separaten Bauteilkatalog ist es von Vorteil, dass über die hier benötigten Daten hinaus weitere Daten, wie beispielsweise Schalldämmmaße, Angaben zur Trennbarkeit der Bauteilschichten, Angaben zur Feuchtediffusion, verwaltet und anderen Berechnungsverfahren und -programmen aus einer zentralen Verwaltung heraus zur Verfügung gestellt werden können.

Die raumbezogenen Angaben zur jeweils festgelegten Innentemperatur, zum Mindestluftwechsel und zur Absenk- und Wiederaufheizzeit zeigt Bild 5.3. Als Grundlage für die Lüftung können beispielsweise Werte aus DIN EN 13779 herangezogen werden.

Projekt-Nr. / Bezeichnung				
RAUM-HEIZLAST	Datum			Seite R
Wohneinheit **Geschoss:**			**Raum-Nr. / -Name**	
Innentemperatur	θ_{int} ______	°C	**Infiltration**	
Mindest-Luftwechsel	n_{min} ______	h^{-1}	Luftdichtheit n_{50} ______	h^{-1}
Abmessungen			Koeffizient Abschirmklasse e ______	-
Raumbreite	b_R ______	m	Höhe über Erdreich h ______	m
Raumlänge	l_R ______	m	Höhen-Korrekturfaktor ε ______	-
Raumfläche	A_R ______	m²	**Mechanische Belüftung**	
Geschosshöhe	h_G ______	m	Zuluft-Volumenstrom $\dot{V}_{su}$ ______	m³/h
Deckendicke	d ______	m	- Temperatur θ_{su} ______	°C
Raumhöhe	h_R ______	m	- Korrekturfaktor $f_{V,su}$ ______	-
Raumvolumen	V_R ______	m³	Abluft-Volumenstrom $\dot{V}_{ex}$ ______	m³/h
Erdreich			Überströmung Nachbarräume $\dot{V}_{mech,inf,ij}$ ______	m³/h
Tiefe unter Erdreich	z ______	m	- Temperatur $\theta_{mech,inf,ij}$ ______	°C
Erdreich berührter Umfang	P ______	m	- Korrekturfaktor $f_{V,mech,inf,ij}$ ______	-
B'-Wert ☐ raumweise	B' ______	m	mech. Infiltration von außen $\dot{V}_{mech,inf,e}$ ______	m³/h

1	2	3	4	5	6	7	8	9	10	11	12	13	14	15	16
Orientierung	Bauteil	Anzahl	Breite	Länge/Höhe	Bruttofläche	Abzugsfläche	Nettofläche	grenzt an	angrenzende Temperatur	Korrektur-Faktoren	U-Wert	Korrekturwert Wärmebrücke	Korrigierter U-Wert	Wärmeverlust-Koeffizient	Transmissions-Wärmeverlust
		n	b	l/h	A_{Brutto}	A_{Abzug}	A_{Netto}	e/u	θ_u/θ_{ij}	e/b_u	U	ΔU_{WB}	$U_{c/equiv}$	H_T	Φ_T
		m			m²			g/ij	°C	f_{g2}/f_{ij}	W/(m²K)			W/K	W

Quelle: nach DIN EN 12831, Beiblatt 1

Bild 5.2: Vorgaben für die raumweise Berechnung der Norm-Heizlast und Auslegungs-Heizleistung

Projekt-Nr. / Bezeichnung					
VEREINBARUNGEN		Datum			Seite V 1
		Sortierung nach		☐ Geschoss	☐ Wohneinheit
GS / WE	Raum-Nr. / Name	Innen-temperatur	Mindest-Luftwechsel	nur ausfüllen, wenn Zusatz-Aufheizleistungen vereinbart wurden	
				Absenkzeit	Wiederaufheiz-zeit
		θ_{int}	n_{min}	t_{Abs}	t_{RH}
		°C	h^{-1}	h	h

Quelle: nach DIN EN 12381, Beiblatt 1

Bild 5.3: Raumbezogene Innentemperaturen, Luftwechsel und Wiederaufheizzeiten

Die Berechnung der zonen- oder raumweisen Heizlastwerte und in Summe der Heizlast des gesamten Gebäudes erfolgt auf Basis der beschriebenen Daten in Verbindung mit Werten und Faktoren in der Norm sowie standortbezogenen meteorologischen Daten. Als Berechnungsergebnis können raumbezogen die jeweiligen Leistungen angegeben und für das gesamte Gebäude aufsummiert werden.

Bild 5.4 zeigt das in der Norm vorgegebene Formblatt für eine Raumliste. Die jeweiligen Daten können in das Gebäudemodell übertragen werden und mit Hilfe der Raumnummer oder des Raumkennzeichens (vgl. Kapitel 13.5) den jeweiligen Raumdatensätzen zugeordnet werden.

Projekt-Nr. / Bezeichnung									
RAUMLISTE	Datum								Seite G 2
	Sortierung nach ☐ Geschoss ☐ Wohneinheit								
Raum-Nr. / -Name	$\Phi_{T,e}$	Φ_T	$\Phi_{V,min}$	$\Phi_{V,inf}$	$\Phi_{V,su}$	$\Phi_{V,m,inf}$	Φ_{HL}	Φ_{RH}	$\Phi_{HL,Ausl}$

Quelle: nach DIN EN 12831, Beiblatt 1

Bild 5.4: Raumliste als Zusammenfassung der berechneten Räume

Die in Bild 5.4 angegebenen Werte in Watt haben folgende Bedeutung für den beheizten Raum:

$\Phi_{T,e}$ Transmissionswärmeverlust gegen Außenluft

Φ_T Transmissionswärmeverlust

$\Phi_{V,min}$ Lüftungswärmeverlust bei Mindestluftwechsel

$\Phi_{V,inf}$ Lüftungswärmeverlust durch Infiltration

$\Phi_{V,su}$ Lüftungswärmeverlust durch mechanische Zuluft

$\Phi_{V,m,inf}$ Lüftungswärmeverlust durch Überströmung aus Nachbarräumen

Φ_{HL} Norm-Heizlast

Φ_{RH} Zusatz-Aufheizleistung

$\Phi_{HL,Ausl}$ Auslegungs-Heizleistung

Die Vorgehensweise einer modellbasierten Berechnung der Heizlast nach DIN EN 12831 soll am Beispiel des in Bild 5.5 dargestellten Lese- und Aufenthaltsraums gezeigt werden.

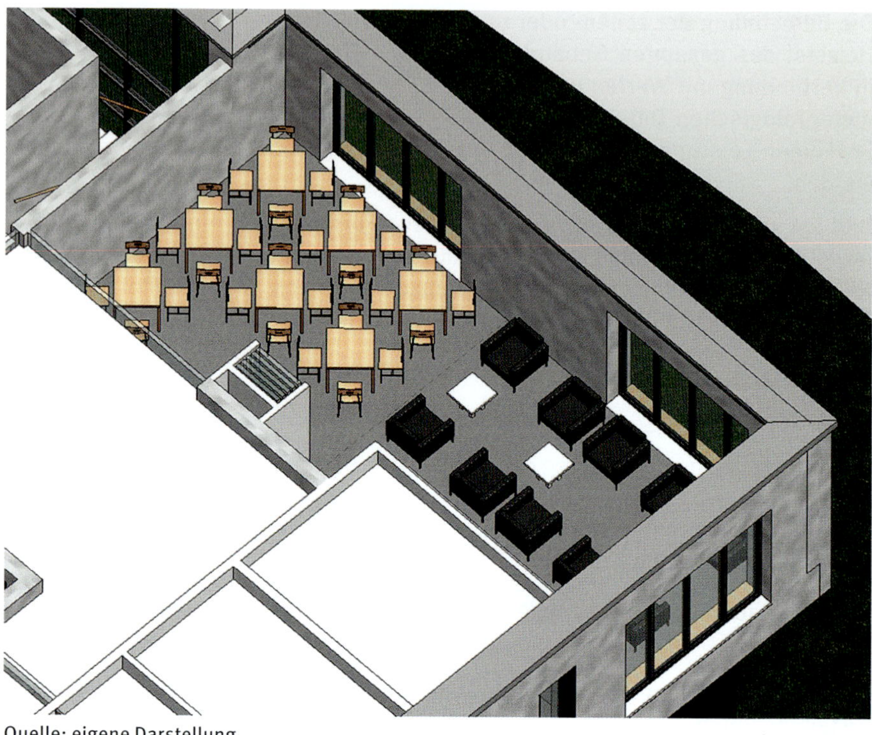

Quelle: eigene Darstellung

Bild 5.5: Lese- und Aufenthaltsraum

Der Lese- und Aufenthaltsraum ist im Gebäudemodell des Architekten vollständig beschrieben mit allen raumumschließenden Bauteilen und einem Nutzungsprofil. Dieses Modell wurde erweitert mit notwendigen Angaben für die Bedarfsberechnungen der Technischen Gebäudeausrüstung, so z. B. mit der Raumtemperatur und weiteren oben bereits beschriebenen Raum- und Nutzungsdaten zur Berechnung der Heizlast.

Die Übertragung der gebäudebezogenen Modellinhalte erfolgt über eine gbXML-Schnittstelle. Dieses Green Building XML-Schema wurde entwickelt, um Gebäudedaten für Engineering-Analysen und Berechnungen in entsprechende Programme standardisiert übertragen zu können. In Bild 5.6 ist dargestellt, in welcher Struktur und in welchem Umfang Daten des Schulungsraums an das Berechnungsprogramm übertragen werden.

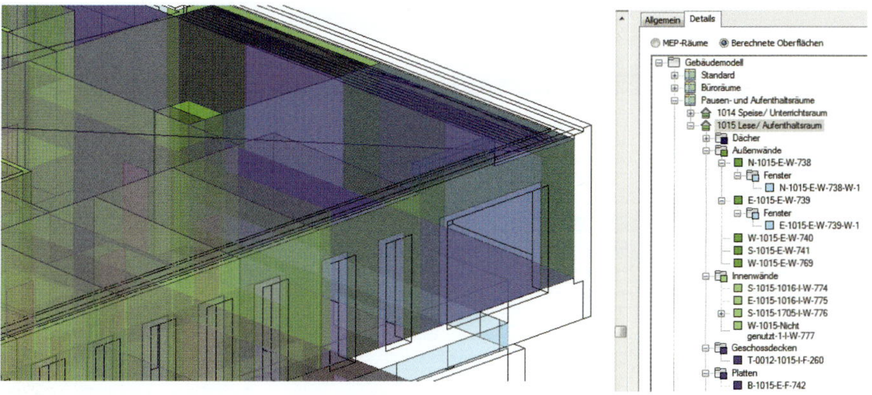

Quelle: eigene Darstellung

Bild 5.6: gbXML-Datenübertragung

In der im rechten Bildteil dargestellten Struktur sind die verschiedenen Bauteile, die den Raum bilden, strukturiert dargestellt.

Bild 5.7 zeigt nun die detaillierte Berechnung der Heizlast. Raumdaten und notwendige bauphysikalische Daten der Raumumschließungsflächen sind im unteren Teil der Abbildung dargestellt, die Berechnungsergebnisse des Raums im mittleren Teil des Bildes. Zusätzlich sind oben und im linken Teil Werte weiterer Räume sowie summarische Gebäudeberechnungswerte dargestellt.

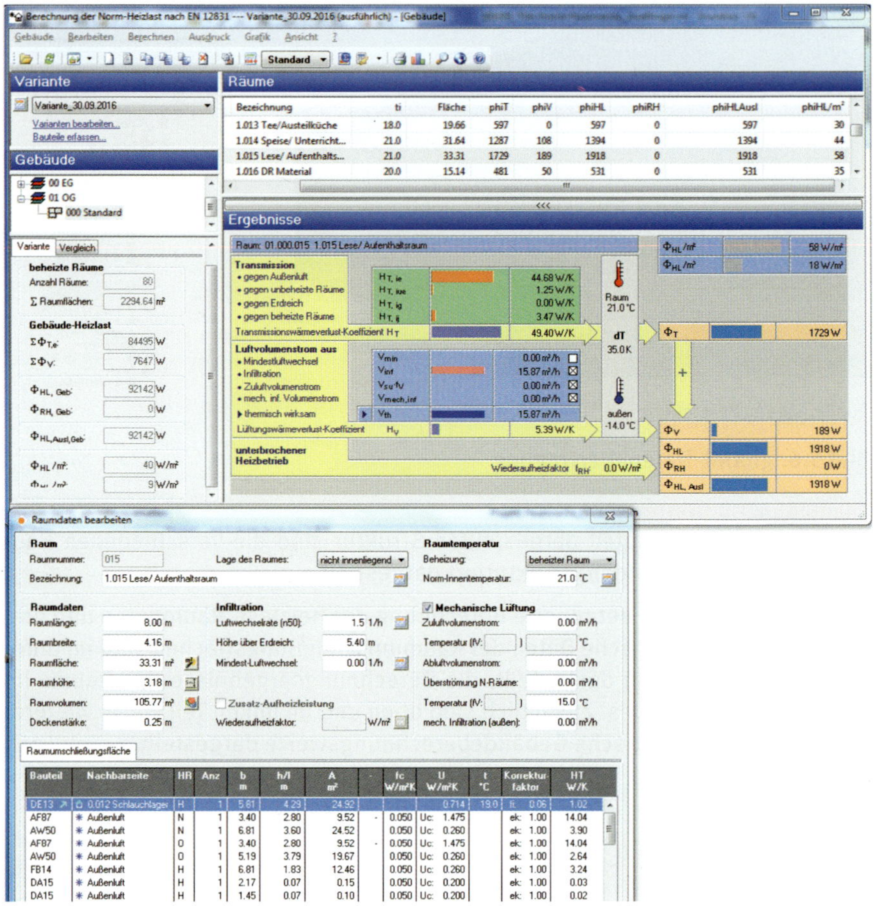

Quelle: eigene Darstellung

Bild 5.7: Heizlastberechnung des Lese- und Aufenthaltsraums

Mit Hilfe des Berechnungsprogramms ist es möglich, raum- und bauteilbezogen weitere Auswertungen durchzuführen, um z. B. den Fensteranteil eines Raumes zu optimieren oder die Verhältnismäßigkeit des Transmissionswärmeverlustes unterschiedlicher Bauteilarten zu bewerten, siehe Bild 5.8.

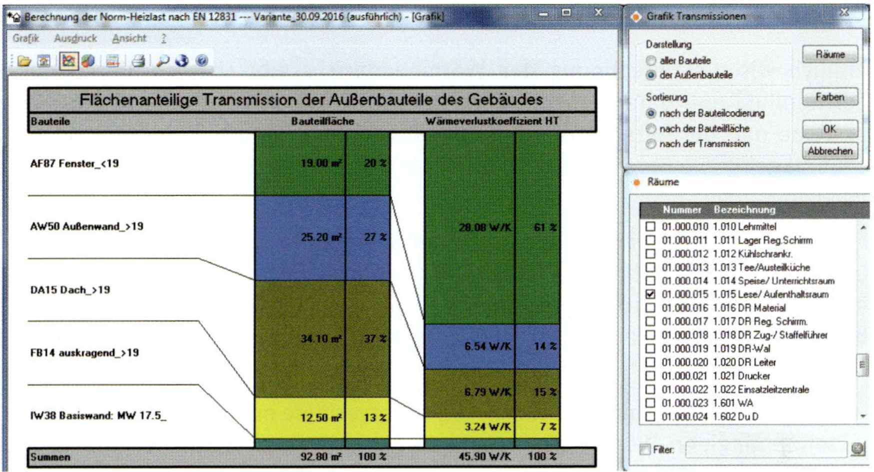

Quelle: eigene Darstellung

Bild 5.8: Energetische Bauteilbewertung auf Basis des spezifischen Transmissionswärmeverlustes

Die Ergebnisse der Heizlastberechnung wie auch weitere Ergebnisse energetischer Berechnungen, wie z. B. die Kühllast des Raums, werden von den Berechnungs- und Analyseprogrammen in das Modell zurückgeschrieben. Die Werte können dort modellbezogen visualisiert werden, so z. B. die spezifischen Heizlasten im W/m^2 in den unterschiedlichen Gebäudebereichen und Räumen, siehe Bild 5.9.

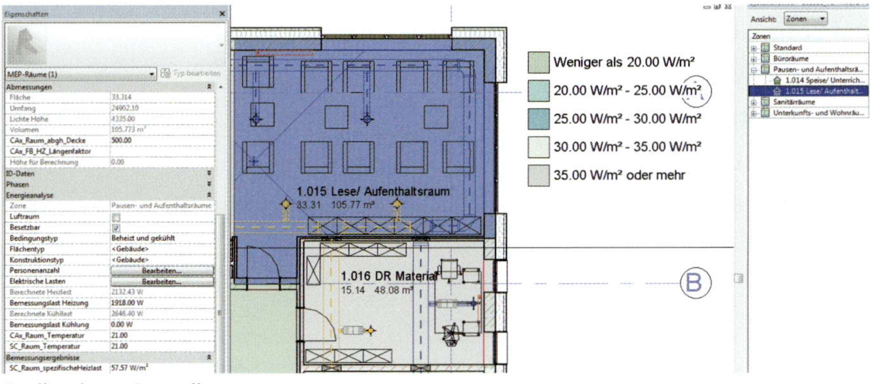

Quelle: eigene Darstellung

Bild 5.9: Ergebnisdarstellung der Energieanalyse im Gebäudemodell

5.4 Kühlbedarf – VDI 2078

Ähnlich wie die Berechnung des Wärmebedarfs ergibt sich die Berechnung der Kühllast und daraus resultierenden erforderlichen Kühlleistung der Kühlsysteme und der entsprechenden Kälteerzeugungs- und Kälteverteilsysteme. Grundlage für die Berechnung ist die VDI 2078 „Berechnung der Kühllast klimatisierter Räume".

Für die Berechnung der Kühllast, d. h. der Summe aller zeitgleichen Raumkühllasten zu einem bestimmten Zeitpunkt (nicht die Summe aller Raumkühllastmaxima), sind die nachfolgenden Angaben zu Raumelementdaten und Raumbelastungen erforderlich, die über das digitale Gebäudemodell der Berechnung beizustellen sind:

– **gebäudeinnere Raumbelastungen und Lastverläufe** mit den jeweiligen tageszeitabhängigen Werten (Personenbelegung, Beleuchtung, Maschinen ggf. mit Stoffdurchsatz, Soll-Raumtemperatur, Nachbarraumtemperatur, Luftaustausch mit Nachbarräumen),

– **äußere Raumbelastungen** mit den jeweiligen geometrischen und bauphysikalischen Daten (Transmission durch speichernde Außenflächen (Dach, Wand, Decken/Böden), Transmission durch nicht speichernde Außenflächen (Verglasungen), Sonnenstrahlung auf nicht transparente Außenflächen (Wand, Dach), Infiltration über Fenster, Türen, Fugen),

– **Angaben zur Lage des Gebäudes und zur umgebenden Bebauung** (reflektierende und verschattende Umgebung, meteorologische Daten).

In Bild 5.10 sind beispielhaft entsprechende Angaben zu erforderlichen Raumdaten dargestellt.

Auf Basis dieser Angaben werden folgende Raumreaktionen berechnet:

– konvektive Wärmelast (Kühl- oder Heizlast),

– Raumlufttemperatur,

– Kühlleistung.

Raumdaten

Raum 1 3.OG 1 306 Yoga 2

Länge	0,00 m	Breite	0,00 m
lichte Höhe	2,90 m	Geschoss-Höhe	4,00 m
Raumvolumen	188,0 m³	Anlage	
Fussbodenfläche	62,7 m²	Anzahl gleicher Räume	1
Bauschwereklasse	L	Sonnenschutz-Schwellwert	350 W/m²
		Konvektivanteil Personen	50 %
Bauartklasse	2	Konvektivanteil Möblierung	20 %

					Flächenberechnung						Nachbarraum			
Nr	KB	Bauteil	Hi	Anz	Breite [m]	Höhe [m]	Gesamt Fläche [m²]		anzurechnende Fläche [m²]	U-Wert [W/m²K]	T Art	Profildefinition	T Nachbarraum [°C]	Absorpkoeff
1	AW	AW1	SSO	1	8,50	4,00	34,01		11,59	0,22				0,60
2	AF	AF01	SSO	1	2,80	4,00	11,21	-	11,21	1,30				
3	AF	AF01	SSO	1	2,80	4,00	11,21	-	11,21	1,30				
4	IW	IW	W	1	10,70	4,00	42,82		42,82	3,13	S			
5	IW	IW	N	1	7,65	4,00	30,61		30,61	3,13	S			
6	IW	IW	N	1	0,02	4,00	0,09		0,09	3,13	S			
7	IW	IW	O	1	7,05	4,00	28,20		28,20	3,13	S			
8	FB	DE1		1	0,00	0,00	68,14		68,14	0,28	S			
9	DA	DA1	HO	1	0,00	0,00	68,14		68,14	0,17				0,80

Innere Lasten

Personen

Raum 1 3.OG 1 306 Yoga 2

Nr	von [h]	bis [h]	Anz	qm/Person [m²]	Tätigkeit
1	6	11	18	0,0	mittel
2	11	14	0	0,0	mittel
3	14	18	18	0,0	mittel
4	18	21	18	0,0	mittel
5	21	23	18	0,0	mittel

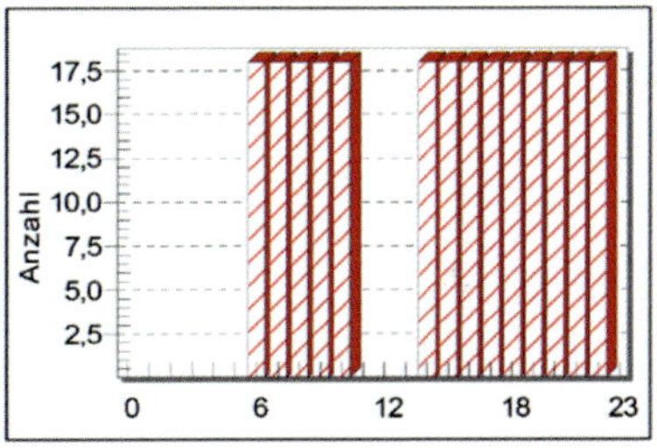

Beleuchtung

Raum 1 3.OG 1 306 Yoga 2

Nr	von [h]	bis [h]	Bezeichnung	Anz	qEff [W]	qSpez [W/m²]	Rb [%]	konv [%]	Glz [%]
1	6	11		1	0	20	100	100	100
2	11	14	Pause	1	0	20	100	100	0
3	14	18		1	0	20	100	100	100
4	18	21		1	0	20	100	100	100
5	21	23		1	0	20	100	100	100

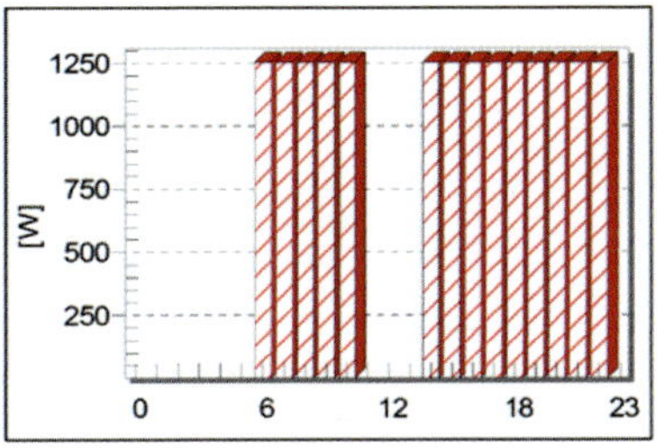

Quelle: eigene Darstellung

Bild 5.10: Auszugsweise Raumdaten für Kühllastberechnung – Raumdaten (oben), innere Lasten (unten)

Die aus der Berechnung für den Beispielraum ermittelten Daten sind in Bild 5.11 dargestellt, ergänzt um die Darstellung des tageszeitabhängigen Außentemperaturverlaufs und die Angabe zum Zeitpunkt des Leistungsmaximums. Die Angabe des raumabhängigen Zeitpunkts des Leistungsmaximums ist dahingehend von Bedeutung, dass auch in Bezug auf die Ermittlung des maximalen Gesamt-Kühlleistungsbedarfs für das Gebäude die Leistungen zu einem bestimmten Zeitpunkt addiert werden (nicht die Summe der Einzelraummaxima). Dies hat entscheidenden Einfluss auf die Dimensionierung der Kälteerzeugungseinrichtungen.

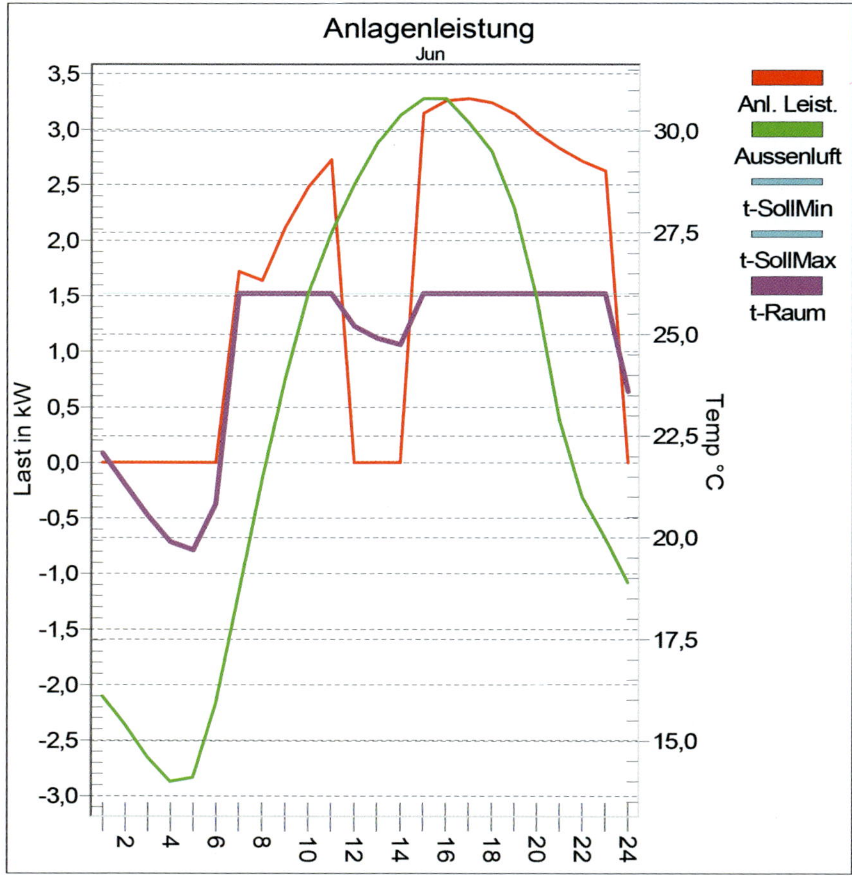

Quelle: SCHOLZE-THOST GmbH

Bild 5.11: Grafische Ergebnisdarstellung einer Raum-Kühllastberechnung

Entscheidend sowohl für Vereinfachung und Beschleunigung der Berechnung als auch für die Minimierung der Bedarfswerte sind eine vorherige Abstimmung zwischen Architektur (Gebäudemodell und Nutzungsangaben) und Bauphysik (Bauteilkatalog).

Nach dem aktuellen Stand der VDI 2078 kann die Berechnung über ein vereinfachtes Kurz-Verfahren oder ein EDV-basiertes Verfahren erfolgen. In der Regel wird das EDV-Verfahren aufgrund der Berechnung mit Hilfe von entsprechenden Berechnungsprogrammen durchgeführt. Zukünftig wird die Berechnung der Kühllast wesentlich umfassender und auch stärker die thermische Dynamik berücksichtigen, sodass die Berechnung ausschließlich EDV-gestützt auf einer wesentlich umfassenderen Datengrundlage erfolgen wird. Dies wird weitere Anforderungen an die Verfügbarkeit der erforderlichen Daten im Gebäudedatenmodell stellen.

5.5 Beleuchtungsberechnung

Raumbezogene Grundlagen zur Ermittlung der erforderlichen Beleuchtungseinrichtungen sind die Raumgeometrie, Angaben zur Beschaffenheit der Raumoberflächen und Raumnutzungsanforderungen. Sie beinhaltet auch Angaben zur Raumausstattung, insbesondere Vorgabe der Arbeitsplätze mit erhöhten Anforderungen an die Beleuchtungsstärke. Anhand dieser raum- und nutzungsbezogenen Angaben können beispielsweise auf Basis der Arbeitsstättenrichtlinie ASR A3.4 die jeweils erforderliche Mindestbeleuchtungsstärke und der erforderliche Farbwiedergabeindex bestimmt werden. Dabei sind Randbedingungen, wie z. B. Blendung, Schattenwurf, Pulsation oder Flimmern, zu beachten.

Bild 5.12 und Bild 5.13 zeigen einen Auszug aus einer Beleuchtungsberechnung für einen Besprechungsraum.

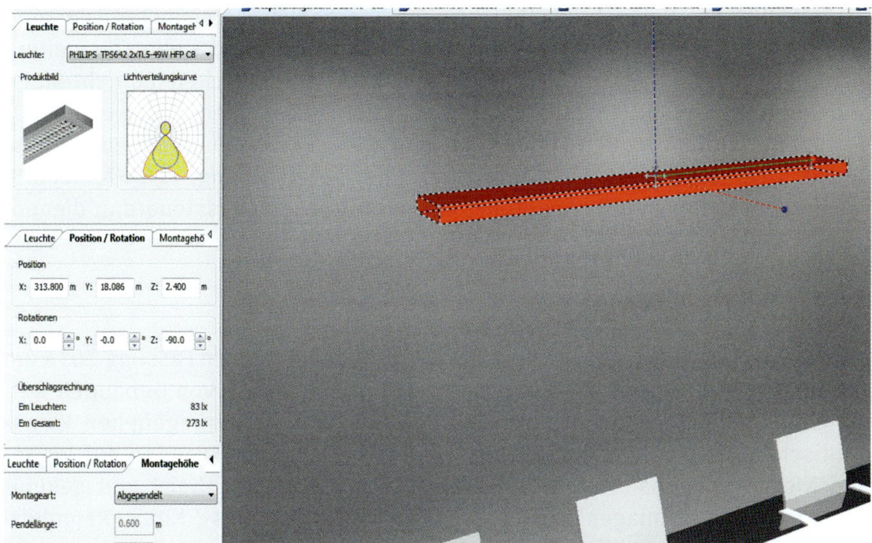

Quelle: SCHOLZE-THOST GmbH

Bild 5.12: Beispieldarstellung aus einer Beleuchtungsberechnung

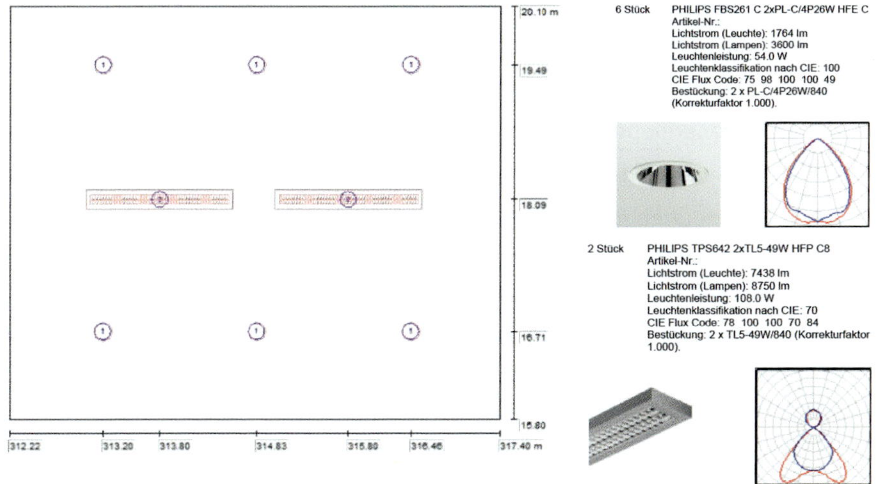

Quelle: eigene Darstellung

Bild 5.13: Berechnungsergebnis für Beleuchtung Besprechungsraum

Die mit Hilfe des Beleuchtungsberechnungsprogramms berechneten Leuchten lassen sich gemeinsam mit den Raumdaten exportieren und stehen für weitere Planungsaufgaben, wie z.B. Planung der elektrotechnischen Einrichtungen und Versorgung und Installationskoordination, mit anderen Gewerken zur Verfügung. Im BIM-Modell können die Leuchten dem Raum als Beleuchtungsobjekt, dem Stromkreis zur elektrischen Energieversorgung, vgl. Kapitel 6.5, sowie einer möglichen Raumautomation oder Beleuchtungssteuerung dienen, siehe Kapitel 6.6.2.7

5.6 EnEV – DIN V 18599

Mit der Energieeinsparverordnung (EnEV), die in der aktuellen Fassung 2014 am 1. Mai 2014 in Kraft getreten ist, soll der Energieverbrauch von Gebäuden weiter gesenkt werden, um die von der Bundesregierung vorgegebenen klimapolitischen Ziele bis 2050 zu erreichen. Die EnEV ist anzuwenden auf Wohn- und Nicht-Wohngebäude, die unter Einsatz von Energie geheizt und gekühlt werden, und auf Anlagen und Einrichtungen der Heizungs-, Kühl-, Raumluft- und Beleuchtungstechnik sowie der Warmwasserversorgung [EnEV].

Grundlage für die Berechnung der gebäudebezogenen Energieverbrauchswerte ist die DIN V 18599, bestehend aus den folgenden elf Teilen:

- Teil 1: Allgemeine Bilanzierungsverfahren, Begriffe, Zonierung und Bewertung der Energieträger
- Teil 2: Nutzenergiebedarf für Heizen und Kühlen von Gebäudezonen
- Teil 3: Nutzenergiebedarf für die energetische Luftaufbereitung
- Teil 4: Nutz- und Endenergiebedarf für Beleuchtung
- Teil 5: Endenergiebedarf von Heizsystemen
- Teil 6: Endenergiebedarf von Lüftungsanlagen, Luftheizungsanlagen und Kühlsystemen für den Wohnungsbau
- Teil 7: Endenergiebedarf von Raumlufttechnik- und Klimakältesystemen für den Nichtwohnungsbau
- Teil 8: Nutz- und Endenergiebedarf von Warmwasserbereitungsanlagen
- Teil 9: End- und Primärenergiebedarf von stromproduzierenden Anlagen
- Teil 10: Nutzungsrandbedingungen, Klimadaten
- Teil 11: Gebäudeautomation

Im Rahmen der EnEV-Berechnung werden die für Heizung, Kühlung, Lüftung, Beleuchtung und Warmwasserbereitung erforderlichen Nutzenergiemengen ermittelt und sind in direktem Zusammenhang mit den zuvor beschriebenen Berechnungen zu sehen. Unter der Nutzenergie ist hier der jeweilige Energiebedarf abhängig von Gebäude-, Raum- und den dazugehörigen Nutzungsgegebenheiten zu verstehen.

Grundlage für die Berechnung der Nutzenergiemengen ist die Zonierung, d. h. die Bildung von Gebäudebereichen mit gleicher Nutzung und gleicher Art der Konditionierung und einheitliche Zonenkriterien aller darin enthaltenen Räume. Die Definitionen der verschiedenen Zonen mit den jeweiligen nutzungsabhängigen Kriterien sind in Teil 10 der DIN V 18599 enthalten. Die derzeit 43 verschiedenen Nutzungsprofile unterscheiden sich durch die folgenden Angaben:

- tägliche und jährliche Nutzungszeiten und Nutzungsdauer,
- Betriebszeiten der Versorgungseinrichtungen,
- Raumkonditionen in Form von Soll-Raumtemperatur, Minimaltemperatur bei Heizbetrieb, Maximaltemperatur bei Kühlbetrieb, Temperaturabsenkung bei reduziertem Betrieb und Feuchteanforderungen,
- Raumlüftung und Art der Lüftung,
- Stärke, Installation und Nutzung der Beleuchtung,
- Personenbelegung mit unterschiedlichen Belegungsdichten,
- interne Wärmequellen,
- Automationsgrad.

Im einfachsten Fall ist es ausreichend, einem Raum die jeweilige Nutzung „A.n" zuzuordnen, d. h. in einem entsprechenden Eigenschaftsfeld des Raums für ein Einzelraumbüro das Nutzungsprofil „A.1" oder für einen Flur die Nutzung „A.19" anzugeben.

Über die in Teil 10 enthaltenen Zonenbildungskriterien gibt es in Teil 1 der DIN V 18599 weitere Zoneneinteilungskriterien für Bereiche gleicher Nutzung, die zu einer Verfeinerung der Zonierung führen. Die überwiegend anlagenbezogenen Kriterien sind beispielsweise:

- Unterscheidung hinsichtlich der Konditionierung,
- unterschiedliche Systeme zur Be- und Entlüftung,
- unterschiedliche Funktionen der RLT-Anlage,

- betriebsbedingter Außenluftvolumenstrom,
- installierte Leistung Kunstlicht,
- Gebäude- und Raumtiefe,
- Anteil transparenter Flächen in der Fassade,
- Sonnenschutz und Gebäudeorientierung.

Diese Zonierung bildet die Grundlage für die Festlegung der Versorgungsbereiche, d.h. der Bereiche, die von den gleichen Versorgungssystemen versorgt werden. Wichtig ist hierbei, dass diese Bildung der Versorgungsbereiche unabhängig von der Zonierung aus der Berechnungsvorschrift eines einzelnen technischen Gewerks erfolgt, gleichzeitig aber doch zwangsläufig bezüglich der Angabe der entsprechenden anlagenbezogenen Berechnungsparameter damit in Beziehung steht.

Wie in Bild 5.14 dargestellt, können mit den entsprechenden Festlegungen die Zonen gebildet werden.

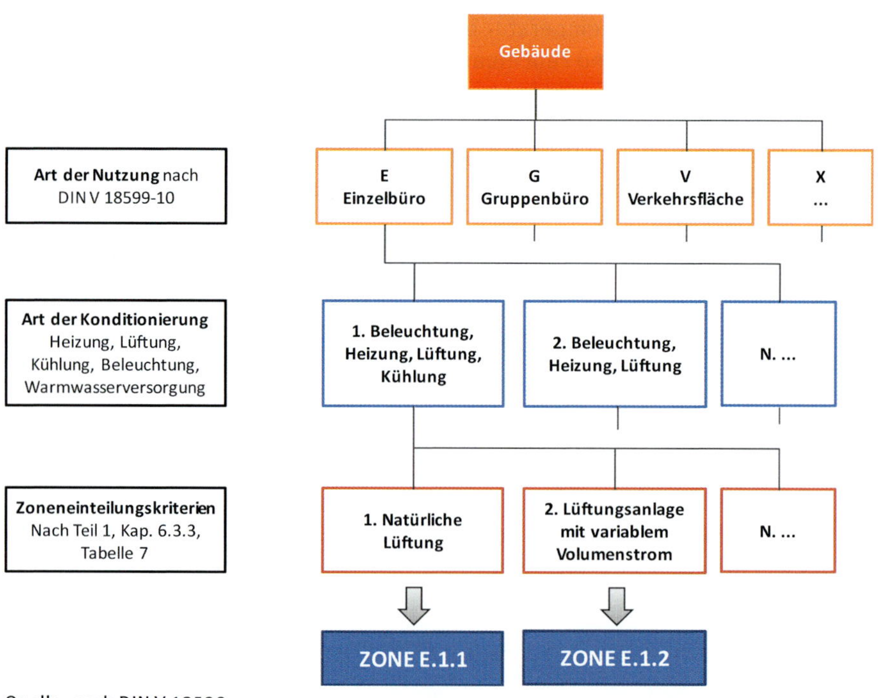

Quelle: nach DIN V 18599

Bild 5.14: Bildung von Zonen im Rahmen der EnEV-Berechnung

Unter Berücksichtigung der für die Versorgung erforderlichen Systeme der Anlagentechnik wird die sogenannte Endenergie berechnet, d.h. nach DIN V 18599, Teil 1 die Energiemenge, „die der Anlagentechnik (Heizungsanlage, Raumlufttechnische Anlage, Warmwasserbereitungsanlage, Beleuchtungsanlage) zur Verfügung gestellt wird, um die festgelegte Rauminnentemperatur, die Erwärmung des Warmwassers und die gewünschte Beleuchtungsqualität über das ganze Jahr sicherzustellen". Bei der Berechnung der Endenergie werden zum Beispiel Anlagenwirkungsgrade, Verteilverluste und Hilfsenergien zur Bereitstellung der Nutzenergie berücksichtigt.

Über das Gebäudeinformationsmodell sind auch die Zuordnung von erforderlichen Nutzungen und Versorgungsbereichen sowie anlagentechnische Bezüge abzubilden. Probleme können dahingehend auftreten, dass einerseits für die bedarfs- und versorgungsleistungsbezogenen Berechnungen andere Werte zu Räumen und Nutzung angegeben werden als die nach Teil 10 standardisierten Werte, um eine gebäudeübergreifende Verbrauchsbewertung zu ermöglichen. Grundsätzlich lässt die DIN V 18599 die Definition von Zonen mit von den Standardwerten abweichenden Nutzungsrandbedingungen zu, insbesondere dann, wenn dies nennenswerten Einfluss auf den Energiebedarf der entsprechenden Zone nimmt. Im Rahmen der EnEV-Berechnung ist dies jedoch nicht ohne Weiteres möglich, da damit eine übergreifende Vergleichbarkeit des Gebäudes nicht mehr gegeben ist; dies ist im Einzelfall von EnEV-Sachverständigen prüfen zu lassen und offiziell abzustimmen.

Ungeachtet dessen ist es erforderlich, bei konsequenter Anwendung des Gebäudeinformationsmodells beide Betrachtungen abzubilden, um einerseits sowohl Änderungen in der Bedarfs- und Leistungsermittlung, als auch in der EnEV-Bewertung unmittelbar berücksichtigen zu können, andererseits die Konsistenz beider Betrachtungen zu jedem Zeitpunkt zu gewährleisten.

5.7 Raumbuch

Sowohl als Grundlage für die Ermittlung des raumbezogenen Versorgungsbedarfes und der errechneten Leistungen zur Bedarfsdeckung als auch für die Verwaltung raumbezogener TGA-Daten und -Objekte ist das Raumbuch, insbesondere der technische Teil des Raumbuchs, ein wichtiges Informationsmodell für die TGA. Bild 5.15 gibt einen Überblick über die Phasen eines Raumbuchs.

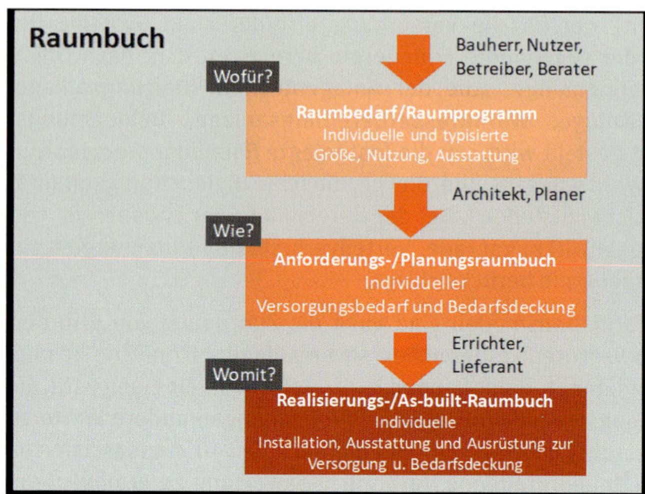

Quelle: eigene Darstellung

Bild 5.15: Phasen eines Raumbuchs

Grundlage für die Planung der TGA ist ein Raumprogramm, das die Anzahl und Art der zu versorgenden Räume oder Raumtypen und den daraus resultierenden Versorgungsbedarf beschreibt. Dieses sollte in direkter Verbindung mit dem Gebäudemodell und dessen Ebenen, Räume und (raumbezogenen) Nutzungen stehen, vgl. Abbildung 4 3. Diese Stufe des Raumbuchs wird in den Leistungsphasen Grundlagenermittlung und Vorplanung bearbeitet und sollte alle raumbezogenen Grundlagen für die zuvor beschriebenen Berechnungen zur Bedarfsdeckung enthalten. Idealerweise stellt das Raumbuch nur einen alphanumerischen Auszug aus dem Gebäudemodell dar, d.h., mit dem Gebäudemodell sollten auch die raumbezogenen Daten im Modell dem TGA-Planer als Berechnungsgrundlage übergeben werden.

Im weiteren Planungsverlauf, d.h. ab der Entwurfsplanung, entsteht ein Anforderungs-/Planungsraumbuch, in dem ausgehend von den Anforderungen die Berechnungsergebnisse und Angaben zur gewerkebezogenen Versorgung als Eigenschaft des Raumes angegeben werden. In Bild 5.16 ist ein Ausschnitt eines Raumbuchs aus der Entwurfsplanungsphase dargestellt.

Werden in den weiteren Leistungsphasen die TGA-Objekte genauer spezifiziert, so werden aus den TGA-bezogenen Raumeigenschaften (z.B. 1 Stück Röhrenradiator, ZU-Nachströmung 50 m³/h, 2 Stück Anschluss Labortisch 1-pol Normalnetz) TGA-Objekte mit Objekteigenschaften, die in Bezug gesetzt werden zu dem Raum.

Raum: **B2.E0.11** **Standardlabor**

Bauteil:	Ebene:	Nummer:	Raum-Prgr. 1:	Raum-Prgr. 2:	Fläche:	Raumtyp:
B2	E0	11	9/6		17,78 m²	RG100

Sonnenschutz: X Blendschutz: X Verdunkelung: -

Kostengruppe	Anz.	Objektbezeichnung	Objekteigenschaft	Wert	Einheit
410		Planverweis		B2.E0.11-9/6 Ansicht A	-
410		Planverweis		B2.E0.11-9/6 Ansicht B	-
410		Planverweis		B2.E0.11-9/6 Grundriss	-
420		Heizwärmebedarf QH		548	W
420		Planverweis		B2.E0.11-9/6 Ansicht A	-
420		Planverweis		B2.E0.11-9/6 Ansicht B	-
420		Planverweis		B2.E0.11-9/6 Grundriss	-
420		Normwärmebedarf QN		477	W
420		Raumtemperatur (Winter)		20	°C
423	1	Röhrenradiatoren			
430		FO-Kontaminiert		420	m³/h
430		FO-EX		100	m³/h
430		AB max.		600	m³/h
430		AB min./abgesenkt		50	m³/h
430		Vers. RLT-Anlage		310	-
430		GMP-Anforderung		1	-
430		Planverweis		B2.E0.11-9/6 Ansicht A	-
430		Planverweis		B2.E0.11-9/6 Ansicht B	-
430		Planverweis		B2.E0.11-9/6 Grundriss	-
430		mechanische Lüftung		x	-
430		"FO-Lösungsmittel; Säure/Lauge; Unterba		50	m³/h
430		ZU-Nachstömung max.		50	m³/h
430		Druckniveau		-12,5	Pa
430		zul. Schalldruckpegel Lüftg.		50	dB(A)
430		vspez max.		30,9	m³/hm²
430		Luftbehandlung (HKBE)		HKBE	-
430		ZU-Nachstömung min.		50	m³/h
430		ZU max.		550	m³/h
440		Planverweis		B2.E0.11-9/6 Ansicht A	-
440		Planverweis		B2.E0.11-9/6 Ansicht B	-
440		Planverweis		B2.E0.11-9/6 Grundriss	-
444		Anschluss Labortisch (1-pol. Messnetz)		2	Stück
444		Anschluss Labortisch (1-pol. Normalnetz)		1	Stück
444		Anschluss Labortisch (1-pol. Notstrom)		2	Stück
444		Anschluss Labortisch (1-pol. USV)		2	Stück
444		Anschluss Labortisch (3-pol. Normalnetz)		3	Stück

Quelle: eigene Darstellung

Bild 5.16: Planungsraumbuch mit TGA-bezogenen Raumeigenschaften

Die beiden nachfolgenden Darstellungen in Bild 5.17 und Bild 5.18 zeigen jeweils einen Ausschnitt aus dem Heizungsmodel bzw. Raumlufttechnikmodell mit den Raumzuordnungen und den Zuordnungen zu den versorgenden Systemen unter Anwendung der Referenzkennzeichen als Objektbeziehungen. Aus diesen Modellen werden die raumbezogenen Objekte für das Ausführungs- und As-built-Raumbuch extrahiert.

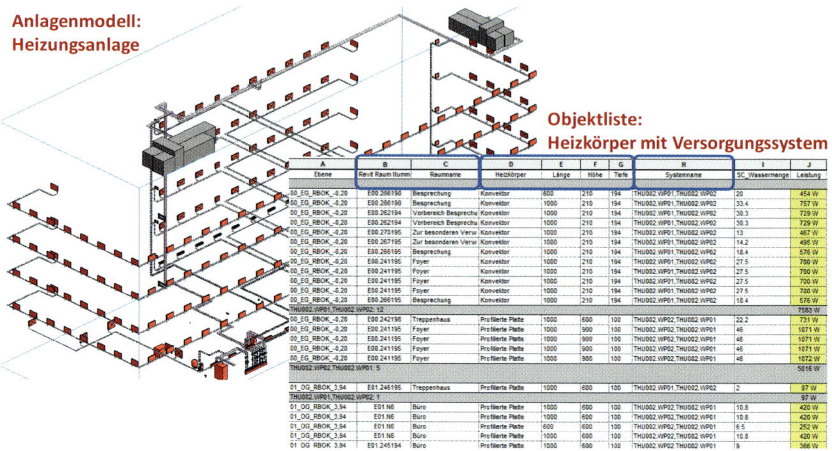

Quelle: eigene Darstellung

Bild 5.17: Heizungsanlage mit Raumbezügen

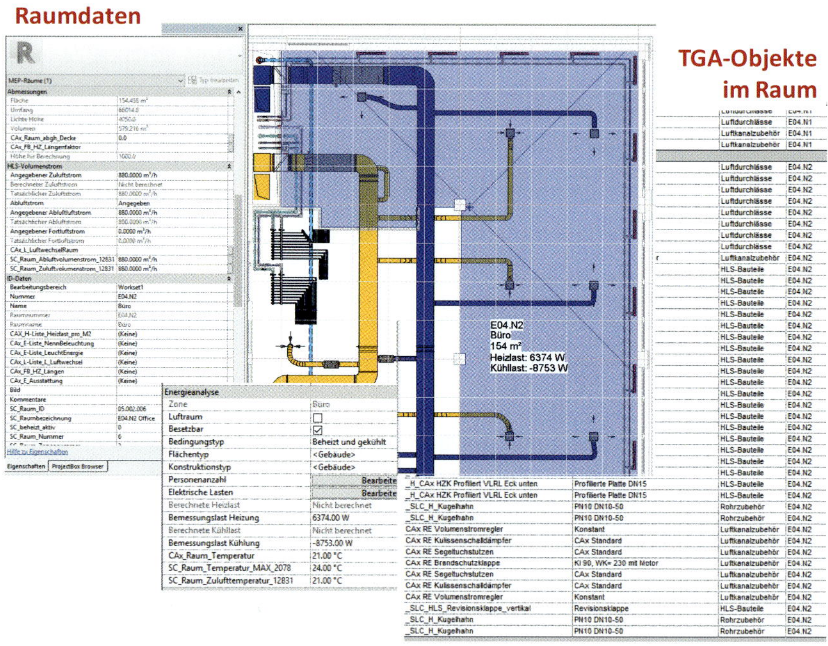

Quelle: eigene Darstellung

Bild 5.18: Lüftungsanlage mit Raumbezügen

Eine Überführung sowohl von Eigenschaften als auch von TGA-Objekten in ein Raumbuch ist in Bild 5.19, Bild 5.20, Bild 5.21 und Bild 5.22 am Beispiel eines Pharma-Produktionsgebäudes dargestellt.

Neubau Pharmaproduktion — Raumbuch — SCHOLZE THOST. PLANEN UND BERATEN

Raum: ++07.00.02 Schleuse

Fläche: 45,30 m² *Flächenart:* *Abteilung:* *Kostenstelle:*

Raumdetails:

Raum

Detailbezeichnung	Wert	Einheit
Raumumfang	132,00	m
Volumen	1.155	m³/h

Lüftung

Detailbezeichnung	Wert	Einheit
Plannummer	AR.07.00.LA.533_A	
Raumzone	A	
RK	E	
Feuchtesollwert MAX	-	%
Feuchtesollwert MIN	-	%
Feuchtesollwert Toleranz	-	%
spezifischer Volumenstrom MAX	12,0	m³/hm²
spezifischer Volumenstrom MIN	0,0	m³/hm²
spezifischer Volumenstrom ABGESENKT	0,0	m³/hm²
Kühlleistung Sommer	8,40	kW
spezifische Kühlleistung Sommer	24	W/m²
Differenztemperatur Sommer	6	K
spezifischer Wärmebedarf Winter	27	W/m²
Differenztemperatur Winter	5,8	K
Zulufttemperatur Winter	28	°C

Quelle: SCHOLZE-THOST GmbH

Bild 5.19: Ausschnitt aus einem Ausführungsraumbuch: Raumeigenschaften

Raum: ++07.00.02 Schleuse

Fläche: 45,30 m² *Flächenart:* *Abteilung:* *Kostenstelle:*

5 Sicherheitsleuchte

Detailbezeichnung	Wert	Einheit
Leuchtenbezeichnung	Sicherheitsleuchte	
Hersteller	CEAG	
Herstellertyp	SL 2011 CG / 220 ACDC	
Bestückung	8W	
Referenzkennzeichen	=TE23.E01.E04	-
Vorschaltgerät	EVG	
Schutzart	IP 41	
Breite	330	mm
Höhe	172	mm
Leuchtentyp	Y2	
LV Position	01 14 18	
Montageort	Fluchtwege BT 7 EG, Technikbereiche	

3 Rettungszeichenleuchte

Detailbezeichnung	Wert	Einheit
Leuchtenbezeichnung	Rettungszeichenleuchte	
Hersteller	CEAG	
Herstellertyp	RZ 2011 CG / 220 ACDC	
Referenzkennzeichen	=TE23.E01.E05	-
Bestückung	8W	
Vorschaltgerät	EVG	
Schutzart	IP 41	

Quelle: SCHOLZE-THOST GmbH

Bild 5.20: Ausschnitt aus einem Ausführungsraumbuch: TGA-Objekte

1 Decken-Drallauslaß

Detailbezeichnung	Wert	Einheit
Bezeichnung	Decken-Drallauslaß	
Bezeichner	EQ991	
Hersteller	Schako	
Herstellertyp	DQJ + AK	
Typ Kennzeichen	TL	

Türen

Anschlagseite im Raum

Tür-ID.	Türbezeichnung		Nachbarraum: Nummer	Bezeichnung
00.138	Brandschutztür	nach Raum ...	++06.00.04	Konfektionierung
00.137	Brandschutztür	nach Raum ...	++06.00.04	Konfektionierung
00.092	Brandschutztür	nach Raum ...	++07.00.01	Reserve
00.062	Brandschutztür	nach Raum ...	++05.00.04	Flur 1

Anschlagseite im Nachbarraum

Nachbarraum:

Quelle: SCHOLZE-THOST GmbH

Bild 5.21: Ausschnitt aus einem Ausführungsraumbuch: TGA-Objekte und Objektbeziehungen

Raumbezogene TGA-Komponenten:

AKZ	Bezeichnung	Aufstellungsort	Versorgende Anlage(n)
++07.00.02=ATL01	Mischbox	++05.00.07	=TL01.W03.W02.W04
	Mischbox	++05.00.07	=TL01.W02.W02.W04
++07.00.02=ATL02	Mischbox	++05.00.07	=TL01.W03.W02.W04
	Mischbox	++05.00.07	=TL01.W02.W02.W04
++07.00.02=ATL03	Mischbox	++05.00.07	=TL01.W03.W02.W04
	Mischbox	++05.00.07	=TL01.W02.W02.W04
++07.00.02=FTL01	Brandschutzklappe	++05.00.07	=TL01.W03.W02.W04
	Brandschutzklappe	++05.00.07	=TL01.W02.W02.W04
++07.00.02=FTL02	Brandschutzklappe	++05.00.07	=TL01.W08.W02.W04
++07.00.02=FTL03	Entrauchungsklappe	++05.00.07	=TL10.W02
++07.00.02=QTL01	Volumenstromregler	++05.00.07	=TL01.W08.W02.W04
++07.00.02=RTL01	Schalldämpfer	++05.00.07	=TL01.W03.W02.W04
	Schalldämpfer	++05.00.07	=TL01.W02.W02.W04
++07.00.02=RTL02	Schalldämpfer	++05.00.07	=TL01.W08.W02.W04

Quelle: SCHOLZE-THOST GmbH

Bild 5.22: Ausschnitt aus einem Ausführungsraumbuch: TGA-Objekte und Versorgungsbezüge

6 Systementwurf

6.1 Systeme der Technischen Gebäudeausrüstung

6.1.1 Allgemeines

Systeme sind im Allgemeinen definiert als die Gesamtheit aller miteinander in Verbindung stehenden Objekte, die in einem bestimmten Zusammenhang als Ganzes gesehen und als von ihrer Umgebung abgegrenzt betrachtet werden können (DIN EN 81346-1). Ein System wird hinsichtlich seiner Zielsetzung oder seines Zweckes, z. B. der Ausführung einer bestimmten Funktion, definiert.

Die Systeme der Technischen Gebäudeausrüstung dienen dazu, Gebäude, betriebstechnische Einrichtungen und Nutzungseinheiten mit Energie, Medien und Informationen zu versorgen und eine versorgungs- und informationstechnische Verbindung mit angrenzenden Systemen herzustellen. Waren diese Funktionen anfangs im Wesentlichen begrenzt auf Heizen und Beleuchten, so sind diese Systeme heute zum Teil von höchster Komplexität im Einzelnen, stehen aber aufgrund des hohen Vernetzungsgrads auch in Verbindung mit vielfältigen Anwendungsmöglichkeiten. Einen umfassenden Überblick über die verschiedenen Systeme (auch bezeichnet als Gewerke) gibt die Kostengruppe 400 der DIN 276, siehe Tabelle 6.1.

Tabelle 6.1: Systeme/Gewerke der Technischen Gebäudeausrüstung nach DIN 276

Kostengruppe	Bezeichnung
400	Bauwerk – Technische Anlagen
410	Abwasser-, Wasser-, Gasanlagen
420	Wärmeversorgungsanlagen
430	Lufttechnische Anlagen
440	Starkstromanlagen
450	Fernmelde- und informationstechnische Anlagen
460	Förderanlagen
470	Nutzungsspezifische Anlagen
480	Gebäudeautomation

Die Planung, die Errichtung und besonders auch der Betrieb der Systeme der Technischen Gebäudeausrüstung werden immer anspruchsvoller, was mit den vielfältigen technischen Möglichkeiten und Funktionalitäten der Systeme selbst zusammenhängt sowie mit den vielfältigen Anforderungen aus Bau und Nutzung vor dem Hintergrund von Energieeffizienz, Nachhaltigkeit und anspruchsvollen betrieblichen und technischen Prozessen, die durch die Systeme zu versorgen sind. Dazu kommt eine Vielzahl von immer wieder neuen Gesetzen, Verordnungen, Normen, Richtlinien und Vorschriften wie beispielsweise das Gebäudeenergiegesetz (GEG), das Erneuerbare-Energien-Gesetz (EEG), die Trinkwasserverordnung (TrinkwV), Arbeitsstättenrichtlinien oder Betriebssicherheitsverordnungen.

Die vielfältigen Systeme der Technischen Gebäudeausrüstung können aufgeteilt und zusammengefasst werden in die drei Systembereiche:

- Mechanische Systeme,
- Elektrotechnische Systeme und
- Automationssysteme.

Sind die Bereiche Mechanik und Elektrotechnik mit speziellen Unterbereichen schon lange etabliert, so entwickelt sich im Bereich der Technischen Gebäudeausrüstung die Automatisierung (Gebäudeautomation) zu einem eigenständigen mehr oder weniger technisch und funktional übergeordneten Bereich, wie dies in anderen technischen Bereichen, wie z. B. in der Prozesstechnik, im Anlagenbau oder in der Kraftwerkstechnik, schon lange Zeit der Fall ist. Dies zeigt sich unter anderem an der aktuellen Novellierung der HOAI 2021 [HOAI2021], in der erstmals die Automatisierung als eigenständiger Planungsbereich honorarmäßig bewertet werden kann. Im Bereich der Ausführung gibt es schon längere Zeit auf die Errichtung von Automationssystemen spezialisierte Firmen.

Diese der jeweiligen Komplexität jedes einzelnen Systems geschuldete Aufteilung in verschiedene Systeme oder Systembereiche wirkt sich auf die spezielle und gezielte Ausbildung der Akteure, die Zusammenfassung zu abgegrenzten Planungs- oder Ausführungsorganisationseinheiten, die Anwendung spezieller systemspezifischer Hilfsmittel und die jeweilige Dokumentation in den verschiedenen Bereichen aus.

Aufgrund der bereits genannten zunehmend höheren Vernetzung der Systeme und der daraus resultierenden systemübergreifenden Gesamtfunktionalität haben sich in der Vergangenheit besonders bei Großprojekten immer wieder zum Teil gravierende Mängel für die grundlegende Sicherstellung der Versorgung und Nutzbarkeit von Gebäuden ergeben. In der Regel gehen die Unzulänglichkeiten auf die Vielzahl an Schnittstellen zwischen baulichen, nutzungsspezifischen und technischen Systemen, Werkzeugen und Organisationseinheiten zurück und spiegeln sich direkt in mangelhaften Informationsflüssen und absolut unzureichender Dokumentation in allen Projektphasen wider.

Nachfolgend werden die drei verschiedenen Bereiche genauer erläutert. Dabei wird besonders auf die jeweiligen Anforderungen an das Engineering eingegangen, d. h., es werden die Aufgaben und Prozesse insbesondere in der Planung, der jeweilige Informationsbedarf und die Dokumentation beschrieben. Dies geschieht sowohl für die einzelnen Anlagen als auch für die Beziehungen der Anlagen untereinander und im Zusammenhang mit anderen technischen und baulichen Systemen.

6.1.2 Systeme der Mechanik

Mit Hilfe der Systeme der Mechanik werden Gebäude im Wesentlichen mit Energie und Medien versorgt und Stoffe entsorgt. Im Allgemeinen sind die Anlagentypen den DIN-276-Kostengruppen 410, 420, 430 und 470 zugeordnet. Dies sind im Einzelnen:

- **Abwasser-, Wasser- und Gasanlagen** mit allen Anlagen zur Schmutzwasser-, Regenwasser- und Prozesswasserableitung, Abwasserbehandlung und Abwasserförderanlagen, Wassergewinnungsanlagen, Aufbereitungs- und Druckerhöhungsanlagen, Warmwasserbereitungsanlagen und Sanitäreinrichtungen sowie Gasanlagen für Wirtschaftswärme mit Gaslagerungs- und Erzeugungsanlagen, Übergabestationen und Druckregelanlagen etc.
- **Wärmeversorgungsanlagen** mit Wärmeerzeugungsanlagen, Wärmeübergabestationen, Abgasanlagen und zentralen Wassererwärmungsanlagen, Wärmeverteilnetze für Raumheizflächen, raumlufttechnische Anlagen und sonstige Wärmeverbraucher sowie Raumheizflächen etc.
- **Lufttechnische Anlagen** mit Zu- und Abluftanlagen, Entrauchungsanlagen, Teilklima- und Klimaanlagen, Lüftungsdecken und sonstigen Lüftungsanlagen etc.
- **Kälteanlagen** für die Versorgung von lufttechnischen Anlagen und sonstigen Kälteverbrauchern, Kälteerzeugungs- und Rückkühlanlagen, Kälteverteilung, Umluftkühlgeräte und Raumkühleinrichtungen etc.

- **Medienversorgungsanlagen** für die Versorgung mit medizinischen und technischen Gasen und Flüssigkeiten mit allen Erzeugungs-, Behandlungs-, Speicher-, Verteil- und Übergabeeinrichtungen etc.
- **Feuerlöschanlagen** als Sprinkler- oder Gaslöschanlagen, Löschwasserspeicher-, Löschwasserförder- und Löschwasserverteileinrichtungen, Wandhydranten und Handfeuerlöschern etc.
- **küchentechnische Anlagen** zur Speisen- und Getränkezubereitung, -ausgabe und -lagerung mit den erforderlichen Kühleinrichtungen
- **Wäscherei- und Reinigungsanlagen** mit erforderlichen Einrichtungen zur Wasseraufbereitung, Desinfektion und Sterilisation
- **Medizin- und labortechnische Anlagen**
- **Badetechnische Anlagen**
- **Prozesswärme-, -kälte- und -luftanlagen** für Industrie-, Gewerbe- und Sportanlagen

Die in diesen Systemen enthaltenen Komponenten sind sehr vielfältig und weisen sehr unterschiedliche Eigenschaften auf. Im aktuellen Standard IFC 4.1 sind beispielsweise Objektarten (Entities) definiert:

- Ablauf/Abscheider (*IfcWasteTerminalType*)
- Abscheider (IfcInterceptorType)
- Befestigungsmittel (*IfcFastenerType*)
- Befeuchter (*IfcHumidifierType*)
- Brenner (*IfcBurnerType*)
- einbaufertige Anlage (*IfcUnitaryEquipmentType*)
- Energiewandler (*IfcEnergyConversionDeviceType*)
- Feuerlöscheinrichtung (*IfcFireSuppressionTerminalType*)
- Filter (*IfcFlowTreatmentDeviceType*)
- haustechnische Anlage (*IfcDistributionSystem*)
- Heizkessel (*IfcBoilerType*)
- Heizkörper (*IfcSpaceHeaterType*)
- Heiz-Kühlelemente (*IfcCoilType*)
- Kältemaschine (*IfcChillerType*)
- Kanal (*IfcDuctSegmentType*)

- Kanalschalldämpfer (*IfcDuctSilencerType*)
- Kanalverbinder (*IfcDuctFittingType*)
- Komponente der TGA (allgemein) (*IfcDistributionFlowElementType*)
- Kompressor (*IfcCompressorType*)
- Kondensator (*IfcCondenserType*)
- Kühlbalken (*IfcCooledBeamType*)
- Kühlturm (*IfcCoolingTowerType*)
- Luftauslass (*IfcAirTerminalType*)
- mechanische Befestigungsmittel (*IfcMechanicalFastenerType*)
- Objekt (allgemein) (*IfcTypeObject*)
- Produkt (allgemein) (*IfcTypeProduct*)
- Pumpe (*IfcPumpType*)
- Regelklappe (*IfcDamperType*)
- Rohr (*IfcPipeSegmentType*)
- Rohrabdeckung (*IfcStackTerminalType*)
- Rohrbündel (*IfcTubeBundleType*)
- Rohrverbinder (*IfcPipeFittingType*)
- Sanitäreinrichtung (*IfcSanitaryTerminalType*)
- Schornstein (*IfcChimneyType)*
- Schwingungsisolator (*IfcVibrationIsolatorType*)
- Speicher (allgemein) (*IfcFlowStorageDeviceType*)
- Strömungsmaschine (allgemein) (*IfcFlowMovingDeviceType*)
- System (allgemein) (*IfcSystem*)
- Tank (*IfcTankType*)
- Ventil (*IfcValveType*)
- Ventilator (*IfcFanType*)
- Verbinder/Formstück (allgemein) (*IfcFlowFittingType*)
- Verdampfer (*IfcEvaporatorType*)
- Verdunstungskühler (*IfcEvaporativeCoolerType*)
- Verteiler (allgemein) (*IfcFlowSegmentType*)

- Volumenstromregler (*IfcAirTerminalBoxType*)
- Wärmerückgewinner (*IfcAirToAirHeatRecoveryType*)
- Wärmetauscher (*IfcHeatExchangerType*)
- Zähler (allgemein) (*IfcFlowMeterType*)
- zusammengesetztes Element (*IfcElementAssemblyType*)
- Zusatzgerät/Einbauteil (*IfcDiscreteAccessoryType*)

Unterlagert sind diese hier gelisteten Betrachtungseinheiten weitergehend klassifiziert und spezifiziert. So ist zum Beispiel ein Abscheider in die Sub-Klassen Zyklonabscheider, Fettabscheider, Ölabscheider und Benzinabscheider aufgeteilt. Filter werden beispielweise in Luftpartikelfilter, Druckluftfilter, Geruchsfilter, Ölfilter, Flüssigkeitsfilter und Wasserfilter unterteilt. Weitere Beispiele sind Kältemaschinen, unterteilt in luftgekühlte Kältemaschinen, wassergekühlte Kältemaschinen und Wärmerückgewinnungs-Kältemaschinen, oder Ventilatoren in Radialventilatoren (vorwärts gekrümmt, ungekrümmt, rückwärts gekrümmt, profiliert), Rohraxialventilatoren, Leitschaufelaxialventilatoren.

Um im Zusammenhang mit BIM den Datenaustausch zu vereinheitlichen und zu vereinfachen, wurden die für die unterschiedlichen Anwendungsarten in Planung, Errichtung und Betrieb dieser Komponenten wichtigen Eigenschaften beschrieben. Im Zusammenhang mit der Erarbeitung des BIM-Leitfadens für Deutschland [BIMLeitfaden] wurde ein Objektkatalog für Objekte der Technischen Gebäudeausrüstung erstellt, der die in IFC enthaltenen Objekttypen mit den jeweiligen Eigenschaften beschreibt. In Bild 6.1 ist beispielhaft der Datensatz einer Pumpe (IfcPump/IfcPump/Type) dargestellt.

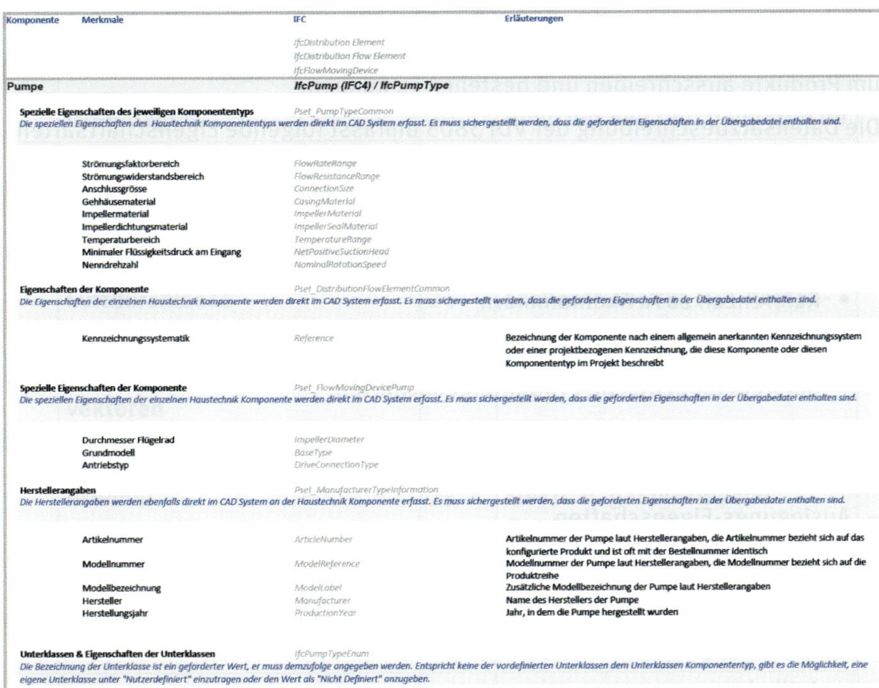

Komponente	Merkmale	IFC	Erläuterungen
		IfcDistribution Element	
		IfcDistribution Flow Element	
		IfcFlowMovingDevice	
Pumpe		***IfcPump (IFC4) / IfcPumpType***	
Spezielle Eigenschaften des jeweiligen Komponententyps		*Pset_PumpTypeCommon*	
Die speziellen Eigenschaften des Haustechnik Komponententyps werden direkt im CAD System erfasst. Es muss sichergestellt werden, dass die geforderten Eigenschaften in der Übergabedatei enthalten sind.			
	Strömungsfaktorbereich	*FlowRateRange*	
	Strömungswiderstandsbereich	*FlowResistanceRange*	
	Anschlussgrösse	*ConnectionSize*	
	Gehhäusematerial	*CasingMaterial*	
	Impellermaterial	*ImpellerMaterial*	
	Impellerdichtungsmaterial	*ImpellerSealMaterial*	
	Temperaturbereich	*TemperatureRange*	
	Minimaler Flüssigkeitsdruck am Eingang	*NetPositiveSuctionHead*	
	Nenndrehzahl	*NominalRotationSpeed*	
Eigenschaften der Komponente		*Pset_DistributionFlowElementCommon*	
Die Eigenschaften der einzelnen Haustechnik Komponente werden direkt im CAD System erfasst. Es muss sichergestellt werden, dass die geforderten Eigenschaften in der Übergabedatei enthalten sind.			
	Kennzeichnungssystematik	*Reference*	Bezeichnung der Komponente nach einem allgemein anerkannten Kennzeichnungssystem oder einer projektbezogenen Kennzeichnung, die diese Komponente oder diesen Komponententyp im Projekt beschreibt
Spezielle Eigenschaften der Komponente		*Pset_FlowMovingDevicePump*	
Die speziellen Eigenschaften der einzelnen Haustechnik Komponente werden direkt im CAD System erfasst. Es muss sichergestellt werden, dass die geforderten Eigenschaften in der Übergabedatei enthalten sind.			
	Durchmesser Flügelrad	*ImpellerDiameter*	
	Grundmodell	*BaseType*	
	Antriebstyp	*DriveConnectionType*	
Herstellerangaben		*Pset_ManufacturerTypeInformation*	
Die Herstellerangaben werden ebenfalls direkt im CAD System an der Haustechnik Komponente erfasst. Es muss sichergestellt werden, dass die geforderten Eigenschaften in der Übergabedatei enthalten sind.			
	Artikelnummer	*ArticleNumber*	Artikelnummer der Pumpe laut Herstellerangaben, die Artikelnummer bezieht sich auf das konfigurierte Produkt und ist oft mit der Bestellnummer identisch
	Modellnummer	*ModelReference*	Modellnummer der Pumpe laut Herstellerangaben, die Modellnummer bezieht sich auf die Produktreihe
	Modellbezeichnung	*ModelLabel*	Zusätzliche Modellbezeichnung der Pumpe laut Herstellerangaben
	Hersteller	*Manufacturer*	Name des Herstellers der Pumpe
	Herstellungsjahr	*ProductionYear*	Jahr, in dem die Pumpe hergestellt wurden
Unterklassen & Eigenschaften der Unterklassen		*IfcPumpTypeEnum*	
Die Bezeichnung der Unterklasse ist ein geforderter Wert, er muss demzufolge angegeben werden. Entspricht keine der vordefinierten Unterklassen dem Unterklassen Komponententyp, gibt es die Möglichkeit, eine eigene Unterklasse unter "Nutzerdefiniert" einzutragen oder den Wert als "Nicht Definiert" anzugeben.			

Quelle: [AEC3]

Bild 6.1: IFC-Datensatz einer Pumpe (IfcPump)

Der Datensatz enthält folgende Eigenschaftsarten, die erforderlich sind, um das Objekt

- inhaltlich und technisch zu beschreiben,
- grafisch in 2-D und 3-D darzustellen,
- zu klassifizieren und typisieren,
- zu identifizieren und
- zu anderen technischen und örtlichen Objekten in Beziehung zu setzen.

Um den Datenaustausch dieser Objektarten der Heiz-, Raumluft- und Sanitärtechnik weiter zu vereinfachen, zu vereinheitlichen und anwendungsübergreifend zu standardisieren, wurde in Deutschland schon vor vielen Jahren begonnen, die Normenreihe VDI 3805 zu erarbeiten. Auf Basis genormter Datensatzbeschreibungen soll es möglich sein, technische Informationen für

Sind derzeit überwiegend Komponentenarten des Bereichs HKLS in den Normenteilen berücksichtigt, so gibt es aktuell in einer zwischen VDI-TGA und VDMA abgestimmten Richtlinienarbeit Bestrebungen, den Umfang auch auf Geräte der Gebäudeautomation und Elektrotechnik zu erweitern. Im Einzelnen sind folgende Blätter in Bearbeitung:

Bereich Gebäudeautomation

- Blatt 50 – Automationseinrichtungen für GA
- Blatt 51 – Sensoren
- Blatt 52 – Bedien- und Anzeigeeinrichtungen
- Blatt 53 – Schaltschränke

Bereich Elektrotechnik

- Blatt 60 – Schalter und Steckdosen
- Blatt 61 – Installations-, Steckverbinder-Systeme
- Blatt 62 – Elektrische Infrastrukturverkabelung
- Blatt 63 – Kabel und Leitungsführung

Mit der ISO 16757 wurden die Inhalte der VDI 3805 auf eine internationale Basis gestellt. Wie die nach ISO 16757 beschriebenen Objekte in ein BIM-Modell eingefügt werden sollen, zeigt Bild 6.2.

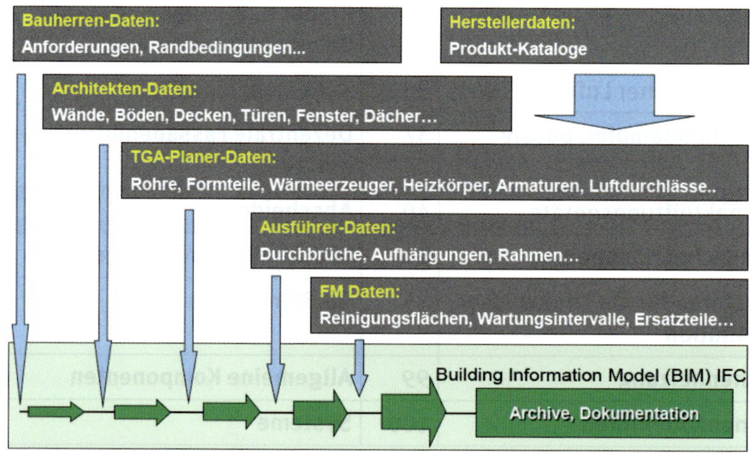

Quelle: nach ISO 16757

Bild 6.2: Einbettung von TGA-Objekten in ein BIM-Modell

Mit der Internationalisierung der VDI 3805 wird es einfacher möglich sein, den Datenaustausch sowohl national als auch international in Projekten von der Planung bis in den Betrieb anzuwenden. Auch die hohe Integration der ISO-Norm in IFC, IDM (ISO 29481) und bSDD (IFD Library – ISO 12006-3) wird die Anwendung voranbringen.

6.1.3 Systeme der Elektrotechnik

Die Systeme der Elektrotechnik versorgen einerseits Gebäude mit elektrischer Energie (Starkstrom) und Licht, andererseits umfassen sie Kommunikations-, Überwachungs-, Sicherheits-, Alarm- und Informationssysteme (Schwachstrom). Auch Anlagen der Fördertechnik werden oftmals diesem Bereich zugeordnet. Die entsprechenden DIN-276-Kostengruppen 440, 450 und 460 umfassen folgende Anlagenarten:

- **Hoch- und Mittelspannungsanlagen** mit Schaltanlagen und Transformatoren,
- **Eigenstromanlagen** mit Stromerzeugungsaggregaten, zentrale Batterieanlagen, unterbrechungsfreie Stromversorgungen, fotovoltaische Anlagen,
- **Niederspannungsschaltanlagen** mit Hauptverteilungen, Blindstromkompensationsanlagen und Maximumüberwachungsanlagen,
- **Niederspannungsinstallationsanlagen** mit Kabeln und Leitungen, Unterverteilungen, Verlegesysteme und Installationsgeräte,
- **Beleuchtungsanlagen** mit ortsfesten Leuchten und Sicherheitsbeleuchtungsanlagen,
- **Blitzschutz- und Erdungsanlagen** mit Auffangeinrichtungen, Ableitungen, Erdungen und Potenzialausgleich,
- **Telekommunikationsanlagen**,
- **Such- und Signalanlagen** mit Personenrufanlagen, Lichtruf- und Klingelanlagen, Türsprech- und Türöffneranlagen,
- **Zeitdienstanlagen** mit Uhren- und Zeiterfassungsanlagen,
- **Elektroakustische Anlagen** mit Beschallungsanlagen, Gegen- und Wechselsprechanlagen, Konferenz- und Dolmetscheranlagen,
- **Fernseh- und Antennenanlagen**,
- **Gefahrenmelde- und Alarmanlagen** mit Brand-, Überfall-, Einbruchmeldeanlagen, Wächterkontrollanlagen, Zugangskontroll- und Raumbeobachtungsanlagen,
- **Übertragungsnetze** zur Übertragung von Daten, Sprache, Text und Bild,

- **Aufzugsanlagen** für Personen und Lasten,
- **Fahrtreppen und Fahrsteige,**
- **Befahranlagen und Fassadenaufzüge,**
- **Transportanlagen** mit automatischen Warentransportanlagen, Aktentransportanlagen und Rohrpostanlagen,
- **Krananlagen und Hebebühnen.**

Objekte und Produkte dieser Anlagen sind ebenfalls im Teil Elektrotechnik des IFC-Objektkatalogs der Technischen Gebäudeausrüstung enthalten. Der Katalog in IFC 4.1 umfasst u. a. folgende Objektarten (Entities) zur Elektrotechnik:

- Abzweigdose (IfcJunctionBoxType)
- Antrieb (IfcMotorConnectionType)
- Elektrische Geräte (IfcElectricApplianceType)
- Elektrogenerator (IfcElectricGeneratorType)
- Elektromotor (IfcElectricMotorType)
- Energiespeicher/Batterie (IfcElectricFlowStorageDeviceType)
- Formstücke/Verlegesystem (*IfcCableCarrierFittingType*)
- Installationsgerät *(IfcOutletType)*
- Kabel (IfcCableSegmentType)
- Kabelverlegesystem (IfcCableCarrierSegmentType)
- Lampe (IfcLampType)
- Leuchte (IfcLightFixtureType)
- Schaltgerät (IfcSwitchingDeviceType)
- Schutzvorrichtung (IfcProtectiveDeviceType)
- Transformator/Wandler *(IfcTransformerType)*
- Zeitschaltuhr (IfcElectricTimeControlType)
- Verteilerschrank (IfcElectricDistributionBoard)
- Aufzug (in IfcTransportElementTypeEnum)
- Fahrtreppe (in IfcTransportElementTypeEnum)
- Fahrsteig (in IfcTransportElementTypeEnum)

Auszugsweise ist in Bild 6.3 der IFC-Datensatz einer Leuchte (IfcLightFixtureType) dargestellt.

Komponente	Merkmale	IFC	Erläuterungen
		IfcDistribution Element *IfcDistribution Flow Element* *IfcFlowTerminal*	
Leuchte		***IfcLightFixture (IFC4) / IfcLightFixtureType***	
	Geometrie *Elektrotechnik Komponenten werden in einem objektorientierten CAD System für Elektrotechnik modelliert.*		
	symbolische 2D Geometrie		Symbol "Leuchte" für die 2D Darstellung
	vereinfachte 3D Geometrie		Ungefähre Abmessungen der Leuchte und ggf. der Entwurf der notwendigen Aussparungen
	detaillierte 3D Geometrie		Genaue Modellierung der Leuchte und ggf. die genaue Lage der erforderlichen Wand- und Deckenaussparungen
	Bezeichnung Komponententyp *Bezeichnung der einzelnen Elektrotechnik Komponente (auch Objekt-ID, Objekt-Label oder Etikett genannt) und des Komponententyps (je nach Software z. B. auch Bibliothekselement, Stil, Familie, Makro genannt). Die Bezeichnung dient zur Identifizierung durch den Planer im Gegensatz zur Software-ID oder Global-ID.*		
	Name Komponententyp / Typbezeichnung	*Name*	Eindeutige Bezeichnung oder Name des Leuchtentyps
	Beschreibung Komponententyp	*Description*	Freier Text zur Beschreibung des Leuchtentyps
	Nutzerdefinierte Unterklasse Komponententyp	*ElementType*	Name der nutzerdefinierten Unterklasse für den Komponententyps, dieser muss angegeben werden, wenn die Unterklasse als "Nutzerdefiniert" angegeben wurde
	Bezeichnung Komponente *Bezeichnung der einzelnen Elektrotechnik Komponente (auch Objekt-ID, Objekt-Label oder Etikett genannt) und des Komponententyps (je nach Software z. B. auch Bibliothekselement, Stil, Familie, Makro genannt). Die Bezeichnung dient zur Identifizierung durch den Planer im Gegensatz zur Software-ID oder Global-ID.*		
	Kennzeichen Komponente	*Name*	Eindeutiges Kennzeichen der Leuchte
	Beschreibung Komponente	*Description*	Freier Text zur Beschreibung der Leuchte
	Nutzerdefinierte Unterklasse Komponente	*ObjectType*	Freies Feld *(vorgesehen für den Namen der nutzerdefinierten Unterklasse der Komponente, wenn die Unterklasse als "Nutzerdefiniert" angegeben ist)* .
	Beziehungen zu anderen Objekten *Einordung der Elektrotechnik Komponente in das Gebäudemodell. Zu welchem Stockwerk, zu welchem Raum und zu welcher Anlage gehört die Komponente. Hierzu gehört auch die Zuweisung eines Komponententyps. Diese logischen Beziehungen werden vom objektorientierten CAD System automatisch erstellt.*		
	Stockwerksbezug	*ContainedInStructure::IfcBuildingStorey*	Zuordnung der Leuchte zum Stockwerk
	Raumbezug	*ContainedInStructure::IfcSpace*	Zuordnung der Leuchte zum entsprechenden Raum
	Zugehörigkeit zu einer Anlage	*HasAssignments :: IfcSystem*	Zuordnung der Leuchte zum entsprechenden System
	Komponententyp	*IsTypedBy :: IfcLightFixtureType*	Zuordnung zu einem Komponententyp
	Klassifikationen *Klassifikationen werden entweder an der Komponente selber oder am Komponententyp vorgenommen. Ebenso werden die notwendigen Informationen hinzugefügt, um die entsprechende Elektrotechnik Komponente in der genannten Klassifikation finden zu können.*	*IfcClassificationReference*	
	Richtlinie, Norm oder URL der Klassifikation	*Location*	Verweis auf die Richtlinie, Norm oder Internetadresse, unter welcher die Klassifikation der Leuchte bzw. des Leuchtentyps gefunden werden kann
	Klassifikationsschlüssel	*ItemReference*	Klassifikationsschlüssel für die Leuchte/-typ
	Name innerhalb der Klassifikation	*Name*	Klassifikationsbezeichnung für die Leuchte/-typ
	Referenz auf die Klassifikation	*ReferencedSource*	Bezeichnung der Klassifikation oder Norm

Quelle: [AEC3]

Bild 6.3: Auszug aus dem IFC-Datensatz einer Leuchte (IfcLightFixture)

Wie die mechanischen Komponenten umfasst der Datensatz Eigenschaften zu:

- Geometrie,
- Bezeichnung Komponententyp und Komponente,
- Beziehungen zu anderen Objekten,
- Klassifikationen,
- allgemeinen Eigenschaften der elektrischen Komponententypen,
- speziellen Eigenschaften des jeweiligen Komponententyps,
- Eigenschaften der Komponente,
- Herstellerangaben,
- Unterklassen und Eigenschaften der Unterklassen.

Die im Katalog Elektrotechnik enthaltenen Objektarten stellen nur einen Teil der in der Elektrotechnik gebräuchlichen Objektarten dar. Im Wesentlichen sind derzeit Objektarten aus dem Bereich Starkstrom enthalten, die in Bezug auf die räumliche Installation in Gebäuden von Bedeutung sind, wie beispielsweise Kabeltrassen, Verteilerschränke, Leuchten, elektrische Geräte oder Installationsgeräte. Folgende Objektarten insbesondere aus dem Bereich der Schwachstromtechnik sind derzeit noch nicht als IFC-Objekttypen enthalten:

- Audio- und Videosysteme,
- Telekommunikationssysteme,
- Systeme der Datentechnik,
- Leitungssysteme für Signal- und Automationssysteme,
- Einrichtungen für IT-Netzwerke,
- Mittel- und Hochspannungseinrichtungen über 1000 V,
- Kleinspannungseinrichtungen unter 12 V.

Über das in IFC enthaltene Datenmodell für elektrotechnische Systeme gibt es weitere in Bild 6.4 dargestellte Standards [ZVEI]. Diese haben jedoch in der Technischen Gebäudeausrüstung bislang keine nennenswerte Bedeutung.

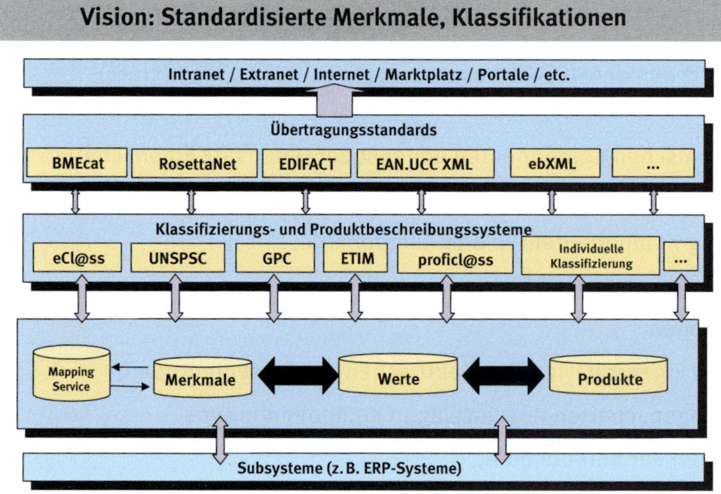

Quelle: ZVEI: Klassifizierung und Produktbeschreibung in der Elektrotechnik- und Elektronikindustrie, 2006

Bild 6.4: Klassifizierungssysteme und Übertragungsstandards in der Elektrotechnik

Die Datenmodelle wie beispielsweise eClass [Eclass] und ETIM [Etim] sind weniger für den Austausch von Produktdaten zwischen Engineeringsystemen als vielmehr für die Abwicklung von digitalen Beschaffungsprozessen zwischen Errichtern, Herstellern und Händlern im Rahmen von eProcurement gedacht.

6.1.4 Systeme der Gebäudeautomation

Die Systeme der Gebäudeautomation sind in DIN 276 in der Kostengruppe 480 zusammengefasst. Danach werden folgende Anlagen der Gebäudeautomation zugerechnet:

- **Automationsstationen** mit Bedien- und Beobachtungseinrichtungen, Sensoren, Aktoren und Schnittstellen zu Feldgeräten und anderen Automationseinrichtungen sowie Schaltschränke mit Leistungs-, Steuerungs-, Regelungs-, Ein-/Ausgabe- und Sicherungsbaugruppen,
- **Management- und Bedieneinrichtungen** als übergeordnete Einrichtungen für Gebäudeautomation und Gebäudemanagement mit Bedienstationen (Gebäudeleitsystem),
- **Raumautomationssysteme** mit Raumautomationsstationen mit Bedien- und Anzeigeeinrichtungen und Schnittstellen zu Feldgeräten und anderen Automationseinrichtungen.

Im Teil Gebäudeleittechnik des IFC-Objektkatalogs IFC 4.1 sind derzeit folgende Objektarten mit den jeweiligen Unterarten definiert:

- Actuator (*IfcActuatorType*) – Aktor
  - Common (Allgemeiner Aktor/Antrieb)
  - Linear-Actuation (Linear-Antrieb)
  - Rotational-Actuation (Dreh-Antrieb)
  - Electrical-Actuation (Elektrischer Antrieb)
  - Hydraulic-Actuation (Hydraulik-Antrieb)
  - Pneumatic-Actuation (Pneumatik-Antrieb)
- Alarm (*IfcAlarmType*) – Gefahrenmelder
- Flow Instrument (*IfcFlowInstrumentType*) – Messinstrument
  - Thermometer
  - Pressure Gauge (Manometer)

- Controller (*IfcControllerType*) – Regler
  - Common (Allgemeiner Regler)
  - Proportional (Proportional-Regler)
  - Two Position (Zwei-Punkt-Regler)
  - Multi Position (Programmierbarer Regler mit mehreren Eingangs- und Ausgangswerten)
  - Floating (Analog-Regler mit mehreren Eingangs- und einem Ausgangswert)
  - Programmable (Programmierbarer Digital-Regler)
- Sensor (*IfcSensorType*) – Sensor
  - CO_2-Sensor (CO_2-Detektor)
  - Fire-Sensor (Feuerdetektor)
  - Smoke-Sensor (Rauchdetektor)
  - Gas-Sensor (Gasdetektor)
  - Heat-Sensor (Wärme- und Feuerdetektor)
  - Humidity-Sensor (Feuchtemessung)
  - Light-Sensor (Lichtmessung)
  - Level-Sensor (Pegelmessung)
  - Movement-Sensor (Bewegungsdetektor)
  - Pressure-Sensor (Druckmessung)
  - Sound-Sensor (Schallmessung)
  - Temperature-Sensor (Temperaturmessung)
  - Moisture-Sensor (Feuchtemessung)
  - PH-Sensor (PH-Wert-Messung)
  - Radiation-Sensor (Strahlungsmessung)
  - Radioactivity-Sensor (Radioaktivitätsmessung)
  - Wind-Sensor (Windgeschwindigkeitsmessung)
  - Contact-Sensor (Berührungsdetektor)
  - Conductance-Sensor (Leitfähigkeitsmessung)
- Unitary Control Element (*IfcUnitaryControlElement*) – Einheitsregler, z. B. Thermostat

6.2 Allgemeines

Der Systementwurf umfasst das Engineering aller Funktionen der mechanischen Energie- und Medienversorgungssysteme, der elektrischen Versorgungsysteme, der sicherheits- und Kommunikationssysteme und der Automationssysteme selbst als auch deren Zusammenwirken. Dieser Systementwurf bildet die Grundlage für die Planung und Errichtung der Anlagen zur Erfüllung der hier spezifizierten Funktionen sowie den späteren Betrieb eines Gebäudes.

In vielen Darstellungen von BIM ist diese Funktionswelt nicht präsent und wird nur in Teilen durch entsprechende Anlagen, Komponenten oder Betriebsmittel, die diese Funktionen erfüllen, geometrisch und physisch repräsentiert. Dies sind beispielsweise Lüftungsgeräte, Ventilatoren, Pumpen, Regelventile, Leuchten, Melder, Heizkessel, Kältemaschinen oder Rückkühlwerke.

Umso wichtiger ist es, die vollständige Funktionswelt in das BIM-Modell zu integrieren und mit dem Gebäude und der mit Gebäude und Räumen verbundener Nutzung sowie allen installierten Anlagen und Komponenten in Bezug zu setzen, siehe Bild 4.3.

Im Bereich der Prozesstechnik und des Anlagenbaus werden im Rahmen des Engineerings verfahrenstechnischer Anlagen zunächst in funktionsbeschreibenden Dokumenten die Prozesse mit den Schnittstellen zur Energieversorgung und zur Automatisierung erstellt. Auf dieser Basis erfolgt dann die Konstruktion der Anlagen und Komponenten im Rahmen des Anlagenbaus, mit Hilfe derer die Prozesse und Funktionen realisiert werden. Dazu erfolgt nachfolgend ein kurzer Exkurs in das Engineering verfahrenstechnischer Anlagen, da die Anlagen und Komponenten der Technischen Gebäudeausrüstung näher dem Anlagenbau als dem Bau sind. Daher können viele Inhalte, Methoden und Dokumentationen des Anlagebau-Engineerings sinnvoll für die Planung der Anlagen der Technischen Gebäudeausrüstung genutzt werden, insbesondere im BIM-Kontext.

In den nachfolgenden Kapiteln werden Engineering- und Dokumentationsmethoden beschrieben, mit Hilfe derer die Funktionen der Systeme der Technischen Gebäudeausrüstung dargestellt und ein informationstechnisches Gesamtmodell erstellt werden kann.

6.3 TGA und Anlagenbau

BIM und Technische Gebäudeausrüstung werden ganz selbstverständlich im Gesamtkontext Bau als Teil „Haustechnik“ behandelt. Betrachtet man die Inhalte der Technischen Gebäudeausrüstung für sich, so wird klar, dass die

Technische Gebäudeausrüstung dem Anlagenbau in Verbindung mit Elektro- und Automatisierungstechnik viel näher ist. Demzufolge erscheint es sinnvoll, sich in diesem Bereich mit Engineering- und Dokumentationsmethoden und den dafür eingesetzten EDV-Werkzeugen zu beschäftigen, um Methoden und geeignete und möglichweise direkt nutzbare Werkzeuge zu finden, die im BIM-Kontext genutzt werden können.

Entscheidend ist, zunächst den Unterschied zwischen Prozess und Anlage zu verstehen. Im Anlagenbau geht es darum, bestimmte Erzeugnisse oder Stoffe herzustellen, beispielsweise elektrischen Strom in Kraftwerksanlagen, Chemie- und Pharmaprodukte in verfahrenstechnischen Anlagen, Bleche in Walzwerksanlagen oder Geräte in Produktionsanlagen. Der Erzeugung dieser Produkte liegt stets ein Verfahren oder ein Prozess zugrunde.

Das Verfahren wird zunächst unabhängig von der späteren Umsetzung mit Hilfe von Anlagen, Komponenten oder Maschinen geplant. Die dem Verfahren zu Grunde liegenden Prozesse, Teilprozesse, Verarbeitungs- oder Produktionsschritte und Grundoperationen werden in funktionsbeschreibenden Dokumenten dargestellt, wie beispielsweise Grundfließschema, Verfahrensfließschema, Rohrleitungs- und Instrumentierungsschema (R&I-Schema) sowie Schalt- und Stromlaufschema. Die Darstellung der Automatisierung der Prozesse erfolgt in Funktionsschemata mit mittelbaren und unmittelbaren Bezügen zu dem zu automatisierenden Gesamtprozess bis zu den einzelnen Grundoperationen oder Fertigungsschritten. Alle Funktionsdarstellungen sind zunächst nur schematisch dargestellt, ein Bezug zu Komponenten und Anlagendimensionen ist nicht möglich, lässt sich jedoch erahnen.

In Bild 6.5 ist ein Grundfließschema nach ISO 10628 dargestellt, das ein Verfahren in sehr einfacher und schematischer Form zeigt. Die hier dargestellten Verfahren, Verfahrensabschnitte oder Grundoperationen, entsprechend später realisiert mittels verfahrenstechnischer Anlagen, Teilanlagen oder Anlagenteilen, sind nur als Rechtecke dargestellt. Dazu sind Benennungen und ggf. schon Referenzkennzeichen der einzelnen Betrachtungseinheiten angegeben sowie Angaben zur Fließrichtung und Mengen von Stoffen und Energien.

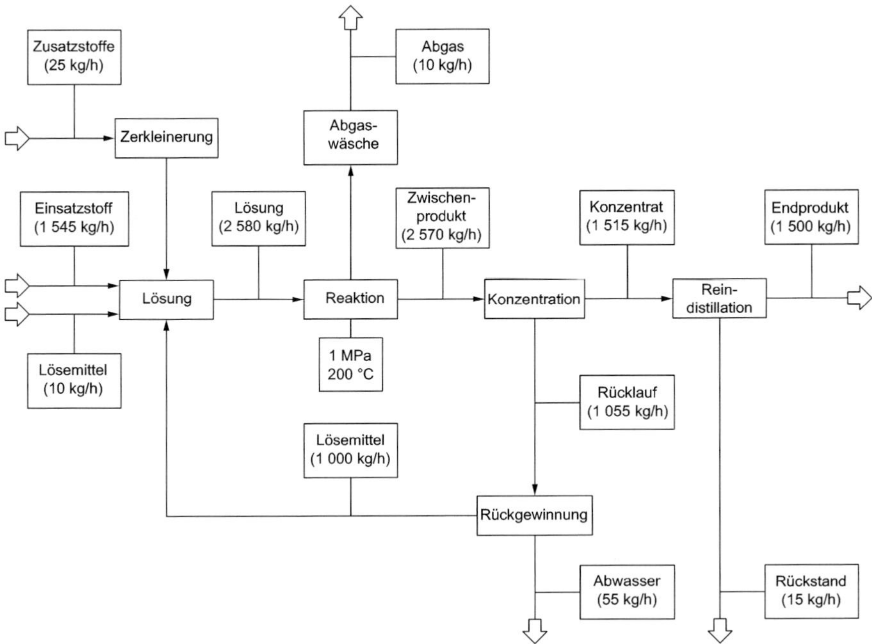

Quelle: nach ISO 10628

Bild 6.5: Grundfließschema

Über das Verfahrensfließschema werden die einzelnen Verfahrensschritte weiter verfeinert, siehe Bild 6.6. Im Gegensatz zum Grundfließschema werden hier die einzelnen funktionalen Einheiten und Grundoperationen durch grafische Symbole repräsentiert, die durch Linien verbunden sind. Die Symbole selbst sind auch in ISO 10628 enthalten. Im Schema sind die Apparate und Maschinen, jedoch ohne Antriebe, Fließwege, Ein- und Ausgangsstoffe sowie Energien bzw. Energieträger angegeben. Des Weiteren sind Angaben zu Messen, Steuern und Regeln enthalten. Diese werden später weiter verfeinert und bilden die Grundlage für die konkrete Aufgabenstellung der Automatisierung.

Das R&I-Schema (engl. P&ID – Piping and Instrumentation Diagram) nach ISO 10628 enthält neben allen Apparaten und Komponenten auch die Ventile und Fittings sowie Angaben zur Rohrleitungsisolierung, Rohrklassen oder Begleitheizung, siehe Bild 6.7.

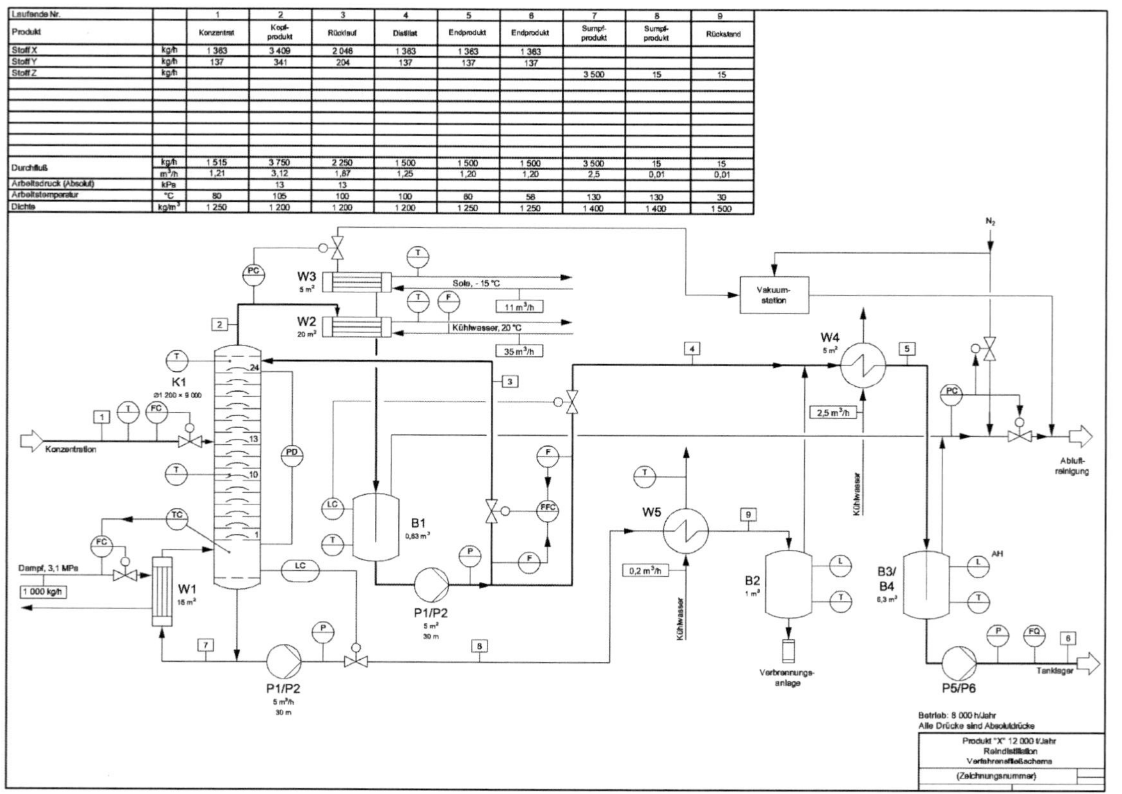

Laufende Nr.		1	2	3	4	5	6	7	8	9
Produkt		Konzentrat	Kopf-produkt	Rücklauf	Destillat	Endprodukt	Endprodukt	Sumpf-produkt	Sumpf-produkt	Rückstand
Stoff X	kg/h	1 363	3 409	2 046	1 363	1 363	1 363			
Stoff Y	kg/h	137	341	204	137	137	137			
Stoff Z	kg/h							3 500	15	15
Durchfluß	kg/h	1 515	3 750	2 250	1 500	1 500	1 500	3 500	15	15
	m³/h	1,21	3,12	1,87	1,25	1,20	1,20	2,5	0,01	0,01
Arbeitsdruck (Absolut)	kPa		13	13						
Arbeitstemperatur	°C	80	105	100	100	80	58	130	130	30
Dichte	kg/m³	1 250	1 200	1 200	1 200	1 250	1 250	1 400	1 400	1 500

Quelle: nach ISO 10628

Bild 6.6: Verfahrensfließschema mit Grund- und Zusatzinformationen

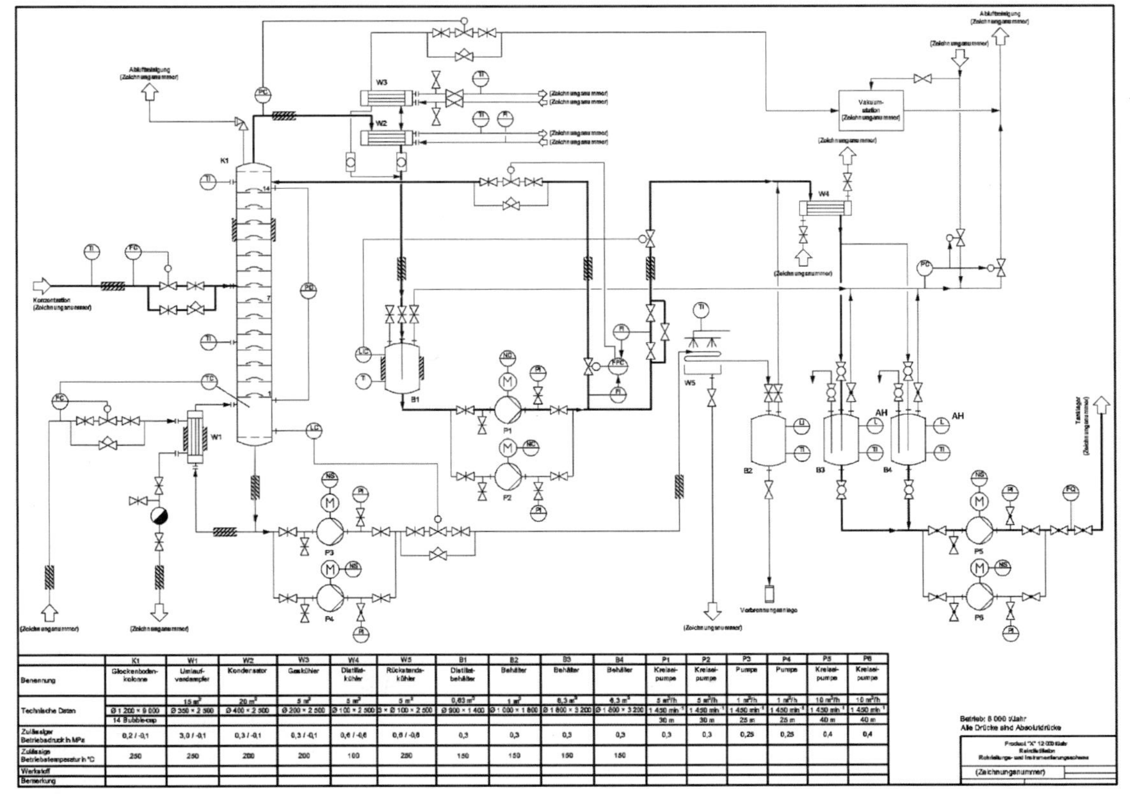

	K1	W1	W2	W3	W4	W5	B1
Benennung	Glockenboden-kolonne	Umlauf-verdampfer	Kondensator	Gaskühler	Destillat-kühler	Rückstands-kühler	Destillat-behälter
Technische Daten		15 m²	20 m²	5 m²	5 m²	5 m²	0,63 m³
	Ø 1 200 × 9 000	Ø 350 × 2 500	Ø 400 × 2 500	Ø 200 × 2 500	Ø 100 × 2 500	3 × Ø 100 × 2 500	Ø 900 × 1 400
	14 Bubble-cap						
Zulässiger Betriebsdruck in MPa	0,2 / -0,1	3,0 / -0,1	0,3 / -0,1	0,3 / -0,1	0,6 / -0,6	0,6 / -0,6	0,3
Zulässige Betriebstemperatur in °C	250	250	200	200	100	250	150
Werkstoff							
Bemerkung							

	B2	B3	B4	P1	P2	P3	P4	P5	P6
Benennung	Behälter	Behälter	Behälter	Kreisel-pumpe	Kreisel-pumpe	Pumpe	Pumpe	Kreisel-pumpe	Kreisel-pumpe
Technische Daten	1 m³	6,3 m³	6,3 m³	5 m³/h	5 m³/h	1 m³/h	1 m³/h	10 m³/h	10 m³/h
	Ø 1 000 × 1 800	Ø 1 800 × 3 200	Ø 1 800 × 3 200	1 450 min⁻¹	1 450 min⁻¹	1 450 min⁻¹	1 450 min⁻¹	1 450 min⁻¹	1 450 min⁻¹
				30 m	30 m	25 m	25 m	40 m	40 m
Zulässiger Betriebsdruck in MPa	0,3	0,3	0,3	0,3	0,3	0,25	0,25	0,4	0,4
Zulässige Betriebstemperatur in °C	150	150	150						
Werkstoff									
Bemerkung									

Quelle: nach ISO 10628 (Ausschnitt)

Bild 6.7: Rohrleitungs- und Instrumentierungsfließschema (R&I-Schema)

Alle enthaltenen Objekte müssen durch eine Kennzeichnung identifiziert sein, ebenso müssen Angaben zu Nennweiten, Druckstufen, Werkstoffen und Rohrleitungsklassen enthalten sein. Die Angaben zu Mess-, Regelungs- und Steuerungsaufgaben sind nach DIN EN 62424 darzustellen. Zusatzinformationen sind beispielsweise Angaben zu Energie und Energieträgern, Referenzkennzeichen von Armaturen oder Benennungen von Anlagenteilen.

Erst mit der entsprechenden Planung, wie die Prozesse, Verfahren, Operationen und Funktionen technisch realisiert werden sollen, entstehen konkrete Vorstellungen über hierfür erforderliche Anlagen, Teilanlagen, Aggregate, Komponenten und technische Betriebsmittel. Die Darstellung erfolgt in Isometrien, 3-D-Konstruktionszeichnungen, Aufstellungszeichnungen, Ansichten, Schnitten etc. Damit entsteht eine Anlagensicht, aus der die Anforderungen für den räumlichen Aufstellungsbedarf resultieren, siehe Bild 6.8.

Quelle: ISD Software und Systeme GmbH, Dortmund: HiCAD, 2011

Bild 6.8: R&I-Schema und zugehörige 3-D-Anlagendarstellung

Betrachtet man jetzt nur die Anlagendarstellung, zudem noch aufgeteilt in die verschiedenen technischen Bereiche, so wird klar, dass diese Anlagendarstellungen wiederum die Funktion und die darauf ablaufenden Prozesse nur erahnen lassen, insbesondere wenn es noch um elektrische Versorgung, Steuerungen und Regelungen geht, die hier nur in sehr geringem Umfang repräsentiert sind.

Vergleicht man hierzu die üblichen Darstellungen der Technischen Gebäudeausrüstung im BIM-Kontext, so finden sich in der Regel nur 3-D-Modelldarstellungen [BIM-Kompendium]. Viele meinen und vermitteln den Eindruck, dass mit der auf Basis des 3-D-Modells durchgeführten Kollisionsprüfung die elementarsten Probleme von Bau und Technischer Gebäudeausrüstung gelöst seien.

Alle Betreiber und Nutzer von Gebäuden werden jedoch bestätigen, dass dem nicht so ist. Selbst bei baulich perfekt koordiniertem und aufgeführtem TGA-Anlagenbau funktionieren häufig die Anlagen und das gesamte Gebäude nicht, was zu erheblichen Nutzungsbeeinträchtigungen und sogar zu Nutzungsausfällen mit entsprechenden wirtschaftlichen Konsequenzen führen kann.

Die wesentliche Erkenntnis hieraus ist, dass bei der Betrachtung von BIM im TGA-Kontext der Funktionsaspekt im Vordergrund stehen muss, der einhergeht mit entsprechenden Engineering-Methoden und Dokumenten, die die Funktionen und das funktionale Zusammenwirken aller technischen Systeme untereinander und mit den baulichen Systemen (z. B. Fassade) nachvollziehbar veranschaulichen. Dies ist nur auf Basis von detailliert ausgearbeiteten und über alle relevanten Gewerke und Anlagen vernetzten Schemata möglich.

Der Abgleich zwischen der gebauten Anlage und der Funktion findet im Rahmen der Inbetriebnahme (engl. Commissioning) statt, die sich bis weit in die Betriebsphase hinein über mehrere Jahreszeiten ziehen sollte und mit jedem Umbau und jeder Umnutzung erneut durchgeführt werden muss (engl. Ongoing Commissioning). Der essenziellen Bedeutung dieser wichtigen und sehr anspruchsvollen Aufgabe sind sich nur sehr wenige bewusst, was sich daran zeigt, dass hierfür nicht die nötige Zeit eingeplant und die nötige Qualifikation und Methodik eingesetzt wird. Außerdem ist die Inbetriebnahme bereits in der Planung zu berücksichtigen. Folgen sind Energieverschwendung, Komforteinbußen, erhöhter Instandhaltungsaufwand, Nutzerunzufriedenheit und letztendlich hoher Wertverlust des Gebäudes, d. h., die Performance des Gebäudes ist unbefriedigend [Performance].

6.4 Mechanische Systeme

6.4.1 Systementwurf

Im Systementwurf der mechanischen Energie- und Medienversorgungssysteme sowie Entsorgungssysteme werden funktionale Einheiten festgelegt und abhängig von den erforderlichen Leistungen dimensioniert. Dies erfolgt sowohl für Einheiten zur Nutzenübergabe, Einheiten im Verteilsystem, als auch für Einheiten in der zentralen Erzeugung, Verteilung und Versorgung.

Ausgehend von den Bedarfsberechnungen in den verschiedenen Gewerken werden die jeweiligen Versorgungssysteme zunächst funktional konzipiert. Dies erfolgt auf Basis von schematischen Darstellungen, die den zu versorgenden Bereich mit dem jeweiligen Bedarf, beispielsweise Luftmengen, Kühl- oder Heizleistung, zeigen. Über Kanal- und Leitungssysteme werden die einzelnen Versorgungseinheiten zu Bereichen und diese zu Versorgungssystemen zusammengefasst, siehe Bild 6.9 und Bild 6.10.

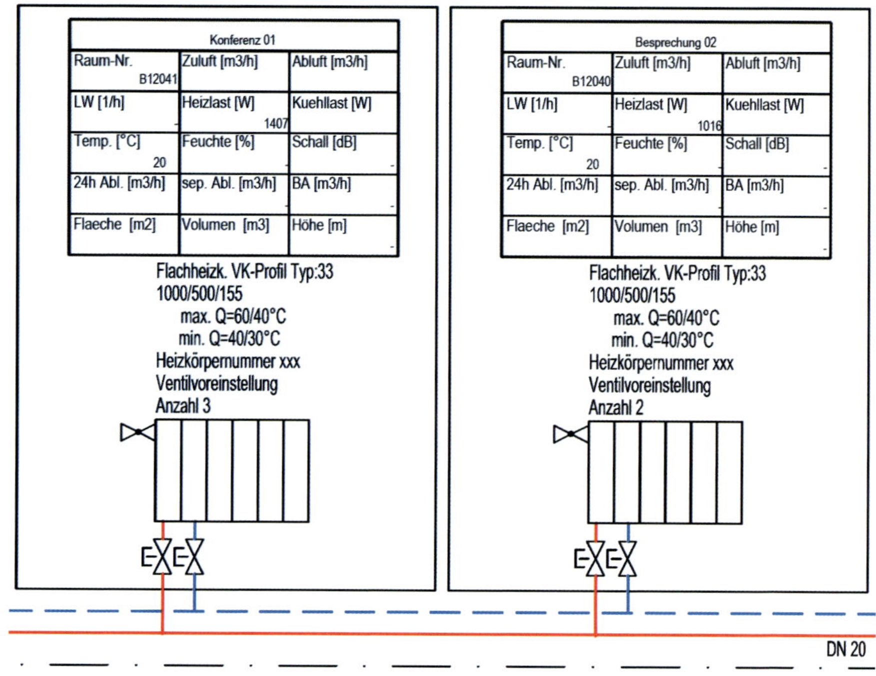

Quelle: eigene Darstellung

Bild 6.9: Darstellung des Wärmebedarfs und Wärmeversorgung eines Konferenz- und eines Besprechungsraums in einem Heizungsschema

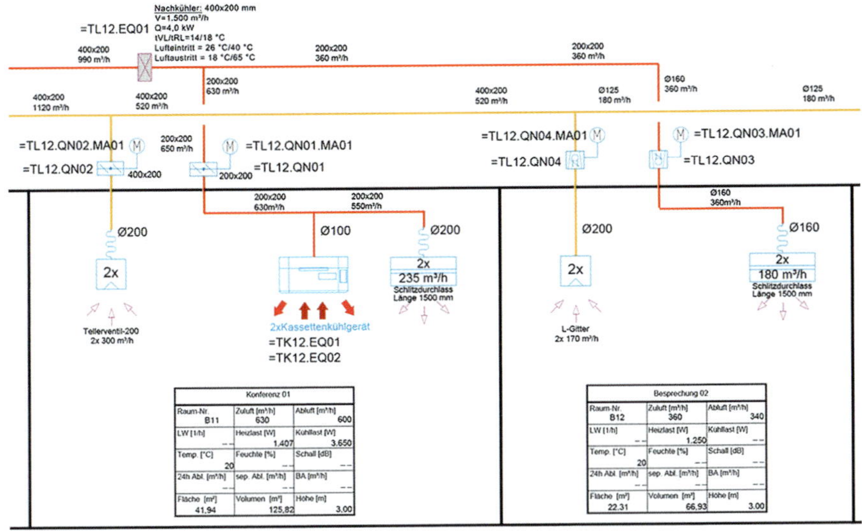

=TL12.KF01
Zonenregelung Konferenz 01

=TL12.KF02
Zonenregelung Besprechung 02

Quelle: eigene Darstellung

Bild 6.10: Zu- und Abluftversorgung eines Besprechungs- und Konferenzraums

In der praktischen Anwendung von BIM-fähigen CAE-Werkzeugen hat sich gezeigt, dass es effizienter sein kann, Versorgungssysteme oder Versorgungssystembereiche durch unterschiedliche Vorgehensweisen zu entwerfen, und zwar:

a) Systembereiche der Nutzenübergabe und Verteilung im Gebäude

b) Systembereiche in Versorgungszentralen.

6.4.2 Systembereiche der Nutzenübergabe und Verteilung im Gebäude

Bei Systemen der Verteilung und Nutzenübergabe, d.h. mit unmittelbarem Bezug zu den zu versorgenden Einheiten (Räume), kann es effizienter sein, zuerst die technischen Einrichtungen, beispielsweise Luftdurchlässe, Brandschutzklappen, Volumenstromregler, Luftkanäle, aber auch Kühleinrichtungen oder Heizkörper, direkt in das Gebäude zu konstruieren. Grundlage hierfür sind die je Versorgungseinheit ermittelten Bedarfswerte, wie z.B. der Zu- und Abluftvolumenstrom, siehe Bild 6.11, und die luftmengenabhängigen

Dimensionen berechnet werden können. Aus diesen bereits direkt in das Gebäude hineinkonstruierten Anlagen lassen sich dann entsprechende Schemata ableiten, siehe Bild 6.12.

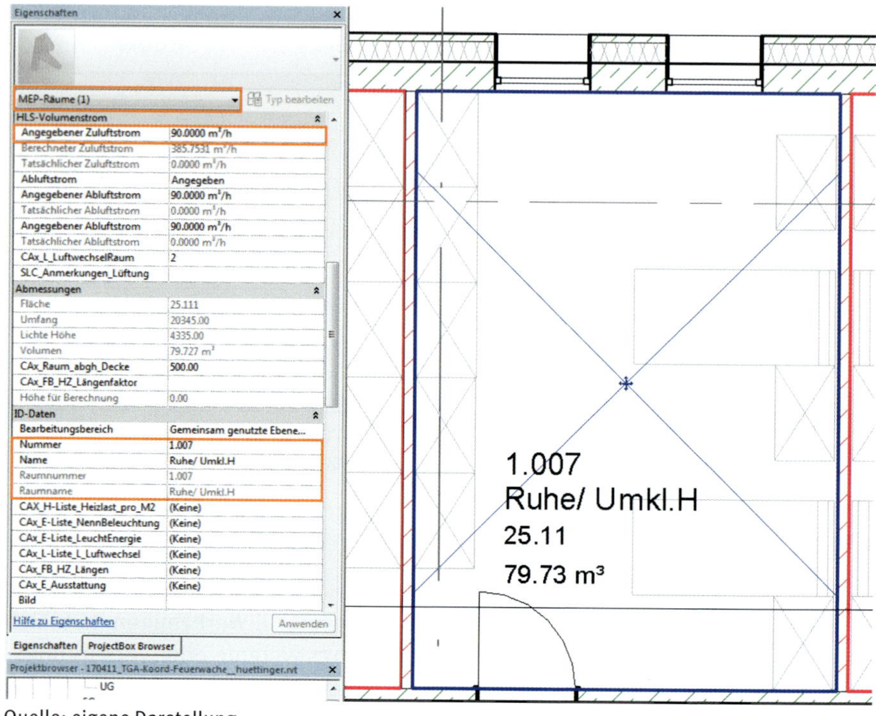

Quelle: eigene Darstellung

Bild 6.11: Berechneter Lüftungsbedarf eines Raumes

Dem berechneten Bedarf entsprechend werden die erforderlichen technischen Einrichtungen dem Raum zugeordnet, wie beispielsweise Luftdurchlässe für Zuluft und Abluft, und mit den entsprechenden Kanälen verbunden, siehe Bild 6.12.

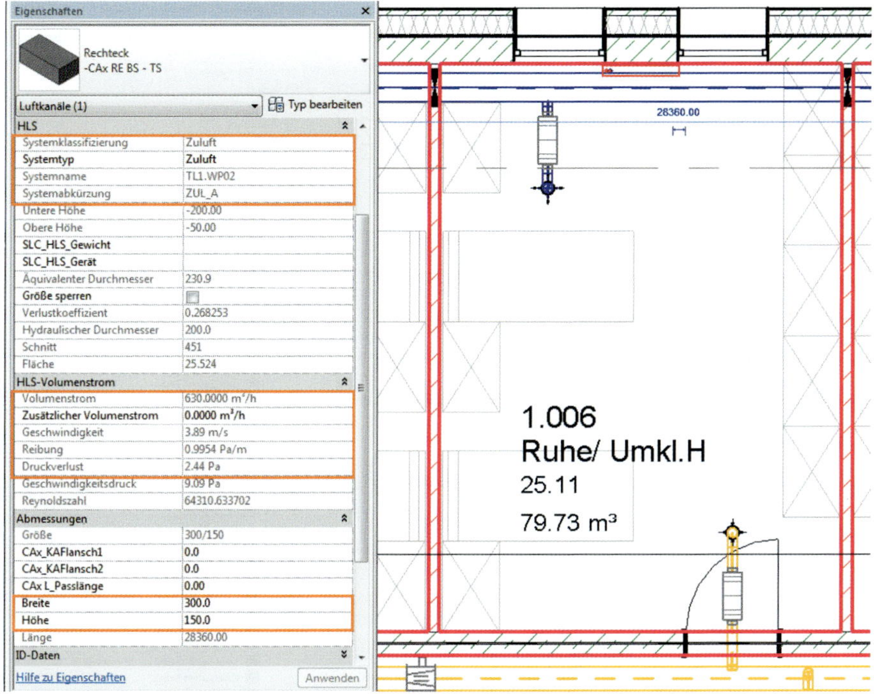

Quelle: eigene Darstellung

Bild 6.12: Bedarfsbezogene Versorgungseinrichtungen

Durch das Einfügen der Luftdurchlässe, Verbinden von Luftdurchlässen mit Kanälen und Aufbau des gesamten Kanalsystems errechnet das CAE-System automatisch für jedes Kanalteilsystem den jeweiligen Volumenstrom. Damit kann unter Zugrundelegung zulässiger Strömungsgeschwindigkeiten sofort der erforderliche Kanalquerschnitt und unter Berücksichtigung der räumlichen Einbaugegebenheiten (z.B. maximal zulässige Einbauhöhe in abgehängter Decke) eine passende Kanalgeometrie festgelegt werden, siehe Bild 6.13 und Kapitel 7. Gleichzeitig können auch bereits andere technische Einrichtungen berücksichtigt werden, um bei der Konstruktion schon möglich Kollisionen zu erkennen und zu vermeiden. Erforderliche Schutzeinrichtungen, die sich durch baulichen Brandschutz ergeben, wie z.B. Brandschutzklappen, werden auch bereits beim ersten Entwurf berücksichtigt.

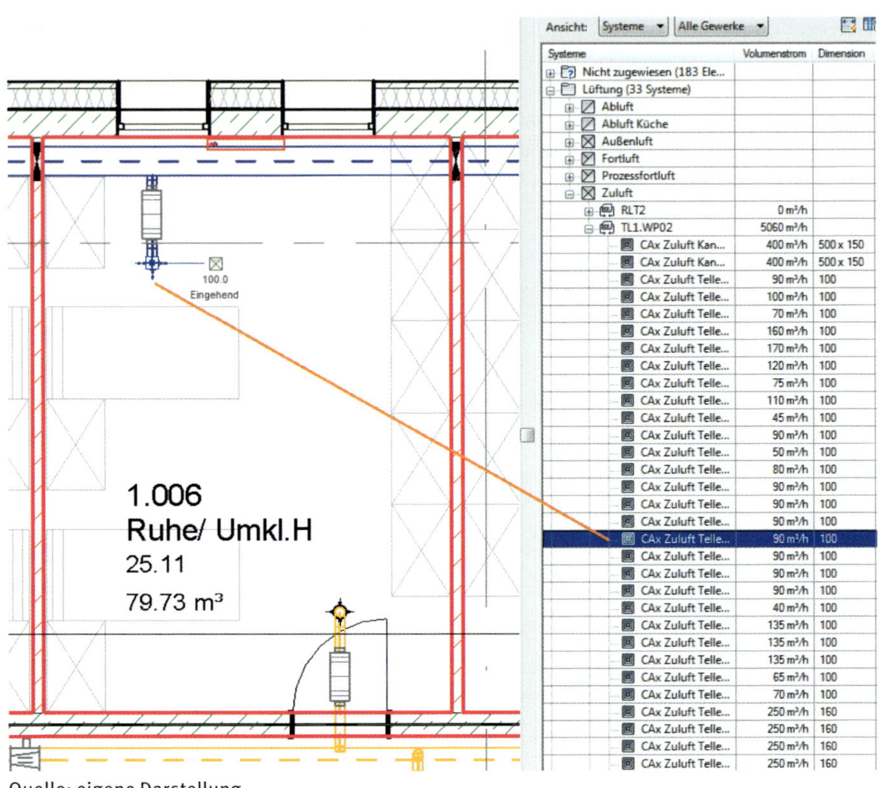

Quelle: eigene Darstellung

Bild 6.13: Berechnete Luftvolumenströme in einem Lüftungskanalsystem

Nachdem das System im Gebäude entworfen und die Versorgungsleitungen horizontal und vertikal durch Schächte bis zu den jeweiligen Zentralen geführt sind, können die Inhalte in ein Schema übertragen werden. Aufgrund der Tatsache, dass alle Objekte über Parameter beschrieben sind, können diese Werte direkt auf die jeweiligen Objekte in einem Schema übertragen werden. Da jedoch im Schema überwiegend andere, funktionsorientierte Darstellungen (Symbole) zur Repräsentation der Objekte benutzt werden und die Gesamtstruktur und -übersicht und das funktionale Zusammenwirken im Schema im Vordergrund stehen, ist eine direkte, automatisierte Generierung eines Schemas zwar theoretisch denkbar, praktisch aber mit keinem bekannten Engineeringwerkzeug für die Planung der Technischen Gebäudeausrüstung einfach und effektiv möglich. Auch das in Bild 6.14 dargestellte Schema ist somit manuell zu erstellen.

Die technischen Angaben in den Raumattributen können jedoch automatisch mit den Inhalten des geometrischen Modells über einen Datenabgleich synchronisiert werden.

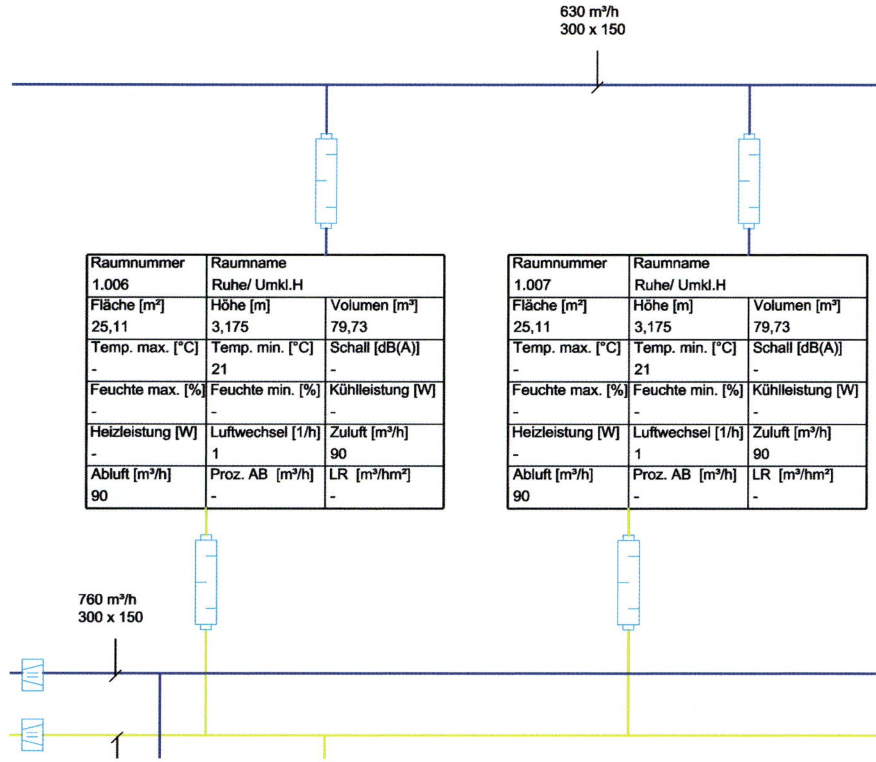

Quelle: eigene Darstellung

Bild 6.14: Lüftungsschemaausschnitt zur Luftverteilung und Nutzenübergabe

6.4.3 Systembereiche in Versorgungszentralen

In Bezug auf Systeme der dezentralen Energie- und Medienaufbereitung und -bereitstellung hat sich in praxi gezeigt, dass es auch im BIM-Kontext sinnvoll ist, den Systementwurf im ersten Planungsschritt rein funktional und schematisch zu konzipieren entsprechend der klassischen Vorgehensweise im Anlagenbau, vgl. Kapitel 6.3, und erst auf Basis der Schemata die Anlagen zu konstruieren.

Mit der „Geburt“ der Objekte im Systementwurf und entsprechend repräsentiert in Schemata sind diese nach vorgegebenen Regeln über ein Referenzkennzeichen zu identifizieren, vgl. Kapitel 13. Damit können die Objekte mit den ermittelten Eigenschaften in einem Informationsmodell verwaltet und im weiteren Projektfortschritt weiter detailliert und konkretisiert werden.

Das nachfolgende Bild 6.15 zeigt einen Ausschnitt aus einem Anlagenschema eines Kälteverteilsystems mit mehreren Fördereinheiten (Pumpen).

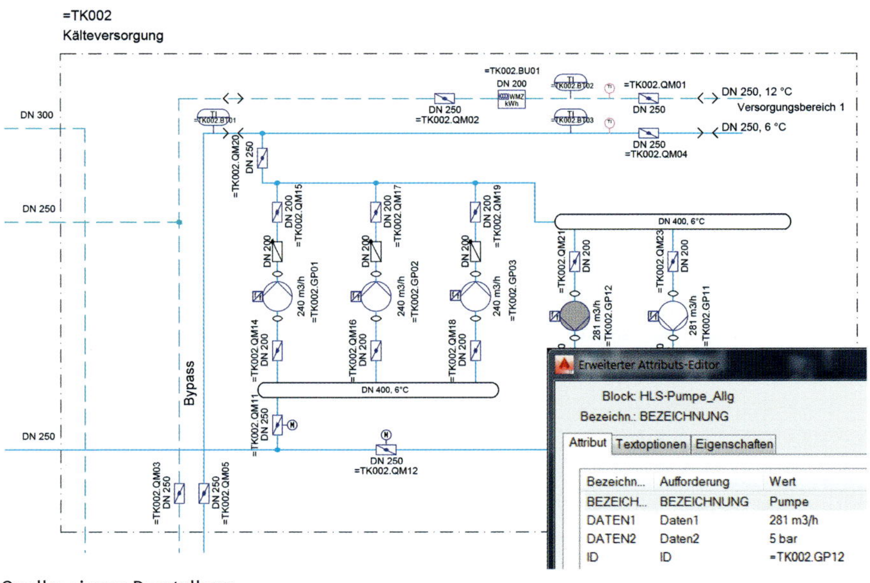

Quelle: eigene Darstellung

Bild 6.15: Ausschnitt aus dem Funktionsschema eines Kälteverteilsystems

Auf Basis der inhaltlichen Vorgaben im Schema erfolgt die Planung der Anlagen mit den entsprechenden Komponenten, die in dem zur Verfügung stehenden Raum unterzubringen sind. Dabei sind die benötigten Einbau-, Montage- und Wartungsräume zu berücksichtigen, vgl. Kapitel 2.5. Bild 6.16 zeigt den Anlagenteil mit den Pumpen zu den in Bild 6.15 schematisch dargestellten Pumpen.

Wie das Beispiel weiterhin zeigt, sind sowohl die einzelnen Objekte im Schema mit Referenzkennzeichen identifiziert und mit einer Eigenschaft beschriftet wie auch die in der Anlagenkonstruktion enthaltenen Pumpen. Gleiches gilt für die übergeordnete Einheit „Kälteversorgung“ (= TK002), die im Schema durch die strichpunktierte Umrahmung der unterlagerten funktionalen Einheiten repräsentiert wird.

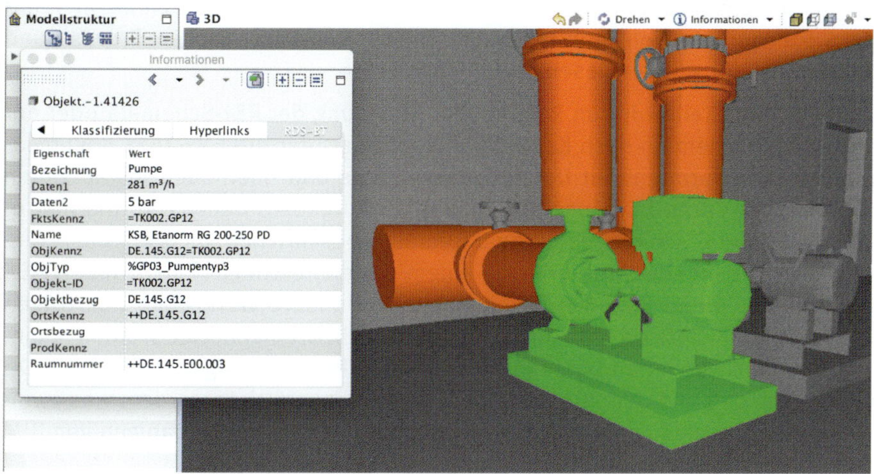

Quelle: eigene Darstellung

Bild 6.16: Geometrische Anlagenmodell der Pumpen

Im Schema sind die jeweiligen funktionalen Einheiten mit Hilfe von CAD-Blöcken mit einem Attributsatz als Objekte enthalten, sodass diese in Listenform extrahiert und verwaltet werden können, siehe Bild 6.17. Gleichzeitig entsteht hierüber ein Bezug zwischen dem Objekt und dem Schema als Dokument, welches dieses Objekt enthält und in einem funktionsbezogenen Kontext darstellt.

Bezeichnung	Kennzeichnung	Fabrikat	Typ	V m³/h	H mWS	Leistung KW	Nennstrom A
Kühlturmpumpe 1	=TK101.GP01	KSB	Etanorm RG 200-330PD	400	22	45	80,2
Kühlturmpumpe 2	=TK102.GP01	KSB	Etanorm RG 200-330PD	400	22	45	80,2
Pumpe KÜW Absorptions-KM	=TK201.GP02	KSB	Etanorm G 150-250 G11 PD	400	18	30	55,2
Pumpe KW Absorptions-KM	=TK201.GP01	KSB	Etanorm G 100-200 G11 PD	122	12	5,5	11,3
Pumpe KÜW Kompressions-KM	=TK203.GP02	KSB	Etanorm RG 200-260 PD	425	14	30	55,2
Pumpe KW Kompressions-KM	=TK203.GP01	KSB	Etanorm G 150-250 G11 PD	286	11	15	28,1
Pumpe WT Freie Kühlung	=TK205.GP01	KSB	Etanorm G 100-200 G11 PD	129	9	5,5	11,3
Pumpe 1 Kältenetz Ost	=TK002.GP01	KSB	Etanorm G 125-200 G11 PD	240	13	11	20,9
Pumpe 2 Kältenetz Ost	=TK002.GP02	KSB	Etanorm G 125-200 G11 PD	240	13	11	20,9
Pumpe 3 Kältenetz Ost	=TK002.GP03	KSB	Etanorm G 125-200 G11 PD	240	13	11	20,9
Rücklaufbeimischung	=TK001.GP21	KSB	Etanorm G 100-200 G11 PD	120	10	5,5	11,3
Pumpe Kältenetz - Notversorgung	=TK002.GP11	KSB	Etanorm RG 200-250 PD	281	5	7,5	14,7
Pumpe Kältenetz - Notversorgung	**=TK002.GP12**	**KSB**	**Etanorm RG 200-250 PD**	**281**	**5**	**7,5**	**14,7**
KW-Speicher-Pumpe 1	=TK401.GP01	KSB	Etaline GN 080-160/074 G11 PDA	30	5	0,75	1,8
KW-Speicher-Pumpe 2	=TK401.GP02	KSB	Etaline GN 080-160/074 G11 PDA	30	5	0,75	1,8
Fernkälte Netzpumpe 2.1	=TK001.GP11	KSB	Etanorm G 125-315 G11 PD	140	36	22	41,3
Fernkälte Netzpumpe 2.2	=TK001.GP12	KSB	Etanorm G 125-315 G11 PD	140	36	22	41,3
Fernkälte Netzpumpe 2.3	=TK001.GP13	KSB	Etanorm G 125-315 G11 PD	140	36	22	41,3
Fernkälte Netzpumpe 1.1	=TK001.GP01	KSB	Etanorm G 125-250 G11 PD	180	20	15	28,1
Fernkälte Netzpumpe 1.2	=TK001.GP02	KSB	Etanorm G 125-250 G11 PD	180	20	15	28,1
Fernkälte Netzpumpe 1.3	=TK001.GP03	KSB	Etanorm G 125-250 G11 PD	180	20	15	28,1

Quelle: eigene Darstellung

Bild 6.17: Objektliste mit Pumpeneinheiten

6.4.4 Prozess-Leittechnik-Schnittstelle

In den Kapiteln 6.3 im Zusammenhang mit der Erstellung von R&I-Schemata sowie im Zusammenhang mit der Dokumentation der Leittechnik in Kapitel 6.6.2 wurde schon mehrfach auf die Schnittstelle zwischen Prozess und Automatisierung hingewiesen.

Diese Schnittstelle wird im Rahmen der Erstellung der R&I-Schemata oder der Teilanlagenschemata nach Kapitel 6.6.2 auf Basis der DIN EN 62424 dokumentiert. Dieser Norm enthält Darstellungssymbole und -methoden für Aufgaben des Process Control Engineerings, kurz PCE-Aufgaben. Damit wird die Instrumentierung grafisch dargestellt und formal so beschrieben, dass auf Basis dieser Norm die Inhalte strukturiert in einem systemneutralen XML-Format (CAEX – Computer Aided Engineering eXchange) an andere Werkzeuge übertragen und synchronisiert oder in Informationsmodellen eingebettet werden kann, vgl. Bild 4.3. Durch den Datenabgleich können Prozessdesign mit einem (3-D-) Anlagenmodell und den Automationssystemen abgeglichen werden, was zwingende Voraussetzung für ein modellbasiertes Engineering im Rahmen von BIM ist.

Das R&I-Schema beschreibt nicht nur den verfahrenstechnischen Prozess, sondern auch die damit verbundenen Aufgaben oder Aufgabenstellungen an die Prozessleittechnik, d.h. das funktionale Zusammenwirken von Prozess und Automatisierung. Grundlegende Voraussetzung für eine strukturierte und eindeutige Verwaltung der Inhalte ist eine eindeutige Kennzeichnung der einzelnen Aufgaben, was durch die Anwendung der Referenzkennzeichnung nach Kapitel 13 ermöglicht wird.

Um das funktionale Zusammenwirken eines oder in der Regel mehrerer PCE-Aufgaben darzustellen, werden diese einem PCE-Kreis zugeordnet, siehe Bild 6.18.

Der PCE-Kreis x besteht aus einer oder mehreren Messstellen (PCE-Aufgaben TI und PI), einer oder mehreren Verarbeitungseinheiten (PCE-Leitfunktion US) und einem oder mehreren Aktoren (PCE-Aufgabe YS). Als Automationsfunktion ist in diesem Beispiel eine Steuerungsaufgabe dargestellt. Bei Überschreiten der Hoch-Hoch-Grenzwerte SHH von TI und FI wird ein Ventil angesteuert. Bei Überschreiten eines Hoch-Grenzwerts AH von TI und PI und eines Tief-Grenzwerts AL bei FI wird jeweils eine Meldung ausgegeben. Die Stellgröße ist durch Angabe von OH anzuzeigen. Die Wirkrichtung vom Sensor zur Steuerung und von der Steuerung zum Aktor wird durch Verbindungslinien und Pfeile in Wirkrichtung dargestellt.

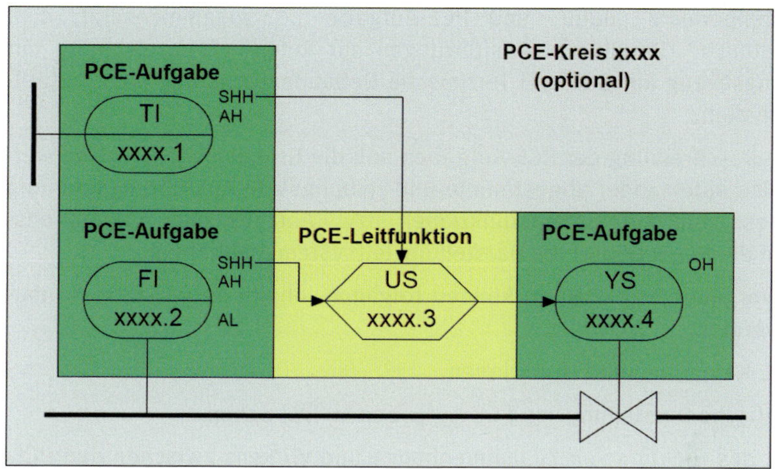

Quelle: nach IEC 62424

Bild 6.18: Organisation von PCE-Aufgaben

In DIN EN 62424 wird die Anwendung einer Referenzkennzeichnung (z.B. IEC/ISO 81346) gefordert, die unabhängig sein muss von der PCE-Verarbeitungsfunktion der PCE-Aufgabe. Die Eintragung erfolgt im unteren Teil des Ovals, d.h. im vorliegenden Beispiel anstelle von „x“. Das Kennzeichen im Oval kann verkürzt in Verbindung mit dem Referenzkennzeichen im Plankopf oder einer übergeordneten Betrachtungseinheit geschrieben werden, siehe Bild 6.19.

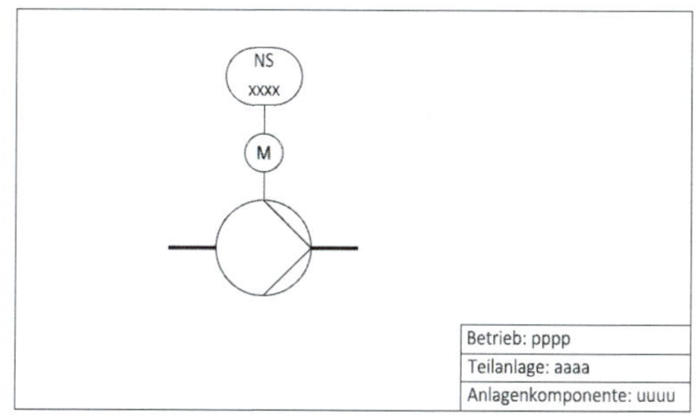

Quelle: DIN EN 62424
Bild 6.19: Referenzkennzeichnung einer PCE-Aufgabe

Im Oval der PCE-Aufgabe ist nur verkürzt „x“ angegeben. In Verbindung mit dem Kennzeichen im Plankopf hat die PCE-Aufgabe das vollständige Referenzkennzeichen, das sich aus den Strukturteilen Betrieb „pppp“, Teilanlage „a“,

Anlagenkomponente „uuuu“ und PCE-Aufgabe „x“ zusammensetzt, d.h. „pppp-a-uuuu-x“. Detaillierte Ausführungen zur Referenzkennzeichnung mit Anwendungsbezug auf Bau und Technische Gebäudeausrüstung sind in Kapitel 13 enthalten.

Durch die Beschreibung der PCE-Aufgaben soll die Grundlage geschaffen werden für eine aufeinander abgestimmte und reibungslose Ausführungsplanung von Prozess und Automationsfunktionen bzw. Anlagen und Automationssystem. In der Regel erfolgt die Darstellung leitsystemunabhängig.

Mit den Vorgaben in der Norm können folgende Inhalte im R&I-Schema dargestellt werden:

- die PCE-Kategorien und -Funktionen,
- die grafische Darstellung von PCE-Aufgaben im R&I-Schema,
- die Art des funktionalen Zusammenhangs und Wirkens zwischen den PCE-Aufgaben, d.h. die Leitfunktionen im Hinblick auf die Dokumentation der daraus resultierenden Leittechnik-Aufgaben,
- die grafische Darstellung der Signale (Datenpunkte) in einem R&I-Schema.

Nach der Norm dürfen im R&I-Schema keine komplexen Leitfunktionen dargestellt werden, z.B. Leitechnik-Aufgaben wie Regelung, Steuerung oder Regelstrukturumschaltung. Für die Dokumentation dieser komplexen Automationsaufgaben sei auf Kapitel 6.6.2 verwiesen.

Eine PCE-Aufgabe wird wie in Bild 6.20 gezeigt als Oval mit ergänzenden Datenfeldern außerhalb des Ovals im R&I-Schema dargestellt.

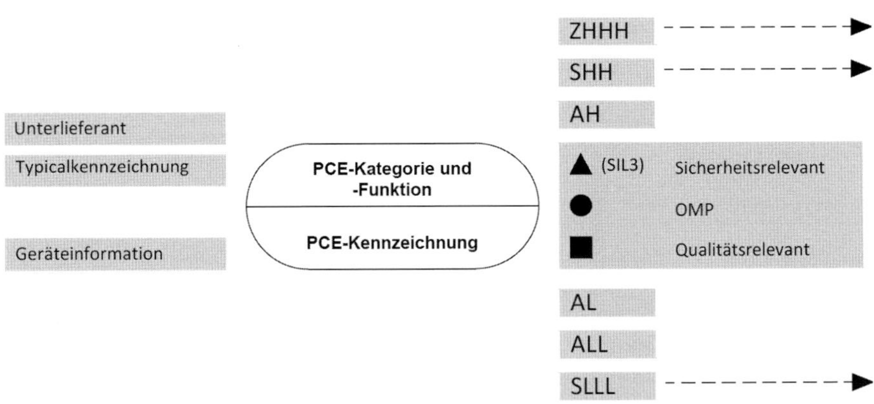

Quelle: DIN EN 62424

Bild 6.20: Allgemeine Darstellung einer PCE-Aufgabe im R&I-Schema

Dieses Oval wird mit der Stelle im Schema durch eine durchgezogene Linie verbunden (Bezug zum Prozess), an der die Funktion später in der Anlage, d. h. im Rohrleitungssystem, zu installieren ist. Der Informationsfluss zu anderen PCE-Aufgaben wird als gestrichelte Linie mit einem Pfeil dargestellt, der die funktionale Wirkrichtung – nicht zwingend jedoch eine spätere Leitungsverbindung – zeigt.

Obere Grenzwerte (H, HH, HHH) und untere Grenzwerte (L, LL, LLL) werden in Bezug gesetzt zu den daraus resultierenden Aktionen A – Alarm, Meldung, S – Binäre Steuerungsfunktion oder Schaltfunktion (nicht sicherheitsrelevant) oder Z – Binäre Steuerungsfunktion oder Schaltfunktion (sicherheitsrelevant).

In den nachfolgenden Abbildungen sind aus DIN EN 62424 verschiedene Beispiele für die Darstellung von PCE-Elementen dargestellt, wie sie auch in Anlagenschemata der Technischen Gebäudeausrüstung häufig anzutreffen sind, in den wenigsten Fällen jedoch in dieser Art ausgeführt werden.

In Bild 6.21 sind lokale Druck- und Temperaturanzeigen dargestellt, d. h. Manometer (PG014) bzw. Thermometer (PG015). Bei lokalen Messstellen ist im Symbol keine horizontale Trennlinie enthalten.

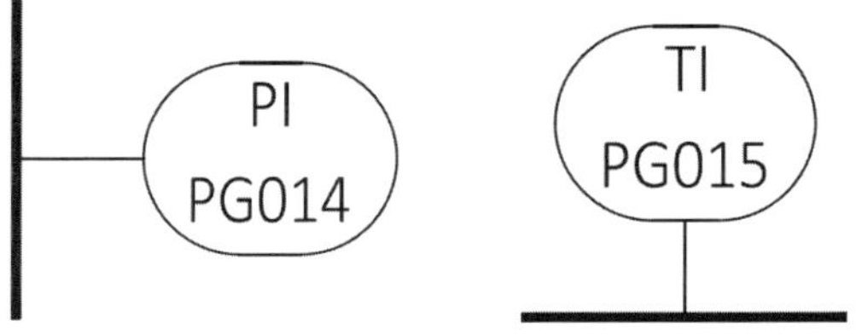

Quelle: DIN EN 62424

Bild 6.21: Lokale Druck- (PI) und Temperatur-Anzeige (TI)

Bild 6.22 zeigt Beispiele von Messstellen für die Anzeige von Größen in einem Leitstand, symbolisiert durch die horizontale Trennlinie.

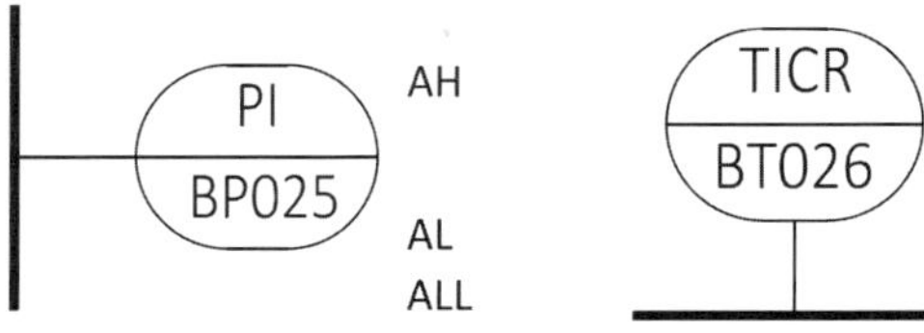

Quelle: DIN EN 62424

Bild 6.22: Druck- und Temperaturanzeige in einem zentralen Leitstand

Die Druckmessstelle BP025 enthält über die Anzeige hinaus noch Hinweise auf Alarmierungen bei oberer Grenzwertüberschreitung (AH) und zwei untere Grenzwertüberschreitungen tief (AL) und tief-tief (ALL).

Die Temperaturmessstelle BT026 zeigt über das Anzeigen hinaus noch an, dass die Messgröße für eine Regelung (C) benutzt und der Wert registriert wird (R).

In Bild 6.23 ist ein AUF/ZU-Ventil (QM091) dargestellt, bei dem die Aufstellung (OH) und die Zustellung (OL) angezeigt werden.

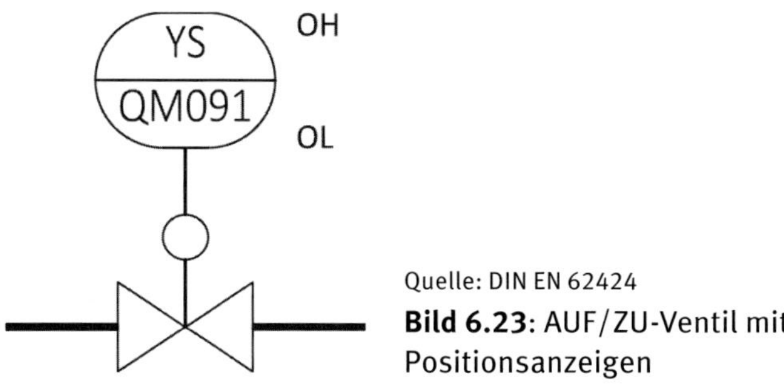

Quelle: DIN EN 62424

Bild 6.23: AUF/ZU-Ventil mit Positionsanzeigen

Bild 6.24 zeigt eine Temperaturregelung über ein zentrales Leitsystem in Verbindung mit einer grenzwertabhängigen Steuerungsfunktion und Meldung.

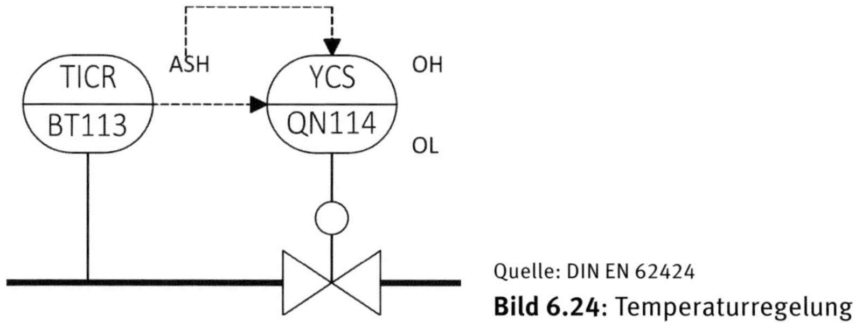

Quelle: DIN EN 62424

Bild 6.24: Temperaturregelung

Die Temperaturerfassung BT113 wird zentral angezeigt und der Wert wird registriert. In dem entsprechenden Temperaturregelkreis ist diese Temperatur die Regelgröße. Die Ergänzung ASH zeigt an, dass ein oberer Grenzwert überwacht wird und bei Grenzwertüberschreitung ein Alarm ausgelöst (A) und eine Steuerung aktiviert wird (S).

Das Regelventil QN114 ist eine Stellarmatur mit stetigem Öffnen und Schließen für die kontinuierliche Regelung und ein gesteuertes AUF und ZU. Die Auf-Position (OH) und die Zu-Position (OL) werden angezeigt.

Eine Durchflussregelung in einem zentralen Leitstand mit der Durchflussmessung BF111 und dem Stellglied QN112 ist in Bild 6.25 dargestellt.

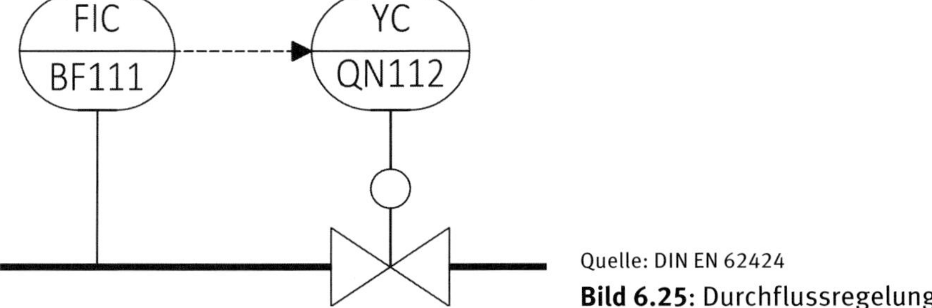

Quelle: DIN EN 62424

Bild 6.25: Durchflussregelung

Sind Druck, Durchfluss, Temperatur oder Drehzahl lokal mit Reglern ohne Hilfsenergie zu regeln, erfolgt die Darstellung im Schema wie in Bild 6.26 gezeigt.

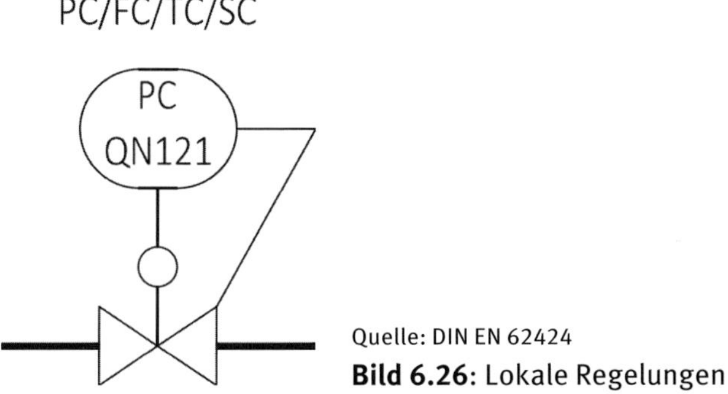

Quelle: DIN EN 62424

Bild 6.26: Lokale Regelungen

Ein Typical für die Ansteuerung einer Pumpe mit AN-AUS-Funktion (GP001) ist in Bild 6.27 dargestellt. Enthält die Pumpe eine Motorsteuerung und soll drehzahlvariabel betrieben werden, so ist NS durch NC zu ersetzen.

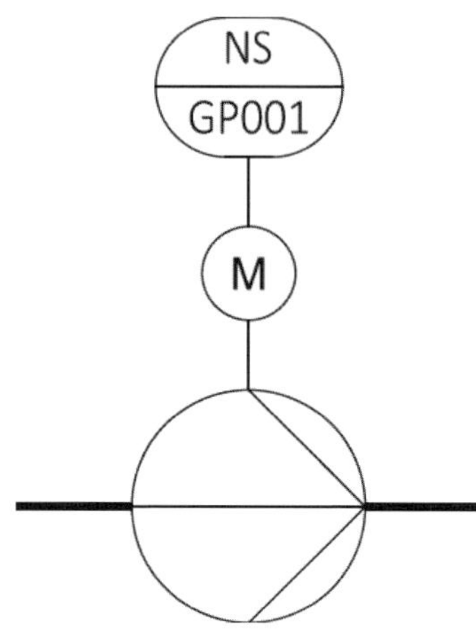

Quelle: DIN EN 62424

Bild 6.27: Ansteuerung einer Pumpe

Um einen direkten Bezug zur Gebäudeautomation herzustellen, können die Angaben dieser einfachen PCE-Aufgaben in die GA-Funktionsliste nach VDI 3814 bzw. DIN EN ISO 16484-3 übertragen werden. In Bild 6.28 sind exemplarisch die PCE-Aufgaben in Bild 6.22, Bild 6.24, Bild 6.25 und Bild 6.27 dargestellt.

Gewerk:	Ein-/Ausgabefunktionen										Verarbeitungsfunktionen										
	Physikalisch					Gemeinsam 3)9)					Überwachen						Steuern				
Anlage:	Binäre Ausgabe Schalten/Stellen 1)	Analoge Ausgabe Stellen	Binäre Eingabe Melden	Binäre Eingabe Zählen	Analoge Eingabe Messen 2)	Binärer Ausgabewert, Schalten	Analoger Ausgabewert, Stellen/Sollw	Binärer Eingabewert, Zustand	Zählwerteingabe	Analoger Eingabewert, Messen	Grenzwert fest	Grenzwert gleitend	Betriebsstunden-Erfassung	Ereigniszählung	Befehlsausführkontrolle	Meldungsbearbeitung 4)	Anlagensteuerung	Motorsteuerung	Umschaltung 5)	Folgesteuerung 5)	Sicherheits-/Frostschutzsteuerung
Benennung — Abschnitt	1					2					3						4				
Spalte	1	2	3	4	5	1	2	3	4	5	1	2	3	4	5	6	1	2	3	4	5
PI, TI, FI					1																
TIC, PIC, FIC					1																
TICR - ASH					1						1									1	
YS - OH, OL	1										2						1				
YCS - OH, OL		1									2						1				
NS		1																1			

Gewerk:	Verarbeitungsfunktionen																					Managementfunktionen				Bedienfunktionen			
	Regeln								Rechnen/Optimieren																				
Anlage:	P-Regelung	PI-/PID-Regelung	Sollwertführung/-kennlinie	Stellausgabe stetig	Stellausgabe 2-Punkt 6)	Stellausgabe Pulsweitenmodulation	Begrenzung Sollwert/Stellgösse	Parameterumschaltung	*h,x* geführte Strategie 7)	Arithmetische Berechnung 7)	Ereignisabhängiges Schalten	Zeitabhängiges Schalten	Gleitendes Ein-/Ausschalten	Zyklisches Schalten	Nachtkühlbetrieb	Raumtemperaturbegrenzung	Energierückgewinnung 7)	Netzersatzbetrieb	Netzwiederkehrprogramm	Höchstlastbegrenzung	Tarifabhängiges Schalten	Ein-/Ausgabe Objekttyp 9)	Komplexer Objekttyp 8) 9)	Ereignis-Langzeitspeicherung	Historisierung in Datenbank	Grafik/Anlagenbild	Dynamische Einblendung	Ereignis-Anweisungstext	Nachricht an externe Stelle
Benennung — Abschnitt	5								6													7				8			
Spalte	1	2	3	4	5	6	7	8	1	2	3	4	5	6	7	8	9	#	#	#	#	1	2	3	4	1	2	3	4
PI, TI, FI																										1	1		
TIC, PIC, FIC		1																								1	1		
TICR - ASH		1			1						1													1	1	1	1	1	
YS - OH, OL											2															1	2		
YCS - OH, OL					1						2															1	2		
NS																										1			

Quelle: eigene Darstellung nach VDI 3814

Bild 6.28: Datenpunktliste

Das nachfolgende Beispiel eines automatischen Rückspülfilters in Bild 6.29 zeigt eine Anwendung der PCE-Elemente in einem R&I-Schema zu einer Kälteversorgungsanlage.

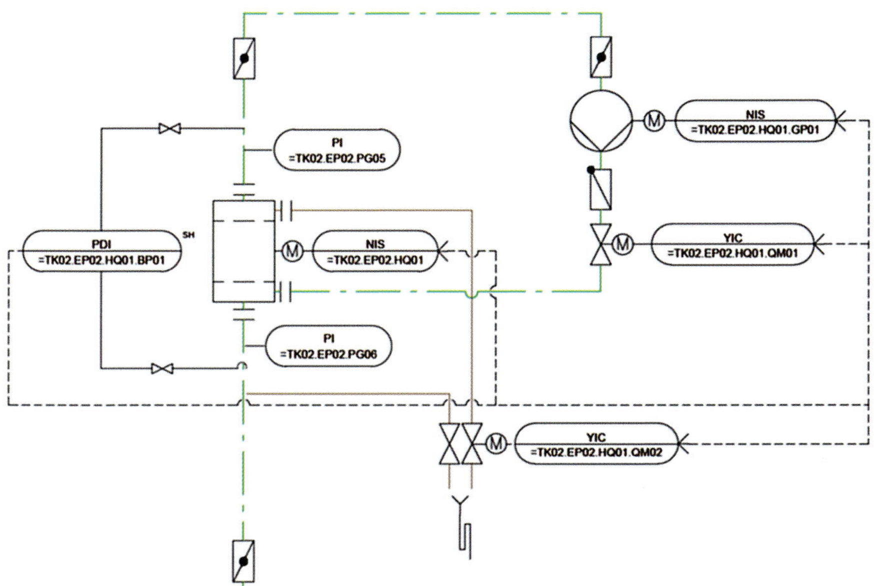

Quelle: eigene Darstellung

Bild 6.29: P&ID-Beispiel eines Rückspülfilters

Ein Rückspülvorgang des Rückspülfilters =TK02.EP02.HQ01 wird ausgelöst durch das Überschreiten eines maximalen Differenzdrucks (SH) am Differenzdruckfühler =TK02.EP02.HQ01.BP01. In diesem Zusammenhang werden durch Steuerungsfunktionen in einem zentralen Leitstand Spülzulaufventil =TK02.EP02.HQ01.QM01 und Spülablaufventil =TK02.EP02.HQ01.QM02 geöffnet und die Spülpumpe =TK02.EP02.HQ01.GP01 eingeschaltet. Dieser funktionale Steuerungsbezug wird durch die gestrichelten Wirklinien dargestellt. Die Wirkrichtung von auslösendem Differenzdrucksensor zu den verschiedenen Aktoren wird durch die Richtungspfeile angezeigt.

Das nachfolgende Beispiel in Bild 6.30 zeigt eine Pumpe in einem R&I-Schema (P8ID) mit einer Differenzdruckmessung (PDI), angezeigt in einer Leitwarte.

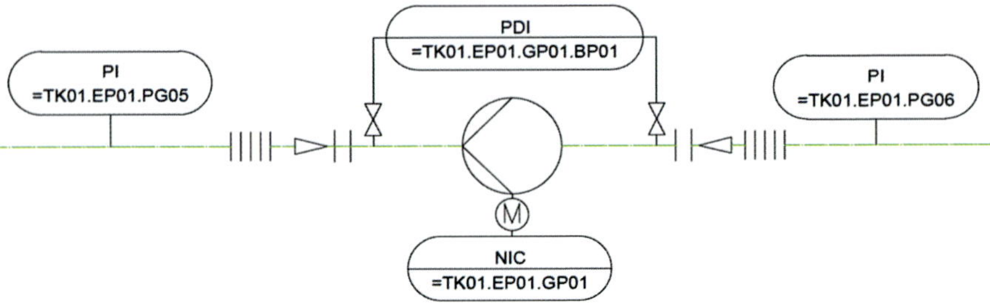

Quelle: eigene Darstellung

Bild 6.30: P&ID-Beispiel einer Pumpeneinheit

Vor und nach der Pumpe sind Manometer (PI) angeordnet, d. h., der Druck wird nur lokal angezeigt (keine Trennlinie im Oval). Die Pumpe selbst ist drehzahlgeregelt, die mit variabler Drehzahl in einem Regelkreis eingesetzt wird.

Die Beispiele einer Rampenheizung in Bild 6.31 und des Zuluft-Teils einer RLT-Anlage in Bild 6.32 zeigen die Anwendung von PCE-Aufgaben in der Anlagendarstellung von Funktionsschemata der Gebäudeautomation (GA) nach DIN EN ISO 16484.

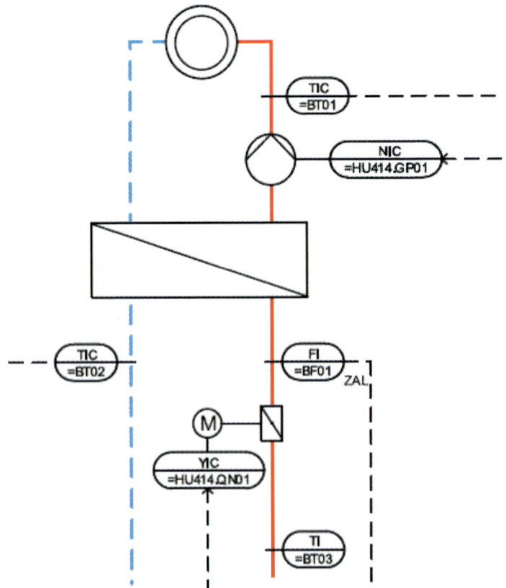

Quelle: eigene Darstellung

Bild 6.31: PCE-Aufgaben in einem GA-Funktionsschema einer Rampenheizung

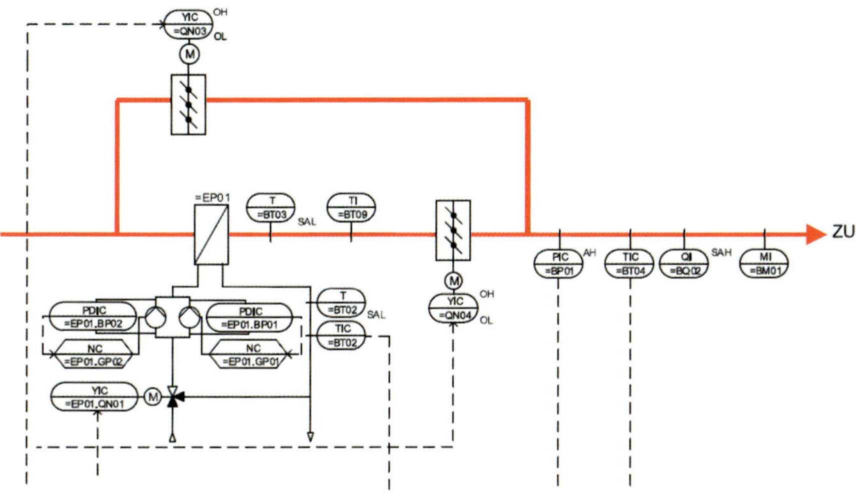

Quelle: eigene Darstellung

Bild 6.32: PCE-Elemente im GA-Funktionsschema einer RLT-Anlage

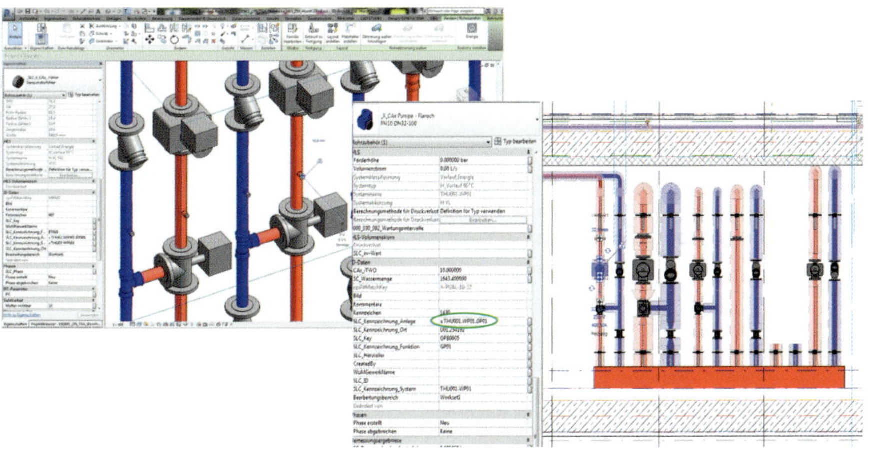

Quelle: eigene Darstellung

Bild 6.33: Automationsrelevante Objekte in einer Heizungsverteilung

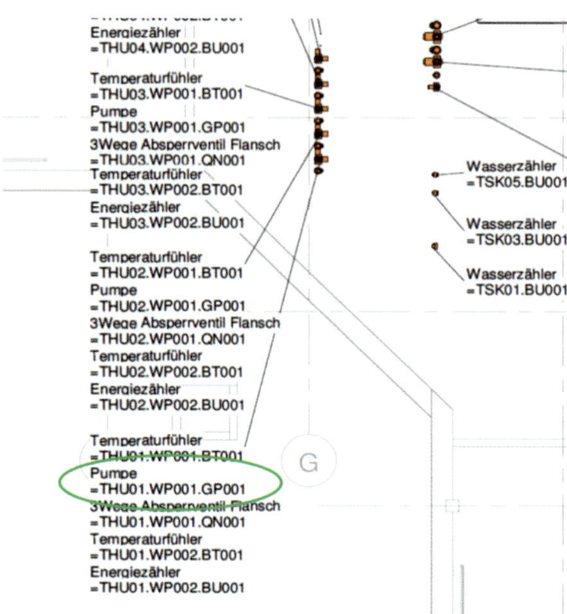

Quelle: eigene Darstellung

Bild 6.34: GA-Aktoren und -Sensoren in einer Installationszeichnung (Ausschnitt)

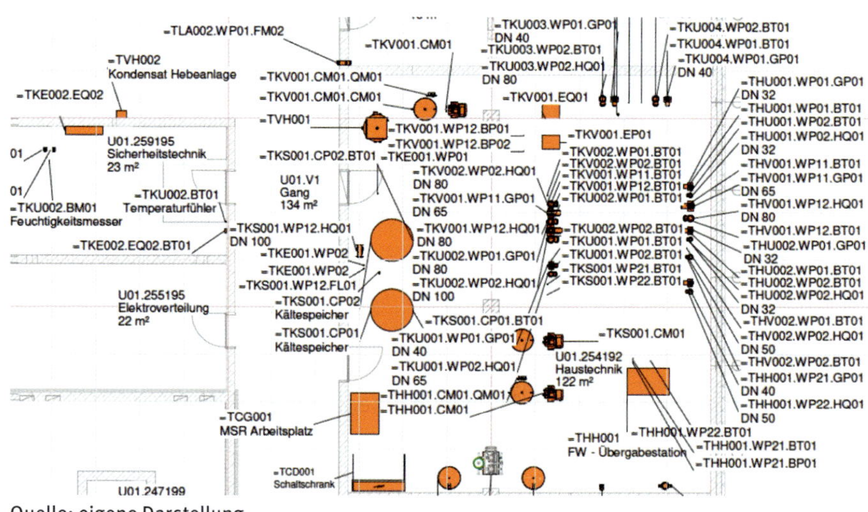

Quelle: eigene Darstellung

Bild 6.35: GA-Objekte in einer Technikzentrale

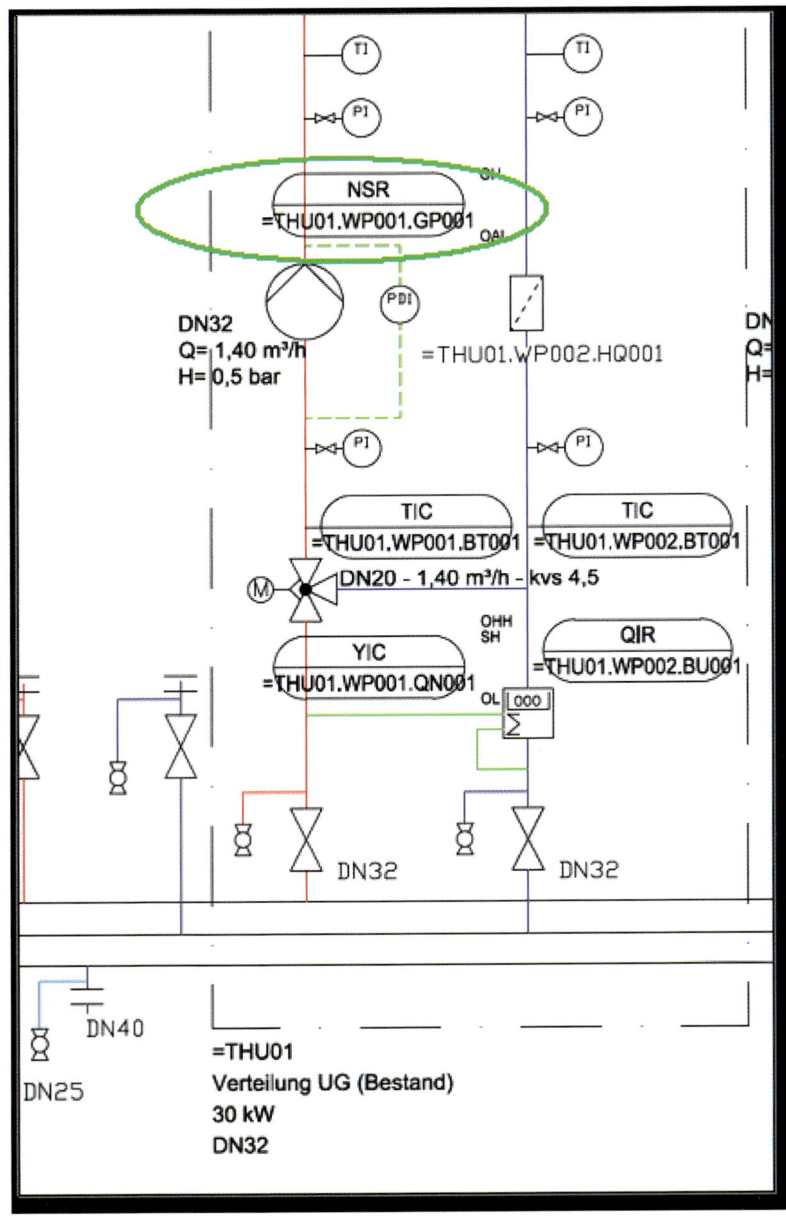

Quelle: eigene Darstellung

Bild 6.36: PCE-Elemente im Anlagenschema zu einem Heizkreis

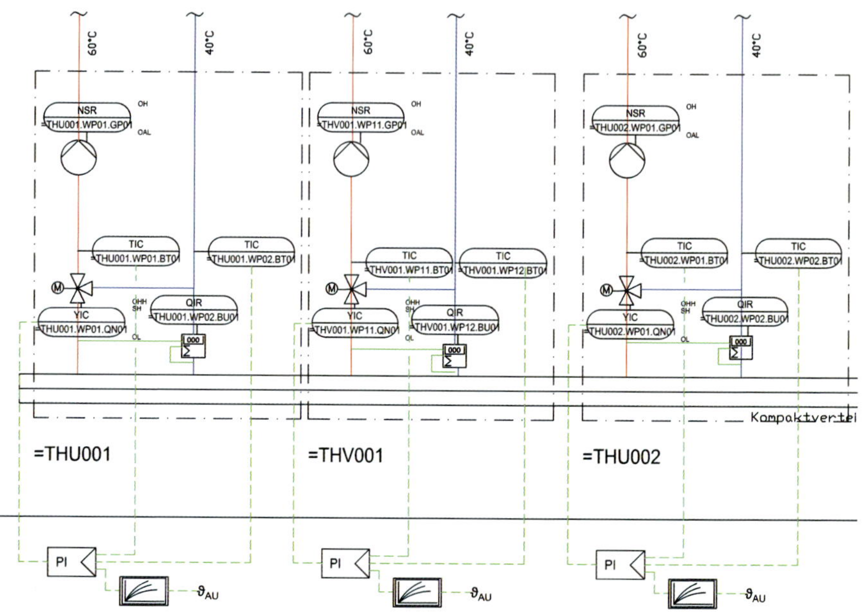

Quelle: eigene Darstellung

Bild 6.37: PCE-Elemente im GA-Funktionsschema einer Wärmeverteilung

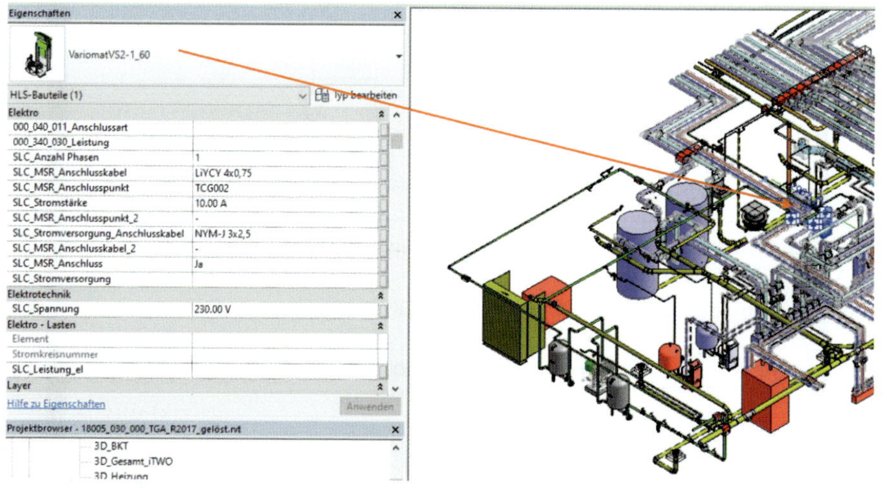

Quelle: eigene Darstellung

Bild 6.38: Anlagenobjekt mit GA-Relevanz (SLC_MSR_Anschluss)

AKS	Bezeichnung	ISP (automatisiert mit ...)	Revit-Modell (eingebaut in)	Raum	v_dot	kvs	DN	P_el	voraussichtlicher Kabeltyp	Länge Kabel	Zuleitung von NSHV
=TCD001	ISP UG	+TCD001	Ja	U01.254192					bauseits	-	Ja
=TCD002	ISP EG	+TCD002	Ja	E00.255195					bauseits	-	Ja
=TCD003	ISP 1. OG	+TCD003	Ja	E01.255195					bauseits	-	Ja
=TCD004	ISP 2. OG	+TCD004	Ja	E02.255195					bauseits	-	Ja
=TCD005	ISP 3.OG	+TCD005	Ja	E03.255195					bauseits	-	Ja
=TCD006	ISP Dach + 4.OG	+TCD006	Ja	E04.255195					bauseits	-	Ja
=TCE001	Raumautomationssystem	-	-	-					bauseits	-	Nein
=TCE001.BG01	Präsenzmelder	+TCD002	Ja	E00.295191					J-Y(ST)Y 2x2x0,8	60	Nein
=TCE001.BG02	Präsenzmelder	+TCD002	Ja	E00.291191					J-Y(ST)Y 2x2x0,8	55	Nein
=TCE001.BG03	Präsenzmelder	+TCD002	Ja	E00.274188					J-Y(ST)Y 2x2x0,8	45	Nein
=TCE001.BG04	Präsenzmelder	+TCD002	Ja	E00.277193					J-Y(ST)Y 2x2x0,8	45	Nein
=TCE001.BG05	Präsenzmelder	+TCD002	Ja	E00.281188					J-Y(ST)Y 2x2x0,8	40	Nein
=TCE001.BG06	Präsenzmelder	+TCD002	Ja	E00.285188					J-Y(ST)Y 2x2x0,8	40	Nein
=TCE001.BG07	Präsenzmelder	+TCD002	Ja	E00.266190					J-Y(ST)Y 2x2x0,8	28	Nein
=TCE001.BG08	Präsenzmelder	+TCD002	Ja	E00.266195					J-Y(ST)Y 2x2x0,8	25	Nein
=TCG001	Gebäudeleitsystem	+TCG001	Ja	U01.254192					bauseits	-	Ja
=THH001	FW-Übergabe	+TCD001	Ja	U01.254192					-	-	Ja
=THH001.CM01	Druckhaltung	+TCD001	Ja	U01.254192					J-Y(ST)Y 2x2x0,8	12	Nein
=THH001.CM01.CM01	Ausdehnungsgefäß	-	Ja	U01.254192					-	-	Nein
=THH001.CM01.QM01	Nachspeisung	-	Ja	U01.254192					-	-	Nein
=THH001.EP01	Wärmetauscher	+TCD001	+THH001	-					-	-	Nein
=THH001.WP11	FW-Übergabe VL primär	-	-	-					-	-	Nein
=THH001.WP11.HQ01	Schmutzfänger prim	-	+THH001	-					-	-	Nein
=THH001.WP12	FW-Übergabe RL primär	-	-	-					-	-	Nein
=THH001.WP12.BT01	Temperaturfühler prim RL	+TCD001	+THH001	-					J-Y(ST)Y 4x2x0,8	17	Nein
=THH001.WP12.QN01	Regelventil	+TCD001	+THH001	-	2,52	10	25		J-Y(ST)Y 4x2x0,8	17	Nein
=THH001.WP21	FW-Übergabe VL sekundär	-	-	-					-	-	Nein
=THH001.WP21.BP01	Sicherheitsdruckwächter	+TCD001	Ja	U01.254192					J-Y(ST)Y 4x2x0,8	17	Nein
=THH001.WP21.BT01	Temperaturfühler VL	+TCD001	Ja	U01.254192					J-Y(ST)Y 4x2x0,8	17	Nein
=THH001.WP21.BT02	Sicherheitstemperaturwächter	+TCD001	+THH001	-					J-Y(ST)Y 4x2x0,8	17	Nein
=THH001.WP21.FL01	Überdruckventil sek	-	+THH001	-					-	-	Nein
=THH001.WP21.GP01	Sekundärkreispumpe	+TCD001	Ja	U01.254192			40	185	NYM 3x2,5	17	Nein
=THH001.WP22	FW-Übergabe RL sekundär	-	-	-				500	-	-	Nein
=THH001.WP22.BT01	Temperaturfühler RL	+TCD001	Ja	U01.254192					J-Y(ST)Y 4x2x0,8	17	Nein
=THH001.WP22.HQ01	Schmutzfänger sekundär	-	Ja	U01.254192					-	-	Nein
=THU001	Wärmeversorgung Konvektoren und Heizkörper Nord	+TCD001	-	-					-	-	Nein
=THU001.WP01	Wärmeversorgung VL	-	-	-					-	-	Nein
=THU001.WP01.BT01	Temperaturfühler VL	+TCD001	Ja	U01.254192					J-Y(ST)Y 4x2x0,8	24	Nein
=THU001.WP01.GP01	Pumpe	+TCD001	Ja	U01.254192			32	103	NYM 3x2,5	24	Nein
=THU001.WP01.QN01	Regelventil	+TCD001	Ja	U01.254192	1,64	6,3	20		J-Y(ST)Y 4x2x0,8	24	Nein
=THU001.WP02	Wärmeversorgung RL	-	-	-					-	-	Nein
=THU001.WP02.BT01	Temperaturfühler RL	+TCD001	Ja	U01.254192					J-Y(ST)Y 4x2x0,8	24	Nein
=THU001.WP02.BU01	Energiezähler	+TCD001	Ja	U01.254192					J-Y(ST)Y 2x2x0,8	24	Nein
=THU001.WP02.HQ01	Schmutzfänger	-	Ja	U01.254192					-	-	Nein
=THU002	Wärmeversorgung Konvektoren und Heizkörper Süd	+TCD001	-	-					-	-	Nein
=THU002.WP01	Wärmeversorgung VL	-	-	-					-	-	Nein
=THU002.WP01.BT01	Temperaturfühler VL	+TCD001	Ja	U01.254192					J-Y(ST)Y 4x2x0,8	24	Nein

Quelle: eigene Darstellung

Bild 6.39: GA-Objektliste

6.5 Elektro-, sicherheits- und informationstechnische Systeme

Ausgehend von den Leistungsangaben der verschiedenen elektrischen Verbraucher, sowohl im Bereich der Mechanik, vgl. z. B. Bild 6.17, als auch der Elektrotechnik (Beleuchtungs- und Kraftstromversorgungskreise), erfolgt die Systemplanung der elektrischen Energieversorgung mit Haupt- und Unterverteilungen. Den Anforderungen der Versorgungssicherheit entsprechend werden bestimmte Verbraucher mit höheren Stromqualitäten versorgt, wie beispielsweise Feuerwehraufzüge oder Sprinklerpumpen mit Netzersatzanlagen (NEA) oder EDV-Anlagen durch Unterbrechungsfreie Stromversorgungsanlagen (USV).

Im Systementwurf erfolgt die Darstellung dieser Einheiten funktionsbezogen in Übersichtsschaltschemata und ein- oder mehrpoligen Stromlaufschemata. Grundlage für die Erstellung dieser Schemata ist die DIN EN 61082, welche die hier zugrunde gelegte Kennzeichnungssystematik nach DIN EN 81346 vollumfänglich berücksichtigt. Entsprechende Beispiele zur Anwendung in der Technischen Gebäudeausrüstung finden sich ebenfalls in DIN 6779, Teil 12.

Ein Beispiel zur Referenzierung von elektrischem Verbraucher, versorgendem Verteiler und Stromkreis ist im Zusammenhang mit Einzelbatterieleuchten in Sicherheitsbeleuchtungsanlagen in Bild 12.7 dargestellt.

In gleicher Weise werden Anlagen der Sicherheits- und Kommunikationstechnik, wie beispielsweise Brandmeldeanlagen, Einbruchmeldeanlagen, Zutrittskontrollanlagen und IT-Kommunikationsnetze, in Systementwurf und Planung funktionsbezogen in Schemata dokumentiert.

Komponenten der elektrotechnischen Anlagen, die in nennenswertem Umfang als Aufstell-, Installations- und Schachträume zu berücksichtigen sind, sind Schaltschränke, Kabeltrassen, Stromschienen und größere Betriebsmittel wie beispielsweise Transformatoren, USV-Anlagen und Netzersatzanlagen mit den zugehörigen Ver- und Entsorgungseinrichtungen. Im Wesentlichen erfolgt die Dokumentation in Schemata einschließlich Schaltschrankzeichnungen und Verbindungsschemata (DIN EN 61082).

In Bild 6.40 ist eine Niederspannungshauptverteilung =TE100 schematisch dargestellt. Diese Verteilung hat zwei Einspeisungen von übergeordneten Verteilungen =TE001 und =TE002. Aus dieser Hauptverteilung werden drei Unterverteilungen =TE111, =TE112 und =TE113 versorgt. Über fünf weitere Abgänge werden direkt größere Stromverbraucher versorgt, z. B. der Aufzug A1 =TJ010, die Automationsanlage ISP04 =TC004 oder die Druckerhöhungsanlage der Trinkwasserversorgung =TS001.GP01.

Durch den konkreten Objektbezug über die Referenzkennzeichnung können entsprechende Zuordnungstabellen von versorgenden Stromkreisen und versorgten technischen Einrichtungen aus dem Schema abgeleitet und zentral in einem Datenbanksystem verwaltet werden. Über alle Verteilungen von Einspeisungen bis zu den Verteilern entsteht so ein digitales Modell der gesamten elektrischen Versorgungsstruktur und -vernetzung.

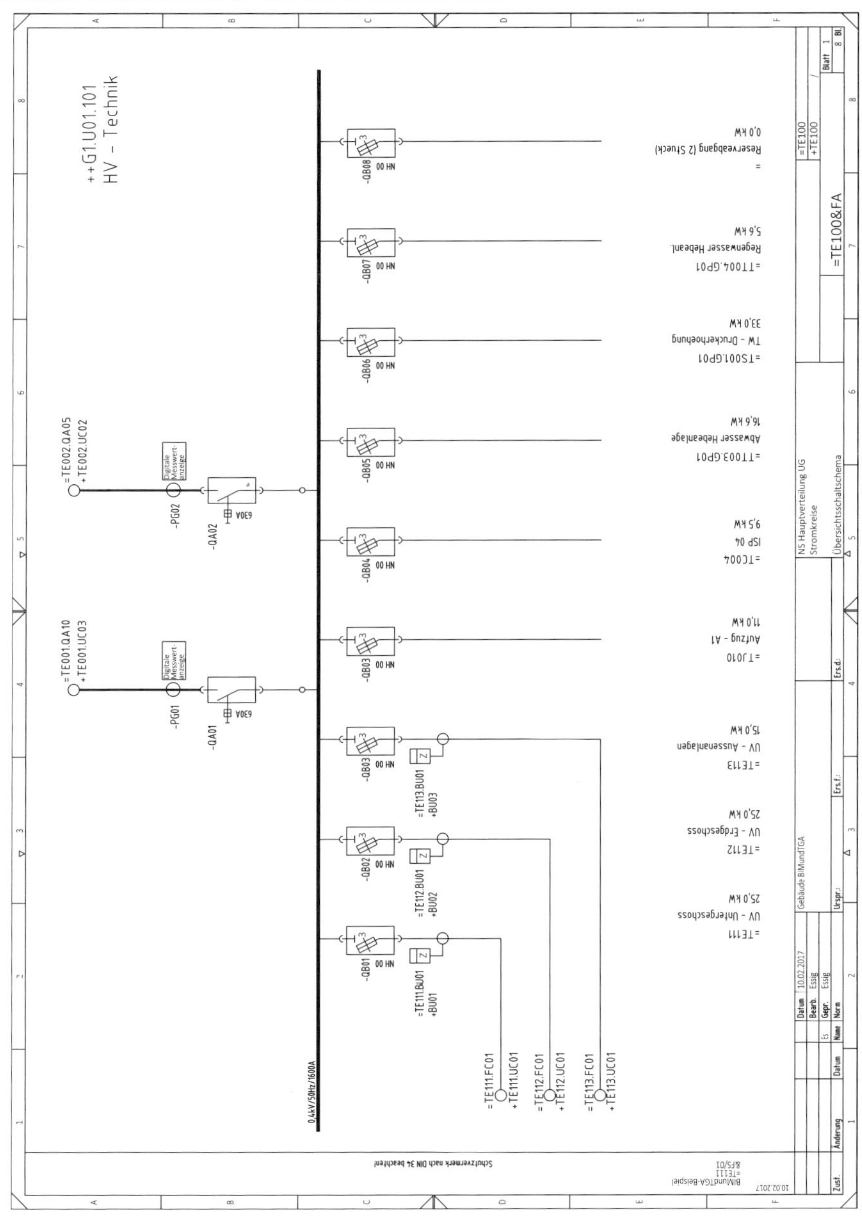

Quelle: eigene Darstellung

Bild 6.40: Schaltschema einer Niederspannungs-Hauptverteilung

Die aus der Hauptverteilung versorgte Unterverteilung =TE111 ist in Bild 6.41 schematisch dargestellt. Die Unterverteilung mit Mess- und Schutzeinrichtungen versorgt in der untersten Versorgungsebene kleinere Elektroverbraucher und Räume mit Kraft- und Beleuchtungsstromkreisen. Auch in diesem Schema sind die Verbraucher über deren Referenzkennzeichen eindeutig den jeweiligen Stromkreisen der Unterverteilung zugeordnet. Beleuchtungseinrichtungen oder Beleuchtungsgruppen in Räumen sind in diesem Beispiel funktional als Beleuchtungsfunktionseinheiten, z. B. =TE111.EA04, gekennzeichnet. Steckdosen in den Räumen sind als einzelne oder Gruppe elektrischer Anschlusseinheiten z. B. mit =TE111.XD03 gekennzeichnet. In den meisten Fällen in der Praxis werden diese Einheiten nicht mit einem Funktionskennzeichen individuell, sondern nur dem versorgenden Stromkreis und dessen verteilerbezogenen Kennzeichnung zugeordnet und stromkreisbezogen gekennzeichnet.

In Bild 6.42 ist ein einzelner Raum dargestellt, der durch die Unterverteilung =TE111 versorgt wird. Dies umfasst den Beleuchtungsstromkreis +TE111-FC11.FC03 und den Kraftstromkreis +TE111-FC10.FC04. Die im Schema eingetragenen Funktionskennzeichen der Beleuchtung und der Steckdose sind hier nicht dargestellt, im Attribut des jeweiligen Symbols jedoch eingetragen. Damit können im CAD die Objekte mit den Eigenschaften dem Raum, identifiziert durch das Raumkennzeichen, zugeordnet werden, vgl. Angaben zu Stromkreis im Schema in Bild 6.41.

Der Typ der Leuchten ist über ein Typkennzeichen gemäß Kapitel 13.9 mit %EAB3 angegeben, was einer Feuchtraumleuchte IP65 mit einer Leuchtstoffröhre bestückt mit einer Leuchtstoffröhre 1 × 58 W, T8 entspricht. „EAB“ entspricht dem Objektklassencode von Leuchtstofflampen mit Gasentladungsröhre nach IEC 81346-2.

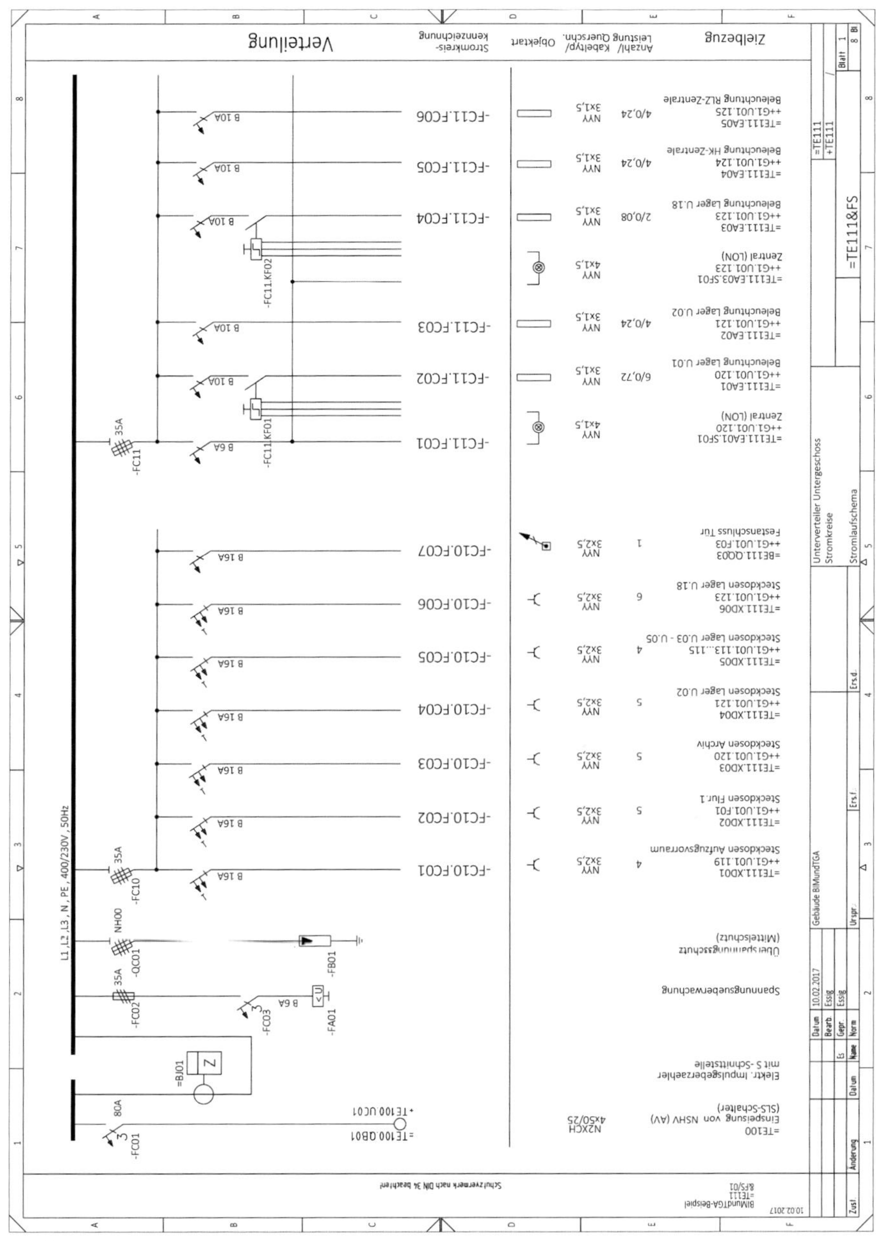

Quelle: eigene Darstellung

Bild 6.41: Schaltschema einer Niederspannungs-Unterverteilung

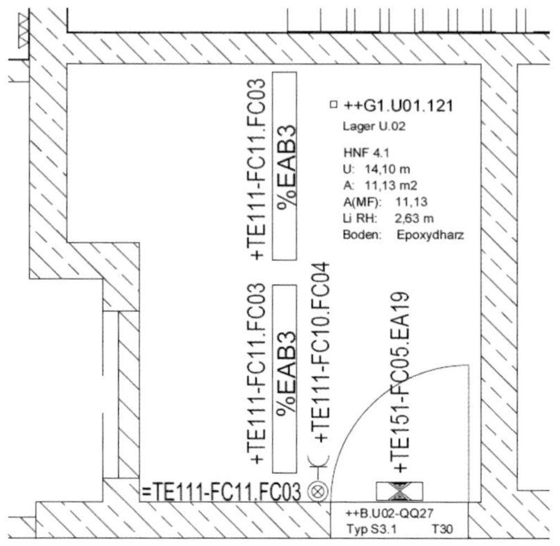

Quelle: eigene Darstellung

Bild 6.42: Auszug aus einer Installationszeichnung der Elektrotechnik

In gleicher Art und Weise wie in den zuvor dargestellten Schemata erfolgt die Objektverwaltung in den Stromlaufschemata, die mit Hilfe eines Elektro-CAD-Systems erstellt werden. In jedem professionellen E-CAD-System werden alle Objekte, d. h. elektrische Betriebsmittel, Kabel und Leitung oder Klemmen etc., in einer Datenbank verwaltet. Damit ist es möglich, alle Objekte durchgängig und eindeutig zu kennzeichnen und Objektlisten, Klemmenpläne oder Kabellisten zu erzeugen. Bezogen auf die im Plankopf gekennzeichneten Anlagen, siehe Bild 6.43, orange Markierung, bildet ein Stromlaufschemapaket eine durchgängige funktionale Einheit. In gleicher Weise wie in den Schemata der Hauptverteilung und Unterverteilung können die in den Stromlaufschemata dargestellten Stromkreise Bezüge zu versorgten Objekten oder Räume durch Angabe der jeweiligen Referenzkennzeichen enthalten.

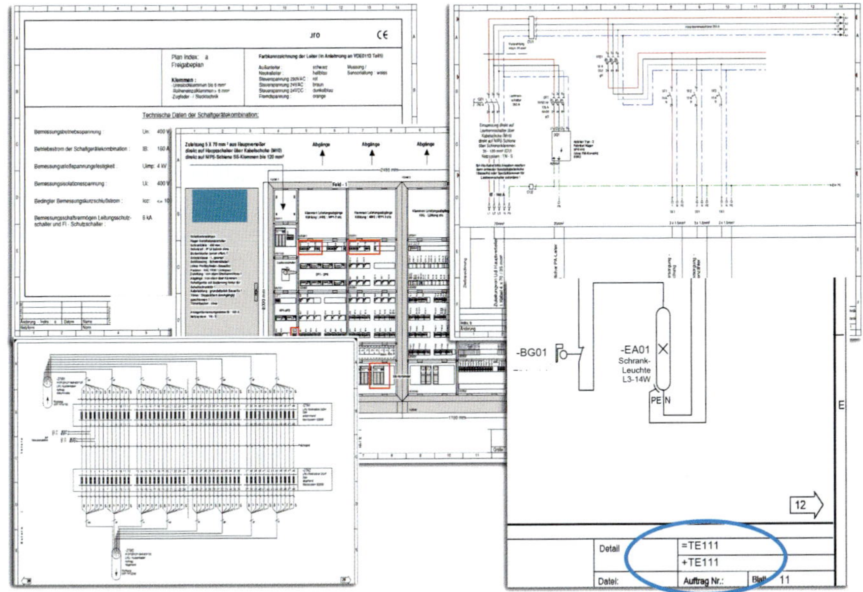

Quelle: eigene Darstellung nach IEC 61082

Bild 6.43: Stromlaufschemapaket mit verschiedenen Dokumentenarten

6.6 Automationssysteme

6.6.1 Einleitung

Die extremste Form der überwiegend funktionsbezogenen Dokumentation stellt die Automatisierungstechnik dar. Mit der digitalen Leittechnik wurden – im Gegensatz zur früheren analogen Leittechnik – die Hardware der sogenannten Informationsschwerpunkte und die hierfür erforderlichen Einbauräume auf ein notwendiges Minimum für Schaltschränke zur Energieversorgung, Zentraleinheiten und Ein-, Ausgangs- und Ansteuerungseinheiten sowie für Bedien- und Beobachtungseinheiten in Warteräumen reduziert. Im Gegenzug dazu sind hier die funktionsbezogenen Darstellungen in Form von Übersichtsschaltschemata, Funktionsschemata und Stromlaufschemata (DIN EN 61355) in Verbindung mit Signal- bzw. Datenpunktlisten von besonderer Bedeutung. Entsprechende Vorgaben zur Dokumentation der Gebäudeautomation finden sich in VDI 3814 und DIN EN ISO 16484 und speziell zur Raumautomation in VDI 3813.

Jegliche Funktionalitäten der Regelung, Steuerung, Messwerterfassung, Signalausgabe wie auch alle Überwachungs-, Archivierungs- und übergeordnete Leitfunktionen werden ausschließlich hiermit dargestellt und finden sich nur in dieser Form im Informationsmodell wieder. Die Planung, Implementierung, Inbetriebnahme mit Einregulierung (vgl. Kapitel 9.3) bis hin zur Optimierung während des Betriebs sind ausschlaggebend für die optimale Funktionalität aller damit automatisierten technischen Einrichtungen. Damit verbunden sind abhängig vom Grad der Automatisierung alle Anforderungen an Sicherheit, Verfügbarkeit, Energieeffizienz, Wirtschaftlichkeit und Flexibilität in der Nutzung des Gebäudes. Entsprechendes gilt für jegliche Arten der Steuerung und Regelung von technischen Systemen in Gebäuden, insbesondere auch sicherheitstechnische Systeme wie beispielsweise Brandmelde- und Entrauchungssysteme in Verbindung mit einer Brandfallsteuermatrix. Aufgrund des hohen Softwareanteils in der Umsetzung der erforderlichen Funktionen unterscheidet sich das Engineering stark von dem der anderen Gewerke.

Die allgemein bekannten Darstellungen von Automationsfunktionen zu den verschiedenen Versorgungsanlagen nach VDI 3814 beziehen sich in der Regel auf komponenten- und anlagenbezogene Betrachtungseinheiten, d. h. auf die prozessnahe Automationsebene.

In vielen Fällen der Praxis sind lediglich die Prozessschnittstelle mit den verschiedenen Aktoren und Sensoren in den Automationsschemata dargestellt, in manchen Fällen Regelungszusammenhänge, in wenigen davon in Verbindung mit konkreteren Angaben zu beispielsweise Sollwertbildung, Grenzwertermittlung oder Reglerkonfigurationen und Regelcharakteristika.

Ablauf- und Verknüpfungssteuerungen könnten nach VDI 3814 Teil 6, basierend auf IEC 61131-3, geplant und dokumentiert werden, was aber in der Regel für Systeme der Technischen Gebäudeausrüstung nicht erfolgt.

Komplexe, von Standardlösungen abweichende Betriebs- und Optimierungsfunktionen sowie übergeordnete, gewerkeübergreifende Funktionen (vgl. Kapitel 6.4.4) werden aufgrund fehlender grafischer Darstellungsarten in der Regel nur verbal beschrieben. Dadurch ergeben sich zwangsläufig Brüche in der Darstellung und zwischen den verschiedenen Dokumenten, was wenig verständnisfördernd ist und fast zwangsläufig Konsistenzprobleme mit sich bringt.

Des Weiteren ist es auf Basis der Darstellungsart nicht möglich, die Funktionalität der Leittechnik so detailliert zur projektieren, dass aus der Dokumentation der Leittechnik, d. h. aus den Funktionsplänen, direkt der Strukturierungscode für ein Leitsystem generiert werden kann. Vielmehr ist die angedachte Dokumentation als konzeptionelle Vorgabe des TGA/GLT-Planers für den jeweiligen

Leitsystemlieferanten zu sehen, der ausgehend von dieser Vorgabe für sein Leitsystem die eigentliche Konfiguration erstellt. Dadurch sind zum einen aufgrund fehlender Schnittstellen für den Datenaustausch Informationen mehrfach einzugeben bzw. Dokumente mehrfach zu erstellen; zum anderen ist bedingt durch die herstellerspezifisch unterschiedlichen Software-Funktionsbausteine nicht gewährleistet, dass die vom Leitsystemlieferanten konfigurierte Funktionalität mit der vom GLT-Planer vorgegebenen übereinstimmt. Dies ist auch in der Regel bei der Inbetriebnahme und Abnahme vor der Betriebsphase auf Basis der Dokumentation und aufgrund fehlender, z. B. mittels Simulation ermittelter Test- oder Referenzwerte, nicht verifizierbar.

Die Leittechnikdokumentation sollte sowohl leitsystemunabhängig als auch unabhängig von der jeweiligen Automatisierungsaufgabe sein. Damit kann diese sowohl innerhalb eines Projekts als auch für Folgeprojekte über die verschiedenen Automatisierungsebenen und Anwendungsbereiche hinweg eingesetzt werden, d. h. von der Beschreibung der Schnittstelle zwischen Prozess und Leitsystem über Regelungs- und Steuerungsfunktionen bis zu übergeordneten Energie-Management-, Kommunikations- und Schutzaufgaben bzw. für die Automatisierung der unterschiedlichen gebäudetechnischen Fachbereiche oder Gewerke. Darüber hinaus sollte ein nahtloser Übergang zu Gebäude- und Facility-Management-Funktionen und damit in den Gebäudebetrieb möglich sein.

Für die Beschreibung und Darstellung von Funktionen der Raumautomation wurde 2011 die VDI 3813 veröffentlicht. In dieser Richtlinie sind konkrete Funktionsbausteine vorgegeben, mit denen Funktionen der Raumautomation konfiguriert und dokumentiert werden können. Aufgrund der definierten Bausteinfunktionalität können die verschiedenen ausstattungs- und nutzungsbezogenen Raumautomationskonfigurationen direkt in den Programmcode von Automationssystemen übersetzt werden, vgl. Kapitel 6.6.2.7.

6.6.2 Hierarchisch, funktionsbezogene Leittechnik-Dokumentationsmethode

6.6.2.1 Entwicklung der Methode

In den achtziger Jahren wurde basierend auf einer Befragung bei verschiedenen Kraftwerksbetreibern hinsichtlich der Anforderungen an eine betriebsgerechte Dokumentation der Leittechnik die hierarchische, funktionsbezogene Leittechnik-Dokumentationsmethode entwickelt [Welfonder]. Diese wurde vom Verband der Großkraftwerksbetreiber im Jahre 1989 als Richtlinie VGB-R 170 C veröffentlicht und im Weiteren auch auf die Anwendung für Prozessleittechnik

[Foerster], Produktionsleittechnik [Roehrich] und auch Gebäudeleittechnik [Essig] weiterentwickelt und adaptiert.

Um die Funktionsweise komplexer und komplizierter leittechnischer Systeme übersichtlich dokumentieren zu können, wird die gesamte Leittechnikfunktionalität in *Leittechnik-Funktionseinheiten* unterteilt, siehe Bild 6.44.

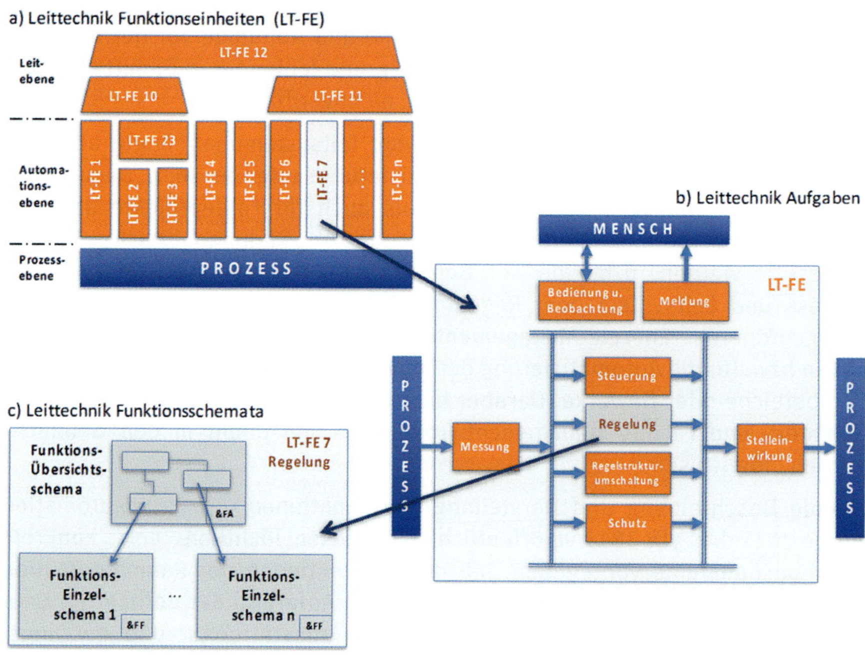

Quelle: eigene Darstellung

Bild 6.44: Übersichtsdarstellung der hierarchisch, funktionsbezogenen Leittechnik-Dokumentationsmethode

Diese einzelnen Leittechnik-Funktionseinheiten sind weitgehend abgeschlossene Einheiten mit wenigen Schnittstellen nach außen, deren Funktionalität sich möglichst zusammenhängend darstellen lässt. Die Leittechnik-Funktionseinheiten sind dabei weder an Anlagen, Komponenten, technische Realisierungen noch an Leittechnik-Ebenen gebunden. Die Bildung von Leittechnik-Funktionseinheiten kann sich sowohl an verfahrenstechnischen Unterteilungen, z.B. Prozesse, Teilprozesse und Grundoperationen, als auch an leittechnischen Kriterien, wie z.B. Abgeschlossenheit,

Schnittstellenminimierung oder Komplexität, orientieren. Eine organisationsorientierte Unterteilung in Gewerke oder Institutionen sollte keinen Einfluss auf die Bildung der Leittechnik-Funktionseinheiten nehmen. Tendenziell zeigt sich jedoch, dass sich die Bildung der Leittechnik-Funktionseinheiten in den unteren Leittechnik-Ebenen stark an den die einzelnen Grundoperationen ausführenden Anlagenkomponenten (Objektabbildungsprinzip) orientiert; nach oben hin decken die Leittechnik-Funktionseinheiten einzelne zu automatisierende Verfahrensabschnitte bzw. das gesamte Verfahren ab (Verfahrensabbildungsprinzip).

Die einzelnen Leittechnik-Funktionseinheiten können, wie in Bild 6.44 dargestellt, je nach Aufgabenstellung in bis zu acht Leittechnik-Aufgaben unterteilt werden. Die Leittechnik-Aufgaben lassen sich in die zentralen Verarbeitungsaufgaben Steuerung, Regelung, Regelstrukturumschaltung und Schutz, Prozess-Schnittstellenaufgaben Messung und Stelleinwirkung und die Kommunikationsaufgaben Bedienung, Beobachtung und Meldung einteilen. Je nach Leitechnik-Funktionseinheit ist festzulegen, welche Leittechnik-Aufgaben erforderlich sind. In vielen Fällen wird es sinnvoll und auch wirtschaftlich sein, Leittechnik-Aufgaben geeignet, d.h. im funktionalen Zusammenhang, kombiniert zu definieren und dokumentieren.

Jede Leittechnik-Aufgabe wird je nach Umfang und Komplexität in bis zu drei Funktionsschemaebenen Funktions-Übersichtschema, Funktions-Bereichsschema, Funktions-Einzelschema dargestellt, siehe Bild 6.44. In der Regel werden die beiden oberen Funktionsschemaebenen zu einer Übersichtsschemaebene zusammengefasst. In den Funktionsschemata ist die Leittechnik-Funktionalität von oben nach unten (top-down) funktionsbezogen zu unterteilen bzw. zu detaillieren; es können jedoch auch – von unten nach oben (bottom-up) – funktional zusammengehörende Einheiten zusammengefasst werden („Makrobildung").

Die Bildung und Identifikation von Leittechnik-Funktionseinheiten und Leittechnik-Aufgaben mit dem Bezug zu den automatisierten Prozesseinheiten sowie die entsprechenden Schemata und deren Kennzeichnung sind eng verbunden mit der Strukturierung und Kennzeichnung im Rahmen der Referenzkennzeichnung, vgl. Kapitel 13. Dies ist für die informationstechnische Beschreibung und rechnergestützte Bearbeitung von grundlegender Bedeutung.

6.6.2.2 Leittechnik-Funktionseinheiten

Die gesamte Leittechnikfunktionalität des Gebäudes wird unterteilt in verschiedene Leittechnik-Funktionseinheiten. Dabei werden sowohl verfahrenstechnische, z.B. die Unterteilung in Anlagen und Teilanlagen bzw. Gewerke, als auch leittechnische Kriterien, wie z.B. Abgeschlossenheit, Schnittstellen-Minimierung, Komplexität usw., berücksichtigt. Wichtig ist hierbei zu beachten, dass Leittechnik-Funktionseinheiten nicht zwingend begrenzt werden durch Anlagen, sondern durchaus auch anlagenübergreifend gebildet werden können. Sie werden dann anlagenübergreifend gebildet, wenn mehrere Anlagen und Komponenten gemeinsam eine Funktion erfüllen (einem Zweck dienen), die gemeinsam automatisiert wird.

In Bild 6.45 ist beispielhaft die Unterteilung der Leittechnik eines Gebäudes in Leittechnik-Funktionseinheiten dargestellt.

Quelle: eigene Darstellung

Bild 6.45: Beispiel für Leittechnik-Funktionseinheiten in der Gebäude-Leittechnik

In der Regel erweist sich eine zweistufige Funktionshierarchie als ausreichend. In der unteren Ebene sind Leittechnik-Funktionseinheiten der „Basisautomatisierung“ direkt bezogen auf Anlagen und Komponenten enthalten, die sowohl einfache MSR-Funktionen als auch gewerkespezifische Optimierungsfunktionen, wie z. B. Optimum-Start-Stop-, Enthalpiesteuerungs- oder Sollwertoptimierungs-Funktionen, ausführen; darüber befindet sich eine Management- bzw. Leit-Ebene mit einer oder mehreren Leittechnik-Funktionseinheiten, die gewerkeübergreifende Aufgaben und Funktionen, wie z. B. übergeordnete Zeitschaltprogramme, Lastspitzenbegrenzungsprogramme oder Optimierungs- und Überwachungsfunktionen, enthalten, siehe Bild 6.46.

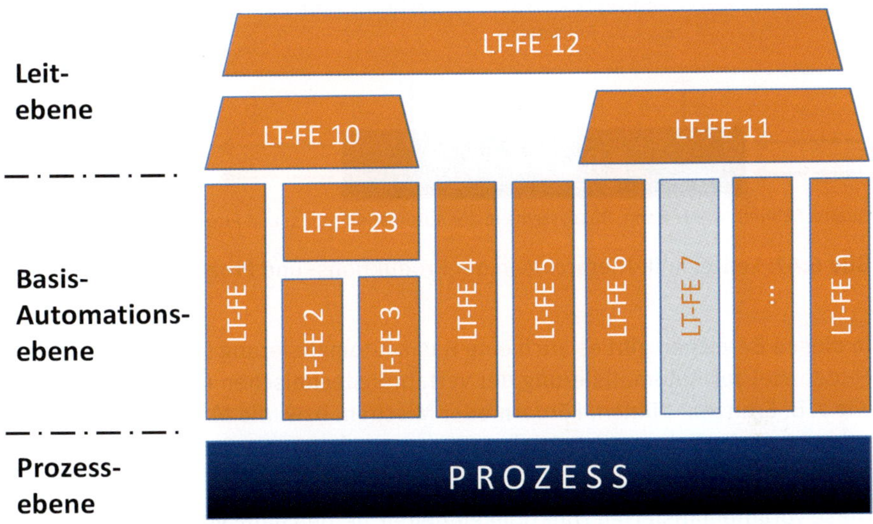

Quelle: eigene Darstellung

Bild 6.46: Leittechnik-Hierarchie mit Leittechnik-Funktionseinheiten (LT-FE)

Vergleicht man diese Unterteilung mit anderen technischen Bereichen, so erkennt man, dass es zu den Bereichen Verfahrenstechnik und Fertigungs- und Produktionstechnik Parallelen gibt, siehe Bild 6.47.

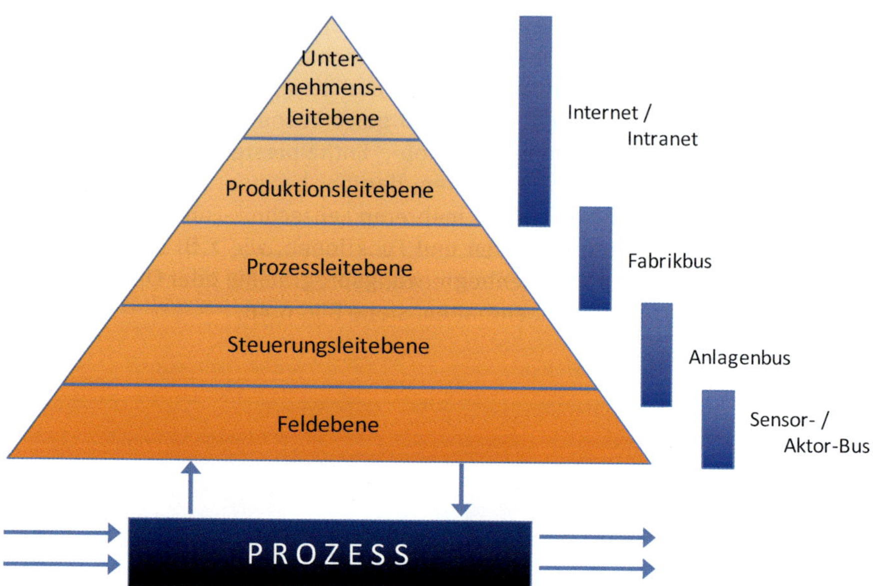

Quelle: Schnell; Wiedemann, Bussysteme in der Automatisierungs- und Prozesstechnik [Schnell]

Bild 6.47: Leittechnik-Hierarchie in der Produktions- und Prozessleittechnik

In diesen Bereichen gibt es auch eine Basisautomatisierung (Steuerungsebene, Feldebene) zur Automatisierung der verfahrenstechnischen Grundoperationen, wie z. B. Erhitzen, Kühlen, Fördern oder Mischen, bzw. die MSR-Funktionen verschiedener Antriebe und Antriebsgruppen sowie ganzer Fertigungs- und Verarbeitungseinheiten.

Diese vorautomatisierten Funktionseinheiten werden dann von übergeordneten Leittechnik-Funktionseinheiten, die der Prozess-/Produktionsleitebene zuordenbar sind, gesteuert. Für die jeweiligen Produktionsprozesse erfolgt dies in der Verfahrenstechnik anhand von Rezepten bzw. im Walzwerk anhand von Stichplänen. Im Kraftwerk ist aufgrund der ungleich stärkeren Vernetzung und der höheren Komplexität der Automatisierung die hierarchische Stufung der Leittechnik-Funktionseinheiten deutlich stärker ausgeprägt. Da es sich in diesen Bereichen um die Automatisierung der Primärprozesse handelt, besteht in der Regel immer eine Verbindung in Systeme der Unternehmensführung mit organisatorischen und kaufmännischen Aufgaben, sogenannte Enterprise Resource Planning (ERP)-Systeme.

6.6.2.3 Leittechnik-Aufgaben

Die einzelnen Leittechnik-Funktionseinheiten können, wie in Bild 6.48 dargestellt, je nach Umfang und Komplexität der Leittechnik-Funktionseinheit in bis zu acht Leittechnik-Aufgaben unterteilt werden.

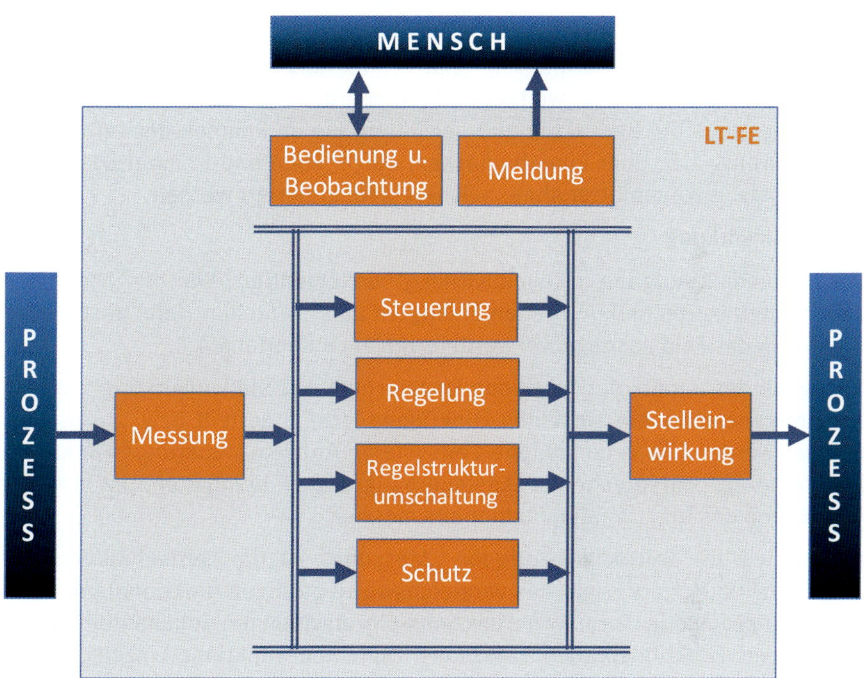

Quelle: eigene Darstellung

Bild 6.48: Leittechnik-Aufgaben einer Leittechnik-Funktionseinheit

Im Einzelnen lassen sich die Inhalte der verschiedenen Leittechnik-Aufgaben wie folgt beschreiben:

a) Messung

Die Leittechnik-Aufgabe „Messung" beschreibt sowohl direkte, unmittelbare Messungen durchgängig vom Feld über den Signaleingang im Leitsystem, vgl. auch Kapitel 6.4.4, eine möglichen Signalbearbeitung und die Weiterreichung des Ausgangssignals an die signalweiterverarbeitenden Leittechnik-Aufgaben, wie z. B. „Regelung". Ebenso werden auch indirekte, mittelbare Messungen abgeleiteter und berechneter Messwerte, wie z. B. Enthalpie oder Wärmestrom, dokumentiert.

Aufgrund des vergleichsweise geringen funktionalen Inhalts einer Messwerterfassung wird deren Funktionalität in der Regel nur in Form von Funktions-Einzelschema in der untersten Funktionshierarchie dokumentiert. Indirekte Messungen, basierend auf der Verknüpfung mehrerer Einzel-Messwerte, können auch einen größeren funktionalen Umfang annehmen.

Da sich die Funktionsschemata der Leittechnik-Aufgabe „Messung" aufgrund ihres einfachen Aufbaus weitgehend standardisieren bzw. typisieren lassen, können sie bei Bedarf anhand der Daten, die im Rahmen der Leittechnik-Projektierung, z. B. über Eingabemasken, eingegeben und in einer Datenbank als Messstellenkennblätter abgespeichert sind, generiert werden.

b) Stelleinwirkung

Die Leittechnik-Aufgabe „Stelleinwirkung" dokumentiert, wie die in den verarbeitenden Leittechnik-Aufgaben erzeugten und für Stellantriebe bestimmten Signale in das Feld ausgegeben werden, vgl. auch Kapitel 6.4.4.

Bezüglich des Inhalts der Funktions-Einzelschemata „Stelleinwirkung" ist festzulegen, wie stark die einzelnen Funktionen jeweils zerteilt bzw. zusammengefasst werden. Da verschiedene Leitsysteme Antriebssteuerungs-Funktionsbausteine für entsprechende Ansteuerbaugruppen beinhalten, ist so eine Anpassung des funktionalen Planinhalts möglich.

Ebenso wie die Leittechnik-Aufgabe „Messung" ist die Leittechnik-Aufgabe „Stelleinwirkung" aufgrund des vergleichsweise geringen funktionalen Inhalts in der Regel nur in Form von Funktions-Einzelschemata dokumentiert. Analog zu den Funktionsplänen „Messung" sind die Funktions-Einzelschemata passend zu der jeweiligen Stelleinrichtung typisierbar und standardisierbar, sodass sie größtenteils automatisch generiert werden können. Erweiterungen, wie z. B. Hand-Automatik-Umschaltungen, können darüber hinaus individuell ergänzt werden.

c) Regelung

Die Leittechnik-Aufgabe „Regelung" dokumentiert allgemeine Regelkreise nach DIN IEC 60050-351 sowohl mit geschlossenem als auch mit offenem Wirkungsweg zwischen MSR-Einrichtungen und zu regelnder Strecke, d. h. den vollen Umfang dessen, was im Englischen mit „Control" bezeichnet wird. Aufgrund des zu anderen Leittechnik-Aufgaben vergleichsweise großen Funktionsinhalts werden Regelungen meist über zwei Funktionsschema-Ebenen dokumentiert.

d) Steuerung

In der Leittechnik-Aufgabe „Steuerung“ werden sequenzielle Ablaufsteuerungen oder Schrittketten, z. B. für das An- und Abfahren einer Anlage, oder Antriebssteuerungen für das An- und Abfahren großer Antriebe dokumentiert. Hierfür werden Darstellungsstrukturen bestehend aus Schritten, Transitionen und Aktionen nach DIN EN 60848, IEC 61131-3 und VDI 3814-6 benutzt.

e) Schutz

Die Leittechnik-Aufgabe „Schutz“ beschreibt die mit Hilfe der Leittechnik realisierten Schutzmechanismen, d. h. Schutzfunktionen auslösende Signale sowie deren Verarbeitung und Auswirkungen auf den Prozess. Ein unterlagert wirkender Aggregatschutz wird hingegen der Leittechnik-Aufgabe „Stelleinwirkung“ zugeordnet.

f) Regelstrukturumschaltung

Innerhalb der Leittechnik-Aufgabe „Regelstrukturumschaltung“ erfolgt abhängig vom jeweiligen Prozesszustand die Auswahl der jeweils aktiven Anlagenbetriebsart. Diese Leittechnik-Aufgabe ist – wie der Name „Regelstrukturumschaltung“ bereits andeutet – direkt mit der Leittechnik-Aufgabe „Regelung“ verbunden und enthält den sogenannten „binären Teil“ der Regelung, der – aufgrund der unterschiedlichen Darstellungsweise – bei einem großen Funktionsumfang in dieser separaten Leittechnik-Aufgabe dokumentiert wird.

g) Meldung

Die Leittechnik-Aufgabe „Meldung“ dokumentiert die mit dem Leitsystem realisierte Meldephilosophie, d. h. die zentrale Erfassung, Verarbeitung und Ausgabe von Meldungen und Alarmen aus dem Prozess und dem Leitsystem. Unter dem Begriff „Verarbeitung“ ist die Aufbereitung und Prüfung der einzelnen Meldesignale, die Bildung von Sammelmeldungen und die Meldungsreduktion einschließlich der Bewertung und Gewichtung der einzelnen Meldungen und die Ausgabe der Meldungen zu optischen und akustischen Meldeeinrichtungen zu verstehen. Sollte es dabei zu größeren Überschneidungen mit der Leittechnik-Aufgabe „Bedienung und Beobachtung“ kommen, so kann es sich als sinnvoll erweisen, die auszuführenden Meldefunktionen dieser Leittechnik-Aufgabe zuzuordnen.

h) Bedienung und Beobachtung

Die Leittechnik-Aufgabe „Bedienung und Beobachtung“ beschreibt einerseits die zu der jeweiligen Leittechnik-Funktionseinheit gehörenden Warten-Darstellungen bezüglich deren hierarchischen Bildstruktur sowie den Aufbau der einzelnen Bilder aus statischen und dynamischen Bildelementen basierend auf dem Teilanlagenschema. Andererseits wird die Verbindung zwischen dynamischen Bildelementen und Signalen aus anderen Leittechnik-Aufgaben und auch anderen Leittechnik-Funktionseinheiten dokumentiert. In gleicher Weise wie bei den Leittechnik-Aufgaben „Messung“ und „Stelleinwirkung“ sind die Dokumentation der dynamischen Bildobjektverbindungen zu bestimmten Signalen und die Darstellungen auf Funktions-Einzelschema-Ebene mit entsprechenden Bedienungs- und Beobachtungs-Funktionsbausteinen standardisierbar und damit auch aus alphanumerischen Daten generierbar.

6.6.2.4 Teilanlagenschema

Im Teilanlagenschema werden die Anlagen, Anlagenteile und Komponenten des mittels der Leittechnik-Funktionseinheit zu automatisierenden Prozessabschnitts dargestellt. Der Inhalt des Teilanlagenschemas basiert in der Regel auf einem Anlagen- oder R&I-Schema, z. B. nach ISO 10628-1 für rohrleitungsbezogene Anlagen oder DIN EN 12792 für Raumlufttechnische Anlagen, als auch von einem Übersichtsschaltschema nach DIN EN 61082-1 für elektrotechnische Anlagen.

Bei der Erstellung des Teilanlagenschemas werden ausgehend vom ausführlichen R&I-Fließschema die Inhalte, die keine direkte Verbindung zur Automatisierung haben, wie z. B. handbetätigte Ventile oder Vor-Ort-Anzeigen, entfernt, sodass das Teilanlagenschema nur alle im Zusammenhang mit der Automatisierung erforderlichen Komponenten sowie alle Mess- und Stellglieder (Sensoren und Aktoren) enthält, vgl. auch Kapitel 6.4.4.

Aufgrund dieser – aus leittechnischer Sicht – vollständigen Mess- und Stellglied-Eintragungen stellt das Teilanlagenschema zugleich eine zusammenfassende „grafische Übersicht“ sowohl über die einzelnen Funktionen als auch über die jeweiligen Funktionsschemata der Leittechnik-Aufgaben „Messung“ und „Stelleinwirkung“ dar.

Das Teilanlagenschema dient einerseits als Übersicht und zur Einarbeitung in den zu automatisierenden Prozess, andererseits trägt es durch direkte Zuordnung der Funktionen zum jeweiligen Prozessabschnitt auch zum besseren Verständnis der innerhalb der Leittechnik-Funktionseinheit dokumentierten Leittechnik-Funktionalität bei. Dazu werden die für die jeweilige Automatisierungsaufgabe relevanten Teile des Teilanlagenschemas in den jeweiligen übergeordneten Funktionsschemata der verarbeitenden Leittechnik-Aufgaben in vereinfachter Form dargestellt; Entsprechendes gilt für Funktions-Einzelschemata der Leittechnik-Aufgaben „Messung“ und „Stelleinwirkung“.

In Erweiterung der zuvor beschriebenen ursprünglichen Verwendung des Teilanlagenschemas kann einerseits auf Basis dessen – erweitert um Bezüge zu entsprechenden Simulationsbausteinen der einzelnen Komponenten – ein mathematisches Prozess-Simulationsmodell generiert werden. Dieses kann sowohl im Rahmen der Planung und Inbetriebnahme mit Anlagen-Abnahme zur Überprüfung der Leittechnik-Funktionalität als auch während des Betriebs zur Optimierung und Überwachung eingesetzt werden.

Das Teilanlagenschema bildet die Grundlage für die Erstellung von Prozessdarstellungen in zentralen und dezentralen Visualisierungssystemen zur Prozessüberwachung und -führung im Rahmen der Leittechnik-Aufgabe „Bedienung und Beobachtung“, vgl. auch VI 3814, Blatt 7 zur Gestaltung von Benutzeroberflächen.

6.6.2.5 Verbalbeschreibung

In der Verbalbeschreibung wird die in den einzelnen Funktionsschemata grafisch dargestellte Funktionalität in Worten beschrieben. Aufgrund der formalen Kennzeichnung in den Funktionsschemata lassen sich eindeutige, direkte Verbindungen zwischen den einzelnen Funktionsschemainhalten und dem jeweiligen Textabschnitt der Verbalbeschreibung herstellen. Darüber hinaus ist es ebenfalls möglich, die Verbalbeschreibung nach DIN EN 61082 grafisch so zu strukturieren, dass der Inhalt der Verbalbeschreibung in gleicher Weise grafisch aufgeteilt und angeordnet wird, wie der damit beschriebene Funktionsschema grafisch abgegrenzt ist. Die einzelnen Bereiche enthalten dann die Beschreibung zu der jeweiligen grafischen Darstellung.

Im Idealfall stellt die Verbalbeschreibung eine Erweiterung und Fortschreibung des Pflichtenhefts oder des technischen Teils der Baubeschreibung der HLKS- und ELT-Planer mit den Inhalten der Automatisierung dar, erweitert um die jeweiligen Kennzeichen und Spezifikationen, die sich im Rahmen der Ausführungsplanung und Realisierung ergeben.

6.6.2.6 Funktionsschema

Die Funktionalität von Leittechnik-Funktionseinheiten bzw. Leittechnik-Aufgaben wird in Funktionsschemata dokumentiert. Über die Dokumentation von Ablaufsteuerungen als Inhalt der Leittechnik-Aufgabe „Steuerung“ hinaus werden hiermit die funktionalen Inhalte aller Leittechnik-Aufgaben mit den jeweiligen individuellen, darstellungstechnischen Ausprägungen dokumentiert.

Je Leittechnik-Aufgabe kann deren Funktionalität über maximal drei Funktionsschema-Ebenen funktional strukturiert dargestellt werden. Die unterste Dokumentationsebene ist das „Funktions-Einzelschema“, die beiden oberen

Dokumentationsebenen sind das „Funktions-Übersichtsschema“ und das „Funktions-Bereichsschema“ oder nur das „Funktions-Übersichtsschema“ bei zweistufiger Hierarchie.

Je nach Umfang und Komplexität der Funktionalität der jeweiligen Leittechnik-Aufgabe ist es erforderlich, diese Funktionalität über alle drei Dokumentations-Hierarchieebenen darzustellen.

Da in der Gebäude-Leittechnik im Vergleich zur Kraftwerks-Leittechnik oder zur Leittechnik verfahrenstechnischer Anlagen meist nur Funktionen geringerer Komplexität vorhanden sind, wird in der Regel eine hierarchische Strukturierung der Funktionen über zwei Funktionsschema-Ebenen ausreichend sein, d.h., als übergeordneter Funktionsplan ist in der Regel nur das Funktions-Übersichtsschema ausreichend. Damit wird in dieser einen übergeordneten Funktionsschema-Ebene sowohl der funktionale Inhalt der Leittechnik-Aufgabe als auch der einer oder mehrerer Leittechnik-Funktionen dokumentiert. Ungeachtet dessen soll der Vollständigkeit wegen auch der Funktions-Übersichtsplan kurz beschrieben werden.

a) Funktions-Übersichtsschema

Auf der Funktions-Übersichtsschema-Ebene werden die Inhalte und Verknüpfungen der jeweiligen Funktionen einer Leittechnik-Aufgabe in Form einer vereinfachten, funktionsbezogenen Übersicht möglichst in grafischer Form – gegebenenfalls erweitert um verbale Zusatzinformationen – mit Hilfe von Makro-Funktionsbausteinen dargestellt. Im Funktions-Übersichtsschema sind die verschiedenen Leittechnik-Funktionen durch Punktlinien optisch abgegrenzt und mit Kennzeichen und Bezeichnungen der unterlagerten Leittechnik-Funktionen versehen. Dadurch wird ein direkter Bezug zu den entsprechenden unterlagerten Funktionsschemata hergestellt. Wichtige Schnittstellen-Signale zwischen den einzelnen Funktionsbereichen sind mit Kennzeichen und Bezeichnung eingetragen.

Die Funktionen der jeweiligen Leittechnik-Aufgabe können auch übergeordnet bereits „funktional vollständig“ dargestellt werden, d. h., um die dokumentierte Leittechnik-Funktion verstehen zu können, müssen alle wichtigen Funktionsbausteine, Signale und Parameter enthalten sein. Analog zum Funktions-Übersichtsschema werden auch hier Funktionsbereiche – die Leittechnik-Teilfunktionen – grafisch abgegrenzt und mit Kennzeichen und Bezeichnungen als Verweise zum jeweils unterlagerten Funktions-Einzelschema eingetragen. Diese Art der Darstellung entspricht der in VDI 3814 und DIN EN ISO 16484.

In Bild 6.49 ist ein Funktions-Übersichtsschema dargestellt. Dieses ist bei allen automationsrelevanten Komponenten erweitert um Referenzkennzeichen, vgl. Kapitel 13. Das Schema ist nach Kapitel 13.6 basierend auf DIN EN 61355 der Dokumentenartenklasse &FA – Funktions-Übersichtsschema zugeordnet.

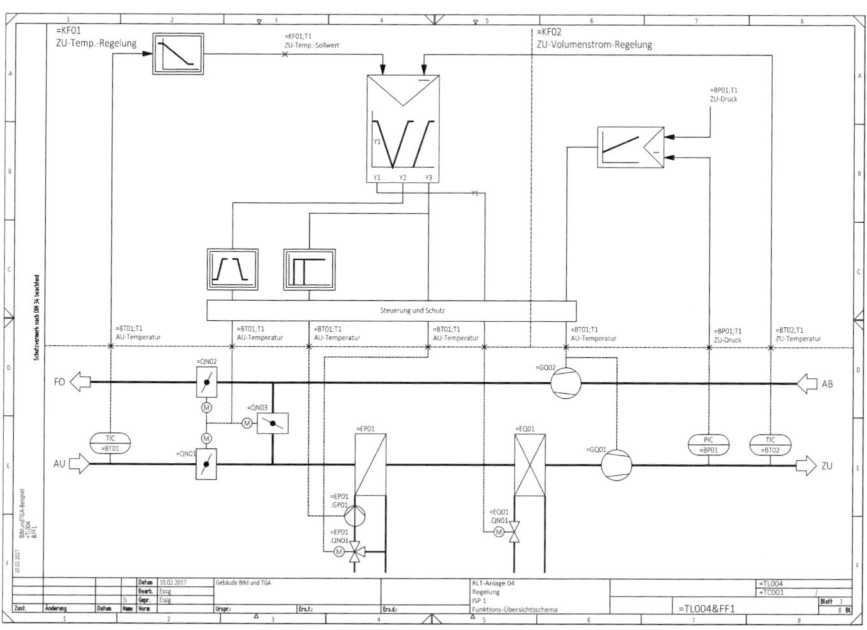

Quelle: eigene Darstellung

Bild 6.49: Beispiel eines Funktions-Übersichtsschemas

Für die in Bild 6.10 dargestellte Zonenversorgung ist die entsprechende Automatisierung, d. h. Regelung der Zuglufttemperatur und des Lüftungsvolumenstroms, in Bild 6.50 in einer vereinfachten Form dargestellt, jedoch unter Berücksichtigung der Anwendung einer durchgängigen Objektkennzeichnung.

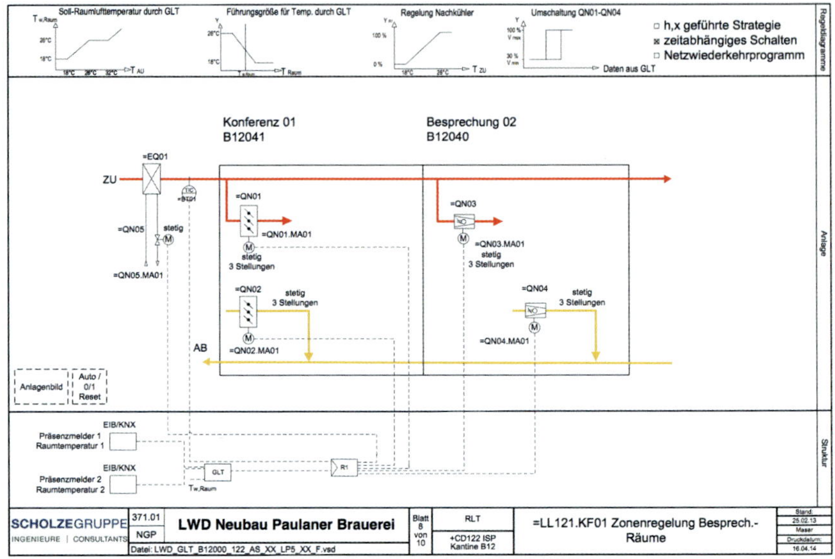

Quelle: eigene Darstellung nach VDI 3814

Bild 6.50: Funktionsschema

Die logische Verbindung zwischen den Komponenten der Raumlufttechnischen Anlage und dem Automationssystem erfolgt über die Referenzkennzeichen nach Kapitel 13. Aus dem Funktionsschema werden die jeweiligen objektbezogenen Funktionen in einer Funktionsliste der Gebäudeautomation (GA) dargestellt, siehe Bild 6.51.

VDI 3814 Blatt 1

Stand: 2015-06

GA-Funktionsliste

1) Dauerbefehl: z. B. 0,I,II=2 BA
Impulsbefehl: z. B. 0,I,II=3 BA
Stellbefehl: z. B. Zu-0-Auf=2 BA
Pulsweitenmod.=1 BA

2) aktiv oder passiv

3) nur gemeinsame, kommunikative Datenpu
von Fremdsystemen für interoperable Fur

4) pro Eingangs-Benutzeradresse zum a) Zu
b) Verzögern und c) Unterdrücken von Me

5) pro Ausgangs-Benutzeradresse

		Ein-/Ausgabefunktionen										Verarbeitungsfunkti																		
Gewerk:	RLT	Physikalisch					Gemeinsam 3)9					Überwachen						Steuern					Regeln							
Anlage:	=LL121.KF01 Zonenregelung Bespr.-Räume	Binäre Ausgabe Schalten/Stellen 1)	Analoge Ausgabe Stellen	Binäre Eingabe Melden	Binäre Eingabe Zählen	Analoge Eingabe Messen 2)	Binärer Ausgabewert, Schalten	Analoger Ausgabewert, Stellen/Sollw	Binärer Eingabewert, Zustand	Zählwerteingabe	Analoger Eingabewert, Messen	Grenzwert fest	Grenzwert gleitend	Betriebsstunden-Erfassung	Ereigniszählung	Befehlsausführkontrolle	Meldungsbearbeitung 4)	Anlagensteuerung	Motorsteuerung	Umschaltung 5)	Folgesteuerung 5)	Sicherheits-/Frostschutzsteuerung	P-Regelung	PI-/PID-Regelung	Sollwertführung/-kennlinie	Stellausgabe stetig	Stellausgabe 2-Punkt 6)	Stellausgabe Pulsweitenmodulation	Begrenzung Sollwert/Stellgösse	Parameterumschaltung
Datenpunkt	Abschnitt	1					2					3						4					5							
	Spalte	1	2	3	4	5	1	2	3	4	5	1	2	3	4	5	6	1	2	3	4	5	1	2	3	4	5	6	7	8
=TL12	RLT Bürobereich																	1												
=TL12.QN05	2-W Ventil (stetig)		1			1									1	1			1											
=TL12.QN01	Jalousieklappe stetig		1			1									1	1			1		1									
=TL12.QN02	Jalousieklappe stetig		1			1									1	1			1		1									
=TL12.QN03	VVS-Regler stetig		1			1									1	1			1		1									
=TL12.QN04	VVS-Regler stetig		1			1									1	1			1		1									
=TL12.BT01	Temperaturfühler ZU					1						2												2			5			

Quelle: eigene Darstellung nach VDI 3814

Bild 6.51: Auszug aus GA-Funktionsliste

Des Weiteren sollte eine direkte Verbindung zwischen dem funktionalen Inhalt der Verbalbeschreibung und dem Inhalt der Funktions-Übersichtsschemata bestehen, sodass die Funktions-Übersichtsschema-Ebene in ihrer Detaillierung als grafische Darstellung der Verbalbeschreibung gesehen werden kann.

In Bild 6.52 ist ein weiteres detailliertes Automationsschema nach VDI 3814 für die Regelung einer Heizwassereinspeisung und die Wärmeversorgung zweier Heizkreise dargestellt. Dieses kann alternativ zu Bild 6.49 auch als Funktions-Übersichtsschema gesehen werden. In diesem Beispiel ist die Verbindung zwischen Prozess und Automatisierung auf Basis der DIN EN 62424 berücksichtigt.

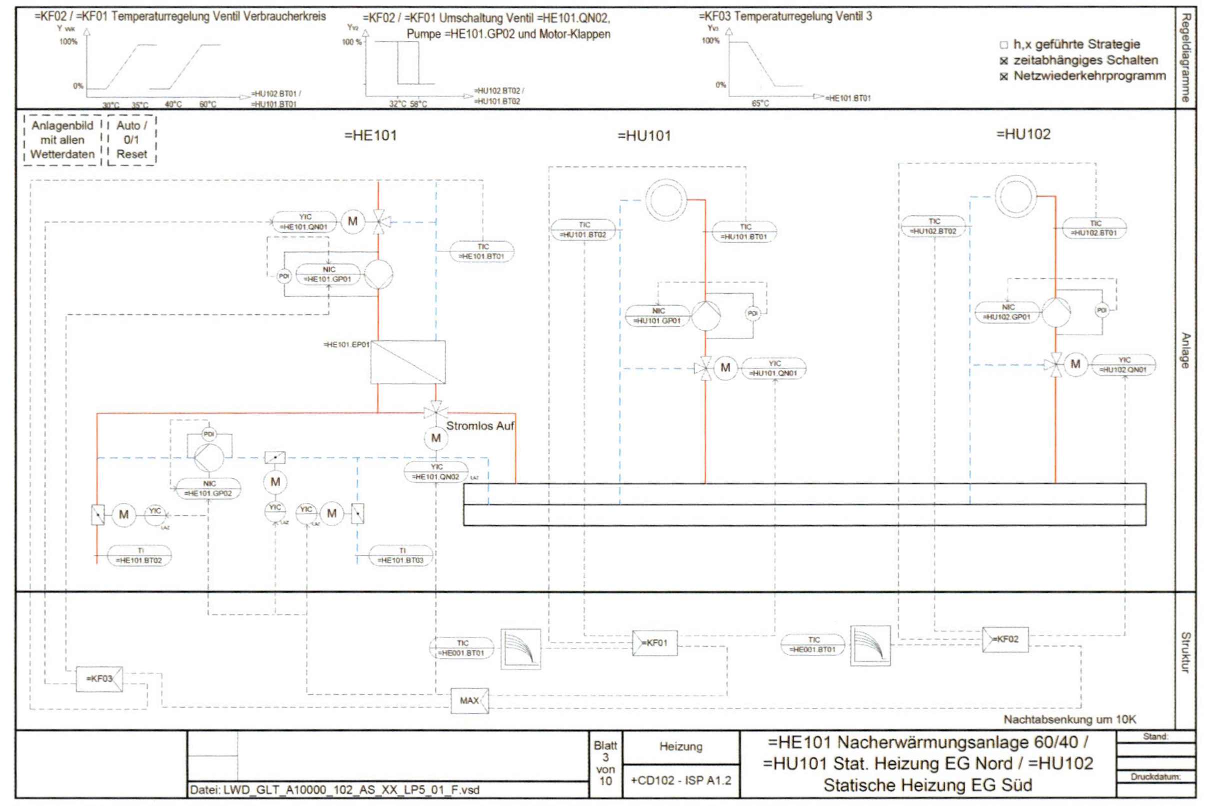

Quelle: eigene Darstellung nach VDI 3814

Bild 6.52: Funktions-Übersichtsschema

Wie in VDI 3814 vorgegeben, ist der Aufbau des Schemas so, dass im unteren Teil die regelungstechnische Verschaltung der von den Sensoren kommenden Eingangssignale über die Verarbeitung der Signale bis zur Ausgabe von Stellsignalen an die Aktoren dargestellt ist. Im Gegensatz zum Funktions-Übersichtsschema nach Bild 6.49 ist jedoch der funktionale Inhalt der verschiedenen Funktionsbausteine im oberen Teil des Schemas dargestellt. In diesem Fall ist besonders wichtig, dass ein expliziter Bezug über Kennzeichnungen oder Bezeichnungen zwischen dem Funktionsbaustein im unteren Teil zu dessen Inhalt im oberen Teil hergestellt wird.

Sollen aus diesem Schema Inhalte, d. h. die verschiedenen Funktionsbausteine mit den jeweiligen Inhalten und die Verbindungen zwischen den Funktionsbausteinen sowie zu den Aktoren und Sensoren, gegebenenfalls unter Berücksichtigung von explizit angegebenen Signalen, dargestellt werden, so ist dies hier programmtechnisch nur sehr schwer möglich.

b) Funktions-Einzelschema

Das Funktions-Einzelschema ist die unterste Ebene der Funktionsschema-Hierarchie. In ihm wird eine Leittechnik-Teilfunktion vollständig mit allen Funktionsbausteinen, Signalen und Parametern beschrieben, sodass aus der Konfiguration und Parametrierung direkt der Strukturierungscode für ein Leitsystem oder auch der Code zur Simulation der Teilfunktion generiert werden kann. Dies entspricht in etwa der Dokumentationsvorgabe nach VDI 3814 Blatt 6 für Ablaufsteuerungen sowie der VDI 3813. Grundlage für die Darstellung hier bildet nach IEC 61131-3 die Darstellungsart Funktionsbausteinsprache FBS.

Bild 6.53 zeigt am Beispiel im Funktions-Übersichtsschema nach Bild 6.49 die detaillierte Regelung der Zu- und Abluftvolumenströme.

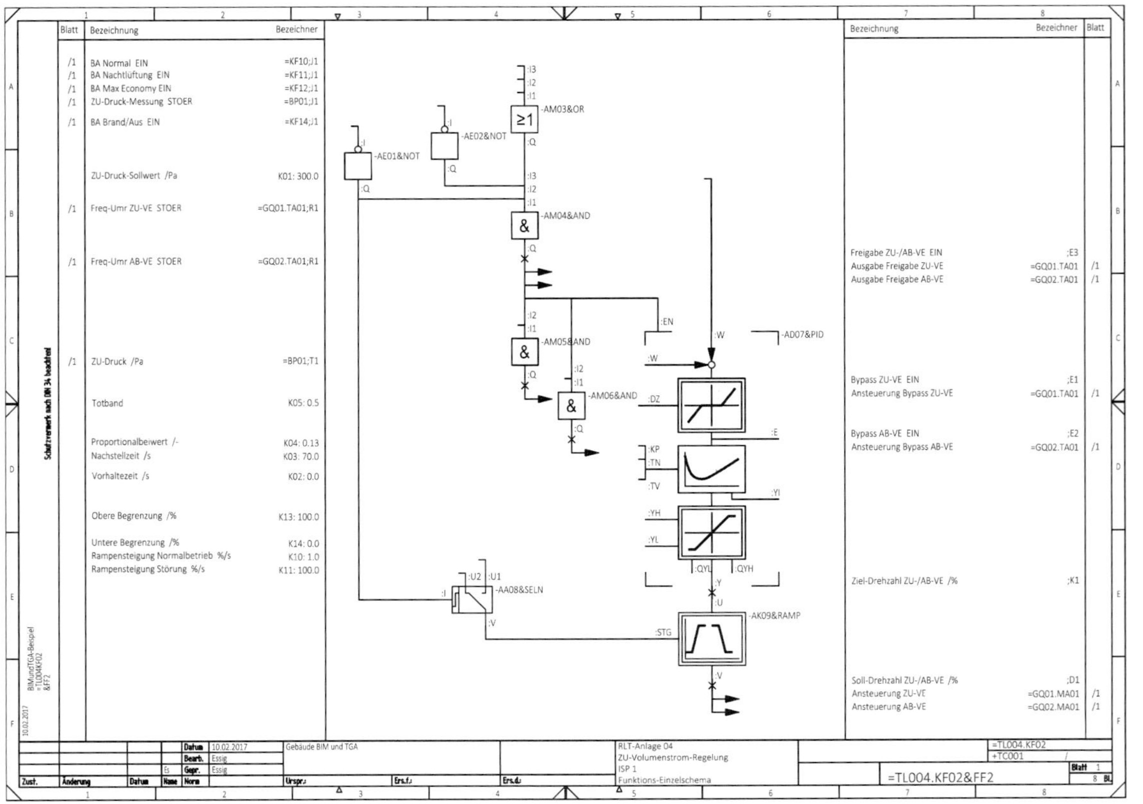

Quelle: eigene Darstellung

Bild 6.53: Beispiel eines Funktions-Einzelschemas zur Regelung

Aufbau und Inhalt eines Funktions-Einzelschemas sollen am Beispiel des Funktions-Einzelschemas aus der Leittechnik-Aufgabe „Regelung“ beschrieben werden.

Ein Funktions-Einzelschema ist aus folgenden drei Teilen aufgebaut:

- Eingangsteil mit allen Eingangssignalen und Parametern,
- Grafikteil mit den Funktionsbausteinen und deren Verbindungen sowie dem
- Ausgangsteil mit Ausgangssignalen und Plan- und Objektverweisen.

Im Eingangsteil unten können für die softwaretechnische Umsetzung des Funktionsschemainhalts Angaben bezüglich der Aktivierung und des Ablaufs der Leittechnik-Teilfunktionen gemacht werden, sofern dies nicht global und einheitlich festgelegt ist.

Der Grafikteil enthält in der Mehrzahl Standard-Funktionsbausteine, in manchen Fällen auch Bausteine mit individuellen Funktionen, mit denen die in der Leittechnik-Teilfunktion dokumentierte Aufgabe realisiert wird. Diese sind jeweils mit einem eindeutigen Funktionsbaustein-Kennzeichen versehen. Eine erläuternde Benennung der Funktionsbausteine ist optional.

Die Signale zwischen den Funktionsbausteinen und an Funktionsbaustein-Ausgängen können, um die Funktion besser nachvollziehen und verstehen zu können, mit einem Kreuz (×) markiert und einem Namen versehen werden. Um dies noch zu verstärken, können sie auch als Signal angelegt und mit einem formalen, eindeutigen Signalkennzeichen versehen werden. Dies kann hilfreich sein, um eine Implementierung in einem Leitsystem besser nachvollziehen und im Rahmen der Inbetriebnahme einzelnen Zwischengrößen überwachen und überprüfen zu können

Wird ein Signal auf einem anderen Blatt des Funktions-Einzelschemas weiter benutzt, kann als Verbindungselement ein Konnektor benutzt werden. Dieser Konnektor ist formal aufgebaut aus einer Konnektor-Bezeichnung, z. B. „B“, und dem Verweis zu der Zeile des anderen Blattes „/ 2.A“; im Ausgangsteil können diese Angaben durch eine verbale Bezeichnung ergänzt werden.

Wird das Signal in einer anderen Leittechnik-Teilfunktion benutzt, ist ein Dokumentationsverweis einzutragen. Im Ausgangsteil werden dazu das Kennzeichen und die Bezeichnung der jeweiligen Leittechnik-Teilfunktion sowie die Seite des entsprechenden Funktions-Einzelschemas eingetragen.

Im nachfolgenden Bild 6.54 ist ein Funktions-Einzelschema der Leittechnik-Aufgabe Messung dargestellt. In diesem ist im Mittelteil oben der Sensor, der ein oder mehrere Signale liefert, dargestellt und beschrieben. Die Signale werden mit Hilfe eines Eingangsbausteins erfasst und bearbeitet bzw. werden umgewandelt von einem analogen Wert in einen digitalen und weiter verarbeitbaren Variablenwert. Grenzwertüberwachungsfunktionen können hier eingebaut werden.

Über die mit Pfeilen symbolisierten Dokumentenverweise wird aufgeführt, in welchen Dokumenten und für welche Funktionen der oder die Werte verwendet werden.

Im Funktions-Einzelschema „Messung" wird durch explizite Angabe der Sensoren-Kennzeichnung ein direkter Bezug zum Prozessobjekt im R&I-Schema hergestellt. Dieser Bezug geht zurück auf die prozesstechnische Anforderung wie in Kapitel 6.4.4 beschrieben.

Die andere Prozessschnittstelle „Stellsignalausgabe" ist in Bild 6.55 dargestellt. Hier ist die Prozessseite im unteren Teil des Mittelteils des Funktions-Einzelschemas dargestellt. Von oben kommt in der Regel eine Stellgröße aus den verarbeitenden Leittechnik-Aufgaben, die über einen Funktionsbaustein in ein Ausgangssignal umgewandelt wird.

Hiermit wird durch explizite Angabe der Aktoren-Kennzeichnung ein direkter Bezug zum Prozessobjekt hergestellt. Dieser Bezug geht zurück auf die prozesstechnische Anforderung wie im R&I-Schema dargestellt, siehe Kapitel 6.4.4.

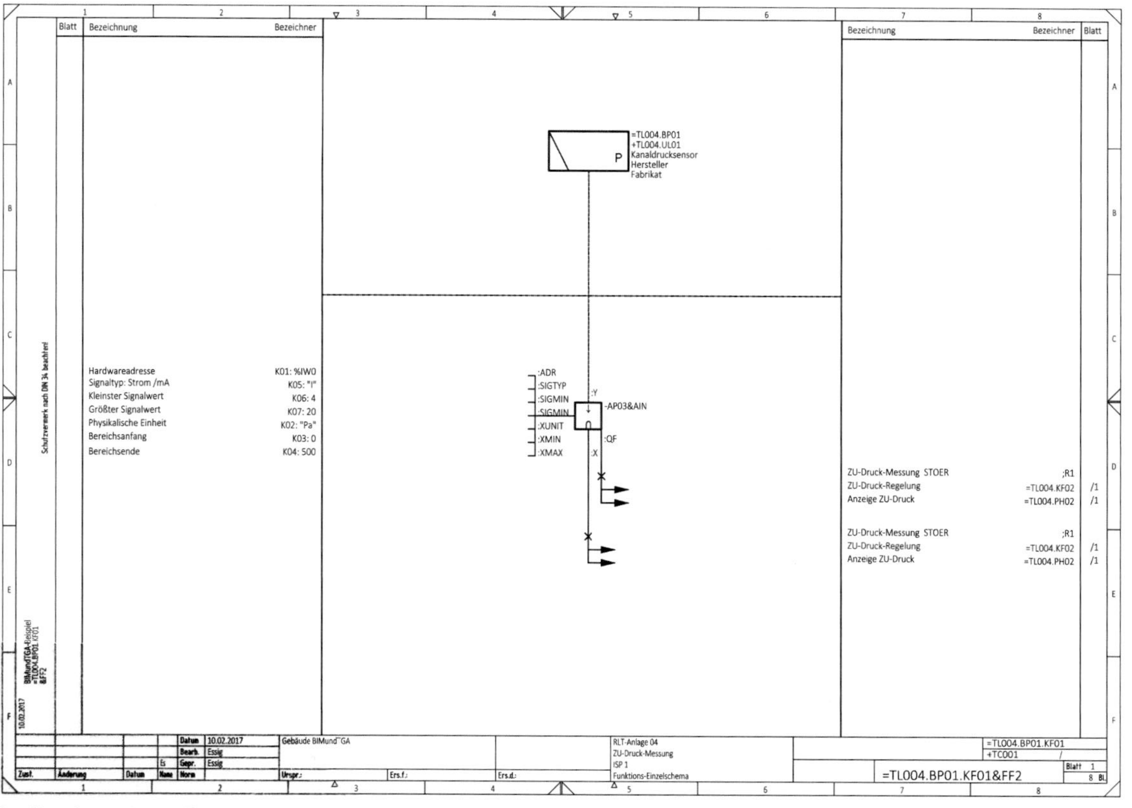

Quelle: eigene Darstellung

Bild 6.54: Beispiel eines Funktions-Einzelschemas zur Messung

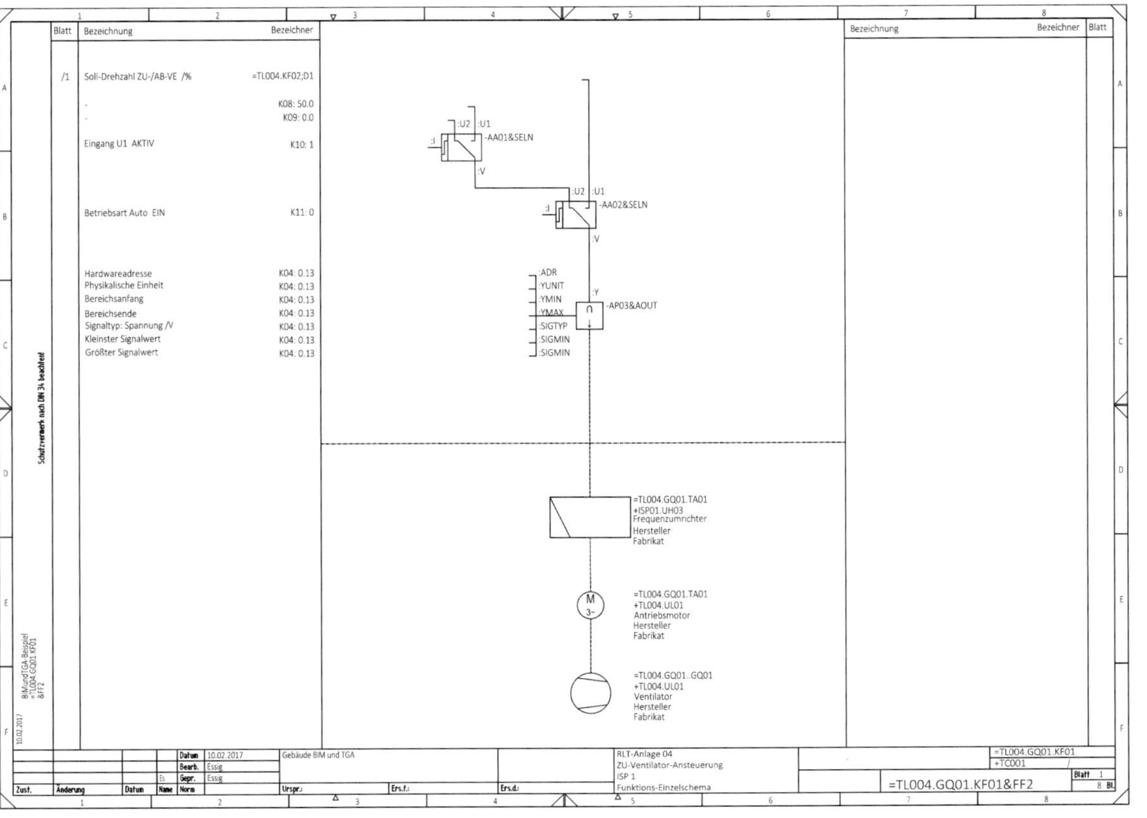

Quelle: eigene Darstellung

Bild 6.55: Beispiel eines Funktions-Einzelschemas zur Stellsignalausgabe

Im Funktions-Einzelschema „Steuerung“ werden die Ablaufsteuerungen und Schrittketten mittels Ablaufsprache (AS) nach IEC 61131-3 dargestellt. Die Darstellungselemente der Ablaufsprache sind in Bild 6.56 dargestellt.

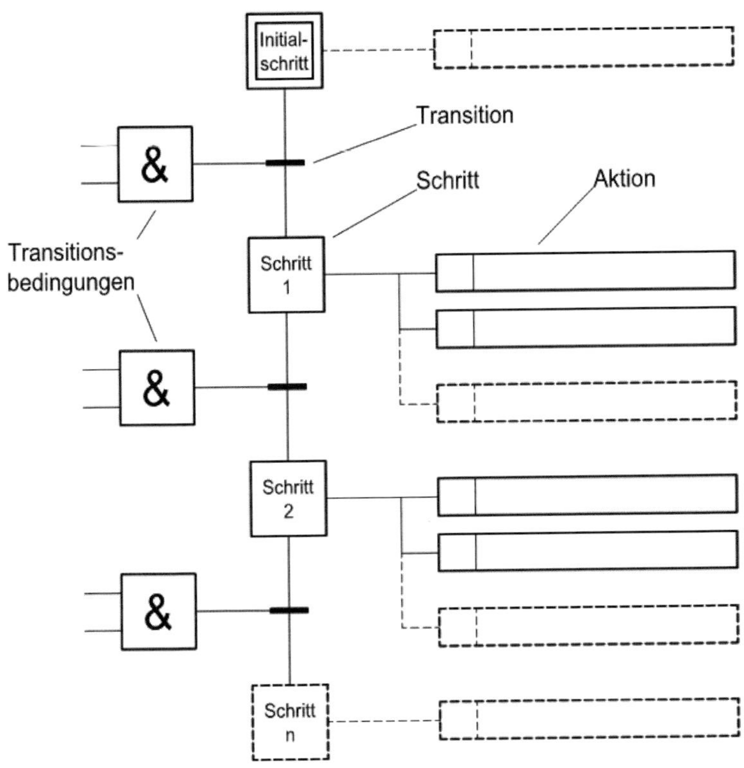

Quelle: nach IEC 61131-3

Bild 6.56: Darstellungselemente der Ablaufsprache

Im ersten Feld der Aktion wird durch ein sogenanntes Bestimmungszeichen angegeben, wie die Aktion ausgegeben wird. In der nachfolgenden Tabelle 6.3 sind die möglichen Bestimmungszeichen aufgeführt.

Tabelle 6.3: Bestimmungszeichen für Aktionen

Bestimmungszeichen	Erläuterung
Keines	Nicht gespeichert (kein Zeichen)
N	Nicht gespeichert
R	Vorrangiges Rücksetzen
S	Setzen (gespeichert)
L	Zeitbegrenzt
D	Zeitverzögert
P	Impuls (Flanke)
SD	Gespeichert und zeitverzögert
DS	Verzögert und gespeichert
SL	Gespeichert und zeitbegrenzt

Am Beispiel eine RLT-Anlage zur Duschraumlüftung wird die Darstellung einer Ablaufsteuerung gezeigt. Die Anlage ist in Bild 6.57 dargestellt.

Die Anlage besteht aus einem Warmwasser-Lufterhitzer und einem Elektro-Lufterhitzer, die alternativ betrieben werden. Beispielsweise in der Sommerzeit, wenn die Heizzentrale nicht in Betrieb ist und kein Heizwasser für den Warmwasser-Lufterhitzer bereitgestellt werden kann, erfolgt die Erwärmung der Zuluft über den Elektro-Lufterhitzer.

Die Temperaturregelung der Zuluft erfolgt über die Regelung =TL02.KF02 (PCE-Element UC) mit der Regelgröße Zulufttemperatur =TL02.BT01, die auf die Aktoren Vorlauf-Regelventil des Warmwasser-Lufterhitzers und den Elektro-Lufterhitzer wirkt.

Die hier relevante Anlagensteuerung ist als PCE-Leitfunktion (US) dargestellt und wird über das Kennzeichen =TL02.KF01 identifiziert. Aufgrund des Umfangs dieser Steuerung ist eine ausreichende Darstellung und Beschreibung der Automationsaufgabe auf Basis der DIN EN 62424 nicht ausreichend, d. h., zur Dokumentation dieser Leittechnik-Aufgabe sind entsprechende Funktions-Schemata erforderlich. In Bild 6.58 ist ein Funktions-Einzelschema dargestellt, das das An- oder Hochfahren der Anlage über mehrere Schritte beschreibt.

Die Dokumentation des Anfahrvorgangs erfolgt auf Basis der Ablaufsprache nach DIN EN 61131-3, wie zuvor beschrieben. Abhängig davon, ob Heizwasser für den wasserbasierten Lufterhitzer zur Verfügung steht (kein

Heizkesselbetrieb im Sommer), erfolgt die Zuluft-Erwärmung wahlweise über das Heizwasser-Register (Schritte 1, 3 und 4) oder den elektrisch betriebenen Lufterhitzer (Schritte 1 und 2). Eine Vielzahl von Zustandsüberwachungssensoren, z. B. Offen-Stellung (SH) der Zuluft-Klappe =TL002.QM01.BG01 oder die Strömungsüberwachung (SL) des Sensors =TL002.BF01, sorgen dafür, dass die Anlage sicher betrieben werden kann.

Alle Funktionsbausteine im Funktionsschema sind über Referenzkennzeichen identifiziert. Auf dieser Basis sind auch alle Eingänge und Ausgänge der Bausteine als Anschlusskennung gekennzeichnet (z. B. :I1, :Q, :E, :A) Damit ist es möglich, eine Vernetzungsliste der Bausteine untereinander als auch zu den im linken Teil dargestellten Eingangssignalwerten und Parametern und dem im rechten Teil dargestellten „Signalempfänger" zu generieren. In Verbindung mit den Funktionsinhalten in den Funktionsbausteinen kann auf dieser Basis sowohl der Funktionsinhalt des Schemas simuliert als auch der Programmcode eines Ziel-Automationssystems (z. B. eine Speicherprogrammierbare Steuerung – SPS) automatisch über einen Algorithmus (Compiler) erzeugt werden [Essig].

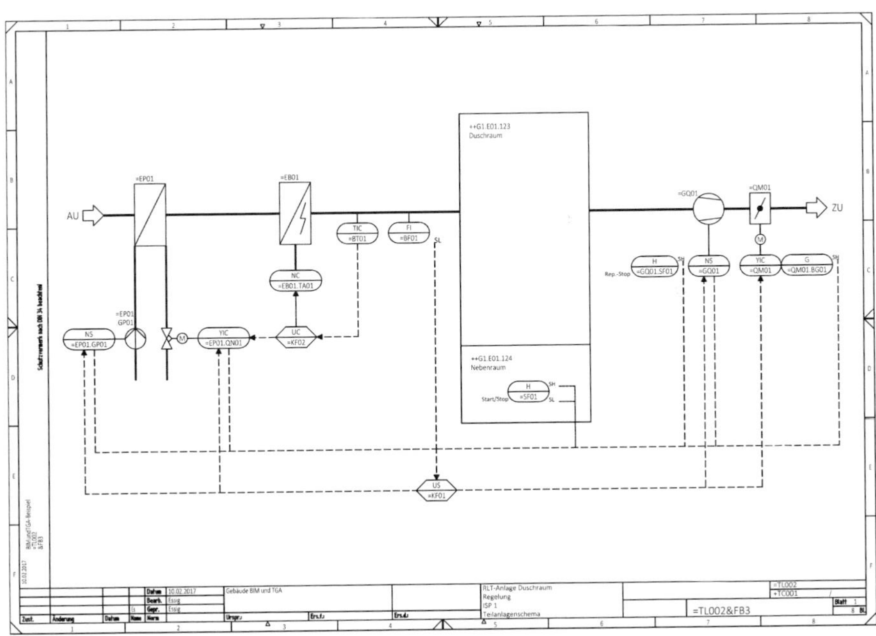

Quelle: eigene Darstellung

Bild 6.57: Teilanlagenschema der RLT-Anlage Duschraum

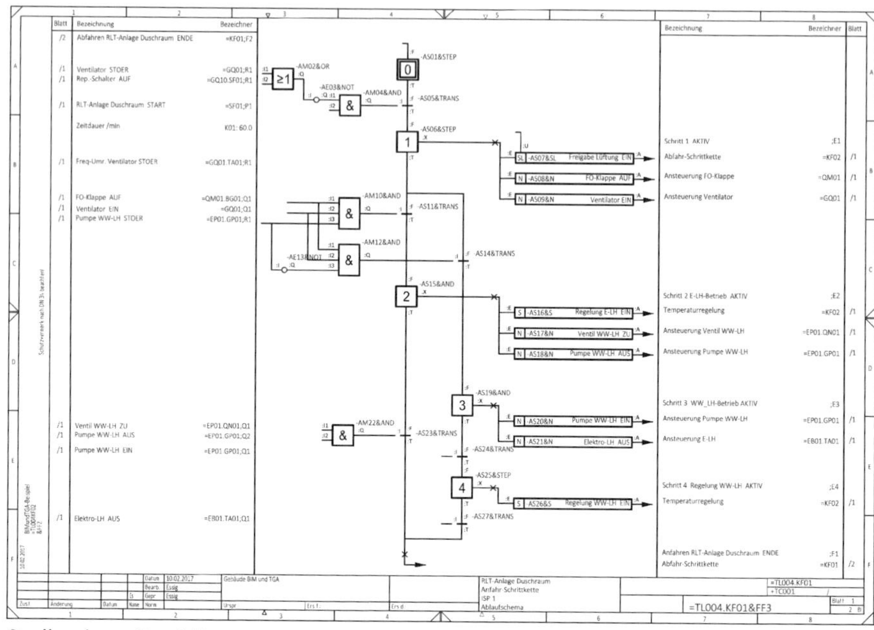

Quelle: eigene Darstellung

Bild 6.58: Funktions-Einzelschema der Ablaufsteuerung (Anfahr-Schrittkette)

Betrachtet man nur die Gesamtheit aller Funktions-Einzelschemata über alle Leittechnik-Funktionseinheiten und Leittechnik-Aufgaben, so ist erkennbar, dass die gesamte Automatisierungsfunktionalität explizit beschrieben ist mit eindeutigen Bezügen zum automatisierten Prozess über alle Sensoren und Aktoren. Da jeder Baustein explizit gekennzeichnet ist, sowie alle Eingangs- und Ausgangswerte, d.h. die vollständige und explizite Vernetzung aller Funktionsbausteine, kann der Inhalt der Funktions-Einzelschemata für Prüfzwecke in ein Simulationswerkzeug überführt werden und für die Programmierung in den Programmcode eines Leitsystems übersetzt werden.

Im Rahmen einer wissenschaftlichen Arbeit an der Universität Stuttgart wurde dies exemplarisch praktiziert durch Übersetzung zum einen in einen FORTRAN-Code zur Simulation sowohl der Automatisierungsinhalte als auch des damit geregelten und gesteuerten Prozesses [Essig]. Zum anderen wurden die Funktionsschemainhalte der (mit Hilfe der Simulation verfizierten) Automatisierungsfunktionen in einen Step-5-Code für eine Simatic S5 der Fa. Siemens übersetzt. Die formalen Bezüge in Form von

Funktionsbausteinkennzeichen und Signalkennzeichen wurden dabei in den Kommentaren der entsprechenden Programmcodezeilen eingefügt, um auch im Programmcode den formalen Bezug zu den Funktionsschemainhalten sicherzustellen.

6.6.2.7 Raumautomation

In Bild 6.59 ist am Beispiel eines Büroraumtyps das entsprechende Funktions-Einzelschema-Typical für die Raumautomation dargestellt. Entsprechende Vorlagen zu unterschiedlichen Raum- und Nutzungstypen sind in VDI 3813-3 vorgegeben.

Sowohl manuell (21) als auch automatisiert (22) kann die Beleuchtung im Raum gesteuert werden. Die Beleuchtungsstärke wird dabei auf einem konstant vorgegebenen Wert geregelt.

Über das Raumbediengerät (21) kann ein Temperaturwert vorgegeben werden. Über einen Raumtemperaturwert wird abhängig von der Regelabweichung Einfluss genommen auf ein motorisch angetriebenes Heizkörperventil je Segment (Fensterachse) oder auf ein in der Decke montiertes Umluftkühlgerät.

Zur Vermeidung von Energieverlusten werden durch einen Fensterkontakt die Fensterstellung über acht und bei offenem Fenster die Heiz- und Kühleinrichtungen abgeschaltet.

Der raumachsbezogene Sonnenschutz erfolgt entweder manuell über das Raumbediengerät (21) oder zentral gesteuert über eine übergeordnete Wetterstation mit Außentemperatur, Wind-, Regen- und Außenhelligkeitssensoren (7, 8, 9/10/11). Die übergeordnete Steuerungseinheit beinhaltet darüber hinaus noch eine Zeitsteuerung zu Berücksichtigung von Nutzungszeiten an verschiedenen Wochentagen.

Raumtemperaturen und Betrieb der Raumautomation können über ein übergeordnetes System beeinflusst und gesteuert werden (7, 8, 12, 14).

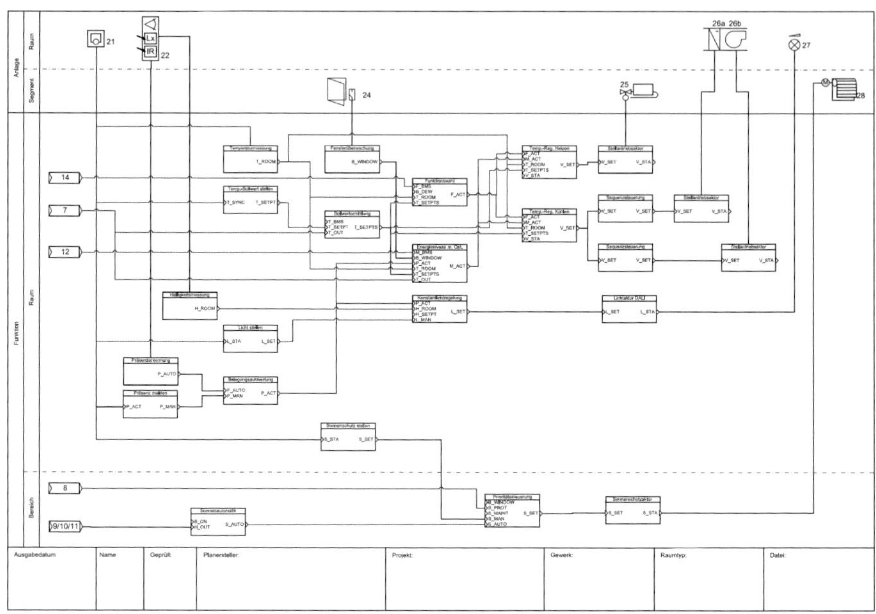

Quelle: nach VDI 3813

Bild 6.59: Funktions-Einzelschema-Typical „Büro“

7 Anlagenplanung

7.1 3-D-Anlagenplanung

In der Anlagenplanung werden die im Systementwurf auf Basis von funktionalen Darstellungen festgelegten Einheiten konstruktiv in Anlagen umgesetzt und diese in das Gebäude hineinkonstruiert – digital installiert. Dazu werden die Komponenten der einzelnen Versorgungssysteme auf Basis der funktionalen Anforderungen dimensioniert, zu Anlagen zusammengefügt und deren Installation mit allen anderen Systemen im 3-D-Modell koordiniert. Die ist mittlerweile in aktuellen Planungen die Regel, d. h. 2-D-Konstruktionen stellen eher die Ausnahme dar und 2-D-Darstellungen werden auch schon in frühen Phasen von 3-D-Modellen abgeleitet. Bild 7.1 zeigt einen Ausschnitt einer 3-D-Planung mit der Koordination verschiedener Anlagen der Mechanik und Elektrotechnik.

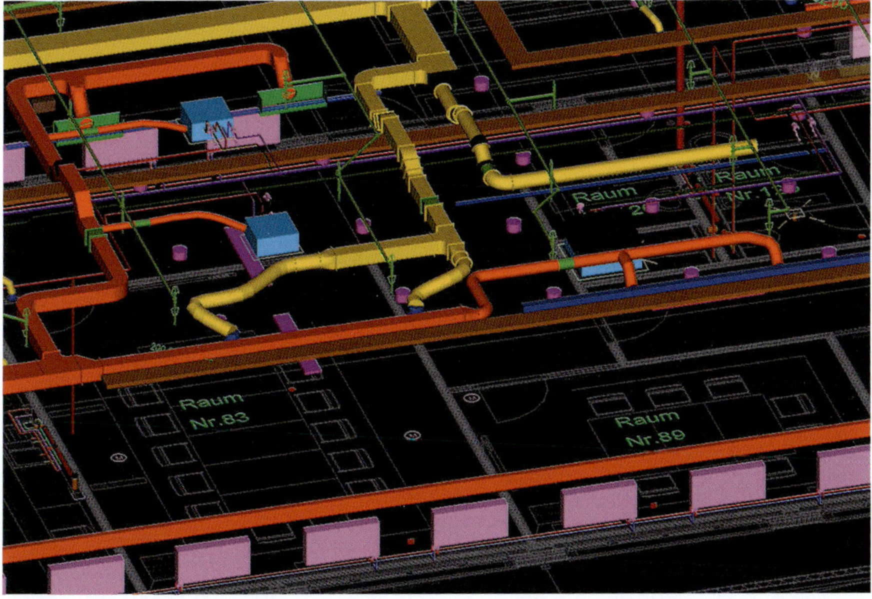

Quelle: eigene Darstellung

Bild 7.1: Koordinationsmodell verschiedener Versorgungssysteme

Das Koordinationsmodell enthält die Systeme:

- Wärmeversorgung über Heizkörper (violett),
- Kälteversorgung über Decken-Umluftkühlgeräte (blau),
- Zuluft- (rot) und Abluftversorgung (gelb),
- Kabeltrassen (braun),
- Sprinkler (hellgrün),
- Leuchten (violett).

Der Bezug der im Konstruktionsmodell enthaltenen Objekte zu demselben Objekt in der funktionalen Darstellung im Schema erfolgt mit Hilfe des Referenzkennzeichens, wie Bild 7.2 am Beispiel der Pumpeneinheit =TK002. GP12 zeigt. Damit zeigen Bild 6.15, Bild 6.17 und Bild 7.2 dasselbe Objekt =TK002.GP12 in drei verschiedenen Ansichten bzw. Dokumentenarten.

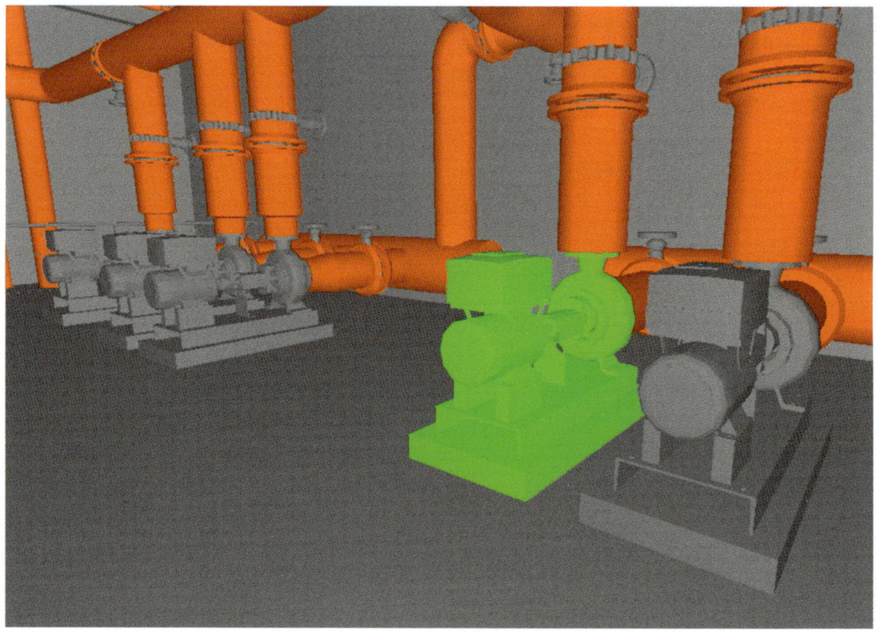

Quelle: eigene Darstellung

Bild 7.2: Konstruktionsmodell der Pumpeneinheiten

Ein weiteres und weiterführendes Beispiel zur Installation und Automatisierung einer Pumpeneinheit ist in Bild 7.3 dargestellt. Das Beispiel zeigt die durchgängige Anwendung der Referenzkennzeichnung mittels – aus heutiger BIM-Sicht – sehr einfacher CAD-Werkzeuge in verschiedenen Dokumentenarten und deren logische Vernetzung.

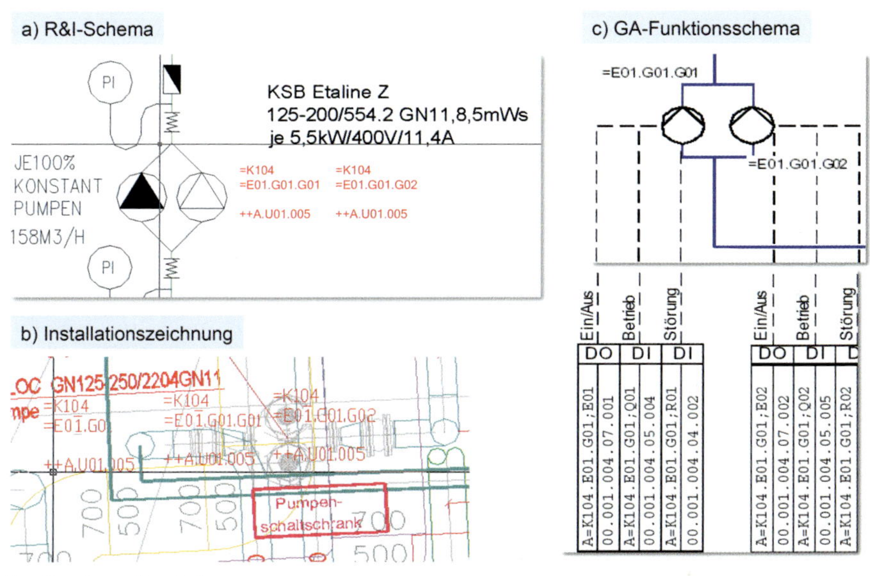

Quelle: eigene Darstellung

Bild 7.3: Zusammenhängende Darstellung von Anlagentechnik und Automatisierung in unterschiedlichen Dokumentenarten

Das Beispiel zeigt den Zusammenhang zwischen verschiedenen Ansichten – repräsentiert durch die verschiedenen Dokumentenarten Schema, Installationszeichnung und GA-Funktionsschema – einer Pumpeneinheit. Ausgehend von den GA-Funktionsanforderungen, wie in Bild 6.50 und Bild 6.51 dargestellt, ist hier die Bildung von Signal- oder Datenpunktkennzeichen beispielhaft dargestellt. Abhängig von Referenzkennzeichen des jeweiligen Objekts werden Ansteuerungs-, Melde- und Störungssignale gebildet, vgl. Kapitel 13.7. Die jeweiligen Kennbuchstaben sind in diesem Beispiel projektspezifisch festgelegt.

Ein aktuelles Beispiel einer BIM-konformen Anlagenkonstruktion ist in Bild 7.4 am Beispiel einer RLT-Anlage dargestellt. Jedes einzelne Segment des

Kanalsystems, hier exemplarisch ein Abschnitt des Zuluft-Kanalsystems, ist geometrisch und hydraulisch beschrieben, vgl. auch Bild 6.12 und Bild 6.13. Damit ist es möglich, schon bei der ersten Konstruktion des Kanalsystems (z. B. in der Entwurfsphase) die Auslegungsrandbedingungen Strömungsgeschwindigkeit und Druckabfall in den einzelnen Kanalsegmenten zu berücksichtigen. Damit kann frühzeitig sichergestellt werden, dass der erforderliche Einbauraum für diese und ggf. weitere damit zu koordinierende Systemkomponenten anderer Gewerke ausreichend bemessen ist. Ebenso könnten mit Bezug auf LoD-Details auch Anforderungen an den erforderlichen Montageraum (vgl. Bild 2.5) sowie brandschutztechnische Anforderungen, z. B. nach der Muster-Lüftungsanlagen-Richtlinie (MLüAR), berücksichtigt werden.

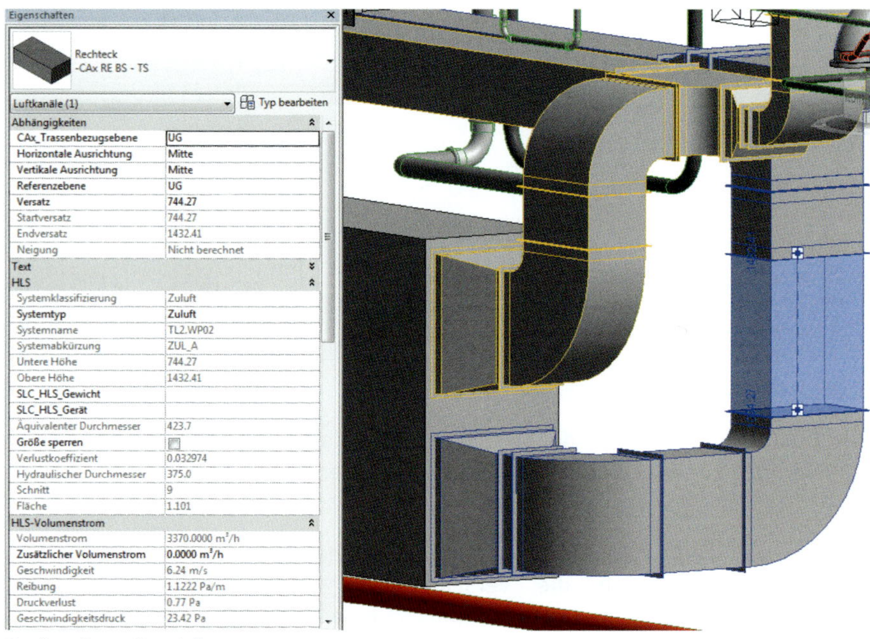

Quelle: eigene Darstellung

Bild 7.4: Konstruktion der RLT-Anlage =TL2 – Zuluft-Kanalsystem WP02 – Schnitt/Formteil 9

Die tabellarische Darstellung der einzelnen Kanalsegmente und des Gesamtvolumenstroms eines Kanalsystems sowie die erste überschlägige Druckabfallberechnung der Druckabfallberechnung können aus dem Modell erzeugt werden. Bild 7.5 zeigt einen Auszug aus dem Zuluft-Kanalsystem WP02 der Lüftungsanlage TL2. Die Tabelle enthält jedes einzelne Kanalsegment mit Angaben z.B. zum Volumenstrom, Gesamtdruckabfall oder Druckabfall pro laufendem Meter. Zum Gesamt-Kanalsystem werden die Kanalsegmente, die den kritischen Pfad mit dem höchsten Gesamtdruckabfall bilden, ermittelt und berechnet.

Dieses Modell bildet die Grundlage für eine detaillierte Berechnung des Kanalsystems über spezielle Berechnungsprogramme. Wie bei der Berechnung von raumbezogenen Bedarfswerten erfolgt die Übergabe der geometrischen Berechnungsgrundlagen über die gbXML-Schnittstelle, vgl. Bild 5.6.

Die hier am Beispiel eine Lüftungsanlage mit Luftkanälen dargestellte Vorgehensweise lässt sich direkt übertragen auf Rohrleitungssysteme der Wärme- und Kälteversorgung.

TL2.WP02

Systeminformationen	
Systemklassifizierung	Zulu
Systemtyp	Zulu
Systemname	TL2.WP02
Abkürzung	ZUL_A

Gesamtdruckverlustberechnungen nach Abschni

Abschnitt	Element	Volumenstrom	Dimension	Geschwindigkeit	Geschwindigkeitsdruck	Länge	Verlustkoeffizient	Reibung	Gesamtdruckverlust	Druckverlust Abschnitt
4	Formteile	220 m^3/h	-	0.0 m/s	0.4 Pa	-	0	-	0.0 Pa	0.0 Pa
5	Luftkanal	1070 m^3/h	-	2.5 m/s	-	3125.00	-	0.22 Pa/m	0.7 Pa	0.7 Pa
	Formteile	1070 m^3/h	-	2.5 m/s	3.7 Pa	-	0	-	0.0 Pa	
9	Luftkanal	3370 m^3/h	-	6.2 m/s	-	1226.55	-	1.12 Pa/m	1.4 Pa	17.8 Pa
	Formteile	3370 m^3/h	-	6.2 m/s	23.4 Pa	-	0.7	-	16.4 Pa	
10	Formteile	3370 m^3/h	-	0.0 m/s	3.8 Pa	-	0	-	0.0 Pa	0.0 Pa
23	Luftkanal	850 m^3/h	-	3.0 m/s	-	687.45	-	0.42 Pa/m	0.3 Pa	80.3 Pa
	Formteile	850 m^3/h	-	3.0 m/s	5.2 Pa	-	15.273758	-	80.0 Pa	
	Lu kanal	0 m^3/h	-	0.0 m/s	-	1927.81	-	0.00 Pa/m	0.0 Pa	
218	[illegible]	[illegible]	-	[illegible]	-	[illegible]	-	[illegible]	[illegible]	[illegible]
226	Luftkanal	200 m^3/h	-	2.8 m/s	-	609.70	-	0.67 Pa/m	0.4 Pa	4.1 Pa
	Formteile	200 m^3/h	-	2.8 m/s	4.6 Pa	-	0.8	-	3.7 Pa	
	Luftdurchlass	200 m^3/h	-	-	-	-	-	-	0.0 Pa	
229	Luftkanal	200 m^3/h	-	2.8 m/s	-	624.06	-	0.67 Pa/m	0.4 Pa	4.1 Pa
	Formteile	200 m^3/h	-	2.8 m/s	4.6 Pa	-	0.8	-	3.7 Pa	
	Luftdurchlass	200 m^3/h	-	-	-	-	-	-	0.0 Pa	
232	Luftkanal	1000 m^3/h	-	4.6 m/s	-	1300.00	-	1.22 Pa/m	1.6 Pa	1.6 Pa

Kritischer Pfad : 10-9-196-178-151-5-23-205-206-207-208-133-125-192 ; Gesamtdruckverlust : 157.3 Pa

Quelle: eigene Darstellung

Bild 7.5: Auszug aus der modellbasierten Luftkanal-Berechnung

7.2 Schlitz- und Durchbruchsplanung

Werden wie zuvor beschrieben die technischen Einrichtungen der TGA in das 3-D-Gebäudemodell hineinkonstruiert, so ergeben sich aus der horizontalen und vertikalen Leitungsführung Durchdringungen mit architektonischen und statischen Bauteilen des Baus. Daraus werden, unterstützt durch entsprechende Programme, automatisch Wand- bzw. Deckendurchbrüche generiert.

Ein Beispiel für die Koordination von TGA und Bau zeigt Bild 7.6. In diesem Beispiel wurde ausgehend von einem Gebäudemodell über das Datenaustauschformat IFC das Gebäude in das TGA-Konstruktionsprogramm eingelesen. Ziel sollte unter anderem sein, für die Installation der TGA erforderliche Durchbrüche zu bestimmen, damit diese im Rohbau entsprechend berücksichtigt werden können.

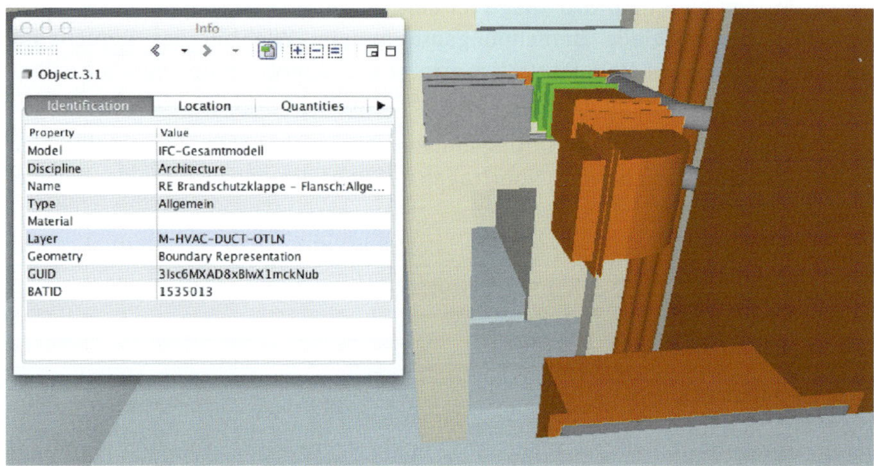

Quelle: eigene Darstellung

Bild 7.6: Beispiel Schachtausfädelung mit Durchbruchsbestimmung

Die im Schacht enthaltenen Kanäle und Rohrleitungen von Wärme-/Kälteversorgung und Sanitärtechnik werden an der dargestellten Stelle aus dem Schacht geführt. Aus Gründen des Brandschutzes sind in die Lüftungskanäle Brandschutzklappen einzubauen, die einen bestimmten Einbauraum benötigen, der zum erforderlichen Wanddurchbruch führt, siehe Bild 7.7.

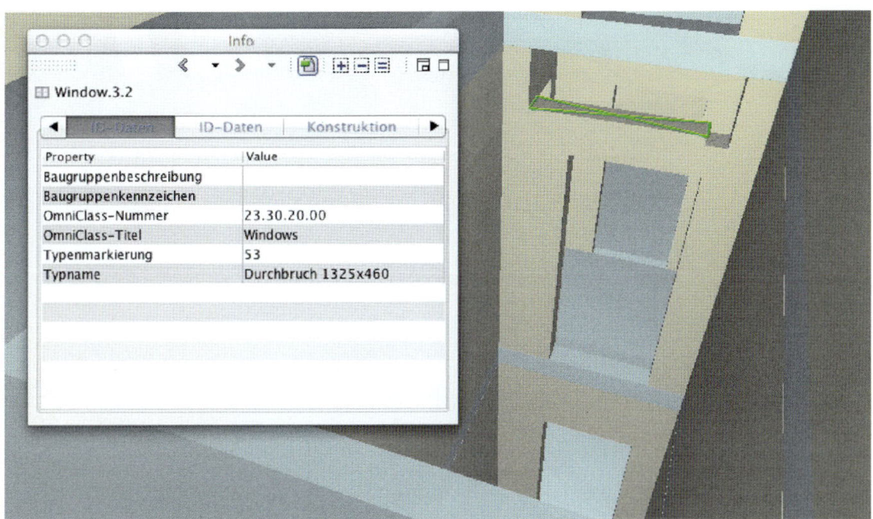

Quelle: eigene Darstellung

Bild 7.7: Aus TGA-Planung resultierender Wanddurchbruch

Zur Verdeutlichung dieses Planungsschrittes ist in der darunterliegenden Ebene ein gleichfalls erforderlicher Durchbruch noch nicht eingefügt.

Die Kanäle und Leitungen mit den darin eingebauten Komponenten wie z. B. Brandschutzklappen sind Systemen zugeordnet. Neben der Zuordnung von Systemen im Konstruktionsprogramm, über das beispielsweise vereinfachte Druck- und Volumenstromberechnungen durchgeführt werden können, ist auch in dem in Bild 7.8 dargestellten Beispiel ein Referenzkennzeichen eingetragen. Dieses stellt die eindeutige Beziehung zu anderen Objektdarstellungen her, wie z. B. zu Darstellungen in einem Anlagenschema, in einem GA-Funktionsschema, in einer Brandschutzklappenliste oder in einer Wartungsliste im Rahmen der betrieblichen Instandhaltung.

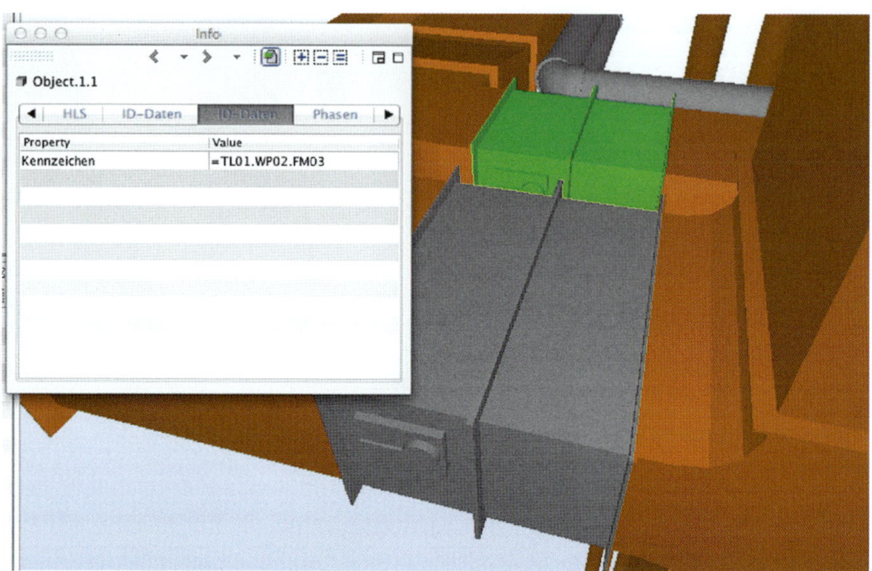

Quelle: eigene Darstellung

Bild 7.8: TGA-Komponenten im Versorgungsschacht

Bild 7.9 zeigt einen typischen Ausschnitt aus einem IFC-Modell mit Durchbrüchen, Schlitzen, Kernbohrungen etc., d. h. mit allem erforderlichen Durchdringen von Objekten der TGA mit baulichen Objekten.

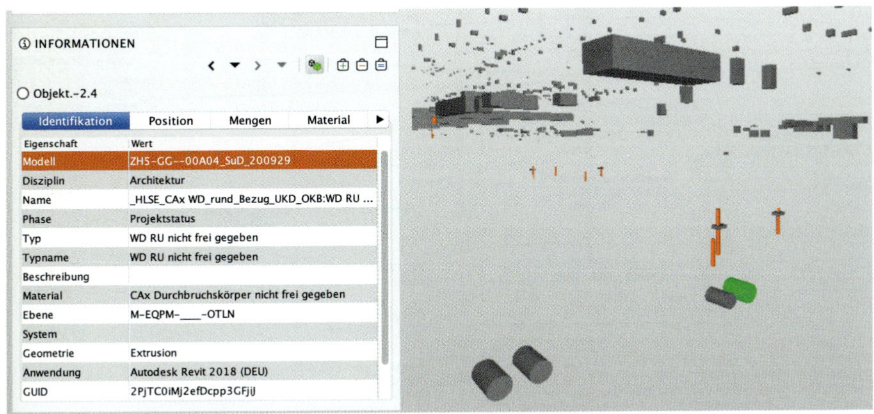

Quelle: eigene Darstellung

Bild 7.9: 3-D-Darstellung von Durchbrüchen im IFC-Modell

Wie bei den in 3D konstruierten Anlagen können aus den 3-D-SuD-Modellen entsprechende 2-D-Darstellungen abgeleitet werden. Damit erhält man einen Gesamtüberblick über SuD-Objekte in einer Ebene. In den SuD-Zeichnungen dargestellte Eigenschaften der Objekte liefern Informationen zu den geometrischen Abmessungen und zur Lage in Bezug auf Achsen oder Höhenangaben und zur Art des Durchbruchs. Angaben zum Status und zur Aktualität des Objekts ergeben sich aus dem Erstellungszeitpunkt und der übergeordneten Koordination der einzelnen Teilmodelle im Rahmen des Issue-Managements, vgl. Kap. 2.6.

Eine typische 2-D-Darstellung von Durchbrüchen in Decken (DD) oder Wänden (WD) zeigt Bild 7.10.

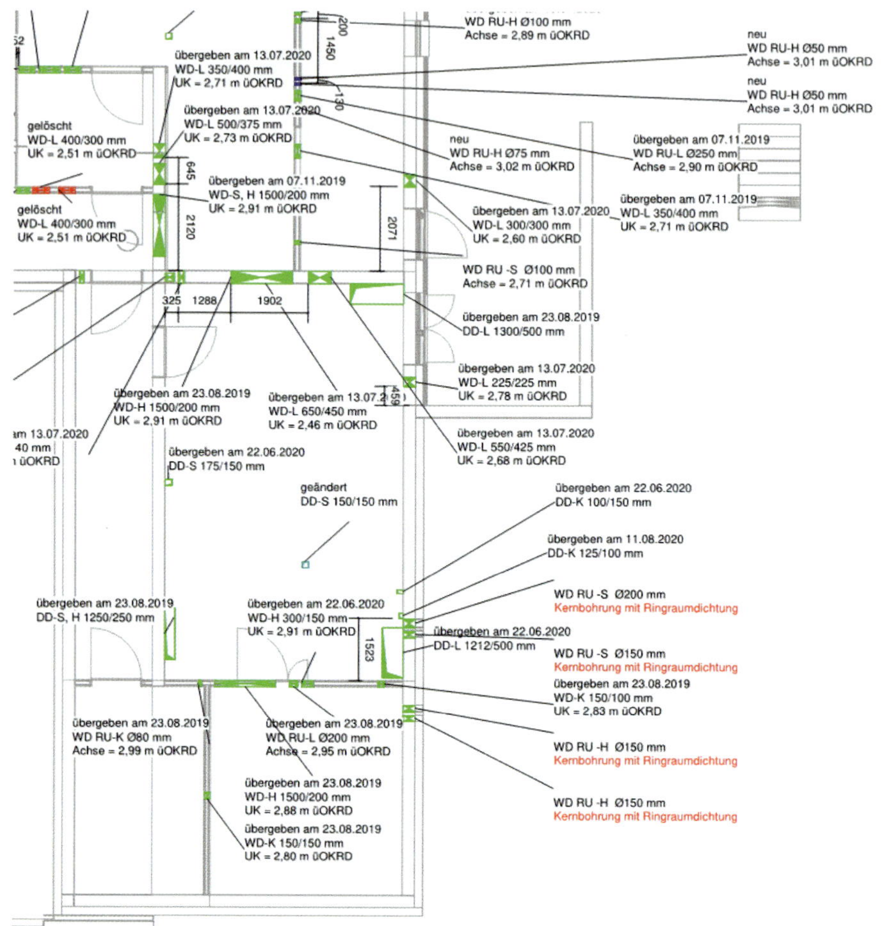

Quelle: eigene Darstellung

Bild 7.10: 2-D-Darstellung von Durchbrüchen in einer Ebene

7.3 Plattformen für digitale TGA-Bauteile

Zur Unterstützung der Planung und Konstruktion von TGA-Anlagen werden mittlerweile auf mehreren Internetplattformen, wie z.B. www.mepcontent.eu oder seek.autodesk.com, von Produktherstellern TGA-Bauteilkataloge mit 3-D-Objekten in Formaten für unterschiedliche CAD-Programme zur Verfügung gestellt. Obwohl die Kataloge bei Weitem noch nicht alle Produkttypen in den verschiedenen Gewerken umfassen, so sind sie doch eine Ergänzung der Standardbauteile in gängigen TGA-Planungswerkzeugen.

In gleicher Weise werden von den großen Aufzugherstellern deren Standardaufzüge als konfigurierbare 3-D-Objekte zur Verfügung gestellt, womit die Konstruktion dieser Aufzüge erheblich vereinfacht wird, siehe Bild 7.11.

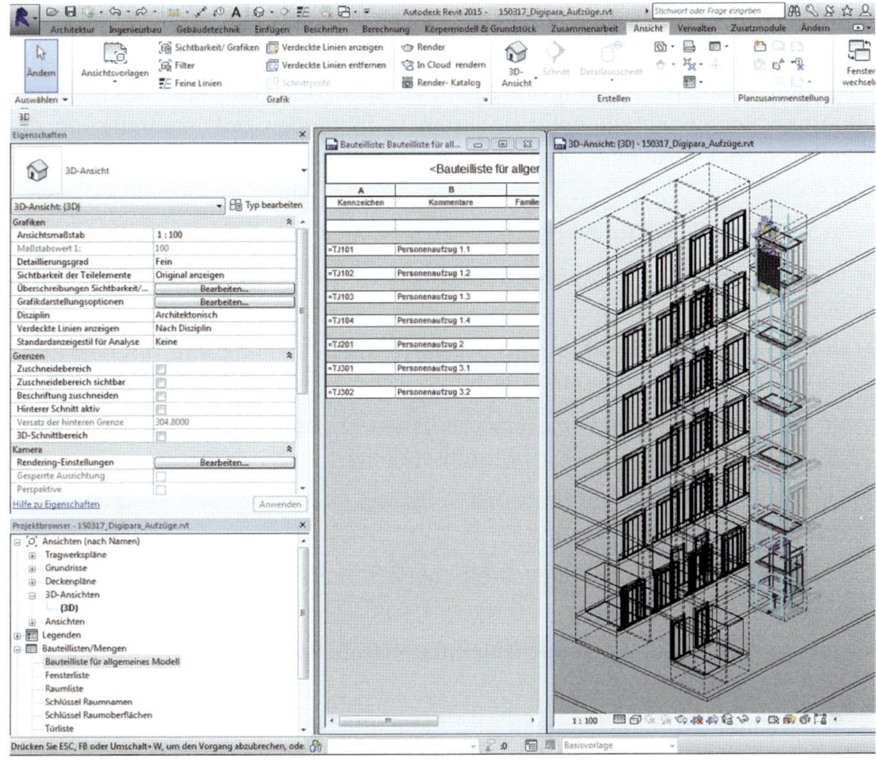

Quelle: eigene Darstellung

Bild 7.11: Beispielanwendung zur BIM-orientierten Aufzugskonstruktion

Obgleich auch hier seitens der Hersteller von BIM gesprochen wird, sind diese 3-D-Konstruktionen und die davon abgeleiteten Konstruktions-, Schacht- und Installationszeichnungen alleine nicht BIM, sondern nur ein Teil der Gesamtplanung und der für Bau und Betrieb erforderlichen Dokumentation. Über diese Dokumentation hinaus sind weitere Informationen und Dokumente erforderlich, beispielsweise zur Steuerung und Überwachung, Einbauschachtkonditionierung, Betrieb- und Notfallbetrieb, Kommunikation, elektrische Energieversorgung, Aufzugsberechnung oder -simulation oder Instandhaltung. Aufgrund der Tatsache, dass für die 3-D-Konstruktion die Aufzugsanlage nicht als ganzes System eingefügt wird, sondern als Zusammenstellung aller Aufzugsbestandteile, ist es hier wichtig, den Aufzug als Gesamteinheit mit Hilfe der Referenzkennzeichnung zu kennzeichnen. Dies zeigt die Bauteilliste in der Mitte von Bild 7.11. In der Regel beziehen sich alle aufzugsrelevanten Dokumente auf die gesamte Aufzugseinheit und nicht auf die einzelnen Bauteile.

Über die zur TGA-Planung gezeigten Darstellungen und Dokumente hinaus sind im Rahmen weiterer Planungsaufgaben zu allen Objekten, d.h. Anlagen und einzelnen Komponenten, unter anderem in folgenden Dokumentenarten die Ergebnisse der jeweiligen Planungstätigkeiten zu dokumentieren, vgl. auch Bild 4.2:

- in Stromlaufschemata Angaben zur elektrischen Energieversorgung,
- in Automationsschemata die Regelung und Steuerung (schematische Darstellung),
- in Darstellungen für die Bildschirmwarte die Bedienung und Überwachung (schematisch-bildliche Darstellung),
- im Leistungsverzeichnis die erforderlichen Angaben für die Ausschreibung der Installationsarbeiten (Strukturdarstellung),
- in Tabellen zur Kostenermittlung Angaben zu Einzel- und Gesamtkosten (tabellarische Darstellung),
- in System- und Funktionsbeschreibungen verbale Beschreibungen (Textdarstellung),
- in Datenblättern umfassende Objektdaten (tabellarische, grafische und textliche Darstellungen),
- in Berichten zu Berechnungen und Simulationen entsprechende Eingangsgrößen, Randbedingungen und Ergebnisse (tabellarische, grafische und textliche Darstellungen),

- in der Wartungsplanung Angaben zu Wartungs- und Inspektionstätigkeiten (tabellarische Darstellung),
- in der Lebenslaufakte alle Daten und Dokumente über den gesamten Lebensweg (verschiedene Darstellungsarten).

Als grundlegende Voraussetzung für BIM sind in allen Dokumenten formal eindeutige Objektbezüge zwingend erforderlich.

8 Ausschreibung von TGA-Bauleistungen

Liegt mit der Ausführungsplanung ein detailliertes digitales Modell der TGA vor, so ist es naheliegend, dass in der nach der Ausführungsplanung folgenden Leistungsphase dieses Modell die Basis bildet für die Erstellung der Ausschreibung der zur Ausführung erforderlichen Leistungen.

Was die Ausschreibung und die in vielen Fällen übliche Auswahl der Produkte durch die anbietende ausführende Firma angeht wird in einer Studie von Roland Berger im Zusammenhang mit der BIM-basierten Planung beschrieben [RBergerF].

Hat im traditionellen Planungs- und Ausschreibungsprozess die ausführende Firmen aufgrund deren Einkaufsbedingungen die Produkte basierend auf den Spezifikationen in der Ausschreibung ausgewählt, so könnte es zukünftig dahingehend Änderungen geben, dass die einbaubaren Produkte aufgrund der geometrischen und technischen Randbedingungen im Modell als digitaler Zwilling eines bestimmten Herstellers so verankert sind, dass Alternativen nicht oder nur auf Basis eines expliziten Nachweises der tatsächlichen modellbasierten Gleichwertigkeit angeboten werden können, siehe Bild 8.1.

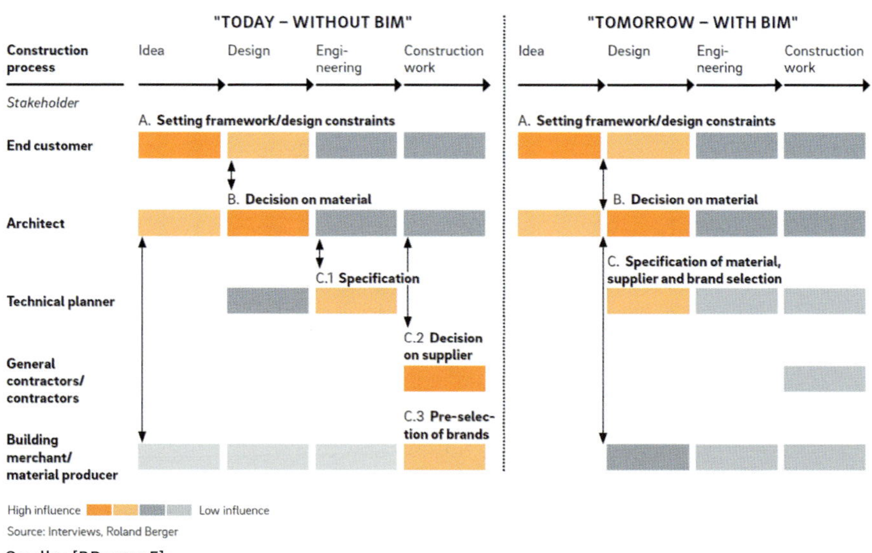

Quelle: [RBergerF]

Bild 8.1: Entwicklungen und Veränderung durch BIM im Ausschreibungsprozess

Hat, wie im linken Teil der Abbildung dargestellt, in der Vergangenheit der Produktlieferant die Produktauswahl getroffen, so erfolgt diese, wie im rechten Teil der Abbildung dargestellt, schon in zum Teil frühen Planungsphasen durch den Architekten bzw. TGA-Fachplaner im digitalen Modell durch den Einbau eines entsprechenden digitalen Zwillings. Dies bedeutet, dass die ausführenden Firmen ihre Einkaufsvorteile verlieren und nur noch den Einbau vorgegebener Produkte anbieten können. Dies kann ausgehend von einzelnen Produkten bei sogenannten Systemlieferanten so weit führen, dass komplexe vorkonfigurierte Systeme, wie z.B. Energieerzeugungssysteme, Verteilsysteme, Rohrleitungstrassen oder Sanitär-Vorwandinstallationssysteme, auf die Baustelle geliefert werden und dort von den Ausführenden zu befestigen und anzuschließen sind. Dies kann zu tiefgreifenden Änderungen und Verschiebung von Verantwortlichkeiten führen.

Die Erstellung von Leistungsverzeichnissen als wesentliche Grundlage für die Ausschreibung der Errichtung der Anlagen der Technischen Gebäudeausrüstung stellt nach wie vor einen großen Aufwand dar. Wie naheliegend ist der Gedanke, dass ein in der Ausführungsplanung detailliert erstelltes Anlagenmodell möglichst direkt und einfach in einzelne Positionen eines Leistungs-verzeichnisses übertragen werden kann.

Ein Prozess, wie dies auf Basis eine TGA-BIM-Modells praktiziert werden könnte, zeigt Bild 8.2.

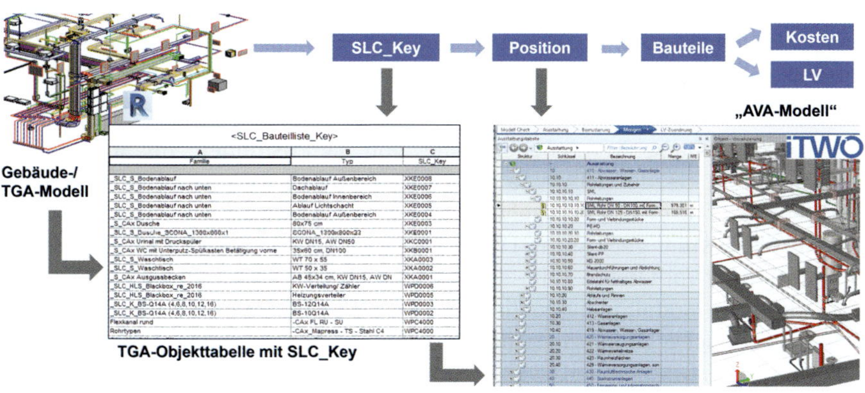

A	B	C
Familie	Typ	SLC_Key
_SLC_S_Bodenablauf	Bodenablauf Außenbereich	XKE0008
_SLC_S_Bodenablauf nach unten	Dachablauf	XKE0007
_SLC_S_Bodenablauf nach unten	Bodenablauf Innenbereich	XKE0006
_SLC_S_Bodenablauf nach unten	Ablauf Lichtschacht	XKE0005
_SLC_S_Bodenablauf nach unten	Bodenablauf Außenbereich	XKE0004
_S_CAx Dusche	80x75 cm	XKE0003
_SLC_S_Dusche_SCONA_1300x800x1	SCONA_1300x800x23	XKE0001
_S_CAx Urinal mit Druckspüler	KW DN15, AW DN50	XKC0001
_S_CAx WC mit Unterputz-Spülkasten Betätigung vorne	35x60 cm, DN100	XKB0001
_SLC_S_Waschtisch	WT 70 x 55	XKA0003
_SLC_S_Waschtisch	WT 50 x 35	XKA0002
_S_CAx Ausgussbecken	AB 45x34 cm, KW DN15, AW DN	XKA0001
_SLC_HLS_Blackbox_re_2016	KW-Verteilung/ Zähler	WPD0006
_SLC_HLS_Blackbox_re_2016	Heizungsverteiler	WPD0005
_SLC_K_BS-Q14A (4,6,8,10,12,16)	BS-12Q14A	WPD0003
_SLC_K_BS-Q14A (4,6,8,10,12,16)	BS-10Q14A	WPD0002
Flexkanal rund	-CAx FL RU - SU	WPC4000
Rohrtypen	-CAx_Mapress - TS - Stahl C4	WPC4000

Quelle: eigene Darstellung

Bild 8.2: Modellbasierte Erstellung von TGA-Leistungsverzeichnissen

Die einzelnen Objekte im digitalen Modell werden mit einem Parameter ergänzt – hier SLC-Key genannt, mit dem gleichartige Objekte im Sinne der Abbildung in eine LV-Position selektiert werden können. Beispielweise Rohre könnten so bei gleicher Materialbeschaffenheit und Einsatzrandbedingungen im Nennweitenbereich von DN 40 bis DN 65 zusammengefasst werden.

Die so gruppierten Objekte werden aus dem Modell extrahiert und in grafischer und alphanumerischer Form in ein AVA-System zur Erstellung und Abwicklung der Ausschreibung über eine definierte Schnittstelle übergeben. In Abbildung 8.2 ist dies am Beispiel der Übertragung von Modellinhalten aus Autodesk Revit™ in das AVA-Programm iTWO™ der Firma RIB aus Stuttgart dargestellt.

Funktioniert diese Vorgehensweise für Standardprodukte, wie z.B. Rohrleitungen, Kanäle oder Dämmungen, schon relativ gut, so gilt dies bei individuellen Produkten, die für die geplante Nutzung individuell berechnet und bemessen wurden, z.B. Pumpen, Regelventile, Kältemaschinen, Kessel, Behälter oder Wärmetauscher, nicht mit derselben Effizienz.

Da das Grundprinzip der LV-Erstellung darauf beruht, dass Modellobjekte auf im AVA-System bereits vorhandene abgebildet werden können, setzt voraus, dass die jeweiligen LV-Positionen mit allen notwendigen Inhalten und beschreibenden technischen Daten bereits verfügbar sind. Bei individuellen Objekten mit eigens berechneten technischen Daten können die entsprechenden LV-Positionen nicht im erforderlichen Umfang für alle erdenklichen Anwendungen für diese 1:1-Abbildung vorliegen. Dies ist typisch und bezeichnend für die an vielen Stellen hervorgehobene beliebige Vielfalt der Komponenten und Produkte der TGA.

Um die Erstellung bzw. Generierung von LV-Positionen für individuelle Standardprodukte der TGA, wie z B. Kreiselpumpen, Wasser-Wasser-Wärmetauscher oder Drei-Wege-Regelventile, zu ermöglichen, sollten als Basis in einem AVA-System generische LV-Positionen (LV-Positionen zu verschiedenen Produkttypen) vorhanden sein, die über die Daten der jeweiligen Objekte aus dem digitalen Modell individualisiert (instanziiert) werden. Grundlage für derartige generische LV-Basispositionen könnten Modellkataloge auf Basis der VDI 3805 resp. DIN EN ISO 16757, eCl@ass, Omniclass, EAN etc. sein, vgl. Kapitel 6. Ebenso könnten bestimmte, ergänzende Leistungen, die im Zusammenhang mit der Beschreibung, Kalkulation und Erbringung von LV-Positionsinhalten erforderlich sind, zugeordnet werden.

Dies würde jedoch voraussetzen, dass die einzelnen LV-Positionen nicht wie bis dato Text-Bausteine sind, sondern auf einer strukturierten Inhaltsbeschreibung basieren, beispielsweise als semantische XML-Struktur, anhand derer die LV-Positionstexte individuell erzeugt werden könnten. Eine derartige Entwicklung und grundlegende Strukturänderung ist in Verbindung mit Standard-Leistungsbuch StLB und GAEB derzeit nicht absehbar.

Auf diese Art erfolgt die in Kapitel 11.4 beschriebene Erstellung bzw. Generierung von objektbezogenen Leistungsverzeichnissen für Facility Services in der Verbindung von Objekten, beschreibenden Objektdaten, Leistungszuordnungen unter Berücksichtigung einer vorgegebenen Struktur des Leistungsverzeichnisses.

9 Errichtung der Technischen Gebäudeausrüstung

9.1 Errichtung

Die Errichtung der Anlagen der Technischen Gebäudeausrüstung beginnt mit der Angebotskalkulation auf Basis der Ausschreibung und der Ausführungsplanung. Die bislang übliche Praxis sah vor, der Ausschreibung eine Vielzahl 2-D-Plot-Dokumente beizufügen, die in der Regel in der – fast grundsätzlich zu kurzen – Kalkulationszeit nicht vollständig gesichtet und im Gesamtzusammenhang inhaltlich geprüft werden konnten. Die logische Folge müsste sein, diese Unsicherheiten durch einen Risikozuschlag in der Angebotssumme zu berücksichtigen, was jedoch aufgrund der Wettbewerbssituation nur sehr bedingt möglich ist. Die Folgen, die sich aus dieser üblichen Praxis ergeben, sind hinlänglich bekannt: Qualitätsmängel, Kostensteigerungen, Zeitverzögerungen und die obligatorischen Streitigkeiten bis hin zu gerichtlichen Auseinandersetzungen.

Hinsichtlich der Kalkulation der für die Ausführung erforderlichen Kosten und der Zeitdauer ist es unzweifelhaft einfacher, dies auf Basis eines 3-D-Ausführungsmodells zu tun, womit auch gleichzeitig die Qualität und Machbarkeit bzw. Baubarkeit der geplanten Anlagen überprüft werden können. Nach aktuellen Schätzungen sollen damit eine Kostengenauigkeit von 5 bis 10 % erreicht und die insbesondere bei Großprojekten üblichen Kostenüberschreitungen von 73 % im Mittel gegenüber den geplanten Kosten vermieden werden [Rietig].

Die Errichtung der Anlagen beginnt mit der Überleitung der Ausführungsdokumentation in die Montagedokumentation und führt über die Fortschreibung bis zur Bestandsdokumentation (As-Built). Auch hier war es gängige Praxis, dass trotz der Übergabe von CAD-Dateien viele Planungsdokumente für die Ausführung vollständig neu erstellt werden mussten, oftmals auch, weil das ausführende Unternehmen gewohnt war, mit anderen CAD-Werkzeugen zu arbeiten. Es ist nach wie vor in vielen Fällen üblich, eher die auf Papier gedruckten Inhalte zu bewerten als die im Modellbereich der CAD-Datei implementierten Inhalte. Dies führt zwangsläufig zu Mehraufwand und birgt die große Gefahr der fehlerhaften Übertragung von Planungsinhalten.

Im Kontext der Ausführung von Bau und Technischer Gebäudeausrüstung wird das digitale Modell (3-D) um die weiteren Dimensionen Zeit und Kosten erweitert, sodass in diesem Kontext von 5-D-Modellen gesprochen wird.

Im Rahmen eines vom Bundesministerium für Bildung und Forschung geförderten Forschungsprojekts mit dem Namen „MEFISTO – Management – Führung – Information – Simulation im Bauwesen“ sollte gezeigt werden, wie Bauprojekte partnerschaftlich, prozessgesteuert und risikokontrolliert auf Basis eines Gebäudeinformationsmodells ablaufen können [Mefisto]. Kern war die Erzeugung von sogenannten Multimodellen, d. h. die Verknüpfung des Gebäudemodells mit Leistungs-, Kosten-, Termin- und Risikomodellen, mit Hilfe derer der Bauablauf besser geplant und kontrolliert werden kann, siehe Bild 9.1.

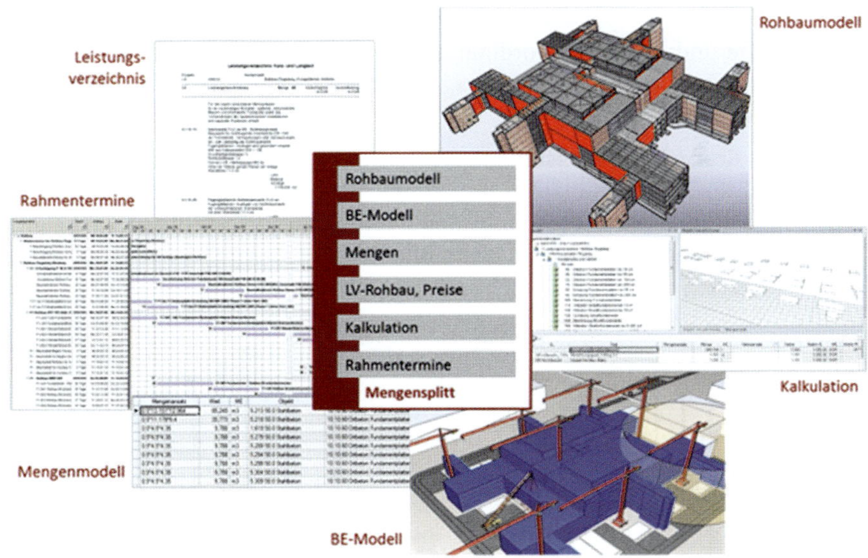

Quelle: www.mefisto-bau.de/overview.html

Bild 9.1: Multimodell nach Forschungsprojekt Mefisto

Wurde im Projekt MEFISTO im Wesentlichen nur der Rohbau inhaltlich berücksichtigt, so können die Erkenntnisse und Ergebnisse auch auf den Bau der Technischen Gebäudeausrüstung übertragen werden. Beispiele aus dem Bau verfahrenstechnischer Anlagen [Siemens] und dem Automobilbau sowie der Produktionstechnik bis hin zu Industrie 4.0 [Industrie40] zeigen gleichermaßen, dass modellbasierte Fertigung und Installation erhebliche Effizienz- gepaart mit Qualitätssteigerungen ermöglichen.

Im Rahmen der Errichtungsphase ergeben sich Vorteile durch ein modellbasiertes Arbeiten bei nachfolgenden Aufgaben und Prozessen:

- Fortschreibung einer modellbasierten Ausführungsplanung bzw. eines Ausführungsmodells in die Montageplanung bis hin zu Bestandsdokumentation bzw. Bestandsmodell,
- Übernahme der Modelldaten in eigene Berechnungen zur Verifikation der Planungsvorgaben,
- Ergänzung von konkreten Eigenschaften der installierten Komponenten im Abgleich mit den in den Positionen der Leistungsverzeichnisse enthaltenen Komponenten,
- inhaltliche und zeitliche Koordination der Montage der verschiedenen Versorgungssysteme und in Verbindung mit dem Bau, vgl. Bild 9.1 sowie die Bilder in Kapitel 6,
- höherer Grad der werksseitigen Vorfertigung, z. B. von Verteilern, RLT-Geräten, Rohrleitungsabschnitten, unter Berücksichtigung von Einbringöffnungen, Transportwegen und Montageräumen in Form einer virtuellen, modellbasierten Testmontage, siehe Bild 9.2.

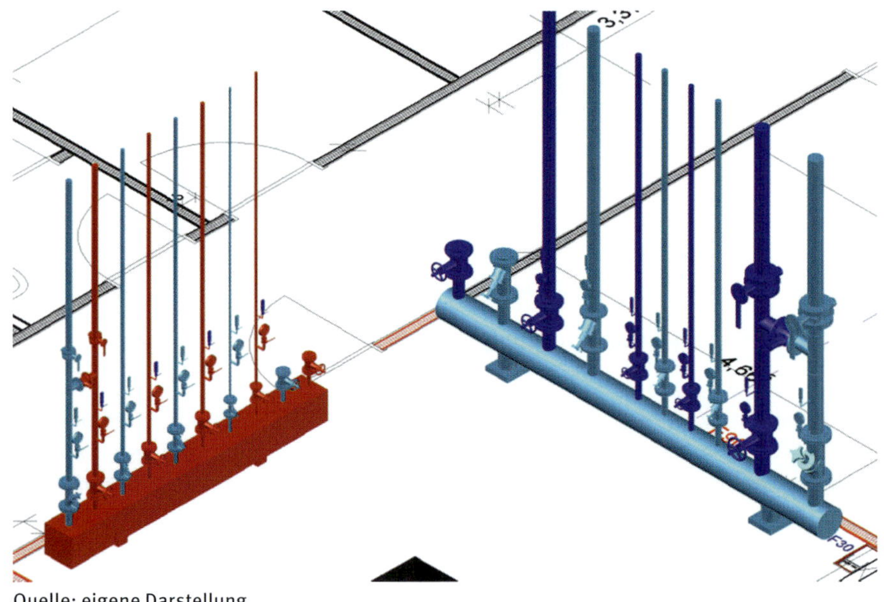

Quelle: eigene Darstellung

Bild 9.2: Vorgefertigte Verteiler für Heizung und Kälte

- Abgleich von Montage und Modell durch Vergleich von 3-D-Modelldarstellung mit Fotoaufnahmen oder 3-D-Scans zur Dokumentation des Baufortschritts (Baufortschrittserfassung), der Terminkontrolle und der Leistungsabrechnung,
- Koordination der Baulogistik (Lagerflächen, Transportwege, Anlieferung, Terminkoordination, Abfallentsorgung etc.) auf Basis des Gesamtmodells,
- Optimierung von Bau- und Montageabläufen durch modellbasierte Variantenuntersuchungen,
- Schaffung einer modellbasierten Grundlage und Dokumentation für die Inbetriebnahme,
- Funktionsprüfungen, -nachweise und Abnahme der Anlagen und Komponenten, vgl. Kapitel 8.3,
- inhaltlicher Abgleich der Foto-/Scan-Dokumentation von Modell und Realität hinsichtlich der Aktualität und Korrektheit der As-built-Dokumentation,
- Übergabe einer strukturierten Liste aller Anlagen und Komponenten an den Betrieb.

9.2 Technisches Monitoring

Das technische Monitoring bildet die Grundlage für technischen Betrieb und Optimierung der technischen Systeme. Im Rahmen des technischen Monitorings, bestehend aus Energie- und Anlagenmonitoring, sind ausgehend von Gesamtverbrauch von Energie und Medien des Gebäudes die verschiedenen Nutzungsbereiche und versorgende Anlagen bzw. Anlagenteile getrennt zu erfassen.

Nach VDI 6041 sind wesentliche Ziele des technischen Monitorings:

- Wirtschaftlichkeit im Betrieb,
- minimaler Verbrauch von Energie und Medien,
- Optimierung des Anlagebetriebs,
- Energieeffizienz und Nachhaltigkeit,
- bedarfsgerechter Anlagenbetrieb,
- Einflussnahme auf das Nutzerverhalten,
- Dokumentation von Betrieb und Verbrauch.

Der Prozess des technischen Monitorings nach VDI 6041 ist in Bild 9.3 dargestellt.

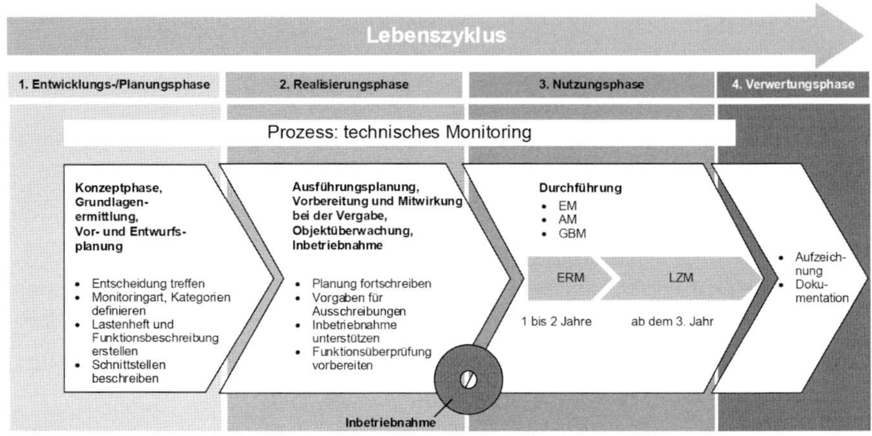

Quelle: nach VDI 6041

Bild 9.3: Prozess des technischen Monitorings

Besonders hervorzuheben ist hier, dass die Grundlagen und Voraussetzungen für ein technisches Monitoring schon in frühen Planungsphasen zu schaffen sind, d. h. mit dem Systementwurf und im Zusammenhang mit funktionsbezogenen Darstellungen der Prozess- und Automatisierungstechnik. Das Monitoringkonzept kann z. B. mit den Strukturen von verbraucher- und bereichsabhängigen Versorgungen und den Verteilstrukturen der Wärme-, Kälte-, Luft- und Stromversorgung abgestimmt werden. Bei der Erfassung des Stromverbrauchs sind möglichst Lichtstromkreise von Leistungsstromkreisen zu trennen. Damit ist auch die Schnittstelle zwischen technischem Monitoringsystem und dem Gebäudeautomationssystem abzustimmen.

Wird beispielsweise in der Automatisierung ein System der Klasse B nach DIN EN 15232 angestrebt, so sind u. a. die nachfolgenden Voraussetzungen und Randbedingungen im Zusammenspiel von Automatisierung und Monitoring zu beachten:

- automatisches, fernauslesbares Zählersystem (z. B. M-Bus-basiert),
- Haupt- und Unterzähler sowie Betriebsstundenzähler der wichtigen Versorgungsaggregate und Verbraucher und Verbrauchsbereiche,

- Erfassung von Ist- und Zustandssignalen von (wesentlichen) Anlagen und Komponenten,
- Erfassung von Lastgängen und Energiebilanzen wesentlicher Anlagen und Komponenten.

Im Kontext des technischen Monitorings ist die Dokumentation der Verbrauchswerte und die Verwaltung der objektbezogenen Werte und Zustände mit den Vorgaben für das Instandhaltungs- und CAFM-System abzustimmen. Die Signale der Verbrauchs-, Betriebs- und Zustandswerte sind nach DIN 6779-12 bezogen auf die erzeugenden Objekte zu identifizieren.

Nach den Vorgaben der VDI 6039 – Inbetriebnahmemanagement von Gebäuden – ist auch das Monitoringsystem im Rahmen des Einregulierungsmonitorings in Betrieb zu nehmen, siehe Bild 9.3 und Kapitel 9.3. Dabei sind die grundlegenden, auf der Planung und Zertifizierung basierenden spezifischen Kenngrößen (Performance Indicators) für einen anschließenden Soll-Ist-Vergleich für ein Gebäude und den Anlagenbetrieb anzulegen. Dies sind folgende Werte:

- spezifische Kennwerte für den Endenergieverbrauch,
- spezifische Kennwerte für den Nutzenergieverbrauch,
- Aufwandszahl und/oder Nutzungsgrad (bezogen auf End- und Primärenergie) für ausgewählte Erzeuger,
- Gesamtaufwandszahlen und/oder Nutzungsgrade (bezogen auf End- und Primärenergie).

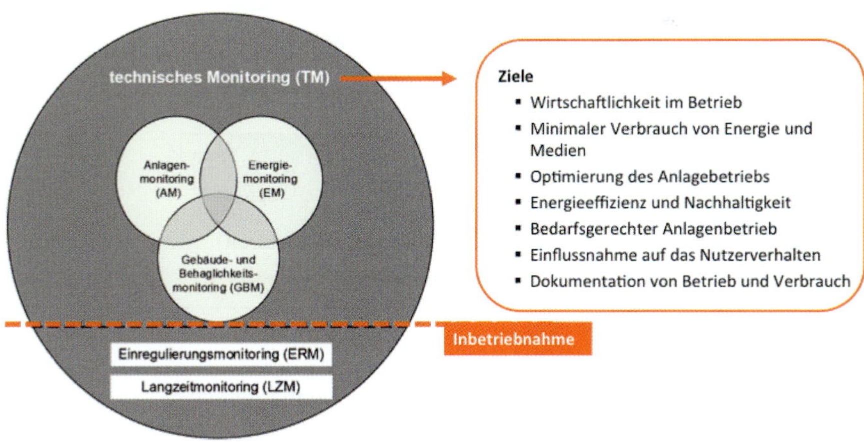

Quelle: nach VDI 6041

Bild 9.4: Technisches Monitoring und Inbetriebnahme

9.3 Inbetriebnahme

Die Inbetriebnahmephase stellt die Überführung der errichteten technischen Anlage in deren Betrieb dar. Mit der Inbetriebnahme (IBN) wird überprüft und sichergestellt, dass mit den installierten technischen Anlagen die geplanten Funktionen umgesetzt sind und die berechneten Bedarfswerte in möglichst vielen unterschiedlichen Betriebssituationen erfüllt werden.

In der Inbetriebnahme werden sowohl die Funktionen der einzelnen Versorgungssysteme geprüft als auch besonders das funktionale Zusammenwirken aller Versorgungssysteme. Dies ist dann von besonderer Bedeutung, wenn die technische Komplexität der Systeme sehr hoch ist und diese von verschiedenen Errichterfirmen gebaut werden. Erschwerend kommt hinzu, dass weder HOAI noch VOB Leistungen zur gewerkeübergreifenden Inbetriebnahme vorsehen.

Das Inbetriebnahmemanagement ist frühzeitig und parallel zu Planung und Ausführung der technischen Versorgungssysteme durchzuführen, wie Bild 9.5 aus VDI-Richtlinie 6039 „Inbetriebnahmemanagement für Gebäude“ zeigt.

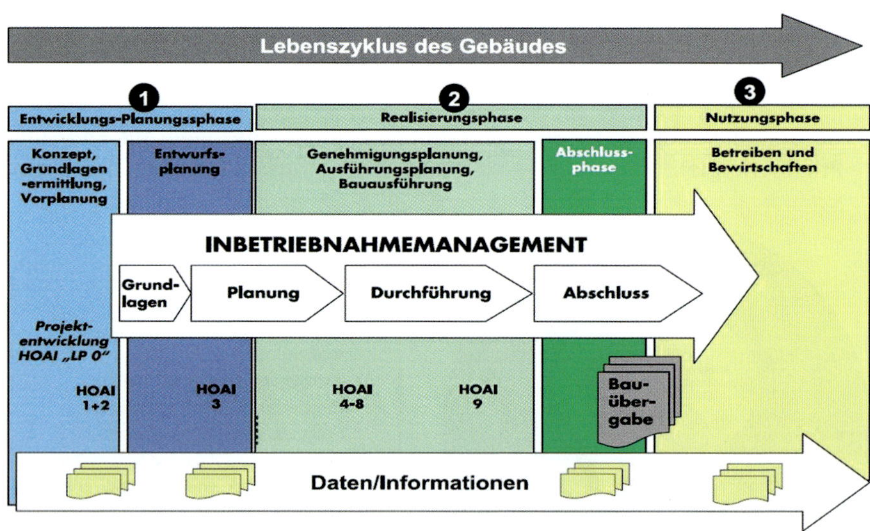

Quelle: VDI 6039, Bild 4

Bild 9.5: Zeitliche Einbindung des Inbetriebnahmemanagements

Die VDI 6039 bietet Hilfestellung für die systematische Inbetriebnahme von Gebäuden und die darin installierten technischen Einrichtungen. Im Englischen wird dieser Vorgang „Commissioning" genannt und ist in ASHRAE Standard 202-2013, Guideline 0-2013 und Guideline 1.1-2007 detailliert beschrieben. Der Commissioning-Prozess ist im Übrigen wichtiger Bestandteil einer Nachhaltigkeitszertifizierung nach LEED – Leadership in Energy and Environmental Design – nach dem US Green Building Council (US GBC).

Ziele, die durch die systematische Inbetriebnahme verfolgt werden, sind:

- Einhaltung von Kostenvorgaben,
- nachweisliche Einhaltung der geforderten Qualität und Funktionalität,
- Vermeidung und Reduzierung von Mängeln,
- Sicherstellung eines fehlerfreien Anlagenbetriebs und einer hohen Verfügbarkeit,
- Sicherstellung einer qualifizierten und nutzbaren Anlagendokumentation,
- organisatorische Koordination der Planungs- und Baubeteiligten,
- Einhaltung von Terminen und reibungslose Abnahmen,
- Schaffung einer Grundlage für reibungslosen Betrieb und weitergehende Optimierungsmaßnahmen während des Betriebs (Ongoing commissioning),
- Steigerung der Nachhaltigkeit der Systeme und Reduktion von Energieverbrauch und Betriebskosten,
- Schaffung eines reibungslosen Übergangs in den Betrieb der technischen Systeme und des Facility Managements.

Neben der rechtzeitigen Einbindung der Inbetriebnahme in den Planungs- und Bauprozess ist Bild 9.5 zu entnehmen, dass alle Daten/Informationen, die im Rahmen von Planung und Errichtung entstehen, Grundlage sind für die Durchführung und den direkten Übergang in die Betriebs-/Nutzungsphase. Dies zeigt, dass das Gebäudeinformationsmodell auch für den Prozess der Inbetriebnahme wichtig ist. Insbesondere alle in Kapitel 13 beschriebenen Maßnahmen zur Strukturierung der technischen Systeme, die systematische und eindeutige Kennzeichnung von technischen Einrichtungen, deren Dokumentation und der Objekte in der Dokumentation sowie die auf der Objektkennzeichnung aufbauende Signalkennzeichnung sind essenzielle Grundlagen zur Durchführung der Inbetriebnahme. In Kapitel 6.1.3 der VDI 6039 werden diese Dokumentationsmaßnahmen für die Inbetriebnahmevorbereitung explizit gefordert.

Im Rahmen der Planung der Inbetriebnahme sind beispielsweise folgende Aufgaben zu bearbeiten:

- Zusammenstellung der Anlagendokumentation,
- Fortschreiben einer Systembeziehungsmatrix, basierend auf den einzelnen Planungen,
- Erstellen eines Inbetriebnahmekonzepts unter Berücksichtigung der Systembeziehungsmatrix, des Terminplans, der Projektbeteiligtenliste und des Schnittstellenkatalogs.

Nach Abschluss der Inbetriebnahme sind alle Ergebnisse in Abstimmung mit dem Gebäudeinformationsmodell zu dokumentieren und die bestehenden Werte ggf. zu aktualisieren. Diese Änderungen und ergänzende Dokumente, wie beispielsweise Übergabeerklärung, Protokolle zur Vollständigkeitsprüfung, Funktionsprüfung oder Leistungsmessungen sowie Mängellisten, sind entsprechend bei der Fertigstellung der Bestandsdokumentation zu berücksichtigen.

10 Nachhaltigkeit und Zertifizierung

Die Errichtung nachhaltiger Gebäude steht in immer mehr Gebäuden im Vordergrund. Eine damit verbundene Zertifizierung nach dem Nachhaltigkeitslabel der Deutschen Gesellschaft für Nachhaltiges Bauen DGNB, dem Label LEED – Leadership in Energy and Environmental Design – des US Green Building Councils, oder BREEAM – Building Research Establishment Environmental Assessment Method – aus Großbritannien sind für viele Bauherren obligatorisch.

In allen Systemen sind in verschiedenen Kriterien Inhalte zu bearbeiten, die im direkten Zusammenhang mit der Technischen Gebäudeausrüstung, der Gebäudeenergieeffizienz und der material- und ressourcenschonenden Errichtung und dem nachhaltigen Betrieb stehen. Die Zertifizierung bezieht sich sowohl auf die Planung und Errichtung von Gebäuden als auch auf den Betrieb von Gebäuden, in denen die Funktionalität, Flexibilität und Effizienz der technischen Systeme jeweils eine entscheidende Rolle spielen.

Der Zertifizierungsvorgang und der Nachweis der Nachhaltigkeit sind im Wesentlichen eine große Dokumentationsaufgabe. Damit wird klar, dass auch hier Building Information Modeling und die damit verbundene Bereitstellung von Daten und Dokumenten aus dem Modell eine zunehmend bedeutendere Rolle spielen wird. Dies gilt für die direkte Beistellung von Dokumenten für den Nachweis von Kriterien als auch die Bereitstellung von Gebäude- und TGA-Daten für Berechnungen und Simulationen.

In Bild 10.1 ist dargestellt, in welchen Kriterien der DGNB-Zertifizierung TGA und BIM im TGA-Kontext eine nennenswerte Bedeutung haben für das Kriterium insgesamt oder zumindest Teilbetrachtungen (einzelne Checklistenpunkte).

Kriterium	Kriterienbezeichnung	Bedeutung für die Technische Gebäudeausrüstung	Bedeutungs-faktor	Anteil an der Gesamtbewertung
ENV1.1	Ökobilanz - emissionsbedingte Umweltwirkungen	Energie- und Ressourcenverbrauch, technische und funktionale Eigenschaften, Produktqualität und Instandhaltung	7	7,9 %
ENV1.2	Risiken für die lokale Umwelt	Kältemittel, verbaute Matrialien in TGA-Anlagen	3	3,4 %
ENV2.1	Ökobilanz - Ressourcenverbrauch	Primärenergieverbrauch, Wasserverbrauch, Energieversorgungskonzept	5	5,6 %
ENV2.2	Trinkwasserbedarf und Abwasser-aufkommen	Waserversorgungs- und Abwasserentsorgungskonzept, Wasseraufbereitung, Regenwassernutzung	2	2,3 %
ECO1.1	Gebäudebezogene Kosten im Lebenszyklus	Anlagenkonzept, Energieverbrauch, Instandhaltungsaufwand, Anlagenkosten	3	9,6 %
ECO2.1	Flexibilität und Umnutzungs-fähigkeit	Anlagenkonzept, Umnutzungs- und Anpassungsfähigkeit der TGA	3	9,6 %
SOC1.1	Thermischer Komfort	Heiz-, Kühl- und Lüftungskonzept, Anlagebetrieb mit Regelung und Steuerung	5	5,4 %
SOC1.2	Innenraumluftqualität	Lüftungskonzept und Lüftungseffizienz	3	3,2 %
SOC1.4	Visueller Komfort	Tageslischtnutzung, Beleuchtungskonzept, Beleuchtungssteuerung/-regelung	3	3,2 %
SOC1.5	Einflussnahme des Nutzers	Lüftungs-, Heiz- und Kühlkonzept, Beleuchtungskonzept, Raum- und Gebäudeautomation	2	2,1 %
SOC1.7	Sicherheit	Beleuchtungskonzept, technische Sicherheitseinrichtungen	1	1,1 %
TEC1.4	Anpassungsfähigkeit der technischen Systeme	Energieversorgungskonzept, Anlageninstallation in Zentralen und Schächten, Systemintegration	2	5,0 %
TEC3.1	Mobilitätsinfrastruktur	E-Mobility-Versorgung, Gebäudeenergiemanagement	1	2,5 %
PRO1.3	Konzeptionierung und Optimierung in der Planung	Energiekonzept, Wasserkonzept, Lichtoptimierung, Mess- und Monitoringkonzept	3	1,4 %
PRO1.5	Voraussetzungen für optimale Nutzung und Bewirtschaftung	TGA-Dokumentation, energiebezogener Gebäudebetrieb, Instandhaltung	2	1,0 %
PRO2.3	Geordnete Inbetriebnahme	Inbetriebnahme aller TGA-Einrichtungen mit nachlaufender Optimierung im Betrieb	3	1,4 %
				64,7 %

Quelle: eigene Darstellung

Bild 10.1: Relevanz von TGA und BIM in der Nachhaltigkeitszertifizierung nach DGNB

Sowohl die Bedeutungsfaktoren der einzelnen Kriterien als auch der aufsummierte Anteil an der Gesamtbewertung von fast zwei Dritteln des Gesamterfüllungsgrads zeigen die Bedeutung. Im Übrigen wird mit 65 % des Gesamterfüllungsgrads die Auszeichnung Gold erreicht.

So gibt es beispielsweise bereits Simulationsumgebungen für den Nachweis der Energieeffizienz und der Energieeinsparung nach ASHRAE 90.1 auf der Basis von Autodesk-Revit-Modellen [Nasy]. Auf der gleichen Basis gibt es Programmerweiterungen und Schnittstellen zu Programmen für die Berechnung und Analyse von Innenbeleuchtung und Tageslichtnutzung.

In Bild 10.2 ist dargestellt, wie basierend auf einem BIM-Modell eine Ökobilanz (LCA – Life Cycle Assessment) berechnet werden kann. Diese Methodik wurde im Rahmen eines GreenConServe-Förderprojekts der Europäischen Kommission mit dem Titel „Einsatz von Building Information Modeling (BIM) zur Zertifizierung nach DGNB“ entwickelt [SCG_GCS].

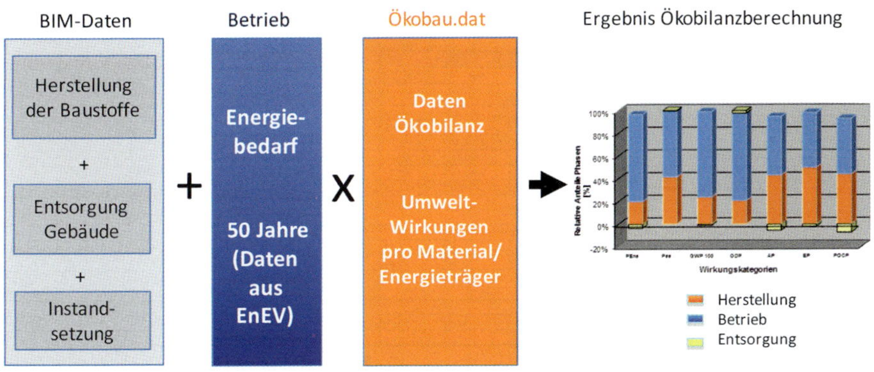

Quelle: eigene Darstellung

Bild 10.2: Prinzipdarstellung der BIM-basierten Berechnung einer Ökobilanz

Prinzipiell erfolgt die Berechnung in der Art, dass aus dem digitalen Modell alle relevanten Bauteile, insbesondere die Bauteile des Baus, wie z. B. Böden, Decken, Stützen, Fenster oder Wände und Fassade, als Baumassen aus dem Modell extrahiert wurden. Dies erfolgte auf Basis eines IFC-Modells. Danach wurden in einer Bearbeitungstabelle den jeweiligen Bauteilmaterialien die jeweiligen Äquivalente der Ökobilanzindikatoren, wie z. B. Ozonbildungspotenzial, Treibhauspotenzial, Versauerungspotenzial, Ozonzerstörungspotenzial oder Primärenergiewerte, aus der Baustoffdatenbank Ökobau.dat zugewiesen. Die Ökobau.dat ist eine Datensammlung von Umweltproduktdeklarationen (EPD), die in Zusammenarbeit mit der deutschen Baustoffindustrie aufgebaut wurde und über ein Internetportal des BMUB – Bundesministerium für Umwelt, Naturschutz, Bau und Reaktorsicherheit – öffentlich zur Verfügung steht [Ökobau]. Das Ergebnis der Ökobilanzberechnung weist die Anteile der verschiedenen Wirkungskategorien mit den Anteilen für Herstellung, Betrieb und Entsorgung aus.

Bild 10.3 zeigt einen Auszug aus der Tabelle zur Berechnung der Ökobilanz. Im oberen Teil der Tabelle ist dargestellt, wie eine mehrschichtige Wand mit den jeweiligen Materialien und Massenanteilen berechnet wird, d.h. Betonanteil mit Stahlarmierung, Dämmung und Putzschicht mit Anstrich.

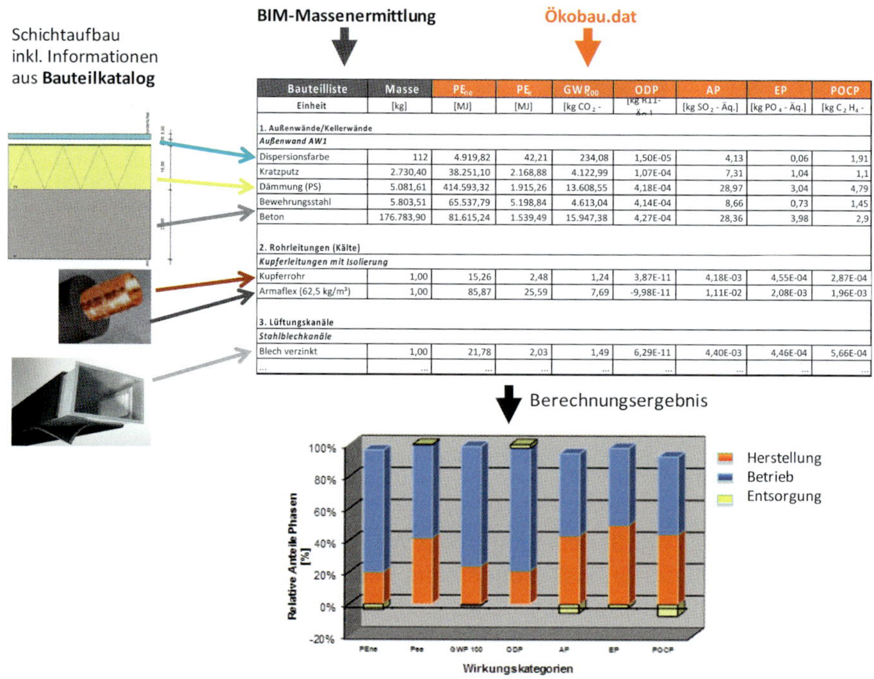

Bauteilliste	Masse	PE_{ne}	PE_e	GWP_{100}	ODP	AP	EP	POCP
Einheit	[kg]	[MJ]	[MJ]	[kg CO_2 -	[kg R11-	[kg SO_2 - Äq.]	[kg PO_4 - Äq.]	[kg C_2H_4 -
1. Außenwände/Kellerwände								
Außenwand AW1								
Dispersionsfarbe	112	4.919,82	42,21	234,08	1,50E-05	4,13	0,06	1,91
Kratzputz	2.730,40	38.251,10	2.168,88	4.122,99	1,07E-04	7,31	1,04	1,1
Dämmung (PS)	5.081,61	414.593,32	1.915,26	13.608,55	4,18E-04	28,97	3,04	4,79
Bewehrungsstahl	5.803,51	65.537,79	5.198,84	4.613,04	4,14E-04	8,66	0,73	1,45
Beton	176.783,90	81.615,24	1.539,49	15.947,38	4,27E-04	28,36	3,98	2,9
2. Rohrleitungen (Kälte)								
Kupferleitungen mit Isolierung								
Kupferrohr	1,00	15,26	2,48	1,24	3,87E-11	4,18E-03	4,55E-04	2,87E-04
Armaflex (62,5 kg/m³)	1,00	85,87	25,59	7,69	-9,98E-11	1,11E-02	2,08E-03	1,96E-03
3. Lüftungskanäle								
Stahlblechkanäle								
Blech verzinkt	1,00	21,78	2,03	1,49	6,29E-11	4,40E-03	4,46E-04	5,66E-04
...	...	...	...	...	...	...	...	...

Quelle: eigene Darstellung

Bild 10.3: Rechengang bei der BIM-Modell-basierenden Berechnung einer Ökobilanz (Life Cycle Assessment)

Im Rahmen der bei der DGNB-Zertifizierung zu erstellenden Ökobilanzberechnung sind in Bezug auf die TGA nur Wärme- und Kälteerzeugungsanlagen, lufttechnische Anlagen sowie sonstige Anlagen, sofern Ökobilanz-Datensätze für diese Anlagen zur Verfügung stehen, einzubeziehen. Rohre, Leitungen, Kanäle, kleinteilige Bauteile und weitere Anlagen der TGA sind nicht in der Berechnung zu berücksichtigen. Wie der untere Teil der Tabelle zeigt, wird es zukünftig mit BIM einfach möglich sein, auch die bisher ausgenommenen, in der Summe aber erheblichen Anteile der TGA mit einzurechnen und zu bewerten.

Im Weiteren wurde im Rahmen des Forschungsprojekts die Nutzung von BIM für die Dokumentation und Berechnung folgender Kriterien untersucht:

- Überprüfung der Baumaterialien hinsichtlich Schadstoffen,
- Trennbarkeit/Demontage,
- Reinigung,
- Lebenszykluskostenberechnung (LCC – Life Cycle Costs),
- Energieeffizienz und thermischer Komfort,
- akustischer und visueller Komfort.

Sowohl bei der Zertifizierung nach LEED als auch DGNB (vgl. Kriterium PRO2.3 in Bild 10.1) spielt die systematische Inbetriebnahme (engl. Commissioning) der technischen Einrichtungen eine wichtige Rolle. Dies bezieht sich nicht nur auf die Erstinbetriebnahme nach Errichtung der Anlagen, sondern auch weiterführend (Ongoing-Commissioning) in der Nutzungsanpassung und Optimierung der Anlagen im laufenden Gebäudebetrieb und nach Umnutzungs- und Umbaumaßnahmen, vgl. dazu auch die Ausführungen zur Inbetriebnahme in Kapitel 9.3 sowie zum technischen Monitoring in Kapitel 9.2.

11 Betreiben von Technischer Gebäudeausrüstung

11.1 Übersicht

Betrachtet man den Lebenszyklus von Gebäuden, so stellt die Betriebsphase die zeitlich längste und damit auch die kostenaufwendigste dar, wie schon in Bild 1.5 mit „BOOM!“ dargestellt. Das Building Operation Optimization Model stellt das Informationsmodell dar, das die informationstechnische Grundlage für alle Aufgaben und Prozesse in der Bewirtschaftungsphase von Gebäuden bildet. Um dies zu gewährleisten, sind die entsprechenden Grundlagen für eine Informationsbereitstellung zur Unterstützung dieser Bewirtschaftungsprozesse bereits in der Planungsphase mittels BIM zu schaffen, über BAM auszubauen und in BOOM zu überführen. Dies soll möglichst so erfolgen, dass durch den jeweiligen Phasen- und Modellübergang kein Informationsverlust entsteht. Wie Erfahrungen aus der Vergangenheit in vielen Projekten gezeigt haben, stellt der Übergang in die Betriebsphase eine besondere Herausforderung diesbezüglich dar, siehe Bild 11.1.

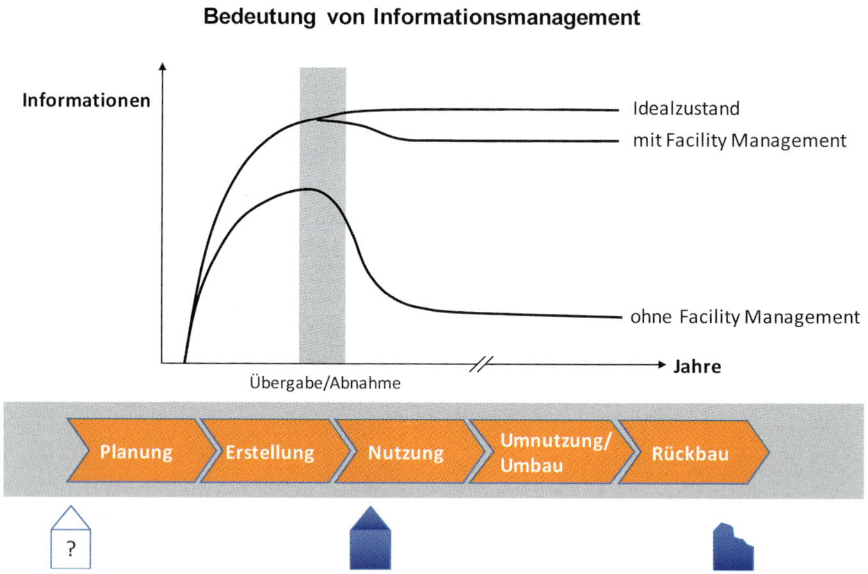

Quelle: Staudt: Facility Management, 1999

Bild 11.1: Übergang von der Bau- in die Betriebsphase aus Informationssicht

Um zu verstehen und frühzeitig berücksichtigen zu können, welche Informationen für die Betriebsphase benötigt werden, ist es wichtig, sich die Betriebsprozesse und deren Informationsbedarf bewusst zu machen.

In DIN EN 15221 ist beschrieben, was unter Facility Management zu verstehen ist, des Weiteren sind die diesbezüglichen Aufgabenbereiche definiert. Bild 11.2 aus DIN 15221 gibt einen Überblick über die verschiedenen Prozess- und Organisationsbereiche des Facility Management in Form des sogenannten Facility-Management-Modells.

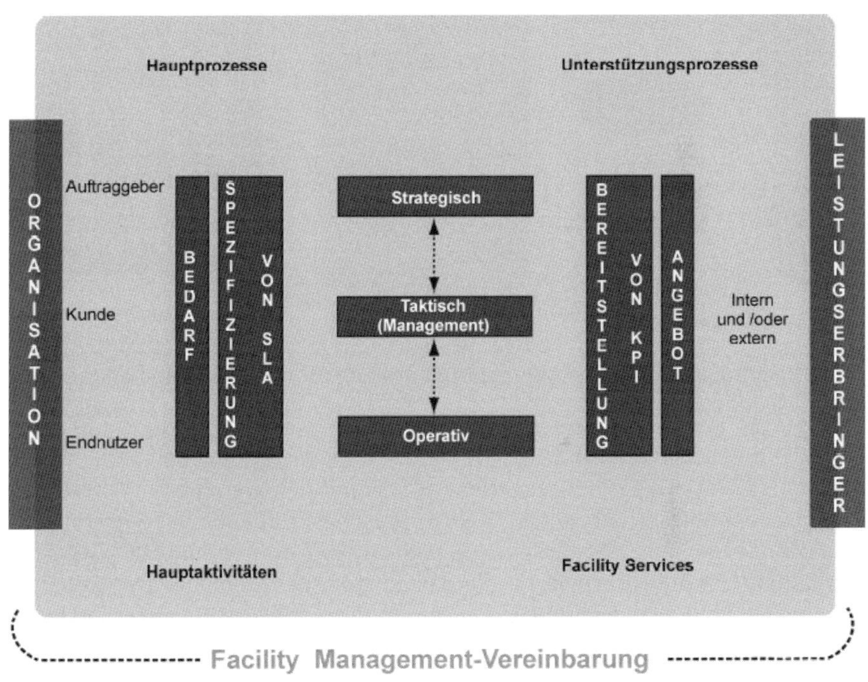

Quelle: DIN EN 15221-1, Bild A.1

Bild 11.2: Facility-Management-Modell

Werden nach DIN EN 15221 unter Facility-Management-Leistungen die taktischen und strategischen Aufgaben gesehen, so werden die eigentlichen operativen Leistungen Facility Services genannt, d. h. auf Flächen und Infrastruktur bezogene Leistungen, die von Menschen und Organisationen erbracht werden. Diese Leistungen sind im Hinblick auf die Bereitstellung entsprechender

Informationen zu Gebäude und Technischer Gebäudeausrüstung von besonderer Bedeutung, siehe Bild 11.3.

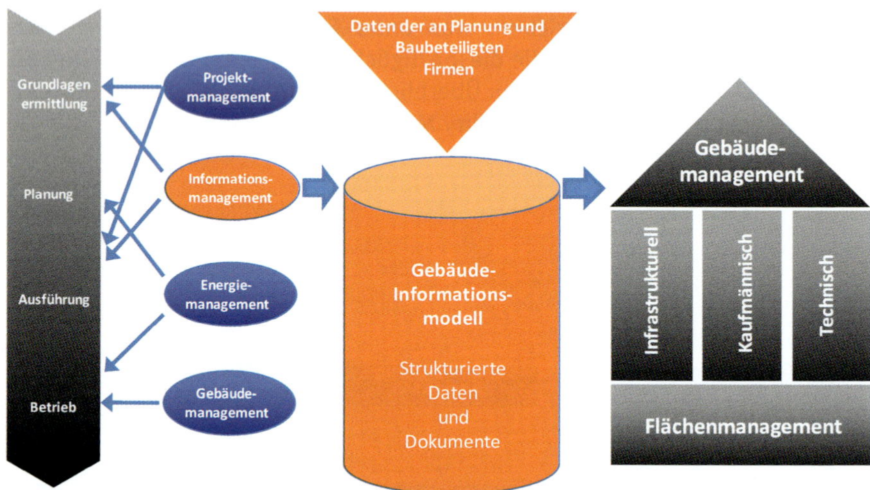

Quelle: eigene Darstellung

Bild 11.3: Prozess zur Informationsbereitstellung für das Gebäudemanagement

Die Leistungen zum Betreiben von Gebäuden und der Technischen Gebäudeausrüstung sind in DIN 32736 beschrieben. Sie sind den vier Leistungsbereichen Technisches, Infrastrukturelles, Kaufmännisches Gebäudemanagement und Flächenmanagement zugeordnet. In Bezug auf die Technische Gebäudeausrüstung sind insbesondere die Leistungen des Technischen Gebäudemanagements, welches alle Leistungen zum Betreiben und Bewirtschaften der baulichen und technischen Anlagen umfasst, sowie Leistungen des Flächenmanagements von Bedeutung. Im Einzelnen sind dies im Technischen Gebäudemanagement die folgenden Leistungen:

- Betreiben
  - Übernehmen
  - Inbetriebnehmen
  - Bedienen
  - Überwachen, Messen, Steuern, Regeln, Leiten
  - Optimieren

  - Instandhalten (Warten, Inspizieren, Instandsetzen nach DIN 31051)
  - Beheben von Störungen
  - Ausmustern
  - Wiederholungsprüfungen
  - Erfassen von Verbrauchswerten
  - Einhalten von Betriebsvorschriften
- Dokumentieren (Bestands- und Betriebsdaten sowie Betriebsdokumente),
- Energiemonitoring und Energiemanagement,
- Informationsmanagement mit Hilfe von Informations-, Kommunikations- und Automationssystemen,
- Modernisieren, Sanieren, Umbauen,
- Optimieren,
- Verfolgen der technischen Gewährleistung.

Im Bereich Flächenmanagement sind Leistungen des anlagenorientierten Flächenmanagements in Bezug auf die Technische Gebäudeausrüstung zu nennen. Dies umfasst Leistungen wie z. B.:

- flächen- und raumbezogene Analyse im Hinblick auf Baukonstruktionen (bauliche Anlagen) und Technische Gebäudeausrüstung. Dazu gehören insbesondere raumbezogene Sollwerte zu Lufttemperatur, Luftfeuchte und geforderte Netzanschlüsse sowie flächenbezogene Versorgungsleistungen,
- Verknüpfung von raumbezogenen Nutzungsanforderungen mit den Leistungen des Technischen Gebäudemanagements.

Wie für die Errichtung von Anlagen sind Leistungsverzeichnisse Grundlage für die Kalkulation von Kosten. In gleicher Weise werden für die Facility Services Leistungsverzeichnisse erstellt, in denen die objektbezogenen Kosten ermittelt werden. Das Bild 11.4 zeigt die Struktur einer Ausschreibung im Rahmen des Technischen Gebäudemanagements.

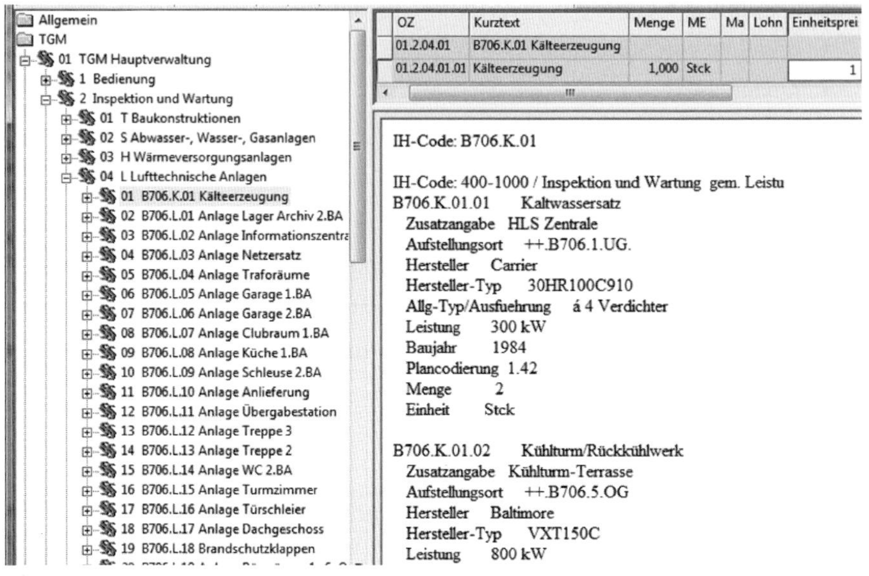

Quelle: eigene Darstellung

Bild 11.4: Auszug aus Instandhaltungsleistungen des Technischen Gebäudemanagements

Die Erstellung des Leistungsverzeichnisses erfolgt auf Basis einer strukturierten Anlagen- und Komponentenliste, in der den jeweiligen Instandhaltungsobjekten in Form eines Instandhaltungscodes (IH-Code) bestimmte Leistungen zugeordnet werden, die sich in der Regel auf Standardleistungen nach VDMA, AMEV oder Herstellvorgaben beziehen. Aus dieser Tabelle wird durch ein Übersetzungsprogramm das entsprechende Leistungsverzeichnis im GAEB-Format generiert, d.h., aus den in der Tabelle strukturiert erfassten Objekten und Objekteigenschaften werden die Texte der verschiedenen Leistungsverzeichnis-Positionen erzeugt. Gleichzeitig kann die strukturierte Objekttabelle in ein Instandhaltungsmanagementsystem importiert werden, ohne dass ein zusätzlicher Aufwand erforderlich wäre, vgl. Kapitel 11.2.

11.2 Instandhaltung

In Bezug auf die Technische Gebäudeausrüstung stellt die Instandhaltung nach DIN 31051 den wichtigsten Prozess dar. Eine funktionierende Instandhaltung ist Voraussetzung für Betriebssicherheit, Verfügbarkeit, Wirtschaftlichkeit, Nachhaltigkeit, minimalen Energieverbrauch und Werterhalt.

Die Instandhaltung besteht nach DIN 31051 aus den Leistungsteilen:

- **Wartung:** Maßnahmen zur Verzögerung des Abbaus des vorhandenen Abnutzungsvorrats,
- **Inspektion:** Maßnahmen zur Feststellung und Beurteilung des Ist-Zustands,
- **Instandsetzung:** physische Maßnahmen, um die Funktion einer fehlerhaften Einheit wiederherzustellen,
- **Verbesserung:** kombinierte technische und administrative Maßnahmen zur Steigerung der Zuverlässigkeit und/oder Instandhaltbarkeit und/oder Sicherheit einer Einheit, ohne die Funktion zu ändern.

Planung und Steuerung der Instandhaltung erfolgen mit Hilfe von Instandhaltungs-Planungs- und -Steuerungssystemen (IPS) bzw. Computerized-Maintenance-Management-Systemen (CMMS).

Das Bild 11.5 und Bild 11.6 zeigen zwei Beispiele für die strukturierte Erfassung und Darstellung von Anlagen und Komponenten in Instandhaltungsmanagementsystemen SAP-PM® (Plant Maintenance) bzw. EAM (Enterprise Asset Management) der SAP AG und pitFM® der Firma pit-cup.

In der Technischer-Platz-Struktur sind die funktionalen Einheiten einer Anlage dargestellt, die als funktionale Einheiten im Instandhaltungsprozess von besonderer Bedeutung sind. Technischen Plätzen, die große und aus Instandhaltungssicht wichtige und werthaltige Komponenten repräsentieren, werden sogenannte Equipments zugeordnet. Diese Equipments sind individuelle Komponenten, wie z. B. Großpumpen, Kältemaschinen, Heizkessel oder Transformatoren.

Techn.Platz Strukturdarstellung: Strukturliste

Aufr. gesamt

Techn. Platz	001.HS.681	Gültig ab	19.05.2011
Bezeichnung	Gebäude 681 (Kesselhaus)		

Techn. Platz	Bezeichnung
001.HS.681	Gebäude 681 (Kesselhaus)
001.HS.681.	Objektsicht
001.HS.681.U01	1. Untergeschoss
001.HS.681.E00	Erdgeschoss
001.HS.681.E00.07	Heizung
001.HS.681.E00.09	Wasserversorgung
001.HS.681.E00.12	Flur
001.HS.681.E00.203	Lagerraum
001.HS.681.E00.9999	Sanitärraum
001.HS.681.E01	1. Obergeschoss
001.HS.681.D01	Dachgeschoss
001.HS.681=	Anlagensicht
001.HS.681=TH	Wärmeversorgungsanlagen
001.HS.681=THD	Dampfanlagen
001.HS.681=THD01	Dampfkessel
001.HS.681=THD01.CM01	Ausdehnungsgefäß
001.HS.681=THD02	Dampfkessel
001.HS.681=THH	Heißwasseranlagen
001.HS.681=TL	Raumlufttechnische Anlagen
001.HS.681=TLF	Zuluftanlagen
001.HS.681=TLL	Lüftungsanlagen, Teilklimaanlagen
001.HS.681=TLL01	Lüftung

Quelle: eigene Projektdarstellung

Bild 11.5: Strukturierte Anlagendarstellung im Instandhaltungsmanagementsystem

Die im rechten Teil von Bild 11.6 dargestellte Eigenschaftenmaske enthält wichtige instandhaltungsrelevante Informationen, im vorliegenden Beispiel zu einer Einzelbatterieleuchte. Dies sind z. B. Angaben zur Leuchte selbst, zum eingebauten Leuchtmittel und Akku. Eine weitere Information ist die Angabe des Raums, in dem sich die Leuchte befindet, durch das Raumkennzeichen. Wichtig für die Überprüfung der Funktionalität nach Vorschriften des VDE ist die Angabe des versorgenden Strompfads auf einem Allgemeinstrom- oder Netzersatzverteiler. Durch Unterbrechen dieser Versorgung wird überprüft, ob der Akku noch die Kapazität für die geforderte Leuchtdauer der Leuchte hat.

Der QR-Code im unteren rechten Teil der Abbildung enthält das Referenzkennzeichen des Objekts, das direkt neben dem realen Objekt angebracht ist. Über diesen Code wird mit mobilen EDV-Geräten im Rahmen der sogenannten „Mobilen Instandhaltung“ per WLAN auf die zentral gespeicherten Daten des Objekts zugegriffen („Zugang in die digitale Welt“). Damit können alle Bestands- und Instandhaltungsdaten des Objekts abgerufen werden. Über diesen Weg erfolgt die Abarbeitung und Bestätigung der durchzuführenden Instandhaltungstätigkeiten sowie die Erstellung eventueller Schadenbefunde zu dem Objekt.

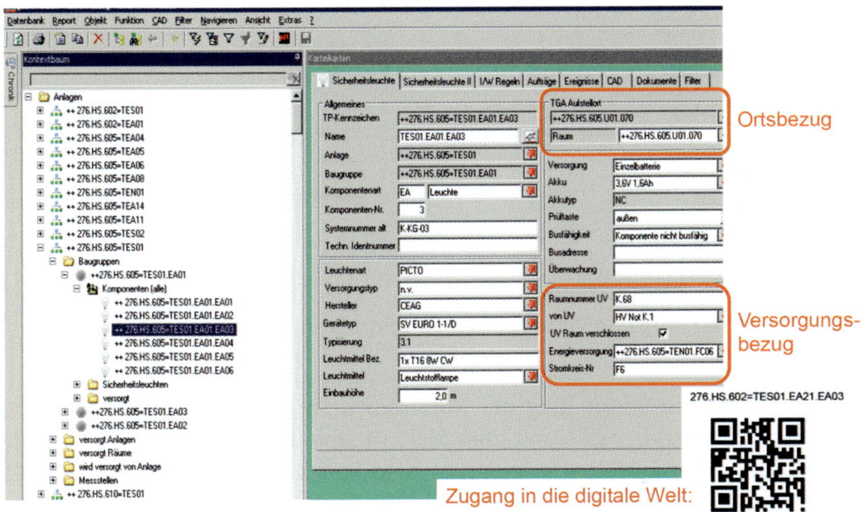

Quelle: eigene Projektdarstellung

Bild 11.6: Instandhaltungsmanagement von Sicherheitsbeleuchtungsanlagen

Basis für die Strukturierung und Kennzeichnung der Anlagen und Komponenten im Gebäudeinformationsmodell ist das Referenzkennzeichnungssystem, vgl. Kapitel 13. Aus dem Modell können die Anlagen und Komponenten mit deren für die Instandhaltung notwendigen Eigenschaften extrahiert werden.

Ein weiterer wichtiger Aspekt, der für den Betrieb und die Instandhaltung von großer Bedeutung ist, ist die Vernetzung von Versorgungseinrichtungen, siehe Bild 11.7.

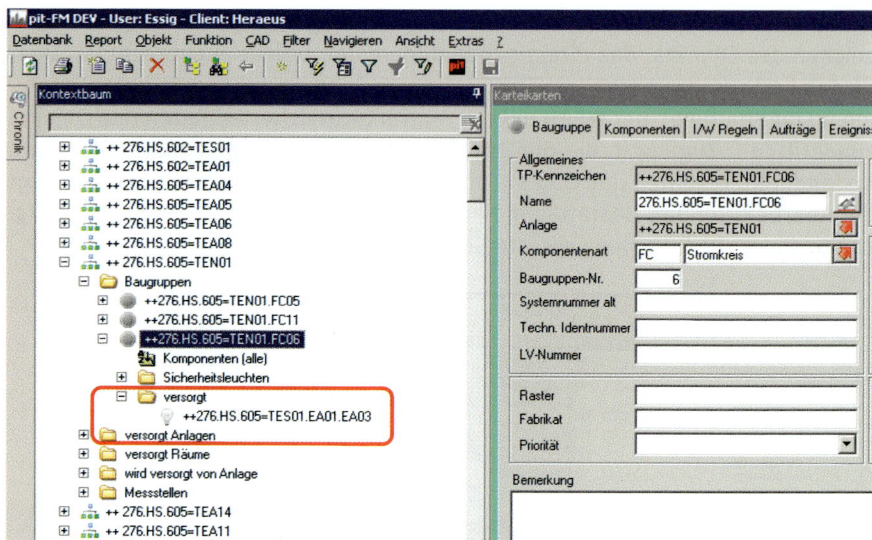

Quelle: eigene Projektdarstellung

Bild 11.7: Vernetzung von Versorgungseinrichtungen

In Bild 11.7 ist die Verbindung der Notstromversorgungseinrichtung =TEN 01 über den Stromkreis FC06 mit der Sicherheitsleuchte =TES01.EA01. EA03 gezeigt, d. h., die Einzelbatterieleuchte wird von diesem Elektroverteiler mit Strom versorgt. In gleicher Weise wird der Notstromverteiler von einer Allgemeinstrom-Hauptverteilung versorgt, vgl. Strukturpunkt „wird versorgt von Anlage“ in Bild 11.6.

Liegen zu den in den vorherigen Abbildungen dargestellten Objekten (Beispiel Sicherheitsleuchte) Wartungsinformationen in einem Instandhaltungsmanagementsystem vor, so können diese mit grafischen Informationen zu den raum- und gebäudebezogenen Darstellungen einfach dynamisch visualisiert werden, wie dies Bild 11.8 zeigt [GEO12].

Aus Liste der Wartungen mit Mangelbefunden ...

Wartungsprotokoll

Ebene	Ausführungsstatus	Fehler	Durchf. soll	Durchf. ist	Sicherheitsleuchte		im Gebäude
E00	I/W abgeschlossen (mit Mangel)	Elektronik defekt	26.08.2015	25.08.2015	276.	!=TES01.EA02.EA03	630
E00	I/W abgeschlossen (mit Mangel)	Akku defekt	24.08.2015	16.02.2016	276.	!=TES01.EA02.EA04	630

.... wird die zugehörige Leuchte mit Kenndaten visualisiert.

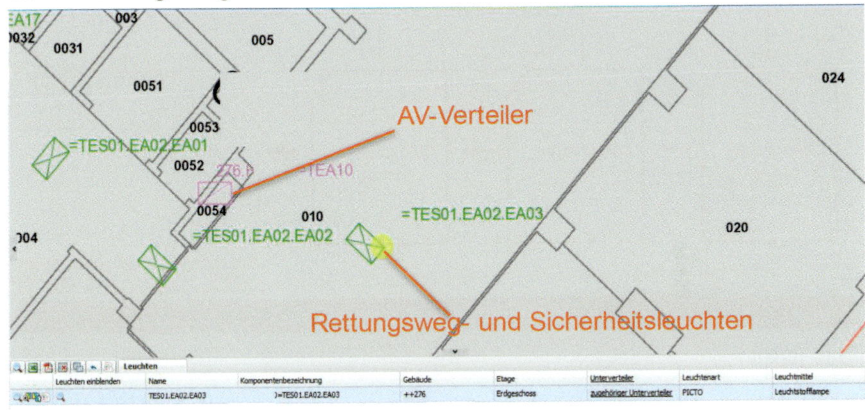

Quelle: eigene Darstellung

Bild 11.8: Visualisierung von Wartungsinformation mit Hilfe eines GIS-Systems

In diesem Beispiel liegen die Gebäudeinformationen nur im 2-D-Format vor. Sind die technischen Objekte in einem 3-D-Gebäudemodell enthalten, so könnten diese auch im 3-D-Format visualisiert werden [BIMiD].

In Bild 11.9 ist das Vorgehen zur Übergabe eines Bestandsinformationsmodells an ein CAFM-System und ein Instandhaltungsmanagementsystem (IPS-System) dargestellt. Alle Daten aus der Bestandsdokumentation, Daten aus der P&ID-Datenbank zu den mechanischen Systemen der HKLS-Anlagen und die Daten der Konstruktion aus einem Revit-Modell werden an die betriebsunterstützenden EDV-Systeme übertragen. In diesen EDV-Systemen werden alle Betriebsdaten zu den Objekten verwaltet.

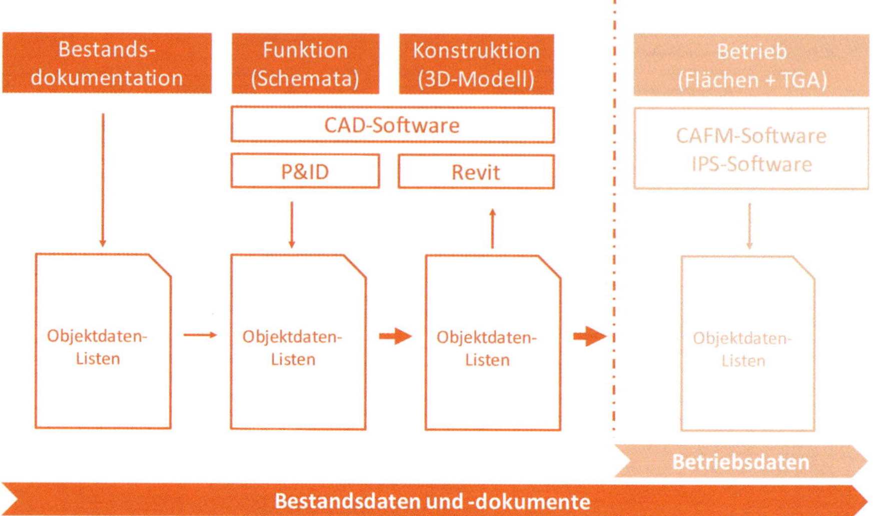

Quelle: [BIMiD]

Bild 11.9: Vorgehen zur Datenübergabe eines Bestandsmodells an ein CAFM-System

Zukünftig könnten die Bestandsdaten in den Funktions- und Konstruktionsmodellen verbleiben und nicht in die CAFM- und IPS-Systeme übertragen werden. Ein Zugriff auf die Bestandsdaten der bewirtschafteten Objekte würde auf der Basis der Referenzkennzeichen oder über systeminterne GUID-Adressen erfolgen. In den Betriebs-EDV-Systemen würden nur die Betriebsdaten und -dokumente verwaltet werden. Bei jeglichen Bestandsänderungen wären die Modellbestandsdaten mit den Betriebsobjekten und Objektdaten neu zu synchronisieren.

Gleichermaßen ist denkbar und heute bei Objekten mit Steuerungseinheiten möglich, z.B. bei Pumpen, Heizkesseln, Kältemaschinen oder RLT-Geräten, über Datenbusverbindungen auf in den Steuerungseinheiten abgespeicherte und mit dem Gerät gelieferte Objektdaten und -dokumente zuzugreifen. Auch auf alle Betriebsdaten der Objekte könnte auf diese Art zugegriffen werden. Das Objekt könnte für das Instandhaltungsmanagement abhängig von selbst ermittelten Zustandsdaten erforderliche Inspektions- und Wartungsarbeiten an das IPS-System rechtzeitig melden. Damit enthielte jedes Objekt seine eigene Objektdatenbank mit Bestands- und Betriebsdaten.

Bild 11.10 und Bild 11.11 zeigen am Beispiel einer Pumpe die in den verschiedenen Engineering-Systemen verfügbaren Objektdaten, die logisch mit Hilfe des Referenzkennzeichens der Pumpe verbunden sind. In Bild 11.11 ist zudem ein Foto der tatsächlich eingebauten Pumpe dargestellt. Am rechten Bildrand ist die Steuerungseinheit der Pumpe zu erkennen, oberhalb der Pumpe ein Beschriftungsschild mit dem Referenzkennzeichen der Pumpe.

Der auf dem Bild dargestellt QR-Code auf der Steuerungseinheit der Pumpe wurde nachträglich ergänzt und enthält das Referenzkennzeichen der Pumpe. Über diesen Code könnte, wie bereits in Bild 11.6 dargestellt und beschrieben, mit Hilfe von mobilen EDV-Geräten auf die Daten der Pumpe zugegriffen werden.

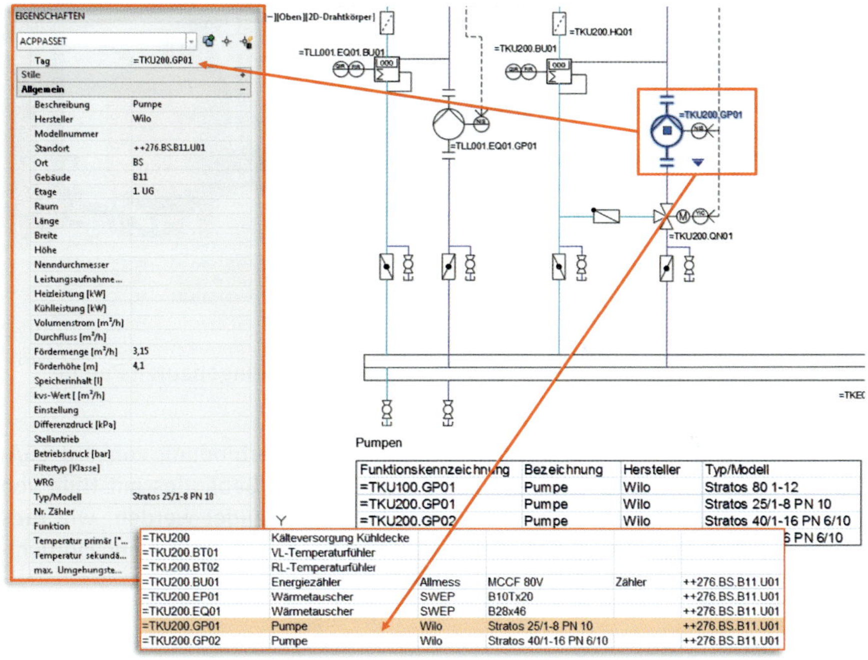

Quelle: [BIMiD] – eigene Darstellung

Bild 11.10: Objektbestandsdaten im P&ID-Modell

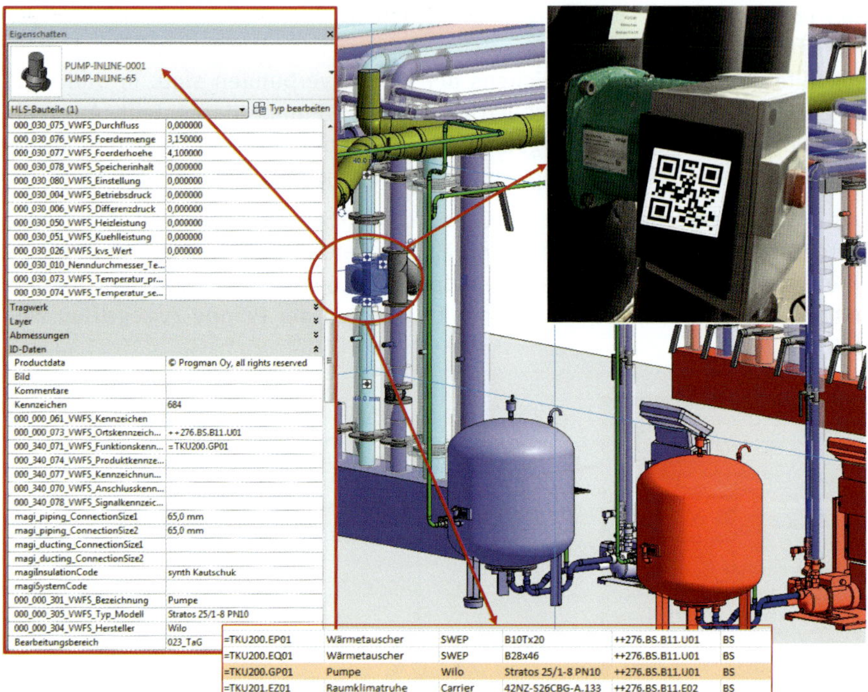

Quelle: [BIMiD]

Bild 11.11: Bestandsdaten im Revit-Modell mit Foto der eingebauten Pumpe

Weitergehend könnten die technischen Objekte in Verbindung von 3-D-TGA-Modell und realem Gebäude bei einer Begehung des Gebäudes mit Hilfe von Augmented Reality, z. B. in eine Datenbrille, eingeblendet werden, wie dies in einem Youtube-Video am Beispiel der Störungsbeseitigung einer Flutlichtanlage eindrucksvoll gezeigt wird [AugReal].

11.3 Lebenslaufakte

Nach Fertigstellung eines Bauwerks werden die gebauten Objekte in die Betriebsphase überführt. Aus informationstechnischer Sicht erfolgt dies durch die Übergabe der Bestandsdokumentation, in der die jeweiligen Daten und Dokumente zu den einzelnen zu bewirtschaftenden Objekten enthalten sind. Je direkter und konkreter sich die Daten und Dokumente auf die jeweiligen Objekte beziehen, umso einfacher ist es, bei Bedarf, d. h. für Wartungs-,

Instandsetzungs- oder Ersatzbeschaffungsmaßnahmen, auf die jeweils benötigten Informationen zuzugreifen, siehe auch Kapitel 11.2.

Mit der Lebenslaufakte (LLA) nach DIN SPEC 91303 wurde eine Basis geschaffen, um objektbezogene Informationen in Form von Daten und Dokumenten in der Betriebsphase fortführen zu können („Zentrales Wissenselement“ nach DIN SPEC 91303). Damit sind eine lückenlose Dokumentation objektbezogener Informationen und eine Erweiterung des Informationsmodells in der Betriebsphase möglich. Dies ist beispielsweise bei sicherheits- und betriebsrelevanten und damit auch prüfpflichtigen Anlagen und Komponenten im Zusammenhang mit der Betreiberverantwortung (z. B. nach GEFMA 190) und den damit verbundenen Betriebs- und Nachweispflichten von großer Bedeutung. Außerdem ist so ein vereinfachter Überblick über die Lebenslaufakte und damit in Zusammenhang stehende Bereiche der Bewirtschaftungsaufgaben gegeben, siehe Bild 11.12.

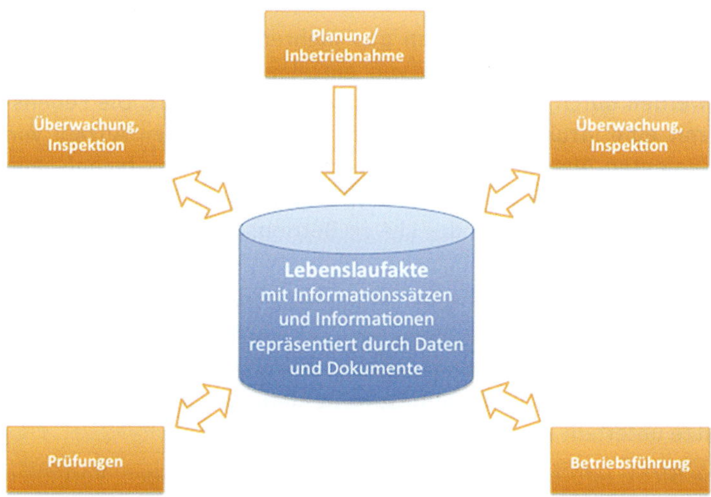

Quelle: eigene Darstellung nach DIN SPEC 91303

Bild 11.12: Überblick über die Lebenslaufakte und die damit in Bezug stehenden Aufgabenbereiche

In der Planung oder spätestens mit der Inbetriebnahme wird die Grundlage für die objektbezogene Lebenslaufakte gelegt. So wird zum einen klar, dass schon zu einem frühen Zeitpunkt im Projekt die Grundlagen für eine betriebs- und betreibergerechte Dokumentation zu legen sind – ganz im eigentlichen Sinne von Facility Management, d. h. dem lebenszyklusübergreifenden Denken und Handeln. Zum anderen wird die Bedeutung einer objektbezogenen und weniger der gewerke- oder ausführungsbezogenen Dokumentation – aus Sicht des Betriebs – besonders hervorgehoben.

In der Betriebsphase wird die Lebenslaufakte genutzt, um im Rahmen von Überwachung und Inspektion Zustände, Störungen und Ereignisse objektbezogen zu dokumentieren. Es werden im Rahmen der Betriebsführung technische, wirtschaftliche und juristische Informationen festgehalten. Jegliche Maßnahmen zur Instandhaltung und alle dafür erforderlichen Informationen zu Tätigkeiten und Aufgaben, benötigte Hilfsmittel und Hilfsstoffe, Analyse- und Erfahrungsergebnisse aus den durchgeführten Maßnahmen können in der Lebenslaufakte dokumentiert werden. Mit Hilfe der Referenzkennzeichen lassen sich alle Arten von Prüfnachweisen, Protokollen, Messberichten etc. gesetzlich geforderten und technisch sinnvollen Prüfungen zuordnen, vgl. auch Kapitel 13.6.

Die Lebenslaufakte setzt sich zusammen aus mehreren Informationssätzen, bestehend aus einer beliebigen Anzahl von einzelnen Informationen. Diese Informationen werden durch Daten und Dokumente repräsentiert. Die Lebenslaufakte ist somit eine strukturierte Sammlung einer beliebigen Anzahl von Daten und Dokumenten über den gesamten Lebenszyklus eines technischen Objekts und damit Bestandteil eines lebenszyklusumfassenden Informationsmodells. Die Daten sind im Kontext der LLA in Betriebsdaten, Zustandsdaten und Stammdaten untergliedert.

Für die diversen Aufgabenbereiche und Tätigkeiten, die von verschiedenen Zuständigen und Ausführenden zu bearbeiten sind, werden je nach Aufgabe unterschiedliche Informationen benötigt. Dazu wurden in DIN SPEC 61303 folgende Sichten als spezifische Informationsprofile definiert, anhand derer die Informationssätze unterteilt werden können:

- **Ökonomische Sicht:** Informationen zu allen finanziellen Belangen, Vorgaben und Rahmenbedingungen,
- **Rechtliche Sicht:** Informationen zu rechtlichen Rahmenbedingungen, Vorschriften und Pflichten,
- **Stoffliche Sicht:** Informationen zu nachweispflichtigen Stoffen für Bau, Betrieb und Produktion,
- **Technische Sicht:** Informationen über statische Eigenschaften von ortsgebundenen Objekten zur Erfüllung bestimmter Funktionen,
- **Technologische Sicht:** Informationen zu Funktionen, Prozessen, Verfahren und Tätigkeiten.

Ein aus informationstechnischer Sicht wichtiger Aspekt ist, dass einer Lebenslaufakte einer Anlage eigene Lebenslaufakten von zur Anlage gehörenden Ausrüstungsteilen zuzuordnen sind, siehe Bild 11.13.

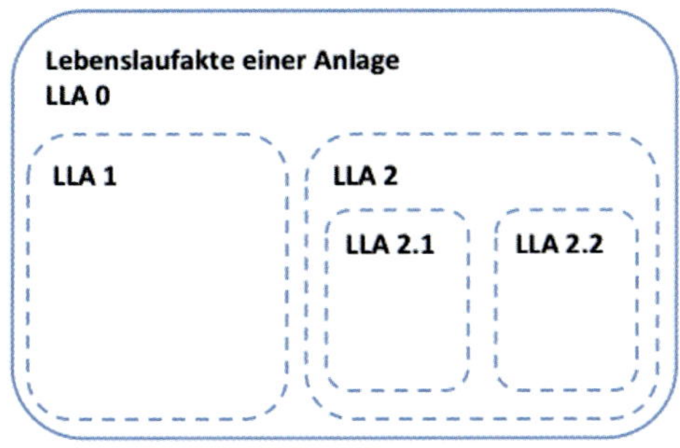

Quelle: DIN SPEC 91303

Bild 11.13: Struktur und Aufbau einer Lebenslaufakte

Die hierarchische Struktur innerhalb der Lebenslaufakte resultiert hierbei aus der Struktur der Anlage (LLA 0) und zugehörigen Ausrüstungsteilen (LLA 1, LLA 2, LLA 2.1, LLA 2.2). Sie wird im Rahmen der Referenzkennzeichen festgelegt, womit die Referenzkennzeichnung essenzieller Bestandteil der Lebenslaufakte ist, vgl. Kapitel 13.

Die Lebenslaufakte ist dem Grund nach aufgebaut auf einer Objekt-Dokumenten-Beziehung im Sinne der IEC 61355, vgl. Kapitel 13.6. Bild 11.14 verdeutlicht dieses Grundprinzip.

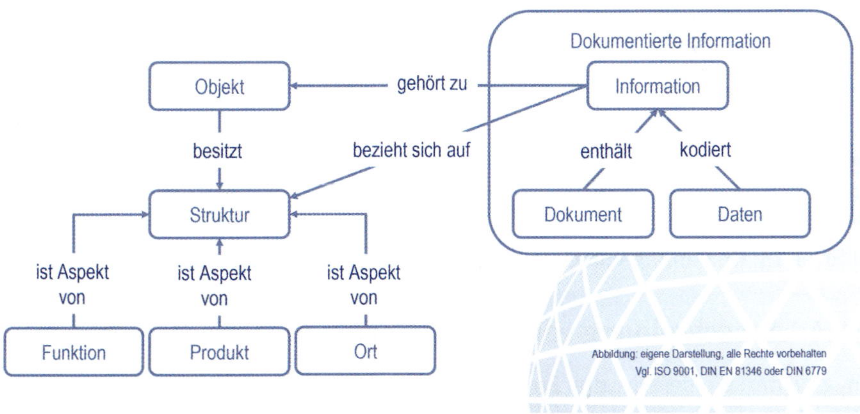

Quelle: Johannes Schmidt, DIN 77005-1 „Lebenslaufakte für technische Anlagen“, Koblenz, 20.4.2018

Bild 11.14: Beziehung von Objekt und dokumentierter Information

Die Objekte sind auf Basis der IEC/ISO 81346 strukturiert nach den möglichen in der Norm definierten Aspekten Funktion, Produkt und Ort sowie dem Aspekt Typ, der in ISO 81346-12 eingeführt und zukünftig in IEC 81346-1 zu den Grundlagen gehören wird.

Diesen Objekten werden in Form von Dokumenten Informationen zugeordnet, deren Dateninhalte auch in kodiert Form, z.B. in einer XML-Struktur oder im IFC-Format, beschrieben sein können. Die Beschreibung der einzelnen Dokumentenarten kann auf Basis der IEC 61355 erfolgen.

Dies zeigt wiederum, das sich auch die Lebenslaufakte über die verschiedenen Dokumente auch gleichermaßen auch verschiedenen Teilmodellen zusammensetzt, vgl. Kapitel 2.1 und 2.5.6.

Auf Basis dieses Grundprinzips kann die Lebenslaufakte als strukturierte Gesamt-Objektdokumentation über Objekte, Objekttypen, Objekteigenschaften und Objektbeziehungen formal beschrieben (z.B. als XML-Struktur) und aufgebaut werden, siehe Bild 11.15.

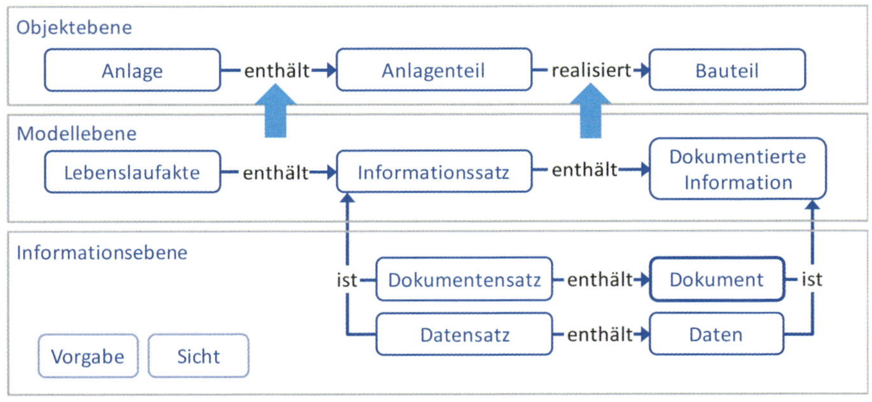

Quelle: Johannes Schmidt, DIN 77005-1 „Lebenslaufakte für technische Anlagen", Koblenz, 20.4.2018

Bild 11.15: Beziehung von Objekt-, Modell- und Informationsebene

11.4 Ausschreibung von Facility Services

In gleicher Weise wie die Errichtung von Anlagen (vgl. Kap. 9) kann deren Bewirtschaftung auf der Basis von Facility Services beschrieben und ausgeschrieben werden. Leistungen des Facility Managements sind beispielsweise in DIN 32736 (Gebäudemanagement), DIN 31051 (Instandhaltung) und DIN EN 15221 beschrieben.

Um auf Basis eines digitalen Gebäudemodells die Bewirtschaftungsdienstleistungen objektbezogen beschreiben zu können, ist es erforderlich, vor der Modellerstellung im Rahmen der AIA (vgl. Kap. 2.2 und 2.3) festzulegen, welche Objekte bewirtschaftungsrelevant sind und wie diese zu parametrieren sind, sodass sie für die Erstellung von Leistungsverzeichnissen gezielt aus dem Modell extrahiert werden können.

Für Instandhaltungsleistungen von Objekten der TGA und des Baus kann in den AIA festgelegt werden, dass alle instandhaltungsrelevanten Objekte, d. h. Objekte, die regelmäßig zu warten oder zu inspizieren sind, mit einem Referenzkennzeichen zu versehen sind. Welche Objekte als instand-haltungsrelevant zu betrachten sind, kann beispielsweise der VDMA 24186, der AMEV Wartung 2018 oder Produkthersteller- und Nutzervorgaben entnommen werden.

In gleicher Weise können bei infrastrukturellen Leistungen, die sich überwiegend auf Flächen beziehen, Flächen von Objekten, die z. B. zu reinigen oder zu pflegen sind, über vorgegebene Parameter bestimmt werden. Dies können zum einen die Objektart sein, z. B. Bodenbelagsart, Fenstertyp, Türtyp, Fassadentyp oder Typ von Außenanlagen und Verkehrsflächen, zum anderen Angaben zu DIN-Flächen nach DIN 277 oder nutzungsbezogene Flächenspezifikationen. Die notwendigen Dienstleistungsbeschreibungen, beispielsweise zur Reinigung von Flächen, können z. B. Normen, Merkblättern der RAL Gütegemeinschaft Gebäudereinigung oder Hersteller- und Nutzervorgaben entnommen werden.

Die Erstellung der Leistungsverzeichnisse als Grundlage für Durchführung von verrichtungs-orientierten Ausschreibungen könnte in gleiche Art und Weise wie die Errichtung von Anlagen erfolgen. Das heißt, die Objekte werden aus dem Modell extrahiert, in ein AVA-System übertragen und dort mit entsprechenden Leistungspositionen verknüpft. Dies setzt jedoch voraus, dass zu den verschiedenen Objektarten des technischen und des infrastrukturellen Dienstleistungsbereichs entsprechende Dienstleistungs-LV-Positionen im AV-System vorhanden sind. Im Gegensatz zu LV-Positionen zu Errichtung von Gebäuden auf Basis von Standard-Leistungsbuch (StLB) oder LV-Positionen von Produktherstellern gibt es für Bewirtschaftungsleistungen nichts Entsprechendes, geschweige denn Standardisiertes.

Eine weitere Problematik ist, dass es keine standardisierte Struktur für Leistungsverzeichnisse für Dienstleistungen von Facility Services und Management gibt. Denkbar wären Strukturen entsprechend der Kostenstrukturen nach DIN 276 oder DIN 18960, die jedoch nicht den erforderlichen Umfang der vielfältigen Objektarten abdecken und nicht die Gebäude- oder Anlagenstrukturen sowie Nutzungsstrukturen berücksichtigen.

Bild 11.16 gibt einen Überblick über Erstellung von objektbezogenen Dienstleistungs-Leistungsverzeichnissen auf Basis eines digitalen Anlagenmodells.

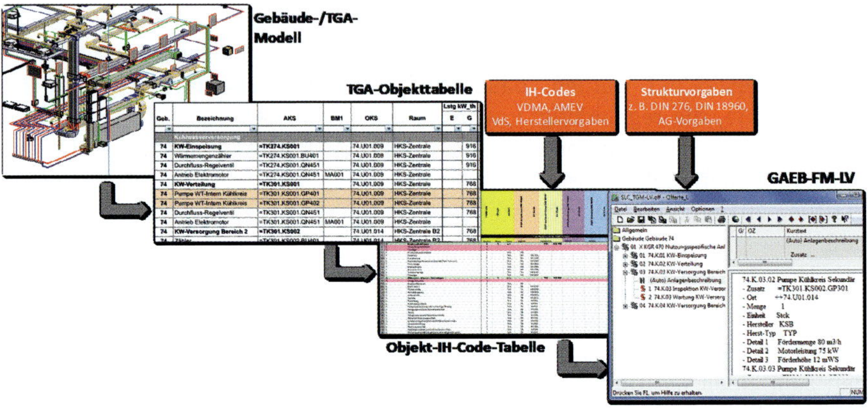

Quelle: eigene Darstellung

Bild 11.16: Übersicht Erstellung von Dienstleistungs-Leistungsverzeichnissen für Instandhaltung

Aus dem Anlagenmodell werden alle instandhaltungsrelevanten Objekte gemeinsam mit qualifizierenden und quantifizierenden Objekteigenschaften in einer oder mehreren Listen extrahiert. In Bild 11.17 ist eine Objektliste mit entsprechenden instandhaltungsrelevanten TGA-Objekten dargestellt, wobei die Erzeugung von einer LV-Position am Beispiel der mit einem blauen Punkt markierten Pumpe veranschaulicht wird. Die in der Abbildung angedeutete Zuordnungsmatrix ist in Bild 11.18 detaillierter dargestellt.

Geb.	Bezeichnung	AKS	BM1	OKS	Raum	Lstg kW_th E	Lstg kW_th G	Lstg kW_el GA/ES	Lstg kW_el Ges.	Lstg kW_el Gesamt NEA
	Kühlwasserversorgung									
74	**KW-Einspeisung**	**=TK274.KS001**		74.U01.009	HKS-Zentrale		916	GA		
74	Wärmemengenzähler	=TK274.KS001.BU401		74.U01.009	HKS-Zentrale		916	GA		
74	Durchfluss-Regelventil	=TK274.KS001.QN451		74.U01.009	HKS-Zentrale		916			
74	Antrieb Elektromotor	=TK274.KS001.QN451	MA001	74.U01.009	HKS-Zentrale			GA		
74	**KW-Verteilung**	**=TK301.KS001**		74.U01.009	HKS-Zentrale		768	GA		
74	Pumpe WT-Intern Kühlkreis	=TK301.KS001.GP401		74.U01.009	HKS-Zentrale		768	GA	2,0	
74	Pumpe WT-Intern Kühlkreis	=TK301.KS001.GP402		74.U01.009	HKS-Zentrale		768	GA	2,0	
74	Durchfluss-Regelventil	=TK301.KS001.QN451		74.U01.009	HKS-Zentrale		768			
74	Antrieb Elektromotor	=TK301.KS001.QN451	MA001	74.U01.009	HKS-Zentrale			GA		
74	**KW-Versorgung Bereich 2**	**=TK301.KS002**		74.U01.014	HKS-Zentrale B2		768	GA		
74	Zähler	=TK301.KS002.BU401		74.U01.014	HKS-Zentrale B2		768	GA		
74	Pumpe Kühlkreis Sekundär	=TK301.KS002.GP301		74.U01.014	HKS-Zentrale B2		768	GA	37,5	
74	Pumpe Kühlkreis Sekundär	=TK301.KS002.GP302		74.[illegible]014	HKS-Zentrale B2		768	GA	37,5	
74	Kühlwasserteilstromaufbertg.	=TK301.KS002.HS001		74.U01.014	[illegible]-Zentrale B2			ES	4,0	
74	**KW-Versorgung Bereich 1**	**=TK274.KS002**		74.U01.009	HKS-Zentrale		148	GA		
74	Pumpe Kühlkreis Sekundär	=TK274.KS002.GP301		74.U01.009	HKS-Zentrale		[illegible]	GA	18,5	
74	Pumpe Kühlkreis Sekundär	=TK274.KS002.GP302		74.U01.009	HKS-Zentrale		148	GA	[illegible]	
74	Durchfluss-Regelventil	=TK274.KS002.QN451		74.U01.009	HKS-Zentrale		148			
74	Antrieb Elektromotor	=TK274.KS002.QN451	MA001	74.U01.009	HKS-Zentrale			GA		
74	Kühlwasserteilstromaufbereitung	=TK274.KS002.HS001		74.U01.009	HKS-Zentrale		148	ES	4,0	

Quelle: SCHOLZE-THOST GmbH

Bild 11.17: Objektliste als Grundlage für objektbezogen Instandhaltungsleistungsverzeichnisse

In der Zuordnungsmatrix erfolgt die Auswahl und Zuordnung der erforderlichen Dienstleistungen auf Basis der von sogenannten Instandhaltungs-Codes (IH-Code), die auf vorgegebene Standard-Leistungskataloge (z. B. VDMA oder AMEV) oder auf individuelle, gebäude- oder unternehmens-bezogene Leistungskataloge verweisen.

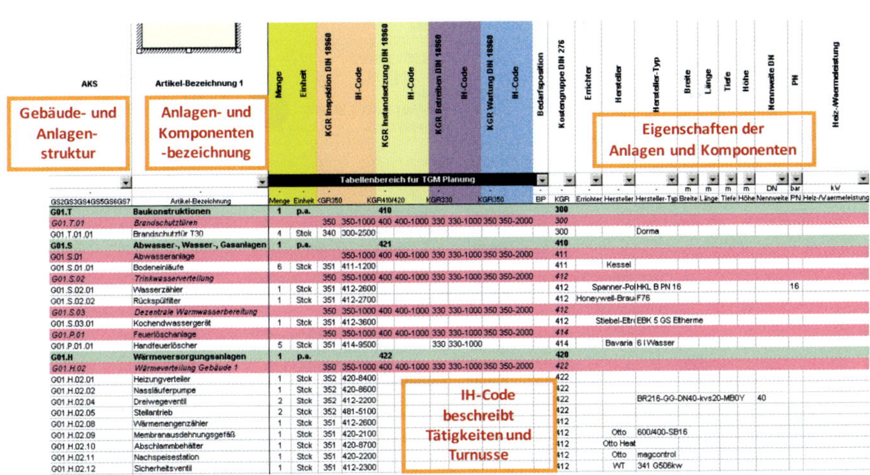

AKS	Artikel-Bezeichnung 1	Menge	Einheit	KGR Inspektion DIN 18960	IH-Code	KGR Instandsetzung DIN 18960	IH-Code	KGR Betreiben DIN 18960	IH-Code	KGR Wartung DIN 18960	IH-Code	Bedarfsposition	Kostengruppe DIN 276	Errichter	Hersteller	Hersteller-Typ	Breite	Länge	Tiefe	Höhe	Nennweite DN	PN	Heiz-/Waermeleistung
																	m	m	m	m	DN	bar	kW
GS2GS3GS4GS5GS6GS7	Artikel-Bezeichnung	Menge	Einheit	KGR350		KGR410/420		KGR330		KGR350		BP	KGR	Errichter	Hersteller	Hersteller-Typ	Breite	Länge	Tiefe	Höhe	Nennweite	PN	Heiz-/Waermeleistung
G01.T	**Baukonstruktionen**	**1**	**p.a.**			**410**							**300**										
G01.T.01	*Brandschutztüren*			350	350-1000	400	400-1000	330	330-1000	350	350-2000		*300*										
G01.T.01.01	Brandschutztür T30	4	Stck	340	300-2500								300			Dorma							
G01.S	**Abwasser-, Wasser-, Gasanlagen**	**1**	**p.a.**			**421**							**410**										
G01.S.01	Abwasseranlage				350-1000	400	400-1000	330	330-1000	350	350-2000		411										
G01.S.01.01	Bodeneinläufe	6	Stck	351	411-1200								411		Kessel								
G01.S.02	*Trinkwasserverteilung*			350	350-1000	400	400-1000	330	330-1000	350	350-2000		*412*										
G01.S.02.01	Wasserzähler	1	Stck	351	412-2600								412		Spanner-Pol	HKL B PN 16						16	
G01.S.02.02	Rückspülfilter	1	Stck	351	412-2700								412	Honeywell-Brau		F76							
G01.S.03	*Dezentrale Warmwasserbereitung*			350	350-1000	400	400-1000	330	330-1000	350	350-2000		*412*										
G01.S.03.01	Kochendwassergerät	1	Stck	351	412-3600								412		Stiebel-Eltr	EBK 5 GS Eltherme							
G01.P.01	Feuerlöschanlage			350	350-1000	400	400-1000	330	330-1000	350	350-2000		*414*										
G01.P.01.01	Handfeuerlöscher	5	Stck	351	414-9500			330	330-1000				414		Bavaria	6 l Wasser							
G01.H	**Wärmeversorgungsanlagen**	**1**	**p.a.**			**422**							**420**										
G01.H.02	*Wärmeverteilung Gebäude 1*			350	350-1000	400	400-1000	330	330-1000	350	350-2000		*422*										
G01.H.02.01	Heizungverteiler	1	Stck	352	420-8400								422										
G01.H.02.02	Nassläuferpumpe	1	Stck	352	420-8600								422										
G01.H.02.04	Dreiwegeventil	2	Stck	352	412-2200								422			BR216-GG-DN40-kvs20-MB0Y					40		
G01.H.02.05	Stellantrieb	2	Stck	352	481-5100								422										
G01.H.02.08	Wärmemengenzähler	1	Stck	351	412-2600								412										
G01.H.02.09	Membranausdehnungsgefäß	1	Stck	351	420-2100								412		Otto	600/400-SB16							
G01.H.02.10	Abschlammbehälter	1	Stck	351	420-8700								412		Otto Heat								
G01.H.02.11	Nachspeisestation	1	Stck	351	420-2200								412		Otto	magcontrol							
G01.H.02.12	Sicherheitsventil	1	Stck	351	412-2300								412		WT	341 G506kw							

Quelle: SCHOLZE-THOST GmbH

Bild 11.18: Zuordnungsmatrix Objekte und objektbezogene Dienstleistungen

Ebenso erfolgt in der Zuordnungsmatrix die Auswahl von erforderlichen beschreibenden Objekt-parametern, die Zuordnung zu Kostengruppen und insbesondere zu den nutzungs- und verursacherbezogenen Abrechnungseinheiten.

Die Zuordnung der Abrechnungseinheiten und Leistungsarten bildet die Grundlage für die Struktur des Dienstleistungsverzeichnisses. Sind die Leistungspositionen mit spezifischen Kosten versehen, so kann bereits mit der Erstellung des Leistungsverzeichnisses eine strukturierte Kostenberechnung der Leistungen erfolgen. Diese können als Teil der Berechnung der voraussichtlichen Betriebskosten herangezogen werden.

Auf Basis der Zuordnungen in der Matrix und der zu den Objekten angegebenen Eigenschaften werden unter Berücksichtigung der Strukturierungsvorgaben die Leistungsverzeichnisse generiert, d. h., die strukturierten Objektdaten werden zu LV-Positionstexten und zu einem gesamten Leistungsverzeichnis generiert. Das generierte Verzeichnis liegt in einem GAEB-Format vor und kann mit jedem AVA-System weiterverarbeitet werden. In Bild 11.19 ist ein Auszug aus einem generierten Leistungsverzeichnis für die Instandhaltungsleistungen für die Nutzungsspezifischen Anlagen eines Gebäudes dargestellt.

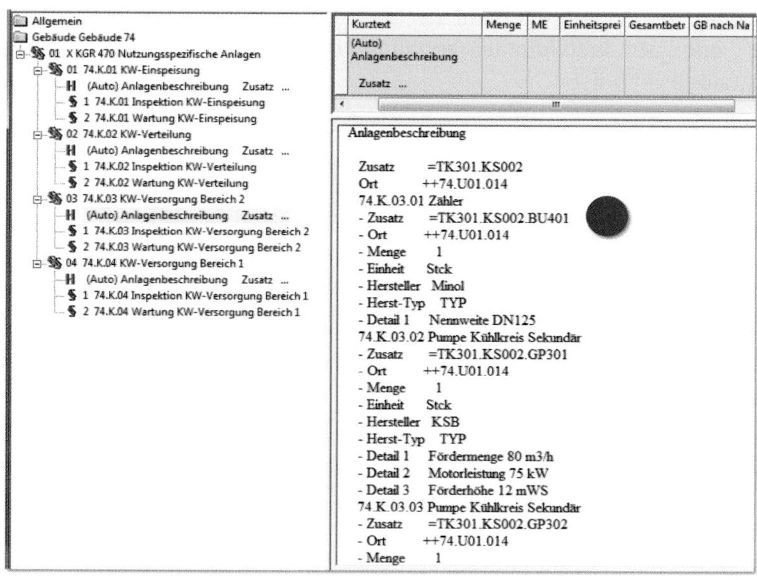

Quelle: eigene Darstellung

Bild 11.19: Auszug aus Instandhaltungsleistungsverzeichnis

In der Anlagenbeschreibung sind die instand zu haltenden Anlagen mit den jeweiligen Komponenten und deren Eigenschaften aufgeführt. Zusätzlich sind ist der Bezug zum Ort (Raum), wo sich die Komponente im Gebäude befindet, sowie das Referenzkennzeichnen des Objekts angegeben.

Ein weiterer Vorteil dieser Vorgehensweise ist, dass auf Basis der strukturierten Anlagen- und Komponentenliste die Objekte in ein CAFM- oder Instandhaltungsmanagement-System übertragen werden können, vgl. Kapitel 11.2. Mit den Objekten und den Inhalten der Leistungsverzeichnisse in Verbindung mit den Angaben zu den Instandhaltungsleistungen und -zyklen über die IH-Codes könnten Wartungspläne erzeugt werden. Damit ist eine durchgängige digitale Bearbeitung von der Objekterfassung über die Ausschreibung bis zur Instandhaltungsplanung und -abwicklung möglich. Verbindet man dies noch mit den jeweiligen Dokumenten, die im Rahmen dieser Abwicklung erstellt bzw. generiert werden, so stellt dies einen Teil der Lebenslaufakte dar, vgl. Kapitel 11.3.

In gleicher Weise wie die Erstellung von Leistungsverzeichnissen für die Instandhaltung können Leistungsverzeichnisse für infrastrukturelle Dienstleistungen erstellt werden. Alternativ zu Zuordnung von Leistungen über eine Zuordnungsmatrix werden hier den jeweiligen Objekten im digitalen Gebäudemodell direkt die IH-Codes – hier für Reinigungsleistungen – zugeordnet, siehe Bild 11.20.

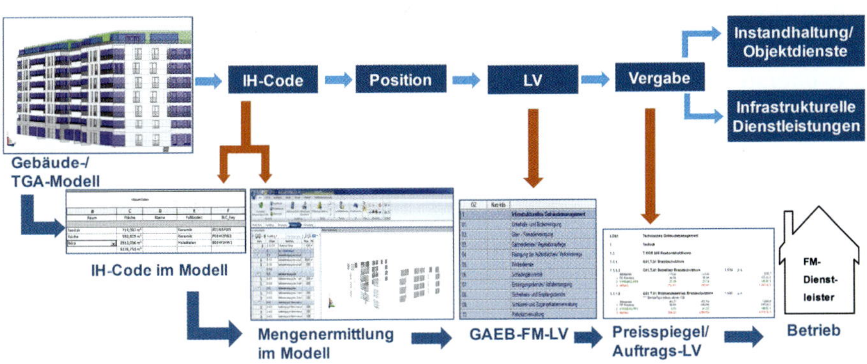

Quelle: eigene Darstellung

Bild 11.20: Übersicht Erstellung von Dienstleistungsleitungsverzeichnissen für infrastrukturelle Leistungen

12 Informationsmodelle

12.1 Allgemeines

Informationsmodelle dienen dazu, für bestimmte Aufgaben, Prozesse und Systeme Informationen in strukturierter und formaler Form bereitzustellen, d.h. zu digitalisieren. Dazu werden die in diesen Prozessen mittels Operationen behandelten Objekte, deren Eigenschaften und Beziehungen zueinander in einer abstrakten und formalen Form beschrieben. In vielen Fällen werden die Begriffe Informationsmodell und Datenmodell synonym verwendet, wenngleich es in der Informationstechnik prinzipielle Unterschiede zwischen beiden gibt.

Das Informationsmodell bildet die Grundlage für die systematische Verwaltung von Objektinformationen in datenverwaltenden EDV-Systemen, insbesondere Datenbanksystemen, die in der Regel Teil von allen Cax-Werkzeugen sind. So lassen sich aus Funktionen heraus Daten gezielt speichern und für weitere Anwendungen oder den Austausch von Informationen mit anderen Anwendungsprogrammen über definierte Datenaustauschschnittstellen wiederfinden, die ebenfalls als Datenmodell beschrieben sind. Erst im Zusammenhang mit Anwendungen und Funktionen werden aus Daten Informationen.

Wie Bild 12.1 zeigt, kann ein Datenbanksystem in einem Drei-Ebenen-Modell dargestellt werden.

Die oberste oder erste Sicht ist die Anwendungssicht, repräsentiert durch den Nutzer und die Programme oder Anwendungswerkzeuge, mit denen der Nutzer arbeitet. Die zweite Ebene beinhaltet die konzeptionelle Sicht in Form eines semantischen Datenmodells, das in einer internen Sicht, den physischen Datenbankstrukturen, abgebildet wird. Die zweite Schicht basiert auf der untersten Schicht, dem Betriebssystem, in Verbindung mit der entsprechenden Hardware. Die drei Ebenen eines Datenbanksystems können auch beschrieben werden als:

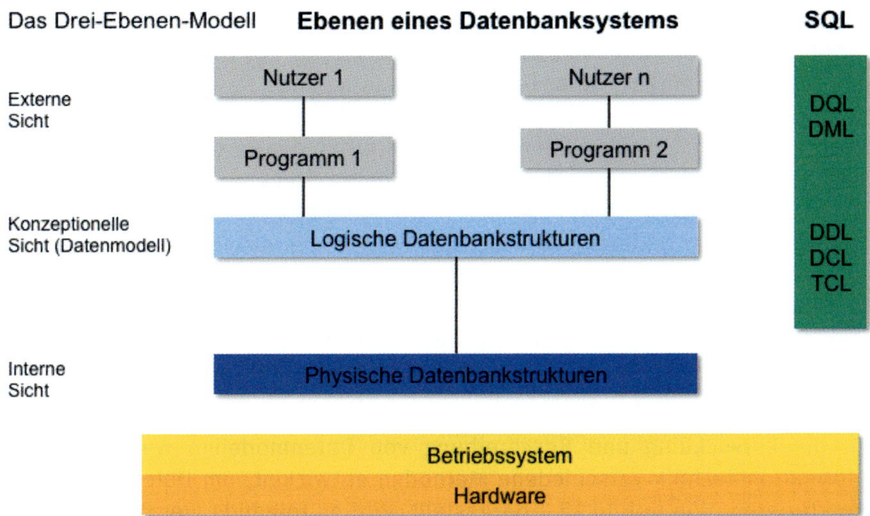

Quelle: eigene Darstellung nach [Kuhlmann]

Bild 12.1: Drei-Ebenen-Modell eines Datenbanksystems

- **Externe Sicht (External View):**

  Sicht des Anwenders, der das Datenbanksystem mit einer Datenabfragesprache (DQL = Data Query Language) oder Datenmanipulationssprache (DML = Data Manipulation Language) oder einem Anwendungsprogramm (z. B. Web-Server, CAD-Werkzeug, Berechnungsprogramm) nutzt.

- **Konzeptionelle Sicht (Conceptual View):**

  Beschreibung des Datenmodells, d.h. datenmäßige Abbildung eines bestimmten Ausschnitts der Realität. Festlegung der Strukturen der Daten und ihrer Beziehungen (DDL = Data Definition Language, DCL = Data Control Language, TCL = Transaction Control Language).

- **Interne Sicht (Internal View):**

  Physische Speicherung der Daten. Speicherlogik hängt vom DBMS ab und ist ausgerichtet auf den Verwendungszweck, z. B. schneller Zugriff, mehrere Benutzer, Datensicherheit. Dieser Bereich ist für den „normalen“ Anwender nicht von Bedeutung.

Ein wichtiger Aspekt hierbei ist, dass Daten, die in Anwendungen, Prozessen oder Projekten mit Hilfe von, aber auch ohne Werkzeuge und Programme entstehen, „Allgemeingut“ sind. Das heißt, dass jegliche Daten, die im Rahmen einer Berechnung, Konstruktion oder Beschreibung entstehen, unabhängig sein sollten von den jeweiligen Werkzeugen, mit denen sie erstellt wurden. Dies zeigt zum einen, dass Daten einen höheren Stellenwert haben als Funktionen und Werkzeuge und nicht fest mit bestimmten Werkzeugen verbunden sein dürfen, zum anderen, dass bei der Verwaltung von Daten in wesentlich größeren Zeiträumen zu denken ist als bei Werkzeugen. Daten, die in frühen Projektphasen entstehen, können auch in späteren Phasen von Bedeutung sein, auch wenn dann andere Werkzeuge und Anwender zum Einsatz kommen. Dies wiederum stellt bezüglich der direkten Nutzung der Daten entsprechende Anforderungen an das Datenmodell.

Für die Entwicklung und Beschreibung von Datenmodellen wurden in der Informationstechnik verschiedene Methoden entwickelt, um Datenmodelle zu strukturieren. Wie in Bild 12.2 dargestellt, gibt es folgende vier Datenmodellstrukturen, die sich durch die Abbildung der Objekte, deren Eigenschaften sowie der Beziehungen zueinander unterscheiden:

- die hierarchische Struktur,
- die vernetzte Struktur,
- die relationale Struktur,
- die objektorientierte Struktur.

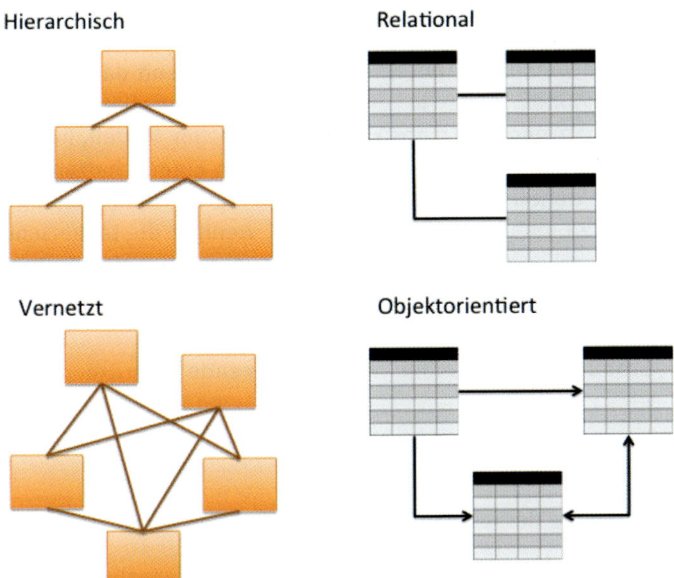

Quelle: eigene Darstellung nach [Uszkoreit]]

Bild 12.2: Strukturen von Datenmodellen

Die beiden wichtigsten Datenmodelle, auf die hier wegen ihrer allgemeinen Bedeutung für relationale Datenbanken und der Modellierung von Daten bei IFC eingegangen wird, sind das Entity-Relationship-Modell (ERM) und das objektorientierte Datenmodell EXPRESS nach der STEP[1]-Normenreihe ISO 10303, Teil 11.

Durch die Beschreibung des ERM soll gleichzeitig ein Mindest-Grundverständnis für den Aufbau von Tabellen geweckt werden, unabhängig davon, mit welchem Werkzeug diese erstellt wurden. Werden Daten als Tabelle erfasst, mit der Absicht, diese in Anwendungen durch andere Nutzer weiter zu verwenden, so müssen diese informationstechnischen Grundanforderungen genügen, wie sie in ERM beschrieben sind. In vielen bekannten Fällen, beispielweise bei Raumbüchern, Komponententabellen oder Dokumentenlisten, wurden Tabellen nur mit der Absicht erstellt, diese „schön“ auf Papier ausdrucken zu können, nicht um sie aus IT-Sicht in andere Systeme und Anwendungen zu übertragen und weiter nutzen zu können.

1 STEP – Standard for the Exchange of Product model data ISO 10303

12.2 Entity-Relationship-Modell

Werden für bestimmte Anwendungen Informationen benötigt und dabei Informationen erzeugt, so können diese in einem semantischen Datenmodell beschrieben werden. Hierzu eignet sich das Entity-Relationship-Modell, in dem in grafischer und formaler Form Objekte mit erforderlichen Eigenschaften und Beziehungen zueinander definiert werden. Wichtig ist hierbei, dass dadurch die anwendungsbezogenen Inhalte modelliert werden, weniger die technische Umsetzung. Auf dieser Basis können jedoch – in der Regel relationale – Datenbanksysteme implementiert werden und die gespeicherten Informationen von einem System in ein anderes verlustfrei transferiert werden.

Im Rahmen einer Grobdatenmodellierung werden folgende Schritte durchlaufen:

1) Fachliche Analyse bestehender Informationselemente in der realen Anwendung
2) Analyse und Beschreibung der relevanten Objekttypen
3) Analyse der identifizierenden und beschreibenden Attribute
4) Analyse und Beschreibung der relevanten Beziehungen sowie der Art der Beziehungstypen

Objekte werden als Objekttyp mit den kontextabhängig erforderlichen Attributen (Eigenschaften) und den Beziehungen zwischen diesen modelliert. Dazu werden folgende Basiselemente angewendet, siehe Bild 12.3:

- Objekttypen oder Entitäten,
- Attribute oder Eigenschaften von Objekttypen,
- (benannte) Beziehungen zwischen Objekten (Assoziationen, Relationen),
- Grad der Beziehungstypen oder Kardinalitäten (genau ein, höchstens ein (optional), mehrere (optional), drei oder vier etc.).

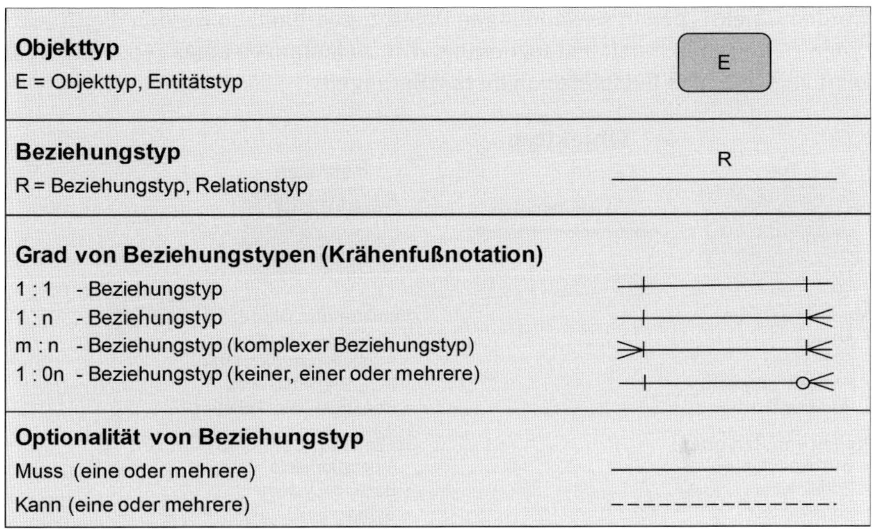

Quelle: eigene Darstellung nach [Uszkoreit]

Bild 12.3: Sprachelemente der Entity-Relationship-Modellierung

Folgende wichtige Eigenschaften zeichnen Entitäten aus:

- Jede Entität kann für sich stehen.
- Jede Entität ist unverzichtbar, d. h., wenn Entitäten wegelassen werden, können bestimmte Sachverhalte nicht mehr dargestellt und beschrieben werden.
- Entitäten werden durch Attribute beschrieben.
- Entitäten müssen eindeutig bezeichnet sein.
- Entitäten können angelegt, gelöscht und gezählt werden.

Attribute haben folgende Merkmale:

- Attribute beschreiben Eigenschaften von Entitäten.
- Attribute haben einen bestimmten Datentyp.
- Attribute können nicht allein existieren.

Werden Objekttypen in Anwendungen Daten zugeordnet, so werden die Objekttypen zu Objekten durch Instanziierung, d. h. zu Instanzen eines Typs. Bild 12.4 zeigt verschiedene Beispiele von Instanziierungen.

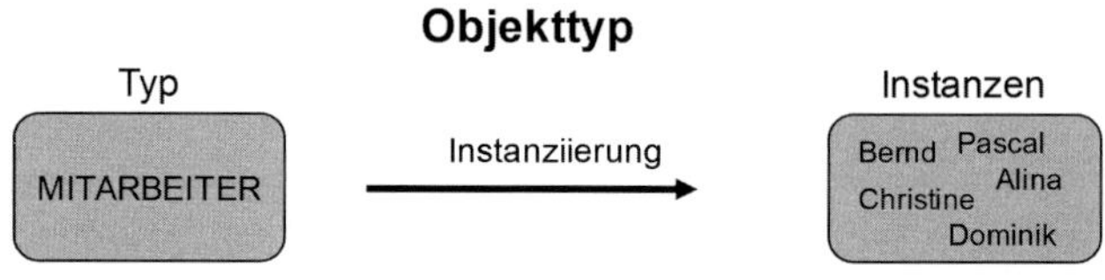

Materielle Dinge:
- Anlage
- PCE-Stelle
- Prozessleitsystem
- Personen

Rollen von Personen:
- Geschäftsführer
- Projektleiter
- Konstrukteur

Ereignisse:
- Unfall
- Anruf
- Störung
- Alarm

Immaterielle Dinge:
- RI-Fließschema
- Aufstellungszeichnung
- PCE-Stellenschema
- Konstruktionszeichnung

Rollen von Geräten/Systemen:
- Masterkonsole
- Backup-System
- Schutzeinrichtung

Quelle: eigene Darstellung

Bild 12.4: Beispiele zur Instanziierung

Der Grad der Beziehungstypen gibt an, in welcher Art von Beziehung ein (oder mehrere) Objekt(e) mit keinem, einem (oder mehreren) Objekt(en) in Beziehung steht/stehen. Verschiedene erläuternde Beispiele sind in Bild 12.5 dargestellt.

Beim 1-zu-1-Beziehungstyp steht genau ein Objekt zu einem anderen in Beziehung, z. B. ein Mann ist mit einer Frau verheiratet. Mehrere Anlagenteile können eine Anlage bilden, was der Beziehungstyp 1 zu n beschreibt. Bearbeiten mehrere Mitarbeiter unterschiedliche Projekte, so entspricht dies dem Beziehungstyp n zu m.

Ein Beispiel, wie sich Entitäten, Attribute und Beziehungen in einer Datenbank umsetzen lassen, ist in Bild 12.5 dargestellt.

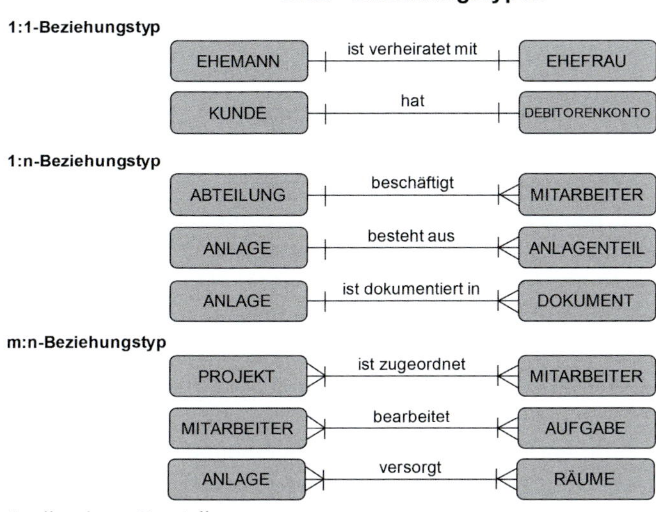

Quelle: eigene Darstellung

Bild 12.5: Beispiele von ERM-Beziehungstypen

Ein Beispiel, wie sich Entitäten, Attribute und Beziehungen in einer Datenbank umsetzen lassen, ist in Bild 12.6 dargestellt.

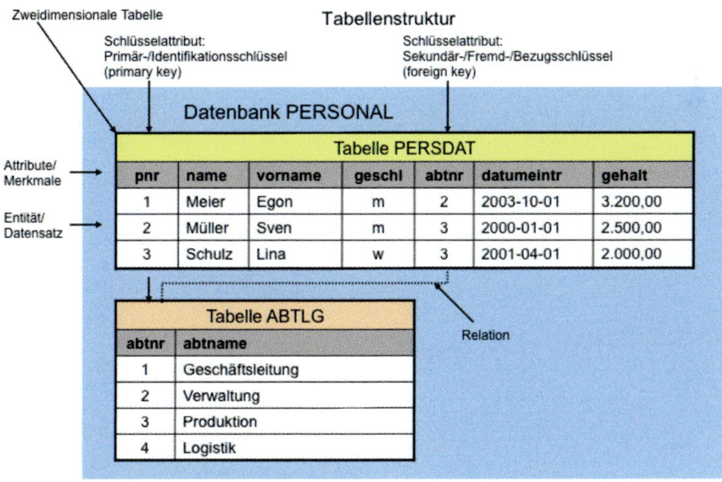

Tabelle PERSDAT

pnr	name	vorname	geschl	abtnr	datumeintr	gehalt
1	Meier	Egon	m	2	2003-10-01	3.200,00
2	Müller	Sven	m	3	2000-01-01	2.500,00
3	Schulz	Lina	w	3	2001-04-01	2.000,00

Tabelle ABTLG

abtnr	abtname
1	Geschäftsleitung
2	Verwaltung
3	Produktion
4	Logistik

Quelle: eigene Darstellung nach [Kuhlmann]

Bild 12.6: Beispiel zur Umsetzung eines Datenmodells

Die Datenbank PERSONAL enthält die zwei Entitäten „PERSDAT" (Person) und „ABTLG" (Abteilung), die Attribute unterschiedlicher Art enthalten. Neben den beschreibenden Attributen wie z. B. „datumeintr" oder „gehalt" sind die sogenannten Schlüsselattribute „pnr" und „abtnr" hervorzuheben. Mit diesen werden zum einen die Entitäten oder Datensätze in der jeweiligen Tabelle identifiziert, d. h., diese Primärschlüssel (primary key) müssen eindeutig sein. Als Primärschlüssel können beliebig eindeutige Werte (automatisch von der Datenbank) gewählt werden oder aber ebenfalls eindeutige Objektkennzeichnungen mit semantischem Inhalt wie z. B. Referenzkennzeichen, siehe Kapitel 13. Es wird jedoch empfohlen, als Primärschlüssel eindeutige (systeminterne) Werte zu benutzen und – falls erforderlich – Referenzkennzeichen als eindeutiges (unique) Attribut anzugeben.

Mit Hilfe der Schlüsselattribute werden Beziehungen (Relationen) zwischen Tabellen erzeugt, sodass der Primärschlüssel einer Tabelle in einer anderen Tabelle bzw. in einem darin enthaltenen Datensatz als Fremdschlüssel (foreign key) eingetragen wird, der ein zwingend eindeutiger Verweis ist. Im Beispiel kann die Relation als „gehört zu" (Person gehört zu Abteilung) bezeichnet werden.

Eine beispielhafte Anwendung zeigt Bild 12.7. In der Tabelle sind für die Übertragung in ein Instandhaltungsmanagementsystem Anlagen und Komponenten einer Sicherheitsbeleuchtung eines Gebäudes erfasst.

Tabelle SICHERHEITSLEUCHTE						Tabelle RAUM		Tabelle STROMKREIS		
Kennzeichen	Bezeichnung	Hersteller	Typ	Leuchtmittel	Akku_Bez	Raumkennzeichen	Raumbezeichnung	Kennzeichen	Unterverteiler	Stromkreis
=TES01	SiBel-EB-Anlage					++276.HS.605				
=TES01.EA01	Leuchtengruppe KG					++276.HS.605				
=TES01.EA01.EA01	K-KG-01	CEAG	S5000/1-1,5	2x E10 2,5V/0,3A	2,4V 1,6Ah	++276.HS.605.U01.039	Music Raum	+TEA04-FC02	UV K3	F2
=TES01.EA01.EA02	K-KG-02	CEAG	SV EURO 1-1/D	1x T16 8W CW	3,6V 1,6Ah	++276.HS.605.U01.070	Treppenhaus	+TEN01-FC05	HV Not K.1	F5
=TES01.EA01.EA03	K-KG-03	CEAG	SV EURO 1-1/D	1x T16 8W CW	3,6V 1,6Ah	++276.HS.605.U01.070	Treppenhaus	+TEN01-FC06	HV Not K.1	F6
=TES01.EA01.EA04	K-KG-04	CEAG	S5000/1-1,5	2x E10 2,5V/0,3A	2,4V 1,6Ah	++276.HS.605.U01.078.1	Flur	+TEN01-FC05	HV Not K.1	F5
=TES01.EA01.EA05	K-KG-05	CEAG	EURO 1-1/D	1x T16 8W CW	3,6V 1,6Ah	++276.HS.605.U01.029.1	Technik	+TEN01-FC11	HV Not K.1	F11
=TES01.EA01.EA06	K-KG-06	CEAG	S5000/1-1,5	2x E10 2,5V/0,3A	2,4V 1,6Ah	++276.HS.605.U01.039	Music Raum	+TEA04-FC02	UV K3	F2
=TES01.EA02	Leuchtengruppe EG					++276.HS.605				
=TES01.EA02.EA01	K-EG-01	CEAG	SV EURO 1-1/D	1x T16 8W CW	3,6V 1,6Ah	++276.HS.605.E00.081.1	Personalleitung	+TEA08-FC05	UV 0.4	F5
=TES01.EA02.EA02	K-EG-02	CEAG	EURO 3-3/D	2x E10 2,5V/0,3A	1,2 V 1,8 Ah	++276.HS.605.E00.081.1	Personalleitung	+TEA08-FC01	UV 0.4	F1
=TES01.EA02.EA03	K-EG-03	CEAG	SV EURO 1-1/D	1x T16 8W CW	3,6V 1,6Ah	++276.HS.605.E00.015	Warenannahme	+TEA08-FC01	UV 0.4	F1
=TES01.EA02.EA04	K-EG-04	CEAG	EURO 3-3/D	2x E10 2,5V/0,3A	1,2 V 1,8 Ah	++276.HS.605.E00.024.4	Flur	+TEA05-FC04	UV 0.1	F4
=TES01.EA02.EA05	K-EG-05	CEAG	EURO 1-1/D	1x T16 8W CW	3,6V 1,6Ah	++276.HS.605.E00.018.1	Lehrwerkstatt	+TEA05-FC15	UV 0.1	F15
=TES01.EA02.EA06	K-EG-06	CEAG	EURO 3-3/D	2x E10 2,5V/0,3A	1,2 V 1,8 Ah	++276.HS.605.E00.054	Lehrwerkstatt	+TEA05-FC04	UV 0.1	F4
=TES01.EA02.EA07	K-EG-07	CEAG	SV EURO 2-1/D	1x T16 8W CW	3,6V 1,6Ah	++276.HS.605.E00.032.1	Lehrwerkstatt	+TEA02-FC110	UV 0.2	F110
=TES01.EA02.EA08	K-EG-08	CEAG	SV EURO 1-1/D	1x T16 8W CW	3,6V 1,6Ah	++276.HS.605.E00.009	Sportraum	+TEA11-FC01	UV 0.1.2	F1
=TES01.EA02.EA13	K-EG-13	CEAG	SV EURO 1-1/D	1x T16 8W CW	3,6V 1,6Ah	++276.HS.605.E00.004	U.-Raum	+TEA05-FC18	UV 0.1	F18

Objekt mit Objekteigenschaften

Objekt mit Objekteigenschaften

Objekt mit Objekteigenschafte

Relation

... ist enthalten in ...

Relation

...wird versorgt von ...

Quelle: eigene Projektdarstellung

Bild 12.7: Beispiel Erfassungstabelle Sicherheitsbeleuchtung

Im Tabellenteil „SICHERHEITSLEUCHTE" sind die einzelnen Objekte (Entities) mit verschiedenen Attributen beschrieben und über das Attribut „Kennzeichen" durch ein funktionsbezogenes Referenzkennzeichen identifiziert. Durch den Eintrag „Raumkennzeichen" im Tabellenteil „RAUM" wird die Beziehung „befindet sich in" zum Raum dargestellt, in dem die Leuchte installiert ist. Entsprechend wird durch die Eintragungen in Spalte/Attribut „SK_Kennzeichen" die Relation „wird versorgt von" zum Stromkreis einer Allgemeinstromversorgungsanlage beschrieben. Das Beispiel zeigt, dass in einem Raum (++276. HS. 605.U01.070) mehrere Sicherheitsleuchten enthalten sind und ein Stromkreis (+TEA08-FC01) mehrere Leuchten versorgt (Kardinalität der Beziehungen).

In der (relationalen) Datenbank, in die diese Tabelleninhalte übertragen werden, sind die Tabellenteile der Erfassungstabelle in einzelnen Tabellen mit Beziehungen, wie in Bild 12.6 dargestellt, abgebildet.

Ein weiteres Beispiel für ein Entity-Relationship-Modell ist in Bild 12.8 dargestellt.

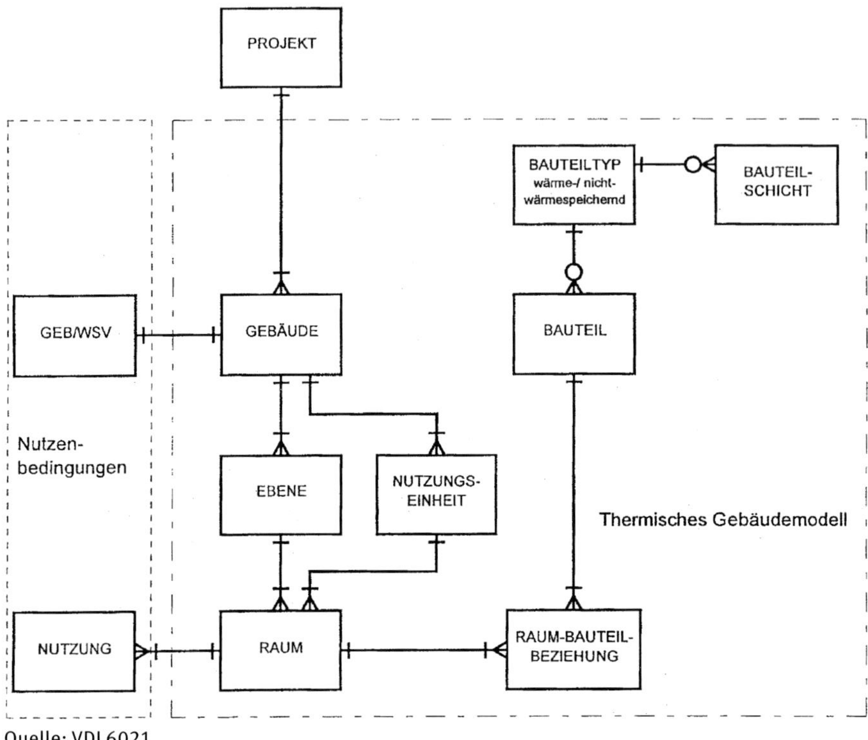

Quelle: VDI 6021

Bild 12.8: ERM-Gebäude-Modell

In der mittlerweile ungültigen und durch VDI 6020 ersetzten VDI 6021 wurde erstmals ein Modell entwickelt, das die Schnittstelle zwischen dem mit Hilfe eines CAD-Werkzeugs ein Gebäude planenden Architekten und dem TGA-Ingenieur beschrieben hat. Letzterer führt wiederum die für die energetische Optimierung des Gebäudes erforderlichen Berechnungen zum Heiz- und Kühlbedarf durch, vgl. Kapitel 5.3 und 5.4.

12.3 EXPRESS und EXPRESS-G

Express ist eine standardisierte Sprache für die Beschreibung von Produktmodelldaten, die genutzt wird, um IFC-Modelle nach ISO 16739 zu beschreiben. Die Grundlagen hierfür sind in Textform und in grafischer Form in ISO 10303, Teil 11 beschrieben. In ihr sind die wichtigsten Sprachelemente dargestellt, siehe Bild 12.9.

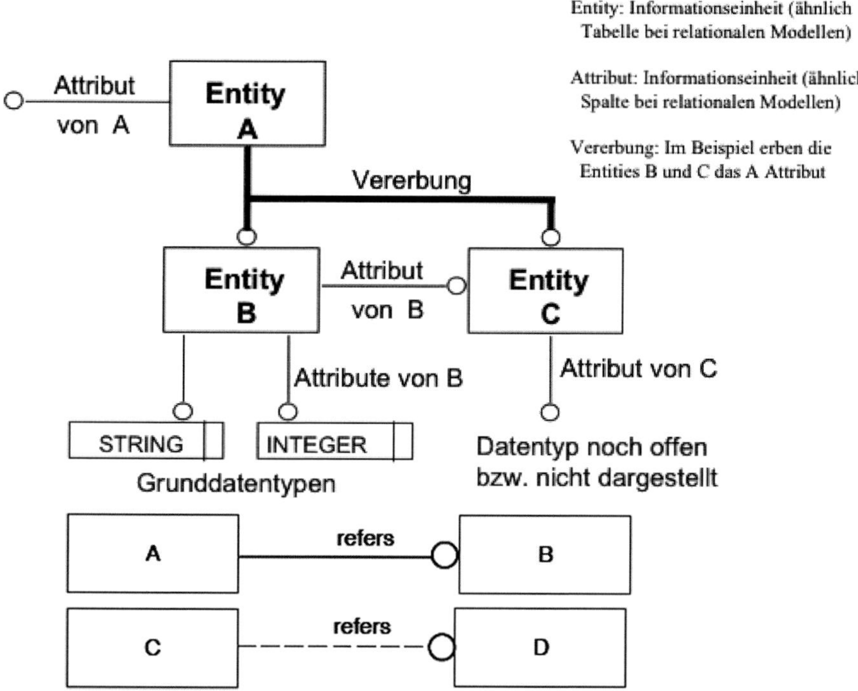

Quelle: eigene Darstellung nach [Siemens]

Bild 12.9: Sprachelemente in EXPRESS-G-Darstellung

Dies sind:

- **Entity** oder **Entity type**: Ein Objekt einer bestimmten Klasse mit ähnlichen Eigenschaften und Verhaltensweisen.
- **Attribute**: Eigenschaften, die das Objekt oder die Objektklasse beschreiben; Eigenschaften können von unterschiedlichem Typ sein und obligatorisch oder optional.
- **Enumeration**: Wertebereich eines Attributs, aus dem ein Wert zu wählen ist.
- **Select**: Auswahl verschiedener Datentypen oder Entities, aus denen ein Element auszuwählen ist.
- **Relationship**: Beschreibt die Beziehung oder Abhängigkeit zwischen zwei Entities; eine Relationship hat eine Bezeichnung und eine Kardinalität; die Beziehung kann auch invertiert werden.

Supertype und **Subtype**: Zwei oder mehrere Entities mit gleichen oder ähnlichen Eigenschaften können durch eine übergeordnete Entity (Supertype) beschrieben werden; jede Entity, aus der die übergeordnete Entity gebildet wurde, ist ein Subtype. Die in Bild 12.10 dargestellte allgemeingültige Definition eines Produkts gilt für alle Arten von Objekten von Bau und Technischer Gebäudeausrüstung. Danach gehört jedes Produkt zu einer Produktkategorie oder zu einem Produkttyp, z. B. zu Pumpen, Wärmeerzeugern, Ventilen, Leuchten, Heizkörpern, Rohrleitungen, Wärmetauschern. Jedes Produkt wird definiert über Produkteigenschaften (Produktattribute, Produktparameter, Properties), wobei Produkteigenschaften auch über die Produktkategorie vererbt werden können.

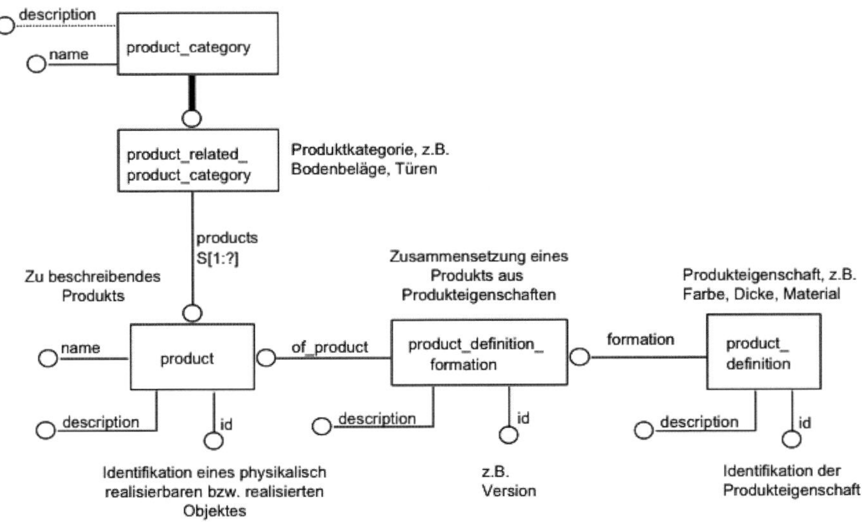

Quelle: ISO 10303

Bild 12.10: EXPRESS-G-Darstellung des Datenmodells eines Produkts

Sowohl Produktkategorien als auch einzelne weltweit eindeutig definierte Produkteigenschaften (vgl. bSDD) spielen für den globalen und systemübergreifenden Produktdatenaustausch im Kontext Industrie 4.0 und BIM eine entscheidende Rolle und sind für die internationale Normung von entscheidender Bedeutung, vgl. Kapitel 6.1.

Um die unterschiedlichen Darstellungsweisen von ERM und EXPRESS-G zu verdeutlichen, ist in Bild 12.11 ein Ausschnitt des als ERM in Bild 12.8 dargestellten ERM-Datenmodells aus der ehemaligen VDI 6021 dargestellt.

Im EXPRESS-G-Modell sind die einzelnen Entities und deren Attribute genauer beschrieben als im ERM. Die hier angegebenen Attribute sind im Zusammenhang mit erforderlichen Eigenschaften zu sehen, die sich als gebäude- und nutzungsseitige Vorgabe für die Bedarfsermittlung von Räumen und Gebäuden ergeben, vgl. Kapitel 5.

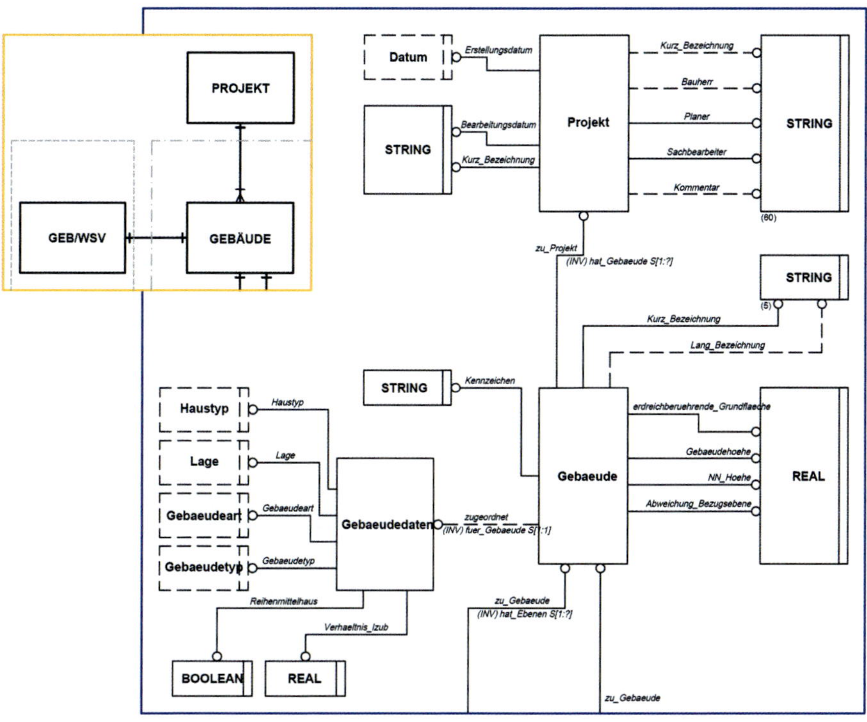

Quelle: eigene Darstellung nach VDI 6021

Bild 12.11: Auszugsweise Darstellung des EXPRESS-G-Datenmodells

Das Datenmodell beschreibt ein Gebäude, das zu einem Projekt gehört und mehrere Ebenen haben kann. Das Gebäude wird identifiziert durch ein Kennzeichen und hat verschiedene Eigenschaften und einen umfangreichen Satz an Gebäudedaten, die über Haustyp, Lage, Gebäudeart usw. beschrieben werden. Die Daten müssen dem in Kapitel 3 beschriebenen Umfang entsprechen, um die verschiedenen Berechnungen durchführen zu können. Optionale Parameter sind gestrichelt dargestellt.

13 Referenzkennzeichnung

13.1 Übersicht

Schon viele Jahre wird das Thema Referenzkennzeichnung (engl. Reference Designation) über verschiedene Normen weiterentwickelt und eine immer breitere Anwendung ermöglicht. Waren mit den ersten Normen – in Deutschland die DIN 40719-2 – zunächst nur Anwendungen im Bereich der Elektrotechnik vorgesehen, so wurden mit der DIN 6779-1 und IEC 61346-1 die Anwendungen auch auf nicht-elektrotechnische Bereiche, insbesondere den Anlagen- und Energieerzeugungsbereich, ausgeweitet, siehe Bild 13.1.

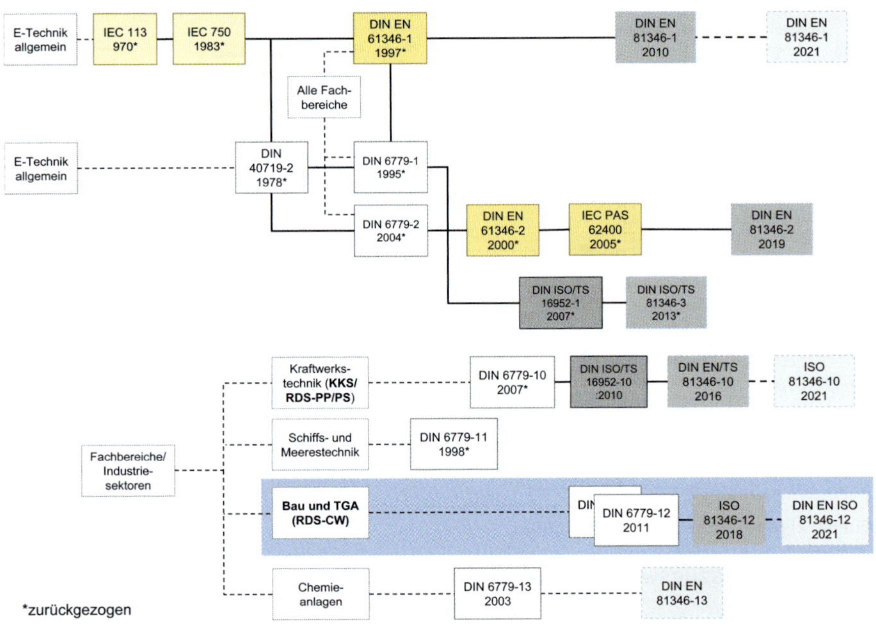

Quelle: eigene Darstellung

Bild 13.1: Übersicht und historische Entwicklung der Kennzeichnungsnormen

Mit den Teilen 10 bis 13 der DIN 6779 wurden für die Industriesektoren Energieerzeugung/Kraftwerke (ausgehend vom Kraftwerk-Kennzeichen-System KKS), Schiffs- und Meerestechnik, Bauwerke und Technische Gebäudeausrüstung sowie Chemieanlagen Anwendungsnormen geschaffen, die teilweise über die Jahre überarbeitet und derzeit in internationale Anwendungsnormen der Reihe ISO/IEC 81346 überführt werden [RDSPP]. Dies gilt insbesondere für die Teile 10 (RDS-PP – Power Plants, zukünftig PS – Power Supply Systems) und 12 (RDS-CW – Construction Works).

Aufbauend auf der Referenzkennzeichnung sind internationale und übertragene nationale Normen zur Kennzeichnung von Signalen, Anschlüssen und Dokumenten entstanden, siehe Bild 13.2.

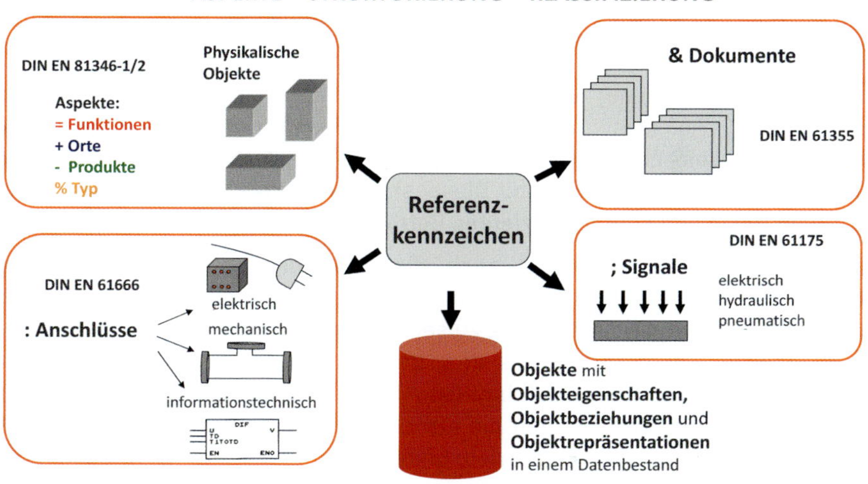

Quelle: Definition der Begriffe Objekt, Funktion, Produkt, Referenzkennzeichen nach IEC 81346-1

Bild 13.2: Normen im Zusammenhang mit der Referenzkennzeichnung

All diese Normen bilden eine systematische und fachbereichsübergreifende Grundlage für die Strukturierung und Kennzeichnung von Objekten in technischen Systemen und deren technischer Dokumentation.

Auf diesen methodischen Grundlagen basieren mittlerweile in allen Anwendungsbereichen Engineering-Prozesse und diese unterstützende EDV-Hilfsmittel. Bezeichnend ist dabei, dass mit der Übertragung der Methode auf verschiedene technische Bereiche auch gleichzeitig viel Anwendungsfunktionalität und -erfahrung direkt übertragen werden kann, sodass Prozesse ohne Neuentwicklungen effizienter und effektiver ablaufen können.

Die Dokumentenkennzeichnung als Verbindung von Objektkennzeichnung (Referenzkennzeichnung) sowie inhalts- und anwendungsbezogenen Dokumentenarten auf Basis der DIN EN 61355-1 ist eine notwendige Ergänzung der Möglichkeiten und Inhalte der BIM-3-D-Darstellung. Mit den verschiedenen prozess-, funktions-, orts- und produktbeschreibenden Dokumentenarten können den im BIM-Modell enthaltenen Objekten weitere Objektinformationen zugeordnet werden. Im Bereich der Technischen Gebäudeausrüstung sind besonders die funktionsbeschreibenden Dokumentenarten wichtig, beispielsweise Anlagen-, R&I-, Funktions- oder Stromlaufschemata. Deren Informationsgehalt ist nur in geringem Umfang im 3-D-Modell enthalten, jedoch für Planung, Ausführung, Inbetriebnahme und Betrieb aller technischen Einrichtungen und die Nutzung des Bauwerks von essenzieller Bedeutung.

Aus funktions- und prozessbezogener Sicht sind auch objektbezogene Signale im Zusammenhang mit der Gebäudeautomation und der Elektrotechnik unabdingbar. Auf Basis der DIN EN 61175 können durch Verbindung von Referenzkennzeichen mit Signalartkennung Kennzeichen von Signalen oder Datenpunkten gebildet werden. Diese sind Grundlage für einen sicheren, störungsfreien und energieeffizienten Betrieb.

Vor diesem Hintergrund sind auch die Anwendungen des bestehenden Teils 12 der DIN 6779 und der zukünftigen DIN EN ISO 81346-12 im Kontext von Building Information Modeling zu sehen. Mit der Kennzeichnungsmethodik kann Anwendungserfahrung aus dem Bereich des Anlagenbaus übertragen werden. Dies betrifft beispielsweise Prozess- und Anlagen-Engineering, CAD-/CAE-Systemanwendungen bis hin zur Anwendung von Instandhaltungsmanagementsystemen in der Betriebsphase.

13.1.1 Strukturierung

Um ein System effektiv planen, bauen, betreiben, instand halten oder optimieren zu können, werden das System und die dazugehörigen Informationen aufgeteilt. Die entstandenen Teile werden weiter unterteilt. Durch diesen als Strukturierung bezeichneten Vorgang entsteht eine „Bestandteil-von“-Struktur oder eine hierarchische Baumstruktur. In der Regel erfolgt die Strukturierung vom Großen zum Kleinen, d. h. top-down. Eine Struktur kann jedoch auch bottom-up entstehen, indem kleine Teile zu immer größeren zusammengefasst werden, siehe Bild 13.3.

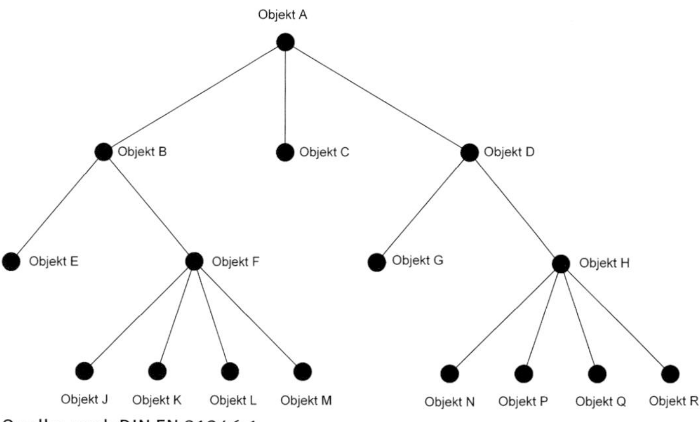

Quelle: nach DIN EN 81346-1

Bild 13.3: Hierarchischer Strukturbaum

Eine in der EDV häufiger anzutreffende Darstellungsform von hierarchischen Strukturen, z. B. eine Struktur von Dateiverzeichnissen, ist in Bild 13.4 dargestellt.

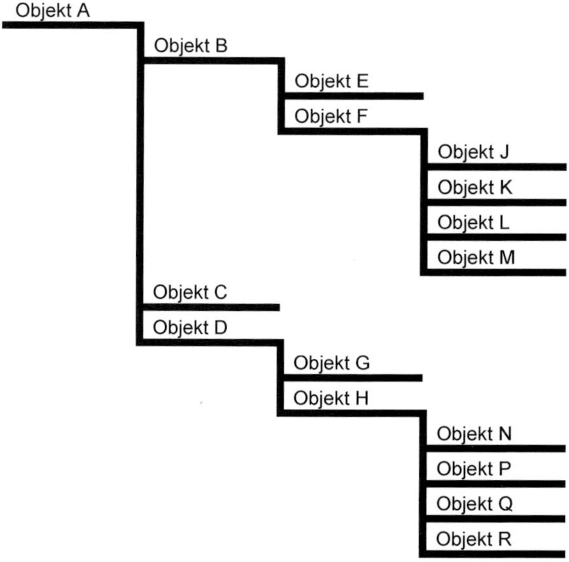

Quelle: nach DIN EN 81346-1

Bild 13.4: Alternative Strukturdarstellung

Im Kontext der Referenzkennzeichnung erfolgt die Strukturierung nach drei Hauptaspekten:

- dem **funktionsbezogenen Aspekt**, d. h. nach der jeweiligen Funktion oder der Aufgabe des Objekts,
- dem **produktbezogenen Aspekt**, also nach den Baueinheiten, aus denen ein System aufgebaut ist,
- dem **ortsbezogenen Aspekt**, also nach dem Ort, den das Objekt darstellt.

Für jeden dieser Aspekte wird aufgrund der sehr unterschiedlichen Informationsinhalte und Anwendungen eine eigene Struktur aufgebaut. Durch Beziehungen zwischen Elementen der verschiedenen Strukturen können Informationen dahingehend erzeugt werden, dass der Ort, an dem sich ein Produkt befindet, beschrieben wird. Oder aber es werden einem Produkt durch eine oder mehrere Beziehungen eine oder mehrere Funktionen zugeordnet, die das Produkt erfüllt.

Um die Strukturen unterscheiden zu können, werden den daraus erzeugten Referenzkennzeichen sogenannte Vorzeichen vorangestellt. Dabei steht:

- „=“ für den funktionsbezogenen Aspekt,
- „–“ für den produktbezogenen Aspekt,
- „+“ für den ortsbezogenen Aspekt.
- „%“ für den typbezogenen Aspekt.

In Bild 13.5 sind die auf ein Objekt bezogenen Aspekte nach DIN EN 81346-1 dargestellt.

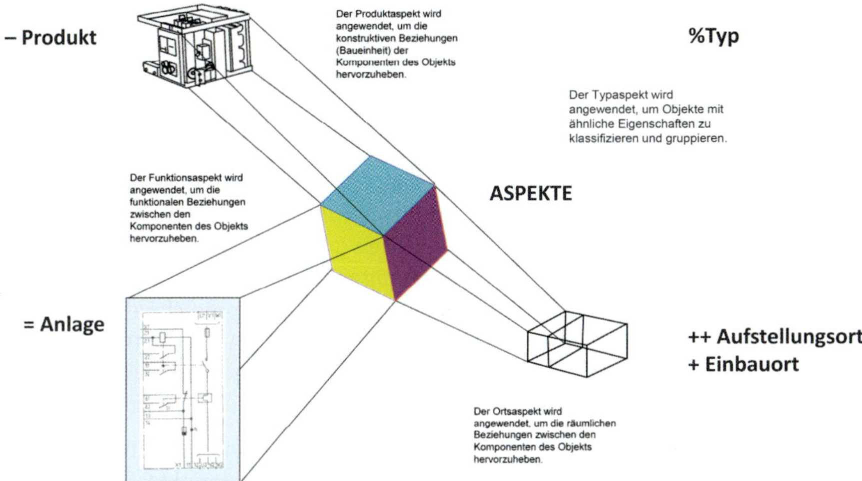

Quelle: nach DIN EN 81346-1

Bild 13.5: Aspekte eines Objekts

In dem nachfolgenden Bild 13.6 sind die vier Aspekte Produkt, Funktion, Ort und der mit ISO 81346-12 eingeführte Aspekt Typ dargestellt. Am Beispiel einer Pumpe sind die Aspekte bildlich veranschaulicht.

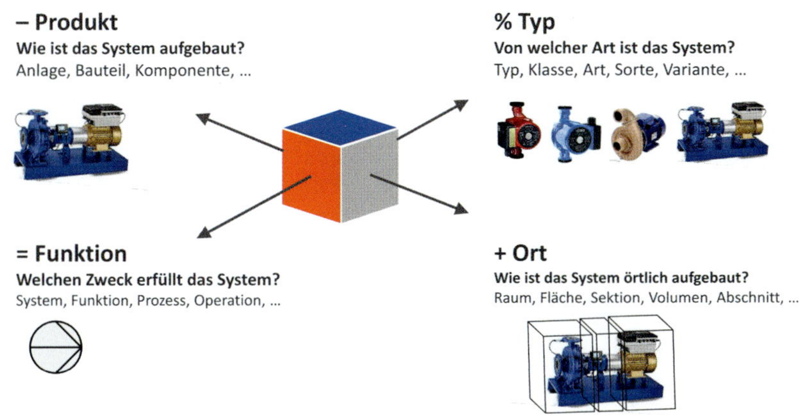

Quelle: eigene Darstellung nach ISO 81346-12

Bild 13.6: Die vier verschiedenen Aspekte der ISO 81346-12 mit Beispielen aus der TGA

Sollen innerhalb eines Aspekts unterschiedliche Strukturen betrachtet werden, d.h. zwei unterschiedliche ortsbezogene Strukturen oder verschiedene funktionsbezogene Strukturen, so müssen die Kennzeichen durch Verdopplung (Verdreifachung etc.) der Vorzeichen unterschieden werden. Die Bedeutung der unterschiedlichen Strukturen und deren Bildung und Anwendung ist in einer begleitenden Dokumentation zu erläutern.

Beispiele für unterschiedliche Strukturen im selben Aspekt sind in der Prozesstechnik die Prozessfunktionssicht (Vorzeichen „=“) und die Automatisierungssicht (Vorzeichen „==“), der produktbezogene Ort (Vorzeichen „+“, nach DIN 6779-1 „Einbauort“) und der topografische Ort (Vorzeichen „++“, nach DIN 6779-1 „Aufstellungsort“), die produktbezogene Anlagenstruktur (Vorzeichen „–“) und die instandhaltungsbezogene Anlagenstruktur (Vorzeichen „– –“).

Sollen neben den Hauptaspekten der Referenzkennzeichnung weitere Aspekte betrachtet werden, z.B. Kostenaspekte, Organisationsaspekte oder in der Betriebsphase der Instandhaltungsaspekt, so müssen diese getrennt von der Referenzkennzeichnung behandelt und in einer begleitenden Dokumentation in gleicher Art beschrieben werden.

Ein anderer Aspekt kann aber auch in großen Systemen die Unterscheidung von Teilsystemen sein, wie z.B. Energieversorgung, Infrastruktur, Produktion und Gebäude. Hierfür wurde in ISO/TS 81346-3 die sogenannte „gemeinsame Kennzeichnung“ (engl. Conjoint Designation) als übergeordnete Betrachtung unter dem Vorzeichen „#“ festgelegt, siehe Bild 13.7.

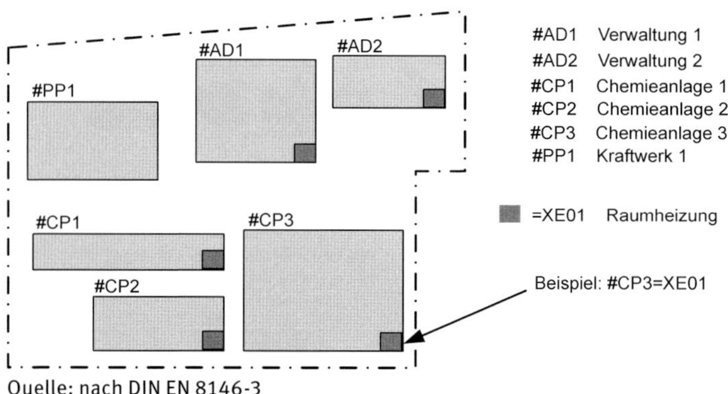

Quelle: nach DIN EN 8146-3

Bild 13.7: Beispiel für die Kennzeichnung nach einem „anderen Aspekt“

13.1.2 Funktionsbezogene Struktur

Die funktionsbezogene Struktur ist in frühen Projektphasen von besonderer Bedeutung, d. h. im Entwurf und den ersten Planungsphasen der technischen Systeme, wenn es darum geht, die aus dem Versorgungsbedarf resultierenden funktionalen Anforderungen zur spezifizieren und zu strukturieren. Daraus entstehen größere funktionale Versorgungseinheiten oder Versorgungssysteme.

Des Weiteren ist der funktionsbezogene Aspekt wichtig, wenn es um den Betrieb der technischen Systeme in Verbindung mit Aufgaben des Messens, des Steuerns und des Regelns geht und darüber hinaus für Aufgaben in der Betriebsphase. Hierzu zählt beispielsweise das Finden von Fehlern oder das Optimieren von Systemen.

Dokumentenarten, in denen der funktionsbezogene Aspekt dargestellt wird, sind z. B. Übersichtsschema, Funktionsschema, Rohrleitungs- und Instrumentierungsschema (R&I-Schema, engl. Process and Instrumentation Diagram – P&ID), Automationsschema, Steuerungsablaufschema oder Stromlaufschema, d. h. schematische, nicht-maßstäbliche Dokumente mit grafischen Symbolen, die mit Linien verbunden sind.

13.1.3 Produktbezogene Struktur

Die produktbezogene Struktur beschreibt, wie ein System aus einzelnen Einheiten aufgebaut ist. Die Struktur zeigt die Aufteilung eines Systems in einzelne Baueinheiten unter Berücksichtigung des Produktaspekts, des Ortes, an dem sich das Produkt befindet, oder der Aufgaben, welche das Produkt erfüllt.

Im Kontext der produktbezogenen Struktur sind Begriffe wie z. B. Anlagenkomplex, Anlage, Teilanlage oder Komponente üblich.

Die Produktstruktur ist von Bedeutung in der Phase der Umsetzung von Prozessen und Funktionen, Anlagen und Komponenten, d. h. in der Phase der Anlagenplanung und Konstruktion. Aber auch in der späteren Instandhaltung sind Produkte wichtig, da nur sie und nicht Funktionen gewartet oder instand gesetzt werden können.

Dokumentenarten, in denen der Produktaspekt dargestellt wird, sind Konstruktionszeichnung, Installationszeichnung, Zusammenbauzeichnung, Explosionszeichnung, Netzwerkzeichnung, Schalungs- und Bewehrungszeichnung, Instandhaltungsplan, Anlagenbeschreibung, Bauteileliste, d. h. maßstäbliche Zeichnungen mit konkretem Bezug zu physikalischen Einheiten.

Hier sind auch 3-D-Modelle einzuordnen, womit gleichzeitig ausgedrückt wird, dass damit nur Produkte (Anlagen, Teilanlagen, Komponenten) dargestellt werden können und nur in geringem Umfang etwas über die Funktion der Anlagen und Komponenten ausgesagt werden kann.

13.1.4 Ortsbezogene Struktur

Die ortsbezogene Struktur basiert auf der topografischen Struktur eines Systems und der Umgebung, in die das System eingebettet ist. Die Struktur zeigt die Aufteilung eines Systems unter dem Ortsaspekt. Ein Ort kann dabei mehrere Produkte oder Funktionen enthalten bzw. einem Ort können mehrere Produkte oder Funktionen zugeordnet werden.

Objekte in der ortsbezogenen Struktur sind beispielsweise Liegenschaft, Gebäudekomplex, Gebäude, Gebäudeteil, Ebene, Räume. Ebenso können dies Orte im Außenbereich sein wie z.B. Grünflächen, Wege, Parkflächen, Straßen oder Lagerflächen.

Als Ort kann jedoch auch ein Produkt gesehen werden, beispielsweise ein Schaltschrank oder ein Baugruppenträger in einem Schaltschrank als Ort für den Einbau von elektrischen Betriebsmitteln oder eine größere Maschine, ein Kanal oder eine Leitung als Einbauort von Messfühlern.

In der Elektrotechnik wird dies dahingehend angewendet, dass die Betriebsmittel über den Einbauort im Schaltschrank gekennzeichnet werden, denen dann über die funktionsbezogene Struktur und Kennzeichnung die jeweilige Funktion oder der Zweck zugeordnet wird. Beispiele hierzu finden sich in DIN 6779-12 und DIN EN 61082-1.

Im Baubereich spielt der ortsbezogene Aspekt eine wichtige Rolle in allen Phasen des Gebäudes: von der Planung über die Errichtung bis in die Betriebsphase einschließlich des Aufbaus und der Installation von Produkten sowie der Wartung von Produkten in dem jeweiligen Bereich, in dem sie installiert sind.

Dokumentenarten, in denen die ortsbezogene Struktur dargestellt wird, sind Lageplan, Grundrisszeichnung, Aufstellungszeichnung, Installationszeichnung, Schnittzeichnung, Ansichtszeichnung, d.h. in der Regel maßstäbliche Zeichnungen. Auch das 3-D-Modell ist im Wesentlichen hier einzuordnen, um darzustellen, an welchen Orten sich welche Produkte befinden oder wo sie installiert werden.

13.2 Referenzkennzeichen

Zweck eines Referenzkennzeichens ist es, innerhalb eines betrachteten Systems ein einzelnes Objekt eindeutig zu markieren, d.h. zu identifizieren. Dabei folgt der Aufbau des Referenzkennzeichens den Vorgaben aus der

Strukturierung nach den verschiedenen Aspekten, um für jeden Aspekt ein Kennzeichen zu bilden. In DIN EN 81346, Teil 1 sind Bildungsregeln vorgegeben, die bei der Erstellung von Kennzeichen zu beachten sind.

Nachfolgend sind einige wichtige Regeln aus DIN EN 81346-1 aufgeführt:

- Jedem Objekt, das ein Bestandteil ist, muss ein eindeutiges Referenzkennzeichen zugewiesen werden.
- Das einem Objekt zugewiesene Einzelebenen-Referenzkennzeichen muss aus einem Vorzeichen bestehen, entweder gefolgt von
  - Kennbuchstaben oder
  - Kennbuchstaben, gefolgt von einer Nummer oder
  - einer Nummer.
- Werden sowohl Kennbuchstaben als auch Nummern angewendet, muss die Nummer den Kennbuchstaben folgen. In diesem Fall muss die Nummer zwischen Objekten unterscheiden, die Bestandteil desselben Objekts sind und dieselben Kennbuchstaben haben.
- Nummern selbst oder Nummern in Kombination mit Kennbuchstaben sollten keine aussagekräftige Bedeutung haben. Falls Nummern eine aussagekräftige Bedeutung haben, muss dies im Dokument oder in begleitender Dokumentation erläutert sein.
- Als Kennbuchstaben müssen lateinische Großbuchstaben von A bis Z (nationale Zeichen sind ausgeschlossen) eingesetzt werden. Die Buchstaben I und O dürfen nicht eingesetzt werden, wenn eine Verwechslungsgefahr mit den Ziffern 1 und 0 besteht.
- Für Kennbuchstaben, die Klassen eines Objekts angeben, gilt das Folgende:
  - Kennbuchstaben müssen das Objekt basierend auf einem Klassenschema klassifizieren,
  - Kennbuchstaben dürfen aus einer beliebigen Anzahl von Buchstaben bestehen. Bestehen Kennbuchstaben aus mehreren Buchstaben, muss der zweite (dritte etc.) Buchstabe eine Unterklasse derjenigen Klasse angeben, die durch den ersten (zweiten etc.) Buchstaben angegeben ist.
  - Kennbuchstaben zur Angabe der Klasse von Objekten sollen aus einem Klassenschema nach IEC 81346-2 gewählt werden.

Grundsätzlich gilt für alle Kennzeichen: „So kurz wie möglich – so lang wie nötig.“

13.3 Funktionskennzeichen

In DIN 6779, Teil 12 wurde das funktionsbezogene Referenzkennzeichen wie in Bild 13.8 dargestellt definiert.

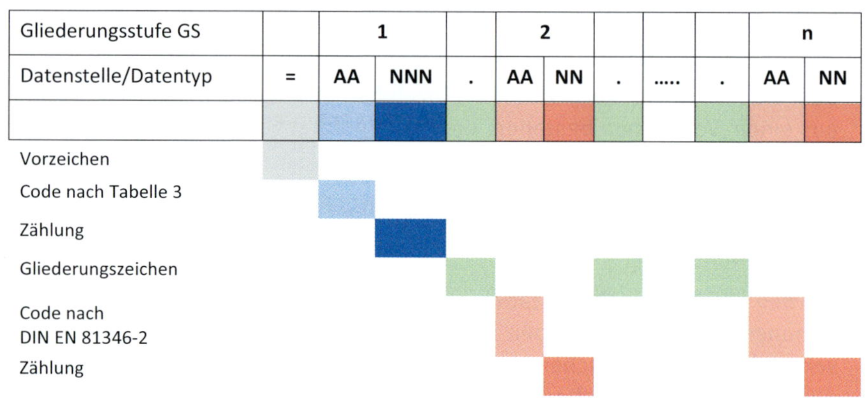

Quelle: nach DIN 6779-12

Bild 13.8: Aufbau des funktionsbezogenen Referenzkennzeichens nach DIN 6779-12

Sollen für Projekte hierauf aufbauende Vorgaben gemacht werden, so können abhängig von der jeweiligen Systemgröße sowohl die Kennbuchstaben auf eine Stelle reduziert als auch um eine Klassifizierungsstufe mit drei Kennbuchstaben erweitert werden. Hierbei ist darauf zu achten, dass in frühen Planungsphasen in der Regel nicht die objektbezogenen Informationen vorliegen, die – über alle Objektarten betrachtet – eine tiefergehende Klassifizierung zulassen, sodass eine Anwendung erschwert wird. Von temporärem Weglassen der dritten Klassifizierungsstufe oder dem Auffüllen der dritten Stufe mit einem Platzhalter, beispielsweise „_", wird dringend abgeraten, da ein späteres Ergänzen eines dritten Kennbuchstabens zu einem neuen Kennzeichen führt.

Es ist gleichermaßen zu prüfen, wie viele Numerikstellen – in der Regel zwei oder drei – in den einzelnen Gliederungsstufen erforderlich sind. Hierbei sollten die Gliederungsstufen ab der zweiten Ebene immer dieselbe Anzahl an Numerikstellen aufweisen.

Für die Gliederungsstufe 1 wurden in DIN 6779-12 die in Tabelle 13.1 und Tabelle 13.2 dargestellten Anlagenklassen festgelegt. Im Rahmen des Funktionskennzeichens werden die Objekte nach deren Zweck und Aufgabe betrachtet.

Tabelle 13.1: Baubezogene Anlagenklassen (Quelle: nach DIN 6779-12)

Code	Objektklasse
B	**Baubezogene Objektklassen**
BB	Balkon
BC	Tragkonstruktion
BD	Raumabschließende Außenkonstruktion (horizontal)
BE	Gründung, Fundament, geotechnische Anlage
BF	Raumabschließende Außenkonstruktion (vertikal)
BG	Außenanlage
BH	Verkehrsbauten, -flächen
BJ	Wasserbauliche Anlage
BK	Bauliche Ver- und Entsorgungsanlage
BL	Innenausbau, Einbauten
BR	Raumbildende Innenkonstruktion (Trennwände, abgehangene Decken, Doppelfußboden)
BV	Verbindungsbauten

Tabelle 13.2: TGA-bezogene Anlagenklassen (Quelle: nach DIN 6779-12)

Code	Objektklasse
T	TGA-bezogene Objektklassen
TB	Schutz- und Sicherheitsanlagen (sofern nicht in TF enthalten)
TC	Automatisierungstechnische Anlagen
TD	Datentechnische Anlagen
TE	Elektrotechnische Anlagen
TF	Fernmelde-, Informations- und Medienanlagen
TG	Brennstoffversorgungsanlagen
TH	Wärmeversorgungsanlagen
TJ	Förderanlagen
TK	Kältetechnische Anlagen
TL	Raumlufttechnische Anlagen
TM	Medien- und Betriebsstoffversorgungsanlagen
TN	Nutzungsspezifische Anlagen
TP	Feuerlöschanlagen/Feuerlöscher
TQ	Küchentechnische Anlagen
TS	Wasserversorgungsanlagen
TT	Abwasseranlagen (sofern nicht in TS enthalten)
TU	Entsorgungsanlagen
TY	Sonstige Anlagen

13.4 Produktkennzeichen

Das Produktkennzeichen spiegelt die Struktur, gebildet nach dem produktbezogenen Aspekt als „Bestandteil-von“-Beziehung, wider. Der Aufbau des Kennzeichens entspricht dem Aufbau des Funktionskennzeichens nach Bild 13.8. Zur Unterscheidung der Kennzeichen wird für das Produktkennzeichen das Vorzeichen „-“ benutzt. Gleichermaßen werden für die Kennzeichenbildung die Kennbuchstabentabellen nach Tabelle 13.1 und Tabelle 13.2 für die Anlagen und DIN EN 81346-2 für die technischen Einrichtungen der

Anlagen genutzt. Die jeweiligen Objekte werden als physikalische Baueinheiten betrachtet, aus denen sich die jeweils übergeordneten Betrachtungseinheiten (z. B. Baueinheiten, Anlagen, Teilanlagen) zusammensetzen.

Die Festlegung der Stellenanzahl kann nach zwei Arten erfolgen:

1) Die Anzahl der Buchstaben für die Klassifizierung ist gleich der funktionsbezogenen Kennzeichnung; die Anzahl der Numerikstellen entspricht ebenfalls der im Funktionskennzeichen. Damit entspricht das Produktkennzeichen syntaktisch dem Funktionskennzeichen und wird nur durch das Vorzeichen unterschieden.
2) Die jeweilige Anzahl von Klassifizierung und Zählung wird abweichend vom Funktionskennzeichen gewählt. Dies kann beispielsweise dann sinnvoll sein, wenn die Produktkennzeichnung zu einem späteren Zeitpunkt festgelegt und angewendet wird, detaillierte Informationen über die eingesetzten Produkte festliegen und sich dies im Kennzeichen widerspiegeln soll.

13.5 Ortskennzeichen

Beim Ortskennzeichen werden in der Regel immer zwei unterschiedliche Aspekte betrachtet, wie bereits im Kapitel 13.1.1 beschrieben. Nach DIN 6779-12 gibt es folgende Betrachtungen:

„+“: beschreibt den bau-/anlagenbezogenen Ort, d. h. die Betrachtung der Baueinheiten unter dem örtlichen Aspekt (Einbauort, engl. Point of Installation). Beispiele dafür sind im Baubereich Träger, Schienen, Verankerungskonstruktion, Sanitärobjekte, Bodeneinläufe und im Bereich der technischen Gebäudeausrüstung Verteilerschränke, Einbaufelder, Einbauplätze, Pulte oder Bedientableaus. Der Einbauort kann sich als Einbauort von Produkten, z. B. in einem Schaltschrank, aber auch von Funktionen, z. B. Regelungs- oder Steuerungsfunktionen, in einem Produkt der Automationsanlagen wiederfinden.

„++“: beschreibt den topologischen Ort eines Systems (Aufstellungsort, engl. Site of Installation). Beispiele hierfür sind Standort, Liegenschaft, Gebäude, Ebene oder Raum.

Für den Einbauort werden wie für das funktions- und das produktbezogene Kennzeichen in der Regel dieselbe Struktur und derselbe Kennzeichenaufbau gewählt. Die Unterscheidung erfolgt durch das Vorzeichen „+“.

Bei der Festlegung des topografiebezogenen Aufstellungsort-Kennzeichens wird empfohlen, wie in DIN 6779-12 beschrieben zu verfahren, d. h. je nach Komplexität des oder der Gebäude die jeweils geeignete Struktur und das davon abgeleitete Kennzeichen festzulegen. In der Regel gilt es, die Gliederungsstufen Land, Liegenschaft, Gebäudekomplex, Gebäude, Gebäudeteil, Ebene, Raum, Zone und/oder Bereich festzulegen und die Objekte der jeweiligen Ebenen zu identifizieren und zu klassifizieren. Bei der Festlegung von nutzungsbezogenen Objektklassen ist darauf zu achten, dass bei Nutzungsänderungen auch die Kennzeichen zu ändern sind. Besser ist hier, die Nutzung außerhalb des Referenzkennzeichens als Eigenschaft des Objekts zu verwalten.

Weitere Festlegungen zur Gebäudestrukturierung sind in der Normenreihe DIN EN ISO 4157 enthalten.

13.6 Dokumentenkennzeichnung

Der Dokumentenkennzeichnung kommt im Zusammenhang mit BIM dahingehend eine besondere Bedeutung zu, dass die Informationen im Informationsmodell über Dokumente bzw. Dokumentenarten eingegeben und repräsentiert oder visualisiert werden. Dokumente sind als Arten von Sichten auf Daten zu verstehen, d. h., je nachdem, mit welcher „Brille“ die Daten des Gebäudeinformationsmodells betrachtet werden, ergeben sich unterschiedliche Informationen und Informationszusammenhänge, die die jeweilige Aufgabe und Anwendung unterstützen sollen, siehe Bild 13.9.

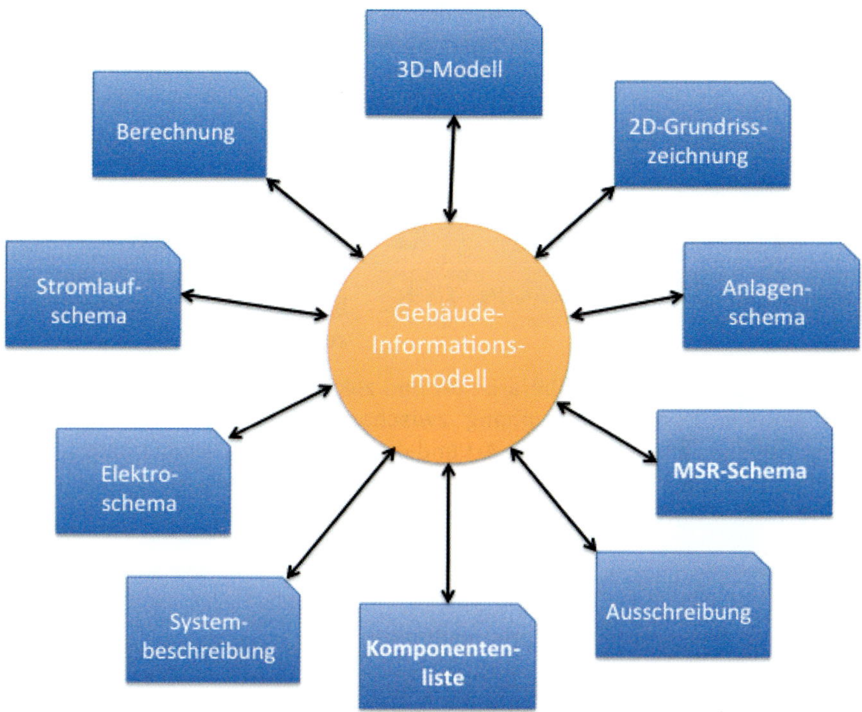

Quelle: eigene Darstellung

Bild 13.9: Dokumente als Sicht auf das Gebäudeinformationsmodell

Werden technische Systeme konzipiert, so stehen Funktionen und funktionsbezogene Beziehungen zwischen funktionalen Einheiten im Vordergrund, die über schematische Darstellungen eingegeben und dargestellt werden.

Werden Funktionen in Baueinheiten umgesetzt, so stellt man diese mit Konstruktionszeichnungen dar. Sind die baulichen Einheiten in ein Gebäude, einer Ebene oder einem Raum zu installieren, so wird dies in Installationszeichnungen (2-D oder 3-D), in Aufstellungszeichnungen, Deckenspiegelzeichnungen, Wandabwicklungszeichnungen oder konstruktiven Detailzeichnungen eingegeben und dargestellt. Tabellen, Listen in Verbindung mit Anleitungen und Beschreibungen werden im Rahmen der Wartung und Inspektion vielfach eingesetzt.

Wie Dokumente in Verbindung mit der Referenzkennzeichnung zu markieren sind, wird in DIN EN 61355 beschrieben. Das Grundprinzip der objektbezogenen Dokumentenkennzeichnung ist in Bild 13.10 dargestellt.

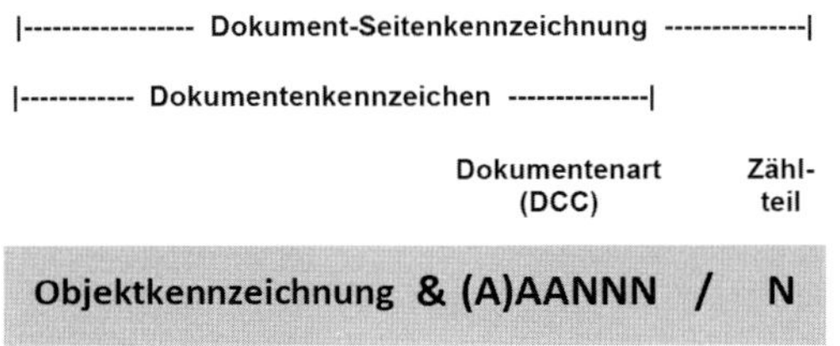

Quelle: nach DIN EN 61355

Bild 13.10: Prinzipieller Aufbau eines Dokumentenkennzeichens

Die IEC 61355 wird derzeit überarbeitet und zukünftig als IEC 81355 veröffentlicht werden. Den Zusammenhang zwischen Objekten auf verschiedenen Strukturebenen und die jeweilige Art und den Umfang der Dokumentation zeigt Bild 13.11. Hieraus entsteht eine objektbezogene Dokumentationsstruktur, die das Verwalten von Dokumenten in allen Phasen vereinfacht.

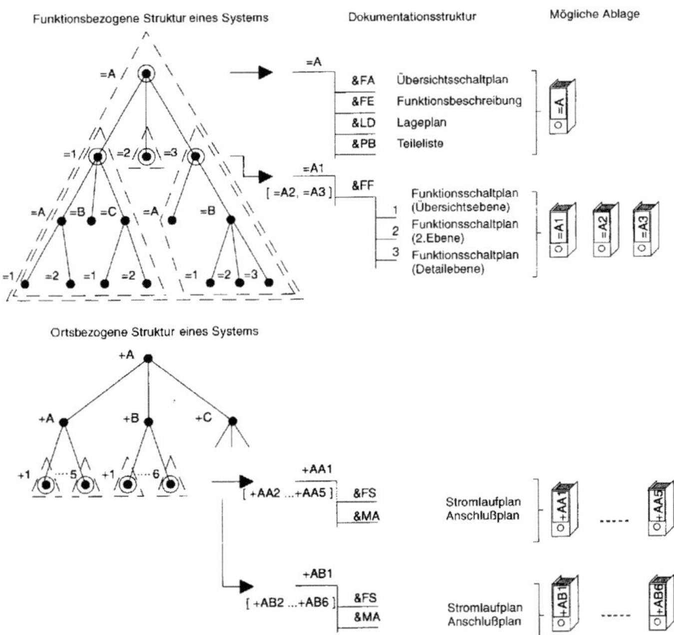

Quelle: nach DIN EN 61355

Bild 13.11: Zusammenhang zwischen Objekten in Strukturen und deren Dokumentation

Wesentlicher Teil der Dokumentenkennzeichnung und Inhalt der auf der IEC 61355 beruhenden DIN EN 61355 ist die Definition der verschiedenen Dokumentenarten durch den jeweiligen Kennbuchstaben (engl. DCC – Documentkind Classification Code). Der Aufbau des Dokumentenartenschlüssels ist in Bild 13.12 dargestellt.

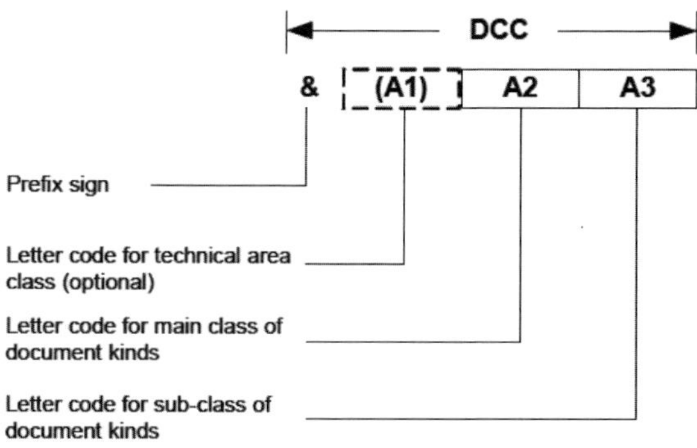

Quelle: nach IEC 61355 (abgeleitet DIN EN 61355)

Bild 13.12: Aufbau des Dokumentenartenschlüssels

Der Kennbuchstabe A1 ist in Tabelle 13.3 enthalten, die Klassen der Stelle A2 in Tabelle 13.4.

Tabelle 13.3: Kennbuchstaben für DCC-Datenstelle A1 (nach IEC 61355 (abgeleitet DIN EN 61355))

	Technical area
A	Overall management
B	Overall technology
C	Construction engineering (building construction and civil engineering)
E	Electrical engineering, Instrumentation and control engineering (including Information and communication techniques)
M	Mechanical engineering (normally including process engineering)
P	Process engineering (only if Separation from M is required)
NOTE The code letters shown in the table are only for the purpose of document Classification and designation. They are not intended to standardize technical areas in a general sense.	

Tabelle 13.4: Übersicht über DCC-Klassen in Datenstelle A2 (nach IEC 61355 (abgeleitet DIN EN 61355))

A..	Documentation describing documents
B..	Management documents
C..	Contractual and non-technical documents
D..	General technical Information documents
E..	Technical requirement and dimensioning documents
F..	Function describing documents
L..	Location documents
M..	Connection describing documents
P..	Object listings
Q..	Quality management documents; safety-describing documents
T..	Geometry-related documents
W..	Operation records

Am Beispiel der funktionsbeschreibenden (schematischen) Dokumentenarten ist in Tabelle 13.5 dargestellt, wie die Kennbuchstaben der Datenstelle A3 definiert sind. Eine weitergehende Unterscheidung der beispielhaft angegebenen Dokumentenarten kann über den Numerikteil erfolgen. Dies ist in projekt- oder unternehmensbezogenen Dokumentations-Pflichtenheften festzulegen.

Tabelle 13.5: Kennbuchstaben und Beschreibung von Dokumentenarten (nach IEC 61355 (abgeleitet DIN EN 61355), Auszug)

	Document kind classes (main class/ subclass)	Content of information	Examples of document kinds
F ...	**Function-describing** **documents**	**Documents mainly describing the function, task or behaviour of an object, graphically or verbally** **Information elements include:** – **function-describing symbols,** – **interconnections between symbols,** – **dependencies,** – **commands, actions,** – **time relations**	
F A	Functional overview documents	Documents providing an overview about the functional behaviour or structure of a System, predominantly in graphical form	**Overview diagram** Network map Block diagram
F B	Flow diagrams	Documents providing Information about technology, operational procedures of a plant or System and flow of material between machines, apparatus, devices and equipment within the plant or System	**Overview diagram** Block diagram Process flow diagram Piping and Instrument diagram (P & ID) Utility flow diagram (UFD)
F C	MMI layout documents (MMI = man-machine interface)	Documents providing Information about layout and properties of MMI facilities	Screen display layout drawing

Im Zusammenhang mit der Definition der Dokumentenartenklassen werden nicht nur Kennbuchstaben für die verschiedenen Dokumentenarten festgelegt, sondern – soweit möglich – die Inhalte und Art der jeweiligen Dokumentenart beschrieben. Diese Definition erfolgt im Rahmen der Festlegung der Dokumentenartenklasse oder als Verweis auf Normen, in denen die Dokumentenartenklasse bereits definiert wurde. Beispiele hierfür sind die Dokumentenarten Grundfließschema, Verfahrensfließschema und Rohrleitungs- & Instrumentierungsfließschema, die in ISO 10628 definiert sind. Dort sind auch Mindestinhalt (MI) und Zusatzinhalt (ZI) beschrieben. Im Rahmen einer Qualitätssicherung können diese Festlegungen genutzt werden, um die Vollständigkeit der Dokumenteninhalte zu prüfen (Qualitätsvorgaben für Planungsprodukte).

Eine Definition und Beschreibung unterschiedlicher Dokumentenarten der IEC 61355 ist auf einer internetbasierten Datenbank des IEC „IEC 61355 – Collection of standardized and established document kinds“ zu finden [IEC61355d].

In Bild 13.13 ist am Beispiel eines Piping and Instrumentation Diagrams (P&ID – Rohrleitungs- und Instrumentierungs-Fließschema – R&I-Schema) eine Dokumentenbeschreibung aus der Datenbank dargestellt.

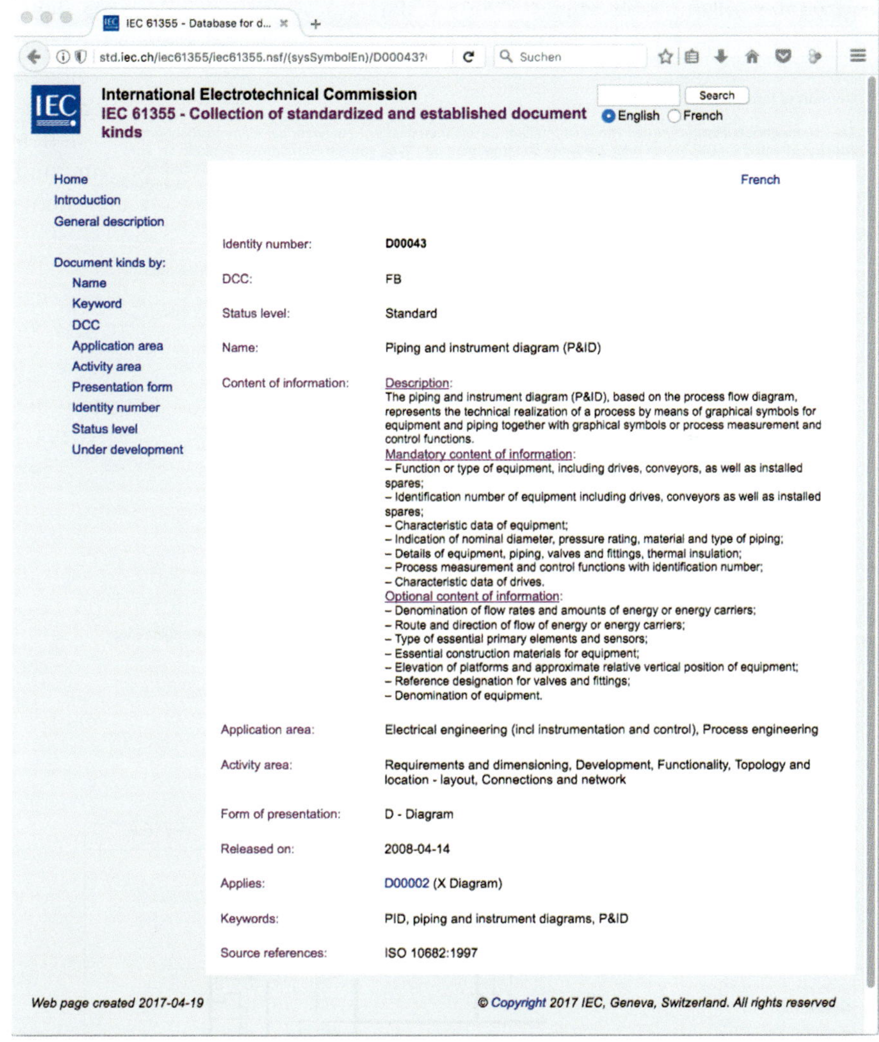

IEC 61355 - Database for d...

std.iec.ch/iec61355/iec61355.nsf/(sysSymbolEn)/D00043?

International Electrotechnical Commission

IEC 61355 - Collection of standardized and established document kinds

Search | English | French

- Home
- Introduction
- General description

Document kinds by:

- Name
- Keyword
- DCC
- Application area
- Activity area
- Presentation form
- Identity number
- Status level
- Under development

French

Identity number:	**D00043**
DCC:	FB
Status level:	Standard
Name:	Piping and instrument diagram (P&ID)
Content of information:	Description: The piping and instrument diagram (P&ID), based on the process flow diagram, represents the technical realization of a process by means of graphical symbols for equipment and piping together with graphical symbols or process measurement and control functions. Mandatory content of information: – Function or type of equipment, including drives, conveyors, as well as installed spares; – Identification number of equipment including drives, conveyors as well as installed spares; – Characteristic data of equipment; – Indication of nominal diameter, pressure rating, material and type of piping; – Details of equipment, piping, valves and fittings, thermal insulation; – Process measurement and control functions with identification number; – Characteristic data of drives. Optional content of information: – Denomination of flow rates and amounts of energy or energy carriers; – Route and direction of flow of energy or energy carriers; – Type of essential primary elements and sensors; – Essential construction materials for equipment; – Elevation of platforms and approximate relative vertical position of equipment; – Reference designation for valves and fittings; – Denomination of equipment.
Application area:	Electrical engineering (incl instrumentation and control), Process engineering
Activity area:	Requirements and dimensioning, Development, Functionality, Topology and location - layout, Connections and network
Form of presentation:	D - Diagram
Released on:	2008-04-14
Applies:	D00002 (X Diagram)
Keywords:	PID, piping and instrument diagrams, P&ID
Source references:	ISO 10682:1997

Web page created 2017-04-19

© Copyright 2017 IEC, Geneva, Switzerland. All rights reserved

Quelle: IEC 61355 – Collection of standardized and established document kinds, https://std.iec.ch/iec61355/iec61355.nsf/

Bild 13.13: Beispielbeschreibung der Dokumentenart R&I-Schema (P&ID) in der IEC-61355-Datenbank

Diese Dokumentenbeschreibung kann, wie Bild 13.14 zeigt, auf beliebige Dokumentenarten erweitert werden.

VWFS-Code	DCC	Bezeichnung, dt.	Bezeichnung, engl.
BS21	BS	Feuerwehr-Laufkarte	fire detector location plan

Content of information: Description:

Als Feuerwehr-Laufkarten werden Hinweisformulare bezeichnet, die der Feuerwehr bei Alarmauslösung in zumeist öffentlichen Gebäuden oder größeren Unternehmen den Weg von der Brandmelderzentrale bis zum ausgelösten Brandmelder aufzeigen. Informationsgrundlage: (Installationsplan, Meldergruppenverzeichnis, Blockdiagramm und Anlagenbeschreibung), mit Lage der Melder, Meldergruppen, Meldebereiche, Alarmbereiche und aktuelle Grundissplâne.

Mandatory content of information:

- auf der Vorderseite: Gebäudeübersicht mit Grundriss und, sofern erforderlich, Schnittdarstellung oder Grundriss mit Teilausschnitt;
- auf der Rückseite: Detailplan für den Meldebereich und, sofern erforderlich, Schnittdarstellung oder Grundriss mit Teilausschnitt;
mit mindestens folgenden Angaben:
a) Meldergruppe;
b) Meldernummer(n);
c) Melderart und -anzahl;
d) Gebäude/Geschoss/Raum;
e) Standort der BMZ, der ÜE und des FAT/FBF;
f) Laufweg vom Standort zum Meldebereich;
g) im Laufweg liegende Treppen und Türen;
h) Raumkennzeichnung/Nutzung;
i) Bemerkungen, falls zutreffend (z. B. Ex-Bereich);
j) Objektname oder Ort (z. B. Straßenbezeichnung);
k) Datum der letzten Aktualisierung.

Application area: Overall management, Construction engineering (building construction and civil engineering)

Activity area: Environment and safety

Form of presentation: Diagram, Table or list, Textual form, Composite form

Keywords: fire, detector

Source references: DIN 14675:2012

Example document: DIN 14675

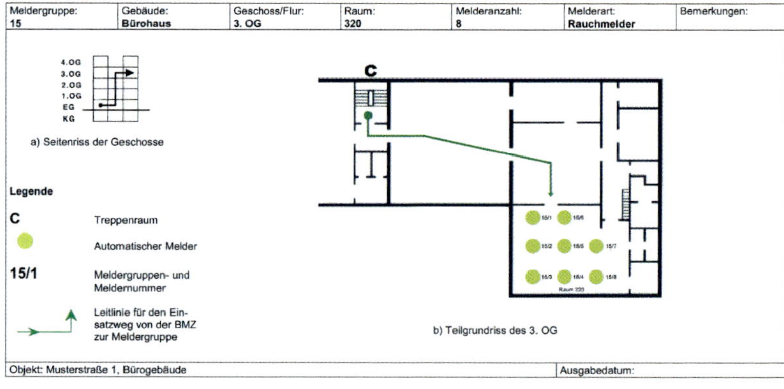

Meldergruppe: 15	Gebäude: Bürohaus	Geschoss/Flur: 3. OG	Raum: 320	Melderanzahl: 8	Melderart: Rauchmelder	Bemerkungen:

Objekt: Musterstraße 1, Bürogebäude	Ausgabedatum:

Quelle: eigene Darstellung mit Beispiel aus DIN 14675

Bild 13.14: Dokumentenbeschreibung am Beispiel einer Feuerwehr-Laufkarte

So entsteht insgesamt ein Satz von Dokumentenbeschreibungen, die im Zusammenhang mit der phasenbezogenen Dokumentationsvorgabe nach VDI 6026, vgl. Bild 4.2, genutzt werden können, um Planungsleistungen explizit vorgeben, prüfen und abnehmen zu können.

In Projekten werden diese in der Norm vorgegebenen Dokumentenkennzeichnungen um weitere Kennzeichnungsteile erweitert, die erforderlich sind, um über alle Phasen einer Projektabwicklung die Dokumente verwalten, organisatorisch und zeitlich zuordnen und durchgeführte Änderungen nachverfolgen zu können. Dazu werden folgende Teile ergänzt:

- Code des Dokumentenerstellers,
- Projektphase,
- Zählteil für verschiedene Dokumententeile unter Berücksichtigung des Maßstabs und des Blattschnitts,
- Angabe des Dokumentenindex,
- Status des Dokuments.

Bild 13.15 zeigt zwei Beispiele für Dokumentenkennzeichen-Vorgaben in Projekten, die strukturell gleich sind und sich nur in projektspezifisch formalen Details unterscheiden. Das objektbezogene Dokumentenkennzeichen und dessen Bestandteile sind grau markiert.

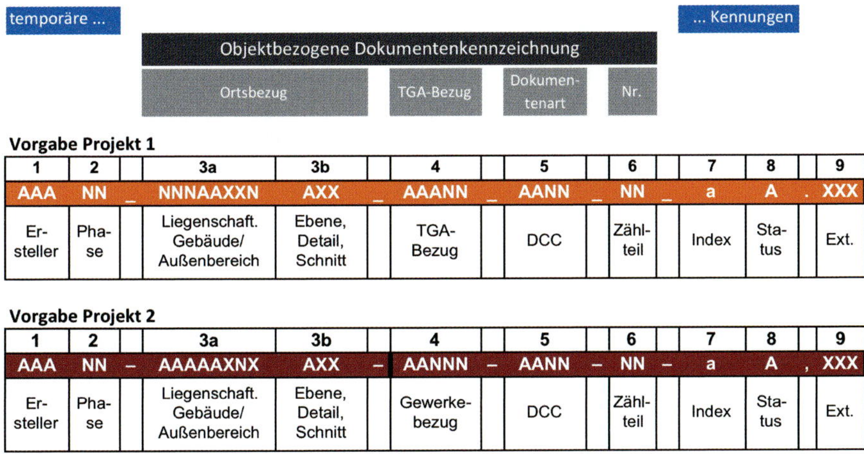

Vorgabe Projekt 1

1	2		3a	3b		4		5		6		7	8		9
AAA	NN	_	NNNAAXXN	AXX	_	AAANN	_	AANN	_	NN	_	a	A	.	XXX
Er-steller	Pha-se		Liegenschaft. Gebäude/ Außenbereich	Ebene, Detail, Schnitt		TGA-Bezug		DCC		Zähl-teil		Index	Sta-tus		Ext.

Vorgabe Projekt 2

1	2		3a	3b		4		5		6		7	8		9
AAA	NN	-	AAAAAXNX	AXX	-	AANNN	-	AANN	-	NN	-	a	A	,	XXX
Er-steller	Pha-se		Liegenschaft. Gebäude/ Außenbereich	Ebene, Detail, Schnitt		Gewerke-bezug		DCC		Zähl-teil		Index	Sta-tus		Ext.

Quelle: eigene Darstellung

Bild 13.15: Beispiel für Dokumentenkennzeichen in einem Projekt

Wesentlich ist hierbei, dass alle für die Abwicklung des Projekts über die Planung und Errichtung erforderlichen, zuvor aufgeführten Angaben entweder vor oder nach den eigentlichen Dokumentenkennzeichen angefügt werden (temporäre Kennungen), da diese im späteren Betrieb nicht mehr von Bedeutung sind. Einzig das objektbezogene Dokument bleibt übrig.

13.7 Signalkennzeichnung

Grundlage für die Bildung von Signalkennzeichen oder Datenpunktkennzeichen ist das Referenzkennzeichen, insbesondere das Funktionskennzeichen. Genauer ist die Bildung von Signalkennzeichen mit weitergehenden Angaben zu einem Signal in DIN EN 61175 beschrieben.

Der Aufbau eines Signalkennzeichens in einfacher Form ist in Bild 13.16 dargestellt. Das Signalkennzeichen hat das Vorzeichen „;“, das dem Signalnamen vorangestellt wird.

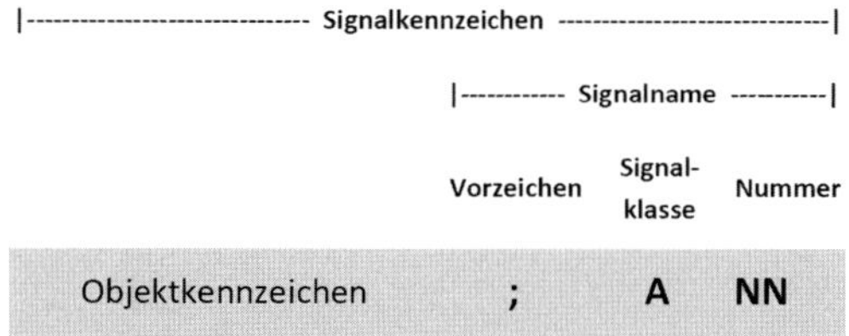

Quelle: nach DIN EN 61175

Bild 13.16: Aufbau eines Signalkennzeichens

Kennbuchstaben für verschiedene Signalklassen mit dem jeweiligen Signalklassencode sind in Tabelle 13.6 enthalten. Der Bezugstyp der Signalklasse gibt an, ob das Signal auf den Erzeuger (Reporting type, z. B. Messstelle oder Alarmgeber) oder auf den Empfänger (Controlling type, z. B. Stellglied oder Anzeige) bezogen ist.

Tabelle 13.6: Arten von Signalen (nach DIN EN 61175)

Signalklassencode	Signalklasse	Bezugstyp
A	Alarmsignal	Reporting type
C	Befehlssignal	Controlling type
E	Ereignissignal	Reporting type
I	Anzeigesignal	Reporting type
L	Konstantwert	Reporting type
M	Messsignal	Reporting type
S	Sollwert	Controlling type
X(n)	Zusätzliche Klasse	Reporting type
Y(n)	Zusätzliche Klasse	Controlling type

Wird das Signalkennzeichen auf Basis des Funktionskennzeichens gebildet, könnte der Aufbau beispielsweise wie folgt aussehen:

=ANNN.AANN.AANN;ANN

In vielen Fällen ist es sinnvoll, dem Kennzeichen des technischen Objekts, welches das Signal erzeugt oder empfängt, auch den Ort des jeweiligen Objekts im Signalkennzeichen hinzuzufügen. Nach den Anwendungsregeln von Referenzkennzeichen in DIN EN 81346-1, Regel 33 können zu einem Objekt mehrere Referenzkennzeichen (unterschiedlichen Aspekts) in einer Zeile angegeben und durch das Schriftzeichen Schrägstrich („/") voneinander abgegrenzt werden.

Demnach würde ein Signalkennzeichen, bestehend aus Ortskennzeichen und Funktionskennzeichen, als Objektkennzeichen wie folgt aussehen:

++NNN.ANN/=ANNN.AANN;ANN

Inwieweit die hier dargestellte Syntax mit den in Projekten jeweils eingesetzten Gebäudeautomations-Systemen umgesetzt werden kann, ist zu prüfen und gegebenenfalls anzupassen.

Da im Sinne der IEC 81346 die Systemstruktur und die daraus abgeleiteten Referenzkennzeichen die Basis für das Signalkennzeichen bilden, wird von einer unbedachten Anwendung des in VDI 3814 Blatt 4.1 vorgegebenen Benutzeradressierungssystems abgeraten; die Struktur dieses Systems widerspricht mehreren Basisregeln der IEC 81346-1 zur Strukturierung, Klassifizierung und Kennzeichnungen von Systemen.

13.7.1 Anschlusskennzeichnung

Anschlüsse an Objekten wie elektrische Betriebsmittel, Behälter, Pumpen, Ventilatoren, Ventile, aber auch Funktionsbausteine in Regelungs- und Steuerungssystemen (vgl. Kap. 5.5.2.6) werden durch die Verbindung von Objektkennzeichen und Anschlusskennzeichen markiert. Die Grundlagen für die Kennzeichnung von Anschlüssen sind in DIN EN 61666, beruhend auf IEC 61666, beschrieben.

Nach IEC 61666 hat ein Anschlusskennzeichen den in Bild 13.17 dargestellten Aufbau.

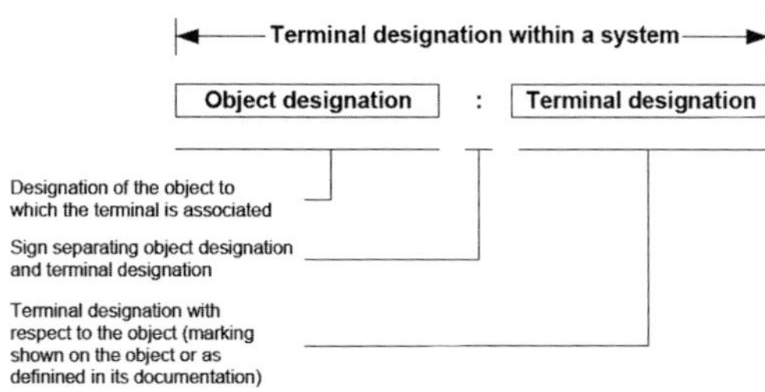

Quelle: nach IEC 61666 (abgeleitet DIN EN 61666)

Bild 13.17: Aufbau des Anschlusskennzeichens

Ein Beispiel aus DIN ISO/TS 81346-3 zeigt eine mögliche Anwendung der Kennzeichnung von Anschlüssen im Anlagenbau an Behältern, Pumpen, Ventilen, Rohrverbindungen etc., siehe Bild 13.18.

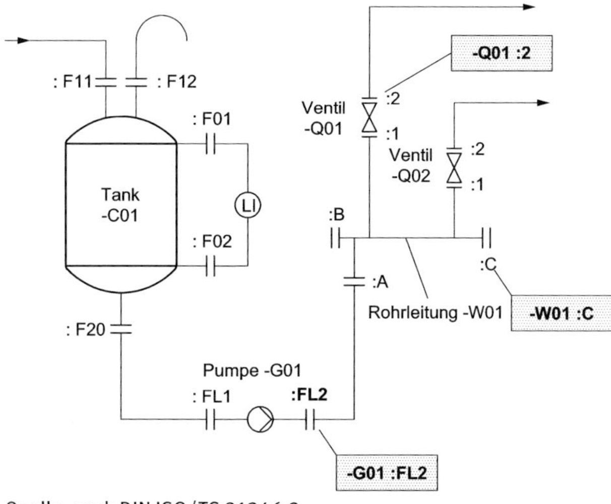

Quelle: nach DIN ISO/TS 81346-3

Bild 13.18: Beispiel zur Kennzeichnung von Anschlüssen

Üblich sind Anschlusskennzeichen im Bereich der Elektrotechnik. In Stromlaufschemata werden die Anschlüsse von elektrischen Betriebsmitteln über einen Klemmenspiegel dargestellt und können über eine Anschluss- oder Verbindungsliste ausgewertet werden.

In Bereichen, in denen mechanische Verbindungsstellen von Rohrleitungen zu prüfen und zu dokumentieren sind, können die einzelnen Anschlüsse hiermit identifiziert werden.

13.8 Typkennzeichnung

Typen in einer Planung zu kennzeichnen und in einer Typtabelle zu verwalten, ist gängige Praxis. So werden beispielsweise verschiedene Leuchtentypen mit L1 bis Ln in der Elektrotechnikplanung in Installationszeichnungen eingetragen. Ebenso werden Pumpen mit P1 bis Pn in Schemata als Typen gekennzeichnet und deren Eigenschaften in einer beigefügten Tabelle dargestellt.

Um Typkennzeichen von anderen Kennzeichen unterscheiden zu können, wird empfohlen, auch diese durch ein Vorzeichen zu markieren. Dazu kann beispielsweise das Vorzeichen „%“ genutzt werden, sodass ein Typkennzeichen wie folgt aussehen könnte:

% Typkennzeichen

Das Typkennzeichenwird erst mit der kommenden Ausgabe der IEC 81346-1 ein offizieller Aspekt sein. In der ISO 81346-12, vgl. Kapitel 13.10, wurde diese weitere Aspekt eingeführt. Es ist jedoch sinnvoll, auch die Inhalte des Typkennzeichens strukturiert und vergleichbar zum Dokumentenartenkennzeichen aufzubauen. In DIN EN 81346-2 sind bereits Objektklassen vorgegeben, die als Basis für die Bildung von detaillierteren Objektklassen genutzt werden können.

So könnten beispielsweise mit %GPA1 und %GPA2 unterschiedliche Typen von Nassläuferpumpen gekennzeichnet werden. Die Basis ist der Objektklassencode „GP“ aus DIN EN 81346-2.

Ein weiteres Beispiel stellt sich bei drei unterschiedlichen LED-Leuchtentypen dar: %EAA1 bis %EAA3 und zwei verschiedene Leuchtstoffröhrenleuchten: %EAB1 und %EAB2. In diesem Fall ist die Basis-Objektklasse „EA“.

Entsprechende Typenkataloge können in Projekten individuell festgelegt und mit Objektarten im Rahmen der Ausschreibung oder im CAD benutzten Objektarten abgestimmt werden.

In Tabelle 13.7 sind Beispiele u. a. aus der zukünftigen Norm dargestellt.

Tabelle 13.7: Beispiele für Objekttypkennzeichen

Objekt (projektbezogene Typen)	Typbezeichnung	Referenzkennzeichen
Wandsystemtyp 1	Fassade	%B1
Wandsystemtyp 2	Innenwand	%B2
Wärmeversorgungs-systemtyp 1	Wärmetauschersystem	%HD1
Wärmeversorgungs-systemtyp 2	Fernwärmesystem	%HD2
Fenstertyp 1	Links angeschlagenes Fenster	%QQA1
Fenstertyp 2	Oben angeschlagenes Fenster	%QQA2
Steckdosentyp 1	3-polig mit Erdung	%XDB1
Steckdosentyp 2	5-polig mit Erdung	%XDB2
Leuchtentyp 1	LED-Leuchte PAR16 50 Round, 5,5 W, 3.000 K, 350 lm, 950 cd	%EAC1
Leuchtentyp 2	Feuchtrauleuchte 58 W, T5, VVG, IP65	%EAB3

13.9 Kennzeichnung von Relationen

Grundlegendes Konzept der Referenzkennzeichnung ist, dass ein technisches System nach den verschiedenen Aspekten strukturiert wird, woraus in der Regel mehrere, voneinander unabhängige hierarchische Bestandteil-von-Strukturen entstehen, vgl. Bild 13.3 und Bild 13.4. Die Knoten in diesen Strukturen repräsentieren dabei orts-, funktions-, produkt- oder typbezogene Betrachtungseinheiten oder Objekte. Wie in der Realität stehen alle Objekte zu anderen Objekten in irgendeiner Beziehung (Relation). Dies ist eine wesentliche Methode bei der Erstellung digitaler Modelle entsprechend den etablierten Methoden der Informatik bei dem Aufbau von Informationsmodellen und deren Implementierung mit Hilfe von Datenbanksystemen, vgl. Kapitel 12.

In der zukünftigen Fassung der IEC 81346-1 werden Regeln zur Bildung von Relationen-Kennzeichen enthalten sein, wie Relationen zwischen Objekten mit den jeweiligen Referenzkennzeichen gebildet und syntaktisch beschrieben werden können.

Diese Relationen können beispielsweise:

- Abhängigkeiten zwischen funktionsbezogenen Objekten,
- Realisierung von Funktionen durch Produkte,
- Zuordnung von Produkten zu bestimmten Orten oder
- Zuordnung bestimmter Typen zu Produkten

darstellen.

Die Relationen können wie dies auch bei den Beschreibungsmethoden von Informationsmodellen der Fall ist, nur in eine Richtung gehen oder ungerichtet sein.

Die Bildung von Relationen erfolgt nach folgender Regel:

- Referenzkennzeichen des ersten Objekts
- gefolgt von einem vertikalen Trennstrich „|" („Pipe"-Zeichen in UNIX)
- gefolgt von einem die Art der Relation kennzeichnenden Kennbuchstaben (Code)
- gefolgt von einem vertikalen Trennstrich „|"
- gefolgt vom Referenzkennzeichen des zweiten Objekts.

Der Aufbau des Relationen-Kennzeichens sieht dann wie folgt aus:

Referenzkennzeichen Objekt 1 | Code für die Beziehungsart | Referenzkennzeichen Objekt 2

Die Klassifikation und Codierung von Arten von Relationen in der folgenden Art und Weise erfolgen:

A Objekt 1 **versorgt** Objekt 2

B Objekt 1 **wird versorgt von** Objekt 2

C Objekt 1 **ist vom Typ** Objekt 2

D Objekt 1 **ist aufgestellt in** Objekt 2

E Objekt 1 **realisiert** Objekt 2

In Bild 13.19 ist ein Beispiel mit verschiedene Beziehung zwischen Objekten in funktions-, produkt- und ortsbezogenen Strukturen dargestellt, anhand derer die Bildung von Relationen-Kennzeichen veranschaulicht werden soll.

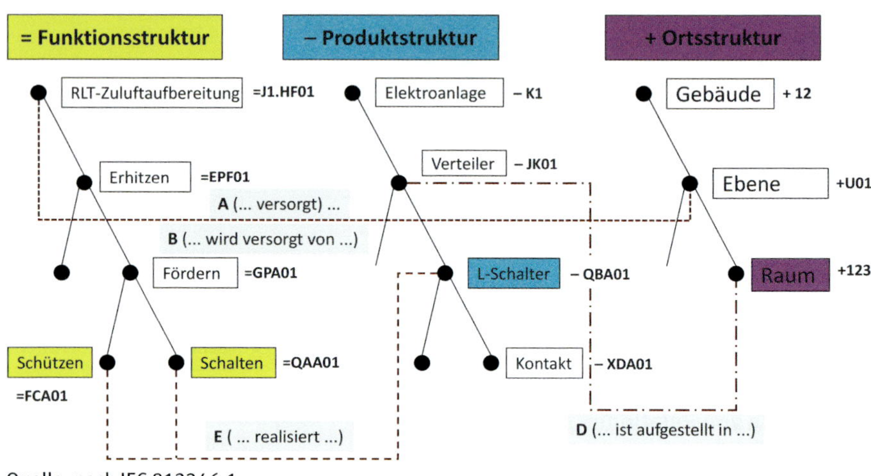

Quelle: nach IEC 812346-1

Bild 13.19: Beispiel zur Bildung von Relationen-Kennzeichen

Unter Berücksichtigung der oben aufgeführten Arten von Relationen mit den jeweiligen Klassencodes ergeben sich folgende Relationen-Kennzeichen aus Bild 13.19:

=J1.HF01.EPF01 | A | +12.U01 – das RLT-System =J1 versorgt die Ebene +12.U01

+12.U01 | B | =J1.HF01.EPF01 – die Ebene +12.U01 wird versorgt vom RLT-System =J1

-K1.JK01 | D | +12.U01.123 – der Verteiler +12.U01 ist aufgestellt in Raum +12. U01.123

-K1.JK01.QBA | E | =J.HF01.EPF01.GPA01.QAA01 – der Leitungsschutzschalter -K1.JK01.QBA realisiert Schaltfunktion =J.HF01.EPF01.GPA01.QAA01

-K1.JK01.QBA | E | =J.HF01.EPF01.GPA01.FCA01 – der Leitungsschutzschalter -K1.JK01.QBA realisiert Schutzfunktion =J.HF01.EPF01.GPA01.FCA01

-K1.JK01.QBA | C | &QBA13 – der Leitungsschutzschalter -K1.JK01.QBA ist vom Typ %QBA13

13.10 ISO 81346-12 – RDS CW

13.10.1 Grundlagen

Mit der zukünftigen ISO 81346-12 „Industrial systems, installations and equipment and industrial products — Structuring principles and reference designations — Part 12: Construction works and building services“ wird die DIN 6779-12 in einen internationalen Standard überführt. Als Kurzbezeichnung wird entsprechend der Referenzkennzeichnungssystematik für Energieerzeugungsanlagen RDS PP – Reference Designation System for Power Plants die Kurzbezeichnung RDS CW – **R**eference **D**esignation **S**ystem for **C**onstruction **W**orks (Bauwerke und Technische Gebäudeausrüstung) eingeführt.

Aufgrund der Entwicklungen und Anforderungen durch die Digitalisierung im Bauwesen hat die Norm eine Weiterentwicklung erfahren, die sich im Wesentlichen in folgenden Bereichen besonders zeigt:

- Fokus auf Systeme, Systemklassen und Systemlebenszyklus auf Basis der IEC 81346-1 unter Berücksichtigung von Grundsätzen des Systems Engineering nach ISO 12006 und ISO 15288,
- Erweiterung für Systeme des Bauwerks,
- Überführung der Anlagenklassen nach Tabelle 7-1 in Functional Systems (Funktionale Systeme) und Technical Systems (Technische Systeme/Anlagen),
- Einführung von Typkennzeichnung mit Vorzeichen „%“,
- Angabe von Objekteigenschaften zu Referenzkennzeichen.

Die Struktur der Referenzkennzeichen ergibt sich hierarchisch durch die Struktur von Funktionalen Systemen, Technischen Systemen und Funktionselementen auf Basis der Objektklassen nach IEC 81346-2, siehe Bild 13.20.

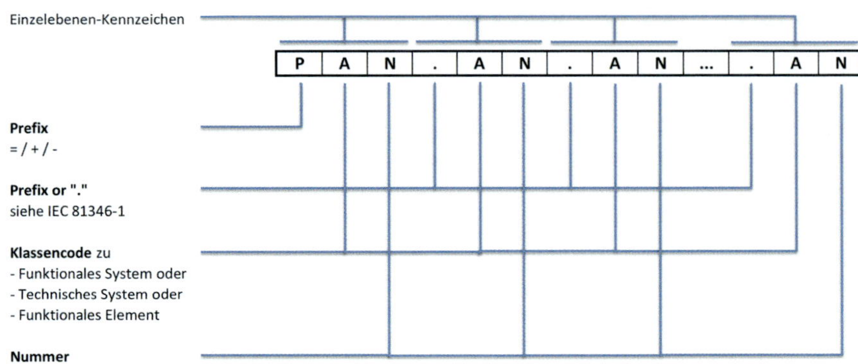

Quelle: nach IEC 81346-2

Bild 13.20: Layout des Referenzkennzeichens als Mehrebenen-Kennzeichen

Die Klassen mit den jeweiligen Klassencodes für die Funktionalen Systeme und die Technischen Systeme wurden in ISO 81346-12 definiert. Zur Vereinfachung der Anwendung und eindeutigen Interpretation der Kennzeichen besteht der Klassencode der Funktionalen Systeme aus einem Buchstaben, der der technischen Systeme aus zwei Kennbuchstaben und der der technischen Elemente aus drei Kennbuchstaben.

Die Funktionalen Systeme sind unterteilt in

- **raumbezogene, bauliche Systeme**
  - Gründungssysteme
  - Wandsysteme
  - Deckensysteme
  - Dachsysteme
- **Installations-, TGA-bezogene Systeme**
  - technische Gas- und Luftversorgungssysteme
  - Wasser- und Fluidversorgungssysteme
  - Entsorgungs- und Entwässerungssysteme
  - Kühl- und Heizsysteme
  - Lüftungssysteme
  - elektrische Energieversorgungssysteme

  - Automationssysteme
  - Informations- und Kommunikationssysteme
  - Transportsysteme
  - Sicherheits- und Schutzsysteme
  - Beleuchtungssysteme
  - Schienensysteme
- **Ausstattungs-Systeme**
  - Raumausstattungssysteme.

In Tabelle 13.8 ist ein Auszug der Funktionalen Systeme aus der Tabelle A.1 dargestellt.

Tabelle 13.8: Objektklassen und Klassencodes der Funktionalen Systeme (Auszug) (Quelle: ISO DIS 81346-12.2)

Class	Preferred term	Definition	Alternative terms
Space Systems		**functional Systemscreatingspace**	–
A	Ground System	space System which terminates a construction entity downwards	Ground, courtyard, lawn, road embankment
B	Wall System	space System which forms and separates space vertically	Wall, facade, facade System
C	Slab System	space System which forms and separates space horizontally	Floor, ground floor roofing
D	Roof System	space System which terminates a construction entity upwards	Roof, roofing
Installation Systems		**functional Systemsproviding Services**	–
E	Gas and air System	installation System which supplies technical gasesor technical air	Equipment forgas and air, gas, air
F	Water and fluid System	installation System which supplies domestic water, technical water or other liquid	Water, liquid
G	Drainage and waste System	installation System which discharges liquid ordisposes of waste	Drainage, waste
H	Cooling and heating System	installation System which supplies cold and heat	Heating, chilling

Die Technischen Systeme, aus denen sich Funktionale Systeme zusammensetzen, sind unterteilt in:

- Baukonstruktionssysteme
- Tragstruktursysteme
- Gründungssysteme
- Schienensysteme
- Versorgungssysteme
- Transportsysteme
- Aufbereitungssysteme
- Überwachungs- und Automationssysteme
- Informationssysteme
- Schutzsysteme
- Speichersysteme
- Möblierungssysteme

Den Funktionalen Systemen können ein oder mehrere Technische Systeme zugeordnet sein. In Tabelle 13.9 ist ein Auszug der Objektklassen mit den jeweiligen Klassencodes dargestellt.

Tabelle 13.9: Objektklassen und Klassencodes der Technischen Systeme (Auszug) (Quelle: ISO DIS 81346-12.2)

Class	Sub class	Preferred term	Definition	Alternative terms
A_		**Construction System**	technical System which constitutes a layered construction	
	AA	Pavement construction	construction System forming areas for transport	Surface, pavement
	AB	Foundation construction	construction System forming Separation towards Underground	Foundation
	AC	Slab construction	construction System forming horizontal Separation	Slab
	AD	Wall construction	construction System forming	Wall, window
H_		**Supply System**	technical System supplying consumption	
	HA	Gas and air supply System	supply System for process gas	Gas System, air System, vacuum, clean air, press urized air, energy gas, medical gas, steam
	HB	Liquid supply System	supply System for liquid	Water System, fuel System
	HC	Cooling supply System	supply System for cooling	Cooling plant, cooling exchanger System
	HD	Heating supply System	supply System for heating	Heat production System, heat exchanger System, mixer
	HE	Combined heating and cooling supply System	supply System for cooling and heating	Heat pump plant

Class	Sub class	Preferred term	Definition	Alternative terms
	HF	Ventilation plant	supply System for Ventilation	Ventilation unit, smoke extraction System, Fire Ventilation
L_		**Monitoring and control System**	technical System which monitors and/or controls events and processes	
	LA	Gas alarm System	monitoring System which raises an alarm on the occurrence of hazardous gases	Aspiration System
	LB	Fire alarm System	monitoring System which raises an alarm in the presence smoke orfire	Automatic Fire Alarm System
	LC	Automation System	monitoring System which automates processes in buildings	BMS System, SCADA, ACMS,

Die Funktionalen Elemente werden nach IEC 81346-2 klassifiziert und gekennzeichnet. Im neuen Entwurf der IEC 81346-2 wurde der Objektklassencode auf die Kennbuchstaben erweitert, wodurch sich so die Funktionalen Elemente innerhalb des Referenzkennzeichens von den Funktionalen und den Technischen Systeme unterscheiden lassen, siehe Tabelle 13.10.

Tabelle 13.10: Objektklassen und Klassencodes nach dem aktuellen Entwurf der IEC 82346-2

Class code 1	2	3	Class definition	Class name (preferred term)	Examples of terms	Criteria for definition of subclasses
B			*object* for picking up Information and providing a representation	sensing object		Kind of quantity
	BA		*sensing object* for electric potential	electric potential sensing object		Kind of output Signal
		BAA	*electric potential sensing* object with Boolean output	voltage threshold detecting object	measuring voltage relay, voltage relay	
		BAB	*electric potential sensing* object with scalar output	voltage sensing object	coupling capacitor, measuring voltage transformer	
	BB		*sensing object* for resistivity	electric resistivity sensing object		
		BBA	electric resistivity sensing object with Boolean output	resistivity threshold detecting object	ohmmeter	
			electric resistivity sensing object with scalar output	resistivity sensing object	Wheatstone bridge	
	BC		*sensing object* for electric current	electric current sensing object		Kind of output Signal
		BCA	*electric current sensing* object with a Boolean output	current threshold detecting object	current relay, measuring current relay	
		BCB	*electric current sensing* object with scalar output	current sensing object	current transformer, measuring current transformer	
	BD		*sensing object* for density	density sensing object		Kind of output Signal
		BDA	*density sensing object* with Boolean output	density threshold detecting object	density sensor, density switch	
		BDB	*density sensing object* with scalar output	density sensing object	density sensor, density transmitter	

Bewusst wird bei der Beschreibung der Struktur bzw. des Layouts des Referenzkennzeichens nach Bild 13.20 der Plural benutzt. Nach ISO 81346-12 kann aufgrund der System-von-System-Beziehungen beispielsweise auch ein Technisches System Teil eines Technischen Systems sein. Das heißt, in einem Funktionalen System „Lüftung" kann sowohl ein Technisches System „Lüftung" als auch ein Technisches System „Filterung" bestehen, die sich jeweils aus mehreren unterlagerten funktionalen Einheiten zusammensetzen. In Tabelle 13.10 sind Beispiele verschiedener Referenzkennzeichen sowohl für bauliche Objekte als auch für Objekte der Technischen Gebäudeausrüstung aufgeführt. Die unterschiedliche Schreibweise der Referenzkennzeichen, d. h. unterschiedliche Anwendung von Vorzeichen oder Trennzeichen, entspricht den Vorgaben und Regeln der IEC 81346-1.

Tabelle 13.11: Beispiele für Referenzkennzeichen (Quelle: nach ISO 81346-12)

Objekt (System)	Referenzkennzeichen
Treppenkonstruktion	–AF1
Tür	–QQC5
Wandkonstruktion Nr. 1 als Teil des Wandsystems Nr. 1	–B1.AD1 oder –B1–AD1 oder –B1AD1
Tür Nr. 2 als Teil der Wandkonstruktion Nr. 3 als Teil des Wandsystems Nr. 1	–B1.AD3.QQC2 oder –B1–AD3–QQC2 oder –B1AD3QQC2
Lüftungsanlage Nr. 4 als Teil des Lüftungssystems Nr. 1	=J1.HF4 oder =J1=HF4 oder =J1HF4
Druckwächter Nr. 1 als Teil der Filteranlage Nr. 2 als Teil der Lüftungsanlage Nr. 4 als Teil des Lüftungssystems Nr. 2	=J2.HF4.KC2.BPB1 oder =J2=HF4=KC2=BPB1 oder =J2HF4KC2BPB1
Schalter Nr. 6 als Teil der Beleuchtungsanlage Nr. 2 als Teil der Elektroanlage Nr. 1 als Teil des Elektrosystems Nr. 2	=K2.HG1.HH2.SFA6 oder =K2=HG1=HH2=SFA6 oder =K2=HG1=HH2=SFA6

13.10.2 Beispielanwendungen

Zur Veranschaulichung der Systemstrukturierung und Kennzeichnung von Objekten sind im Anhang B der ISO 81346-12 viele Beispiele enthalten. In nach ISO 81346-12

Bild 13.21 sind die Struktur und der Aufbau eines Wandsystems dargestellt. Im Hinblick auf die Anwendung von Bauteilkatalogen als Grundlage für vielfältige Anwendungen, so z. B. auch für thermische Berechnungen im Rahmen der Planung der Technischen Gebäudeausrüstung, vgl. Kapitel 5.3 und 5.4, sind die Kennzeichnungen von Wandelementen oder Wandschichten von besonderer Bedeutung. Hier kann die Kennzeichnung von Objekttypen nach ISO 81346-12 und wie in Kapitel 13.9 beschrieben angewendet werden.

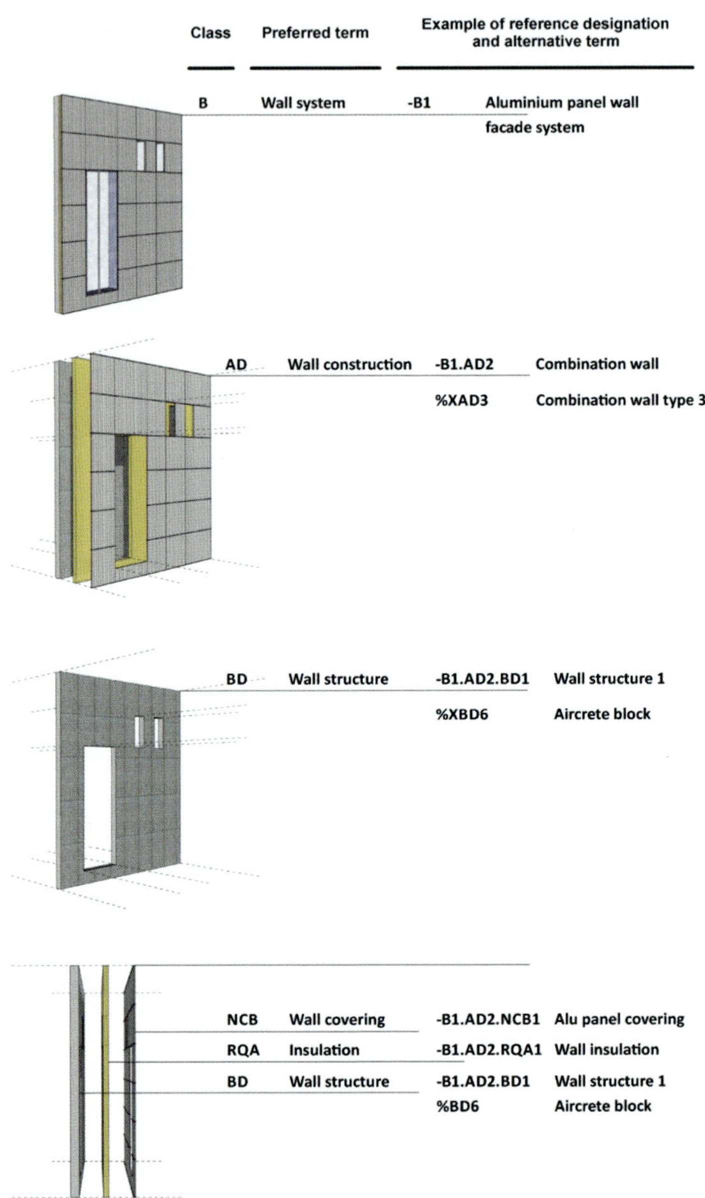

Quelle: nach ISO 81346-12

Bild 13.21: Referenzkennzeichnungsbeispiel eines Wandsystems

Als Beispiel für die Kennzeichnung eines mechanischen Systems der Technischen Gebäudeausrüstung ist in Bild 13.22 eine Kälteerzeugungseinheit dargestellt. Die Kältemaschine „Chiller 1 – =H01.HC01.EGA01“ ist danach Teil der Kälteerzeugungsanlage „Chiller unit 1 – =H01.HC01“ und diese wiederum Teil des Kälteversorgungssystems =H01.

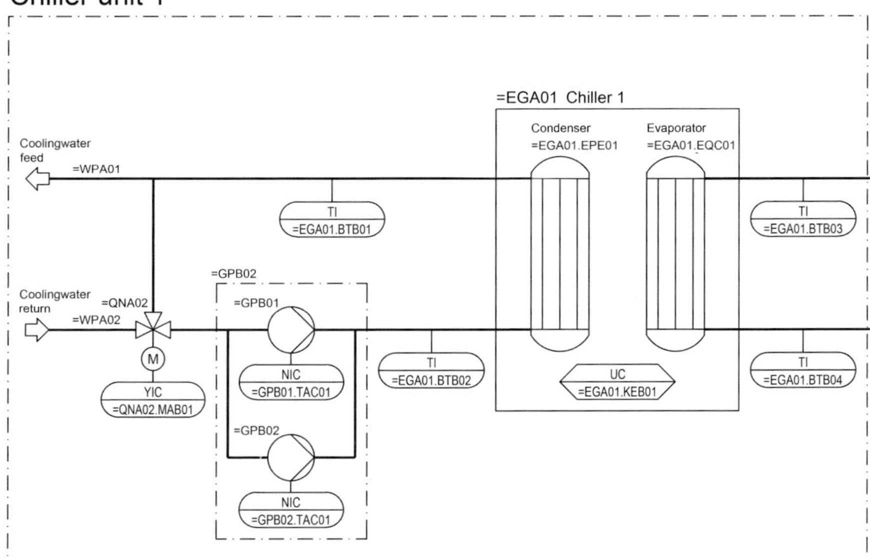

Quelle: nach ISO 81346-12

Bild 13.22: Referenzkennzeichnungsbeispiel eines Kälteerzeugungssystems

Als weiteres Beispiel ist im Bild 13.23 ein Teil eines Lüftungssystems dargestellt.

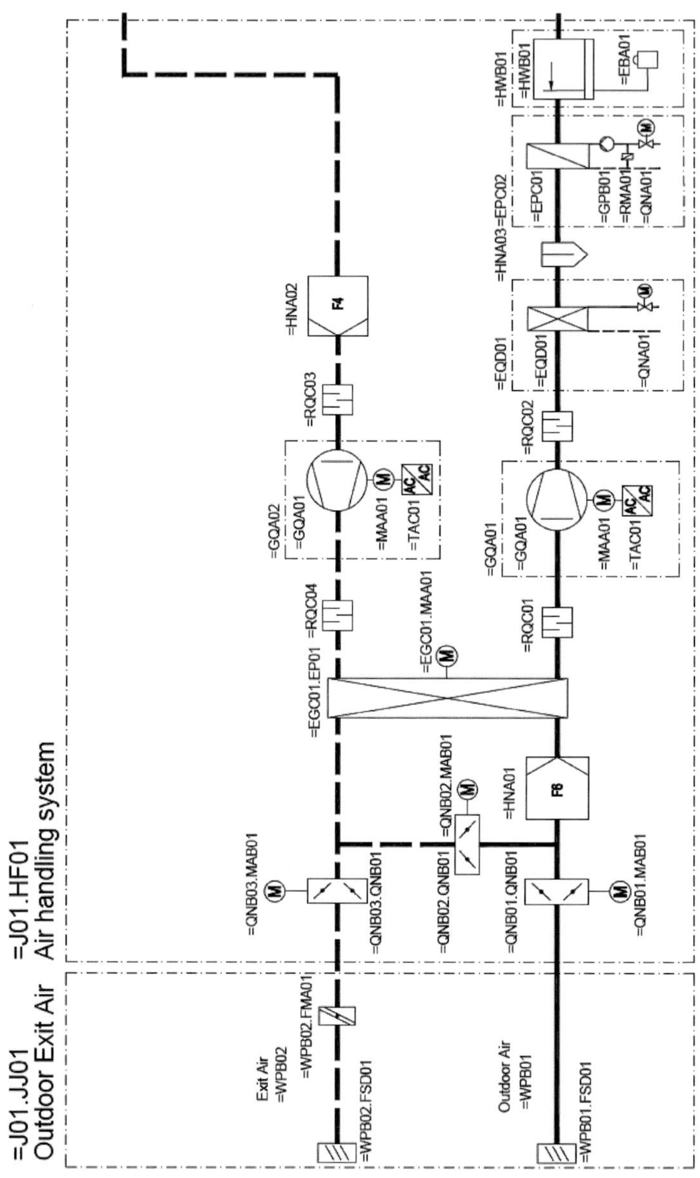

Quelle: eigene Darstellung

Bild 13.23: Schema-Darstellung einer Lüftungszentrale mit Referenzkennzeichen

Das Funktionale System Lüftung =J01 ist untergliedert in die Technischen Systeme Außen- und Fortluft-Führung =J01.JJ01 und die Luftbehandlungseinheit =J01.HF01. Die Objektklassifizierung der unterlagerten Objekte erfolgt nach dem neuen Entwurf der IEC 81346-2 mit drei Kennbuchstaben.

In Bild 13.24 ist als Beispiel für die Elektrotechnik ein Ausschnitt einer Niederspannungshauptverteilung =K02.JK02 aus einem elektrischen Niederspannungsversorgungssystems =K02 dargestellt. Die Niederspannungshauptverteilung wird dabei von einem Mittelspannungsversorgungssystem =K01 versorgt. Funktional sind hier die Transformatoren =K02.KH01 und =K02. KH02 der Niederspannungshauptverteilung zugeordnet. Als ein Abgang oder Verbraucher aus der Niederspannungshauptverteilung ist die Kälteerzeugungsanlage „Chiller unit 1 – =H02.HC01“ eines Kälteversorgungssystems =H02 dargestellt. Aufgrund der Verwendung eines Referenzkennzeichens aus einem anderen System innerhalb des dargestellten Funktionalen Systems =K02 ist hier dem Referenzkennzeichen nach IEC 61082 ein Größer-als-Zeichen „>“ vorangestellt.

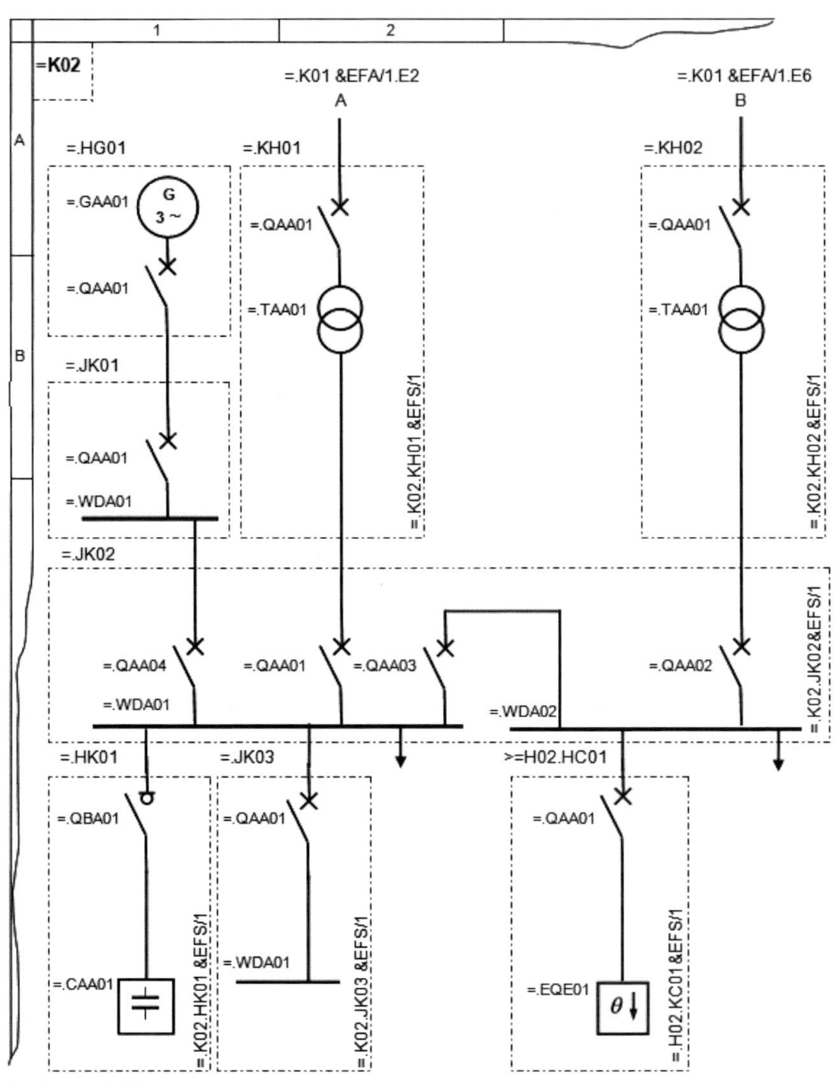

Quelle: nach ISO 81346-12

Bild 13.24: Referenzkennzeichnungsbeispiel eines Stromversorgungssystems

In ISO 81346-12 ist beschrieben, wie einerseits auf Basis der Objektklassen von Funktionalen Systemen, Technischen Systemen und Funktionalen Elementen Typkennzeichen gebildet werden können, vgl. Kapitel 13.9.

Des Weiteren ist beschrieben, wie das Referenzkennzeichen eines Objekts oder eines Objekttyps um Eigenschaften ergänzt werden kann. Dazu werden die Eigenschaften zwischen runden Klammern an das Referenzkennzeichen angehängt. Beispiele für die Ergänzung von Objekteigenschaften sind in Tabelle 13.12 dargestellt.

Tabelle 13.12: Beispiele für RDS mit Objekteigenschaftsinformationen

Dachkonstruktion Nr. 5	aus Holz	–BE5 (Holz)
Tür Nr. 2	Kunststoff-laminierte Tür in Holzoptik	–QQC02 (Omniclass 22-08 14 23 16)
LED-Lampentyp Nr. 3	GU 10, 2.700 K, 350 lm	%EACA03 (EAN 8718669648 3848)
Pumpe Nr. 2	0,5 bar, 20 m³/h	=GPA02 (0,5 bar, 20 m³/h)

Zur weitergehenden Anwendung der Referenzkennzeichnung nach ISO 81346 soll anhand der nachfolgenden Beispiele aus den Bereichen Elektrotechnik, Brandmeldetechnik, Raumlufttechnik, Kälte- und Wärmeversorgung erläutert werden. Beispiele in dieser Art können im Zusammenhang mit der Erstellung des BAP oder schon im Zusammenhang mit einem Anwendungsfall zur Anwendung der Referenzkennzeichnung als Anwendungsvorlage dienen. Die Beispiele zeigen die Darstellung sowohl im jeweiligen Anlagenschema als auch in einer Strukturdarstellung. Das jeweils vollständig angegebene Referenzkennzeichen soll einen Eindruck vermitteln über die mögliche Darstellung in einer Anlagen- und Komponentenliste oder in einer Objektstruktur in einem Instandhaltungsmanagementsystem, vgl. auch Bild 11.5.

Bild 13.25 zeigt einen Ausschnitt aus dem Anlagenschema zu einem Funktionalen System „=H001 Wärmeversorgungssystem“, das aufgeteilt ist in die Technischen Systeme =JG01 bis =JG03 Heizkreise EG, OG bzw. DG. Die Technischen Systeme sind weiter unterteilt in die Komponenten(-Systeme). Die Kennbuchstaben der Objektklassen zu den Funktionalen Systemen (Klassencode mit einem Buchstaben) und Technischen Systeme (zwei Kennbuchstaben) sind aus den Tabellen A.1 bzw. A.2 der ISO 81346, die Kennbuchstaben Komponenten aus DIN EN IEC 81346-2 (Objektklasse mit drei Kennbuchstaben).

In Bild 13.26 sind in einer Baustruktur und einer zugeordneten Liste die verschiedenen Systeme dargestellt.

Eine weitere Anwendung der Referenzkennzeichnung zeigen Bild 13.27 und Bild 13.28 am Beispiel eines Kälteversorgungssystems mit mehreren Kälteverteilkreisen und zwei Kälteerzeugungssystemen.

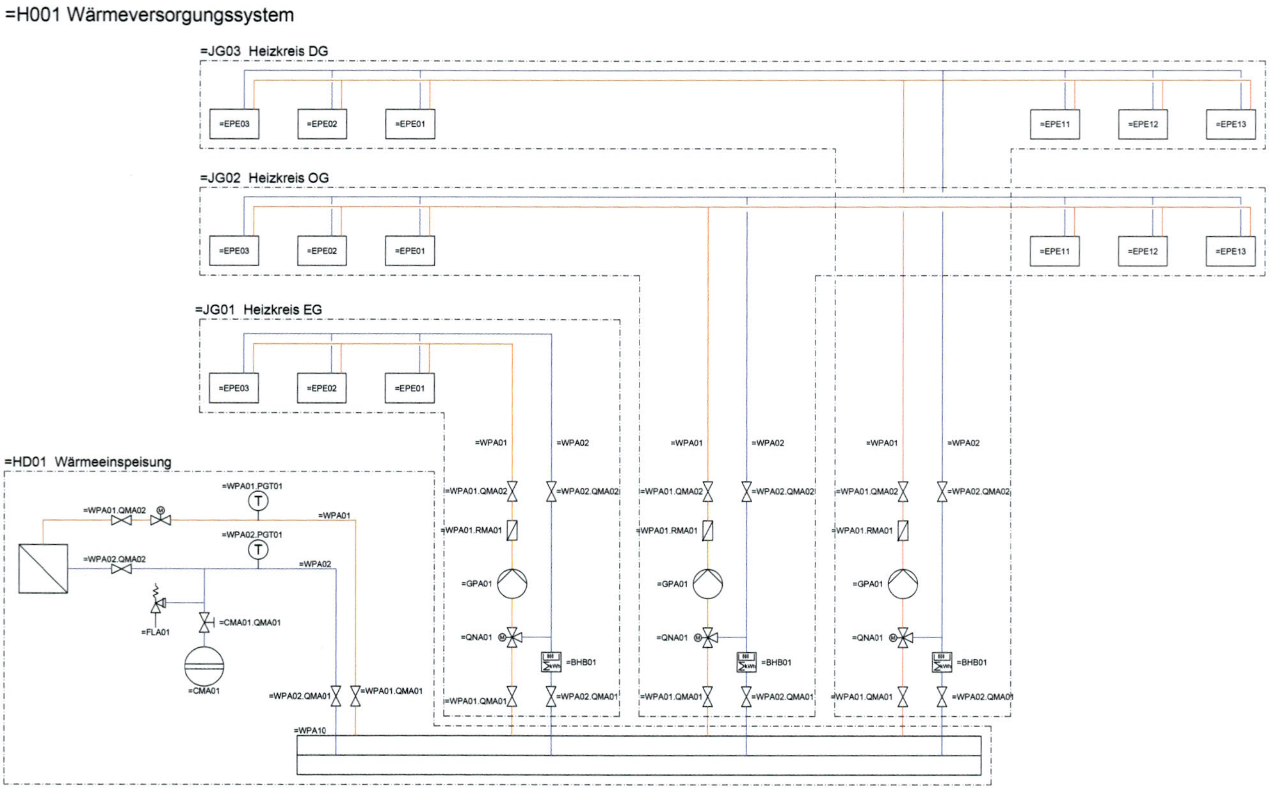

Quelle: eigene Darstellung

Bild 13.25: RDS-Beispiel Wärmeversorgungssystem im Anlagenschema (Ausschnitt)

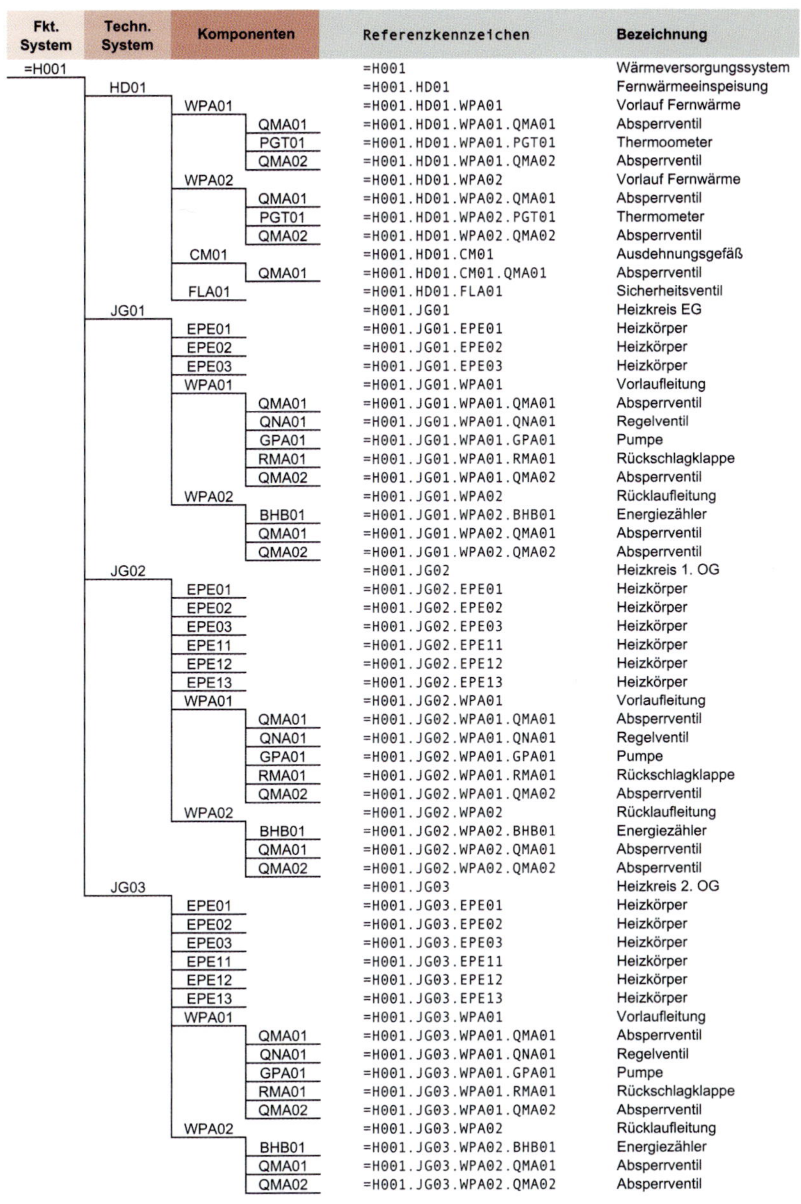

Fkt. System	Techn. System	Komponenten		Referenzkennzeichen	Bezeichnung
=H001				=H001	Wärmeversorgungssystem
	HD01			=H001.HD01	Fernwärmeeinspeisung
		WPA01		=H001.HD01.WPA01	Vorlauf Fernwärme
			QMA01	=H001.HD01.WPA01.QMA01	Absperrventil
			PGT01	=H001.HD01.WPA01.PGT01	Thermoometer
			QMA02	=H001.HD01.WPA01.QMA02	Absperrventil
		WPA02		=H001.HD01.WPA02	Vorlauf Fernwärme
			QMA01	=H001.HD01.WPA02.QMA01	Absperrventil
			PGT01	=H001.HD01.WPA02.PGT01	Thermometer
			QMA02	=H001.HD01.WPA02.QMA02	Absperrventil
		CM01		=H001.HD01.CM01	Ausdehnungsgefäß
			QMA01	=H001.HD01.CM01.QMA01	Absperrventil
		FLA01		=H001.HD01.FLA01	Sicherheitsventil
	JG01			=H001.JG01	Heizkreis EG
		EPE01		=H001.JG01.EPE01	Heizkörper
		EPE02		=H001.JG01.EPE02	Heizkörper
		EPE03		=H001.JG01.EPE03	Heizkörper
		WPA01		=H001.JG01.WPA01	Vorlaufleitung
			QMA01	=H001.JG01.WPA01.QMA01	Absperrventil
			QNA01	=H001.JG01.WPA01.QNA01	Regelventil
			GPA01	=H001.JG01.WPA01.GPA01	Pumpe
			RMA01	=H001.JG01.WPA01.RMA01	Rückschlagklappe
			QMA02	=H001.JG01.WPA01.QMA02	Absperrventil
		WPA02		=H001.JG01.WPA02	Rücklaufleitung
			BHB01	=H001.JG01.WPA02.BHB01	Energiezähler
			QMA01	=H001.JG01.WPA02.QMA01	Absperrventil
			QMA02	=H001.JG01.WPA02.QMA02	Absperrventil
	JG02			=H001.JG02	Heizkreis 1. OG
		EPE01		=H001.JG02.EPE01	Heizkörper
		EPE02		=H001.JG02.EPE02	Heizkörper
		EPE03		=H001.JG02.EPE03	Heizkörper
		EPE11		=H001.JG02.EPE11	Heizkörper
		EPE12		=H001.JG02.EPE12	Heizkörper
		EPE13		=H001.JG02.EPE13	Heizkörper
		WPA01		=H001.JG02.WPA01	Vorlaufleitung
			QMA01	=H001.JG02.WPA01.QMA01	Absperrventil
			QNA01	=H001.JG02.WPA01.QNA01	Regelventil
			GPA01	=H001.JG02.WPA01.GPA01	Pumpe
			RMA01	=H001.JG02.WPA01.RMA01	Rückschlagklappe
			QMA02	=H001.JG02.WPA01.QMA02	Absperrventil
		WPA02		=H001.JG02.WPA02	Rücklaufleitung
			BHB01	=H001.JG02.WPA02.BHB01	Energiezähler
			QMA01	=H001.JG02.WPA02.QMA01	Absperrventil
			QMA02	=H001.JG02.WPA02.QMA02	Absperrventil
	JG03			=H001.JG03	Heizkreis 2. OG
		EPE01		=H001.JG03.EPE01	Heizkörper
		EPE02		=H001.JG03.EPE02	Heizkörper
		EPE03		=H001.JG03.EPE03	Heizkörper
		EPE11		=H001.JG03.EPE11	Heizkörper
		EPE12		=H001.JG03.EPE12	Heizkörper
		EPE13		=H001.JG03.EPE13	Heizkörper
		WPA01		=H001.JG03.WPA01	Vorlaufleitung
			QMA01	=H001.JG03.WPA01.QMA01	Absperrventil
			QNA01	=H001.JG03.WPA01.QNA01	Regelventil
			GPA01	=H001.JG03.WPA01.GPA01	Pumpe
			RMA01	=H001.JG03.WPA01.RMA01	Rückschlagklappe
			QMA02	=H001.JG03.WPA01.QMA02	Absperrventil
		WPA02		=H001.JG03.WPA02	Rücklaufleitung
			BHB01	=H001.JG03.WPA02.BHB01	Energiezähler
			QMA01	=H001.JG03.WPA02.QMA01	Absperrventil
			QMA02	=H001.JG03.WPA02.QMA02	Absperrventil

Quelle: eigene Darstellung

Bild 13.26: RDS-Beispiel Wärmeversorgungssystem in der Strukturdarstellung

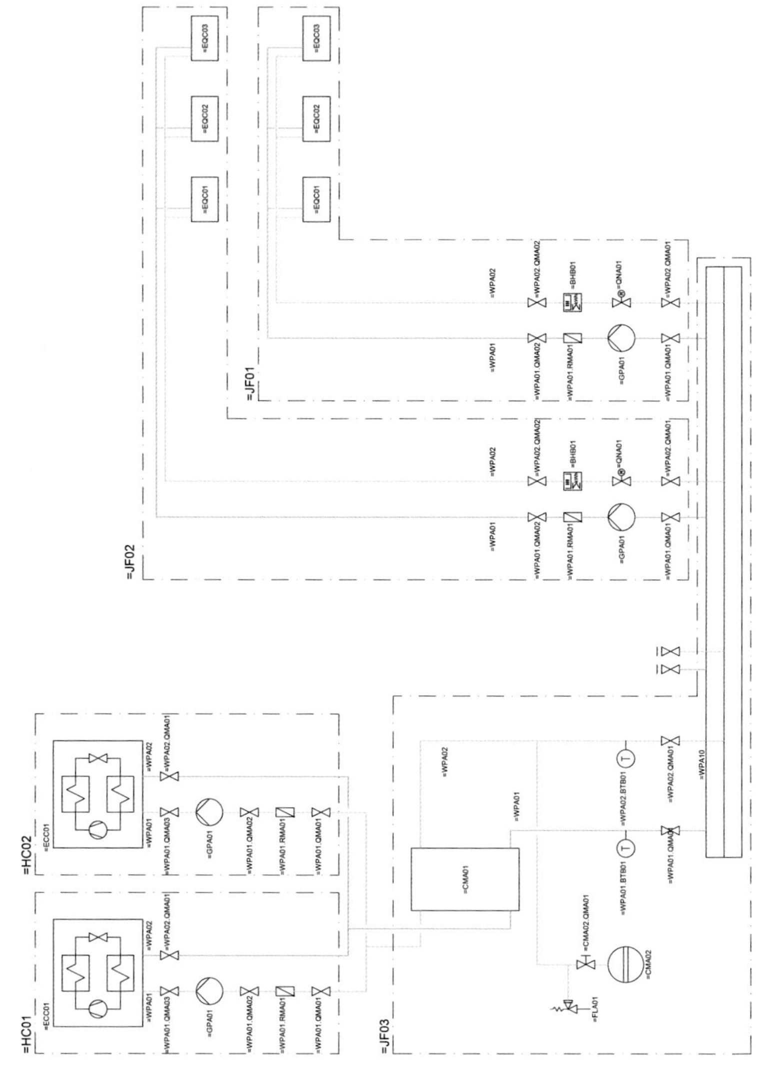

Quelle: eigene Darstellung

Bild 13.27: RDS-Beispiel Kälteversorgungssystem im Anlagenschema

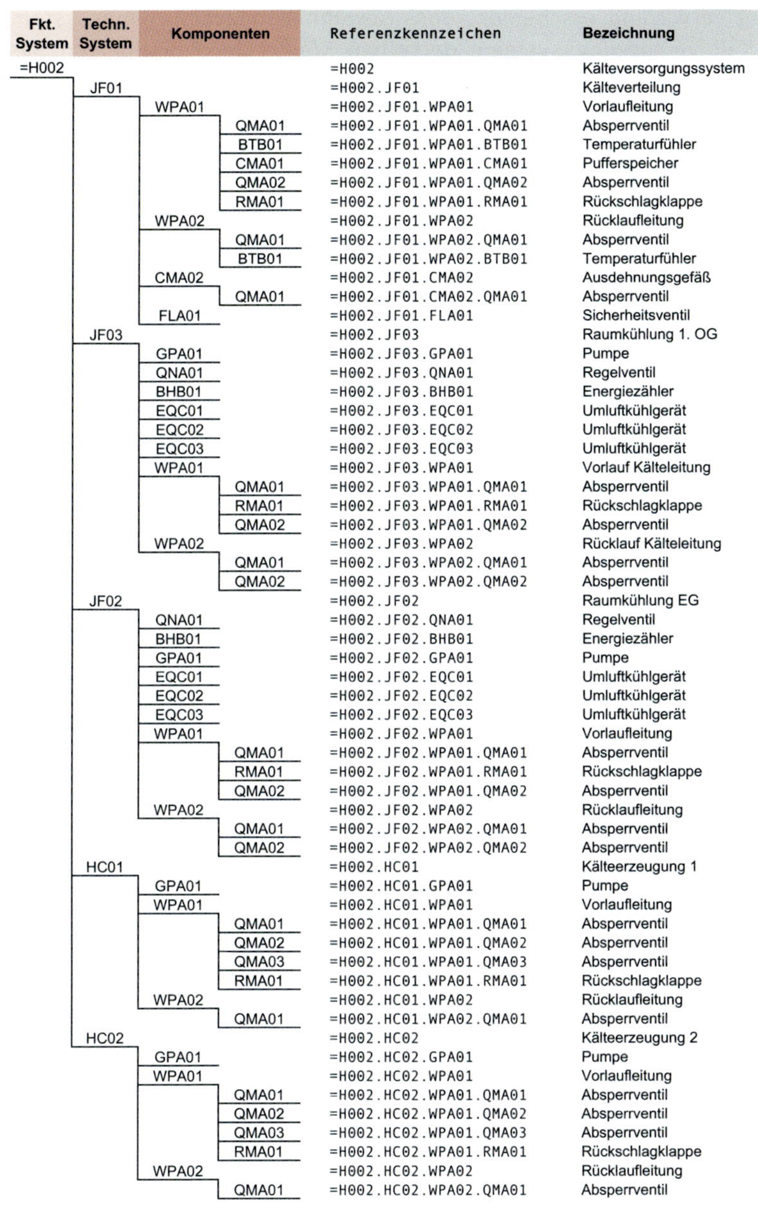

Fkt. System	Techn. System	Komponenten	Referenzkennzeichen	Bezeichnung
=H002			=H002	Kälteversorgungssystem
	JF01		=H002.JF01	Kälteverteilung
		WPA01	=H002.JF01.WPA01	Vorlaufleitung
		QMA01	=H002.JF01.WPA01.QMA01	Absperrventil
		BTB01	=H002.JF01.WPA01.BTB01	Temperaturfühler
		CMA01	=H002.JF01.WPA01.CMA01	Pufferspeicher
		QMA02	=H002.JF01.WPA01.QMA02	Absperrventil
		RMA01	=H002.JF01.WPA01.RMA01	Rückschlagklappe
		WPA02	=H002.JF01.WPA02	Rücklaufleitung
		QMA01	=H002.JF01.WPA02.QMA01	Absperrventil
		BTB01	=H002.JF01.WPA02.BTB01	Temperaturfühler
		CMA02	=H002.JF01.CMA02	Ausdehnungsgefäß
		QMA01	=H002.JF01.CMA02.QMA01	Absperrventil
		FLA01	=H002.JF01.FLA01	Sicherheitsventil
	JF03		=H002.JF03	Raumkühlung 1. OG
		GPA01	=H002.JF03.GPA01	Pumpe
		QNA01	=H002.JF03.QNA01	Regelventil
		BHB01	=H002.JF03.BHB01	Energiezähler
		EQC01	=H002.JF03.EQC01	Umluftkühlgerät
		EQC02	=H002.JF03.EQC02	Umluftkühlgerät
		EQC03	=H002.JF03.EQC03	Umluftkühlgerät
		WPA01	=H002.JF03.WPA01	Vorlauf Kälteleitung
		QMA01	=H002.JF03.WPA01.QMA01	Absperrventil
		RMA01	=H002.JF03.WPA01.RMA01	Rückschlagklappe
		QMA02	=H002.JF03.WPA01.QMA02	Absperrventil
		WPA02	=H002.JF03.WPA02	Rücklauf Kälteleitung
		QMA01	=H002.JF03.WPA02.QMA01	Absperrventil
		QMA02	=H002.JF03.WPA02.QMA02	Absperrventil
	JF02		=H002.JF02	Raumkühlung EG
		QNA01	=H002.JF02.QNA01	Regelventil
		BHB01	=H002.JF02.BHB01	Energiezähler
		GPA01	=H002.JF02.GPA01	Pumpe
		EQC01	=H002.JF02.EQC01	Umluftkühlgerät
		EQC02	=H002.JF02.EQC02	Umluftkühlgerät
		EQC03	=H002.JF02.EQC03	Umluftkühlgerät
		WPA01	=H002.JF02.WPA01	Vorlaufleitung
		QMA01	=H002.JF02.WPA01.QMA01	Absperrventil
		RMA01	=H002.JF02.WPA01.RMA01	Rückschlagklappe
		QMA02	=H002.JF02.WPA01.QMA02	Absperrventil
		WPA02	=H002.JF02.WPA02	Rücklaufleitung
		QMA01	=H002.JF02.WPA02.QMA01	Absperrventil
		QMA02	=H002.JF02.WPA02.QMA02	Absperrventil
	HC01		=H002.HC01	Kälteerzeugung 1
		GPA01	=H002.HC01.GPA01	Pumpe
		WPA01	=H002.HC01.WPA01	Vorlaufleitung
		QMA01	=H002.HC01.WPA01.QMA01	Absperrventil
		QMA02	=H002.HC01.WPA01.QMA02	Absperrventil
		QMA03	=H002.HC01.WPA01.QMA03	Absperrventil
		RMA01	=H002.HC01.WPA01.RMA01	Rückschlagklappe
		WPA02	=H002.HC01.WPA02	Rücklaufleitung
		QMA01	=H002.HC01.WPA02.QMA01	Absperrventil
	HC02		=H002.HC02	Kälteerzeugung 2
		GPA01	=H002.HC02.GPA01	Pumpe
		WPA01	=H002.HC02.WPA01	Vorlaufleitung
		QMA01	=H002.HC02.WPA01.QMA01	Absperrventil
		QMA02	=H002.HC02.WPA01.QMA02	Absperrventil
		QMA03	=H002.HC02.WPA01.QMA03	Absperrventil
		RMA01	=H002.HC02.WPA01.RMA01	Rückschlagklappe
		WPA02	=H002.HC02.WPA02	Rücklaufleitung
		QMA01	=H002.HC02.WPA02.QMA01	Absperrventil

Quelle: eigene Darstellung

Bild 13.28: RDS-Beispiel Kälteversorgungssystem in Strukturdarstellung

Es mag verwirrend erscheinen, dass sowohl Wärmeversorgungssysteme als auch Kälteversorgungssysteme derselben Klasse der Funktionalen Systeme zugeordnet sind. Die Möglichkeit, die Funktionalen System durch einen Folgebuchstaben weitergehend zu klassifizieren scheidet aus, da damit diese nicht mehr von den Technischen Systemen unterschieden werden können. Eine Unterscheidung kann auf Basis der Typkennzeichnung erfolgen, das hei ein Wärmeversorgungssystem könnte mit %H10, das Kälteversorgungssystem mit %H20 gekennzeichnet werden. Dieses Typkennzeichen würde dem jeweiligen System als Parameter zugeordnet werden.

Ein weiteres Beispiel zu elektrischen Energieversorgungssystemen zeigen Bild 13.29 und Bild 13.30 in entsprechender Weise wie die vorherigen Beispiele.

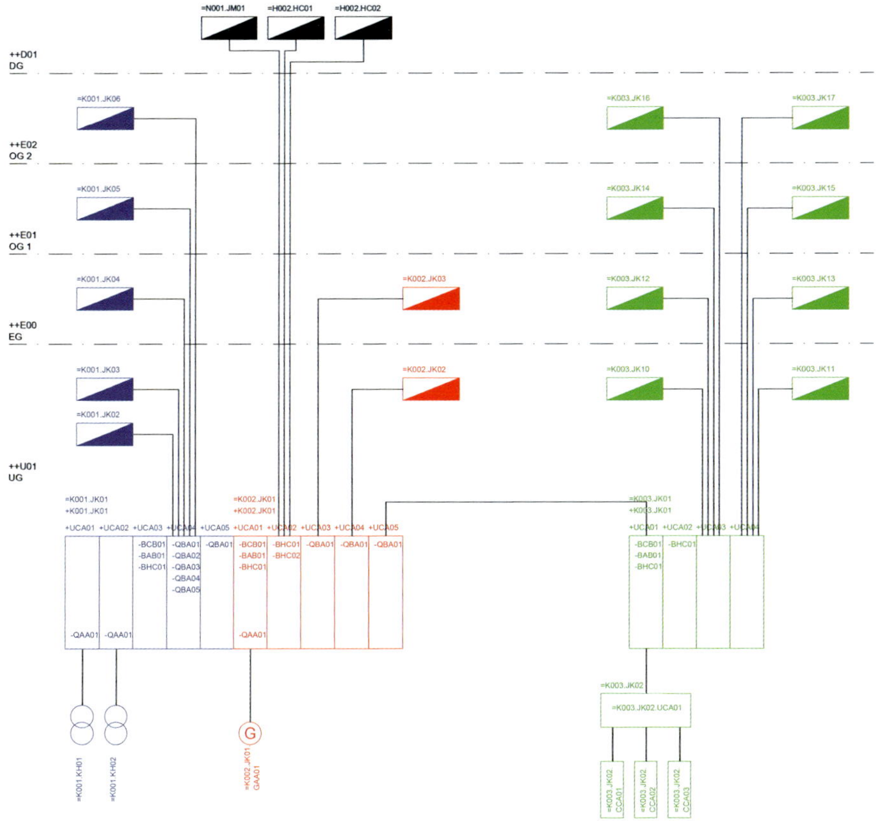

Quelle: eigene Darstellung

Bild 13.29: RDS-Beispiel Elektrische Energieversorgungssystem im Anlagenschema (Ausschnitt)

Das Beispiel zeigt drei Funktionale Systeme Allgemeinstromversorgung, Sicherheitsstromversorgung und unterbrechungsfreie Stromversorgung. Diese sind unterteilt in eine Strukturebene Technische Systeme und zwei weitere Strukturebenen mit Komponenten.

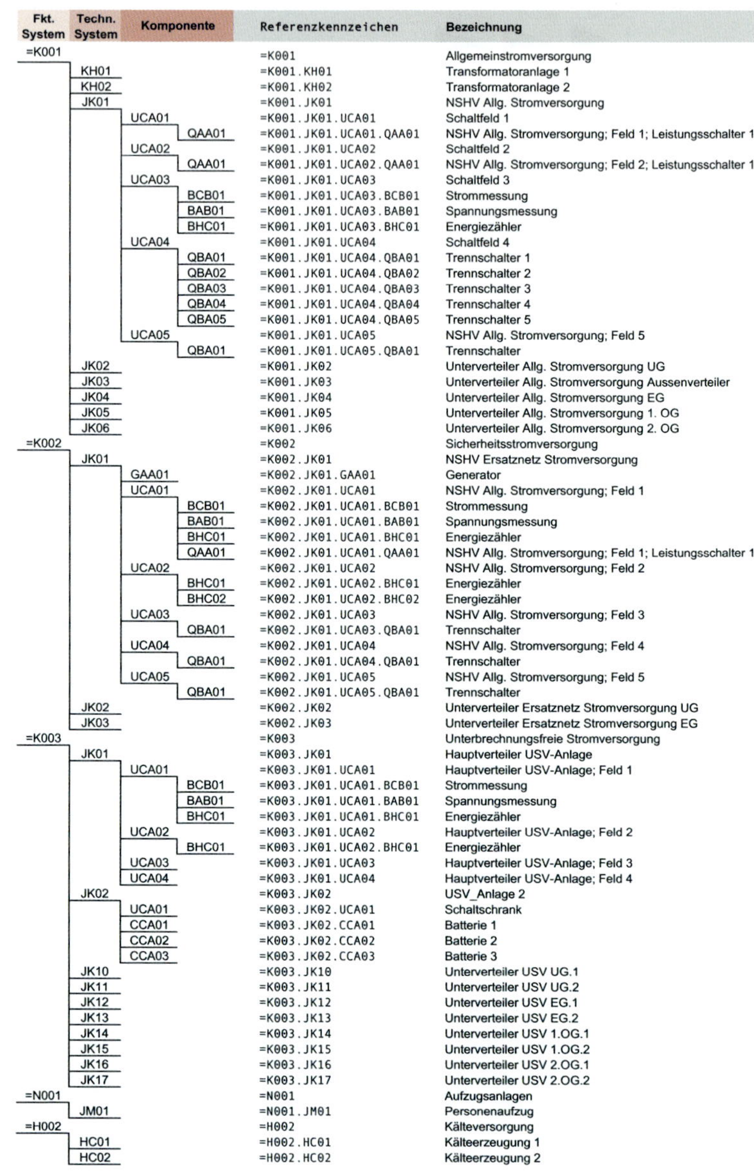

Fkt. System	Techn. System	Komponente		Referenzkennzeichen	Bezeichnung
=K001				=K001	Allgemeinstromversorgung
	KH01			=K001.KH01	Transformatoranlage 1
	KH02			=K001.KH02	Transformatoranlage 2
	JK01			=K001.JK01	NSHV Allg. Stromversorgung
		UCA01		=K001.JK01.UCA01	Schaltfeld 1
			QAA01	=K001.JK01.UCA01.QAA01	NSHV Allg. Stromversorgung; Feld 1; Leistungsschalter 1
		UCA02		=K001.JK01.UCA02	Schaltfeld 2
			QAA01	=K001.JK01.UCA02.QAA01	NSHV Allg. Stromversorgung; Feld 2; Leistungsschalter 1
		UCA03		=K001.JK01.UCA03	Schaltfeld 3
			BCB01	=K001.JK01.UCA03.BCB01	Strommessung
			BAB01	=K001.JK01.UCA03.BAB01	Spannungsmessung
			BHC01	=K001.JK01.UCA03.BHC01	Energiezähler
		UCA04		=K001.JK01.UCA04	Schaltfeld 4
			QBA01	=K001.JK01.UCA04.QBA01	Trennschalter 1
			QBA02	=K001.JK01.UCA04.QBA02	Trennschalter 2
			QBA03	=K001.JK01.UCA04.QBA03	Trennschalter 3
			QBA04	=K001.JK01.UCA04.QBA04	Trennschalter 4
			QBA05	=K001.JK01.UCA04.QBA05	Trennschalter 5
		UCA05		=K001.JK01.UCA05	NSHV Allg. Stromversorgung; Feld 5
			QBA01	=K001.JK01.UCA05.QBA01	Trennschalter
	JK02			=K001.JK02	Unterverteiler Allg. Stromversorgung UG
	JK03			=K001.JK03	Unterverteiler Allg. Stromversorgung Aussenverteiler
	JK04			=K001.JK04	Unterverteiler Allg. Stromversorgung EG
	JK05			=K001.JK05	Unterverteiler Allg. Stromversorgung 1. OG
	JK06			=K001.JK06	Unterverteiler Allg. Stromversorgung 2. OG
=K002				=K002	Sicherheitsstromversorgung
	JK01			=K002.JK01	NSHV Ersatznetz Stromversorgung
		GAA01		=K002.JK01.GAA01	Generator
		UCA01		=K002.JK01.UCA01	NSHV Allg. Stromversorgung; Feld 1
			BCB01	=K002.JK01.UCA01.BCB01	Strommessung
			BAB01	=K002.JK01.UCA01.BAB01	Spannungsmessung
			BHC01	=K002.JK01.UCA01.BHC01	Energiezähler
			QAA01	=K002.JK01.UCA01.QAA01	NSHV Allg. Stromversorgung; Feld 1; Leistungsschalter 1
		UCA02		=K002.JK01.UCA02	NSHV Allg. Stromversorgung; Feld 2
			BHC01	=K002.JK01.UCA02.BHC01	Energiezähler
			BHC02	=K002.JK01.UCA02.BHC02	Energiezähler
		UCA03		=K002.JK01.UCA03	NSHV Allg. Stromversorgung; Feld 3
			QBA01	=K002.JK01.UCA03.QBA01	Trennschalter
		UCA04		=K002.JK01.UCA04	NSHV Allg. Stromversorgung; Feld 4
			QBA01	=K002.JK01.UCA04.QBA01	Trennschalter
		UCA05		=K002.JK01.UCA05	NSHV Allg. Stromversorgung; Feld 5
			QBA01	=K002.JK01.UCA05.QBA01	Trennschalter
	JK02			=K002.JK02	Unterverteiler Ersatznetz Stromversorgung UG
	JK03			=K002.JK03	Unterverteiler Ersatznetz Stromversorgung EG
=K003				=K003	Unterbrechnungsfreie Stromversorgung
	JK01			=K003.JK01	Hauptverteiler USV-Anlage
		UCA01		=K003.JK01.UCA01	Hauptverteiler USV-Anlage; Feld 1
			BCB01	=K003.JK01.UCA01.BCB01	Strommessung
			BAB01	=K003.JK01.UCA01.BAB01	Spannungsmessung
			BHC01	=K003.JK01.UCA01.BHC01	Energiezähler
		UCA02		=K003.JK01.UCA02	Hauptverteiler USV-Anlage; Feld 2
			BHC01	=K003.JK01.UCA02.BHC01	Energiezähler
		UCA03		=K003.JK01.UCA03	Hauptverteiler USV-Anlage; Feld 3
		UCA04		=K003.JK01.UCA04	Hauptverteiler USV-Anlage; Feld 4
	JK02			=K003.JK02	USV_Anlage 2
		UCA01		=K003.JK02.UCA01	Schaltschrank
		CCA01		=K003.JK02.CCA01	Batterie 1
		CCA02		=K003.JK02.CCA02	Batterie 2
		CCA03		=K003.JK02.CCA03	Batterie 3
	JK10			=K003.JK10	Unterverteiler USV UG.1
	JK11			=K003.JK11	Unterverteiler USV UG.2
	JK12			=K003.JK12	Unterverteiler USV EG.1
	JK13			=K003.JK13	Unterverteiler USV EG.2
	JK14			=K003.JK14	Unterverteiler USV 1.OG.1
	JK15			=K003.JK15	Unterverteiler USV 1.OG.2
	JK16			=K003.JK16	Unterverteiler USV 2.OG.1
	JK17			=K003.JK17	Unterverteiler USV 2.OG.2
=N001				=N001	Aufzugsanlagen
	JM01			=N001.JM01	Personenaufzug
=H002				=H002	Kälteversorgung
	HC01			=H002.HC01	Kälteerzeugung 1
	HC02			=H002.HC02	Kälteerzeugung 2

Quelle: eigene Darstellung

Bild 13.30: RDS-Beispiel Elektrische Energieversorgungssystem in der Strukturdarstellung

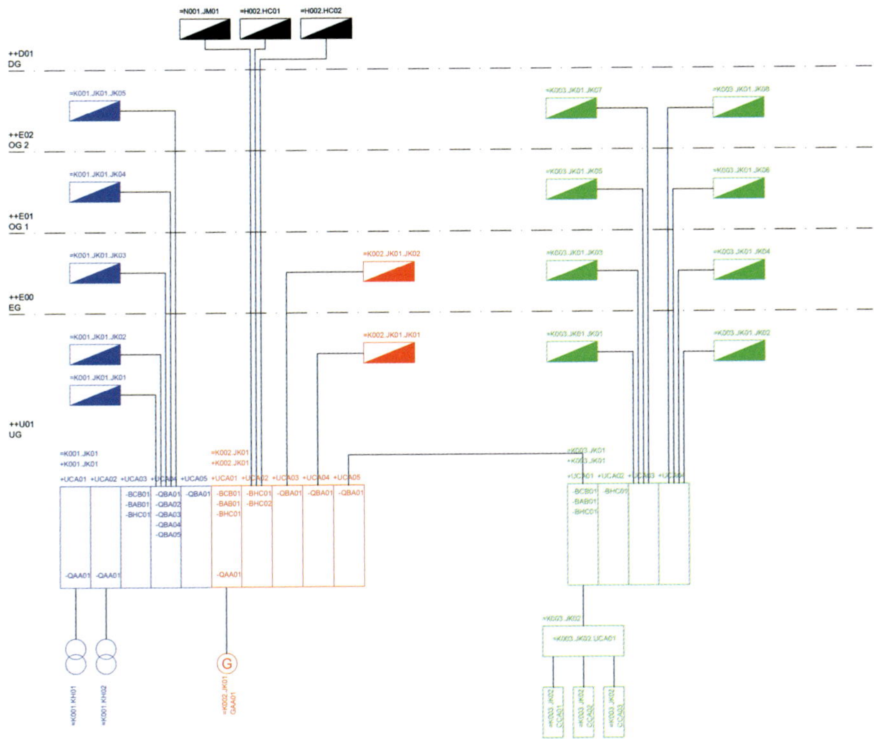

Quelle: eigene Darstellung

Bild 13.31: RDS-Beispiel Elektrische Energieversorgungssystem im Anlagenschema Alternativstrukturierung

Grundsätzlich ermöglicht die ISO 81346-12 nicht nur die bisher gezeigte Strukturierung in eine Ebene Funktionales System, eine darunterliegende Ebene Technisches System und diesem unterlagert mehrere Ebenen Komponenten, sondern auch dass einem (komplexen) Funktionalen System ein weiteres Funktionales System unterlagert sein kann wie auch einem Technischen System weitere Technische Systeme.

Das Beispiel in Bild 13.31 und Bild 13.32 zeigt eine alternative Strukturierung des elektrischen Energieversorgungssystems.

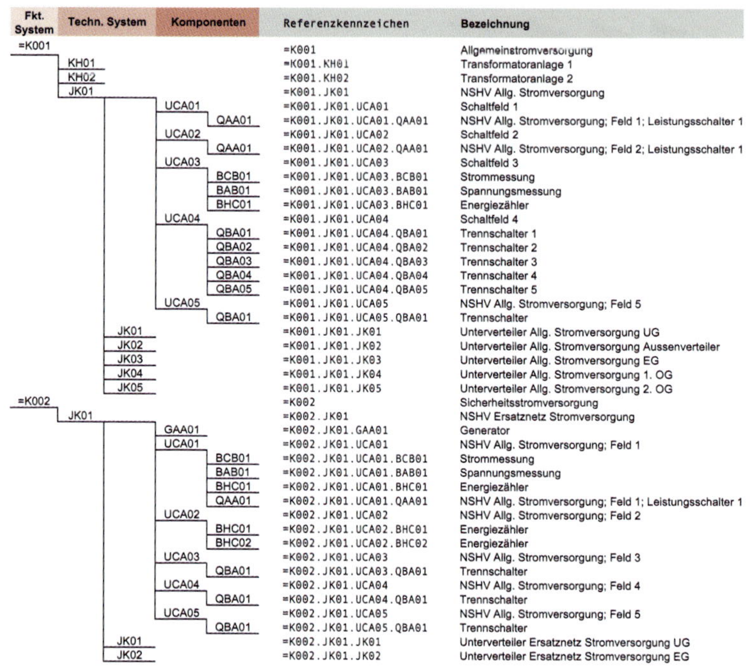

Fkt. System	Techn. System	Komponenten	Referenzkennzeichen	Bezeichnung
=K001			=K001	Allgemeinstromversorgung
	KH01		=K001.KH01	Transformatoranlage 1
	KH02		=K001.KH02	Transformatoranlage 2
	JK01		=K001.JK01	NSHV Allg. Stromversorgung
		UCA01	=K001.JK01.UCA01	Schaltfeld 1
		QAA01	=K001.JK01.UCA01.QAA01	NSHV Allg. Stromversorgung; Feld 1; Leistungsschalter 1
		UCA02	=K001.JK01.UCA02	Schaltfeld 2
		QAA01	=K001.JK01.UCA02.QAA01	NSHV Allg. Stromversorgung; Feld 2; Leistungsschalter 1
		UCA03	=K001.JK01.UCA03	Schaltfeld 3
		BCB01	=K001.JK01.UCA03.BCB01	Strommessung
		BAB01	=K001.JK01.UCA03.BAB01	Spannungsmessung
		BHC01	=K001.JK01.UCA03.BHC01	Energiezähler
		UCA04	=K001.JK01.UCA04	Schaltfeld 4
		QBA01	=K001.JK01.UCA04.QBA01	Trennschalter 1
		QBA02	=K001.JK01.UCA04.QBA02	Trennschalter 2
		QBA03	=K001.JK01.UCA04.QBA03	Trennschalter 3
		QBA04	=K001.JK01.UCA04.QBA04	Trennschalter 4
		QBA05	=K001.JK01.UCA04.QBA05	Trennschalter 5
		UCA05	=K001.JK01.UCA05	NSHV Allg. Stromversorgung; Feld 5
		QBA01	=K001.JK01.UCA05.QBA01	Trennschalter
	JK01		=K001.JK01.JK01	Unterverteiler Allg. Stromversorgung UG
	JK02		=K001.JK01.JK02	Unterverteiler Allg. Stromversorgung Aussenverteiler
	JK03		=K001.JK01.JK03	Unterverteiler Allg. Stromversorgung EG
	JK04		=K001.JK01.JK04	Unterverteiler Allg. Stromversorgung 1. OG
	JK05		=K001.JK01.JK05	Unterverteiler Allg. Stromversorgung 2. OG
=K002			=K002	Sicherheitsstromversorgung
	JK01		=K002.JK01	NSHV Ersatznetz Stromversorgung
		GAA01	=K002.JK01.GAA01	Generator
		UCA01	=K002.JK01.UCA01	NSHV Allg. Stromversorgung; Feld 1
		BCB01	=K002.JK01.UCA01.BCB01	Strommessung
		BAB01	=K002.JK01.UCA01.BAB01	Spannungsmessung
		BHC01	=K002.JK01.UCA01.BHC01	Energiezähler
		QAA01	=K002.JK01.UCA01.QAA01	NSHV Allg. Stromversorgung; Feld 1; Leistungsschalter 1
		UCA02	=K002.JK01.UCA02	NSHV Allg. Stromversorgung; Feld 2
		BHC01	=K002.JK01.UCA02.BHC01	Energiezähler
		BHC02	=K002.JK01.UCA02.BHC02	Energiezähler
		UCA03	=K002.JK01.UCA03	NSHV Allg. Stromversorgung; Feld 3
		QBA01	=K002.JK01.UCA03.QBA01	Trennschalter
		UCA04	=K002.JK01.UCA04	NSHV Allg. Stromversorgung; Feld 4
		QBA01	=K002.JK01.UCA04.QBA01	Trennschalter
		UCA05	=K002.JK01.UCA05	NSHV Allg. Stromversorgung; Feld 5
		QBA01	=K002.JK01.UCA05.QBA01	Trennschalter
	JK01		=K002.JK01.JK01	Unterverteiler Ersatznetz Stromversorgung UG
	JK02		=K002.JK01.JK02	Unterverteiler Ersatznetz Stromversorgung EG

Quelle: eigene Darstellung

Bild 13.32: RDS-Beispiel Elektrisches Energieversorgungssystem im Anlagenschema Alternativstrukturierung

In der alternativen Strukturierung sind der obersten Strukturebene des Technischen Systems sowohl unterlagert Komponenten als auch weitere Technische Systeme zugeordnet. Wie in der Spalte „Referenzkennzeichen" in Bild 13.32 zu erkennen ist, führt die Anwendung von sowohl zwei als auch drei Kennbuchstaben in einer Strukturebene des Referenzkennzeichens zu einer Verschiebung in der syntaktischen Belegung der entsprechenden Datenstellen. Dies kann in Systemen, die Syntaxstrukturen der Referenzkennzeichen sehr formal und restriktiv handhaben, zu Problemen führen, d. h., in diesen IT-Systemen wäre die Einhaltung einer gleichartigen Strukturierung und der damit einhergehenden Referenzkennzeichensyntax obligatorisch.

Das vierte Beispiel zeigt eine Anwendung der Referenzkennzeichnung eines Brandmeldesystems als ein Technisches System des Funktionalen Systems Sicherheitssystem. In Bild 13.33 und Bild 13.34 ist das Brandmeldesystem schematisch und strukturiert dargestellt.

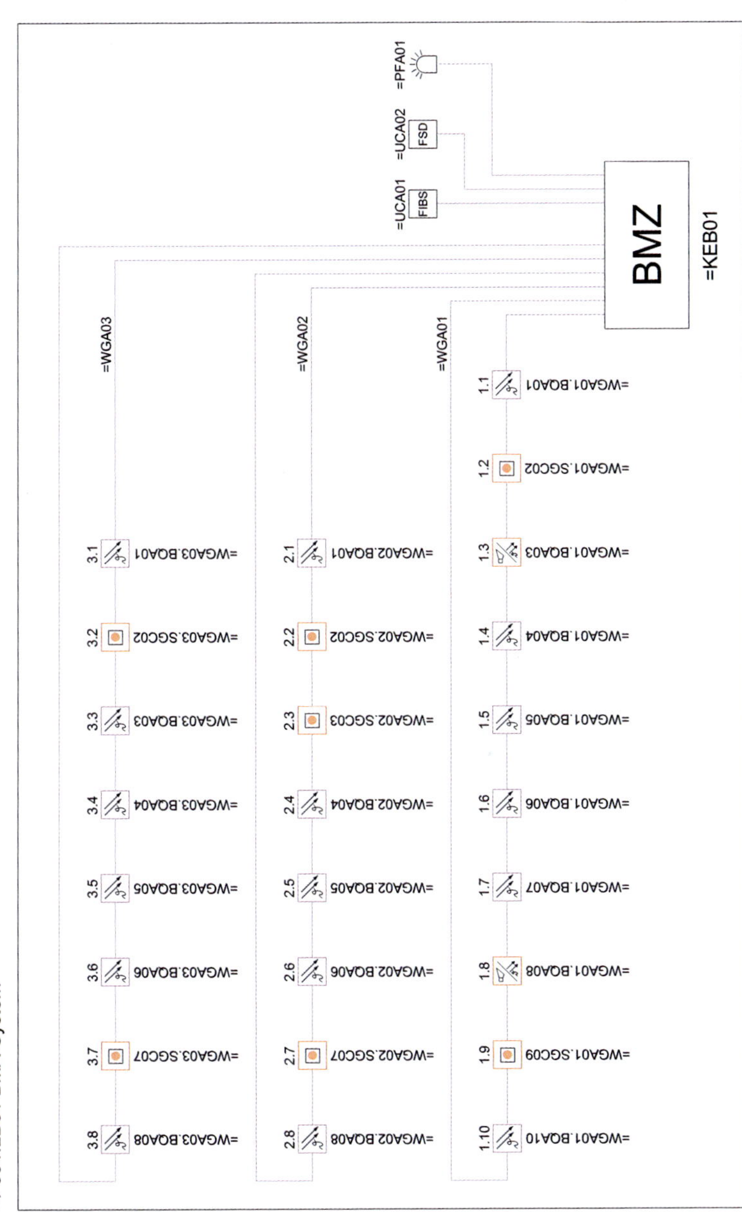

Quelle: eigene Darstellung

Bild 13.33: RDS-Beispiel Brandmeldesystem im Anlagenschema

Fkt. System	Techn. System	Komponenten		Referenzkennzeichen	Bezeichnung	
=P001				=P001	Sicherheitssysteme	
	LB01			=P001.LB01	BMA-System	
		KEB01		=P001.LB01.KEB01	BMZ	
		UCA01		=P001.LB01.UCA01	FIBS-Gehäuse	
		UCA02		=P001.LB01.UCA02	FSD-Gehäuse	
		PFA01		=P001.LB01.PFA01	Signalleuchte	
		WGA01		=P001.LB01.WGA01	Meldelinie 1	
			BQA01	=P001.LB01.WGA01.BQA01	Rauchmelder	Melder 1.1
			SGC02	=P001.LB01.WGA01.SGC02	Druckknopfmelder	Melder 1.2
			BQA03	=P001.LB01.WGA01.BQA03	Rauchmelder mit Sirene	Melder 1.3
			BQA04	=P001.LB01.WGA01.BQA04	Rauchmelder	Melder 1.4
			BQA05	=P001.LB01.WGA01.BQA05	Rauchmelder	Melder 1.5
			BQA06	=P001.LB01.WGA01.BQA06	Rauchmelder	Melder 1.6
			BQA07	=P001.LB01.WGA01.BQA07	Rauchmelder	Melder 1.7
			BQA08	=P001.LB01.WGA01.BQA08	Rauchmelder	Melder 1.8
			BQA09	=P001.LB01.WGA01.BQA09	Rauchmelder	Melder 1.9
			BQA10	=P001.LB01.WGA01.BQA10	Rauchmelder	Melder 1.10
		WGA02		=P001.LB01.WGA02	Meldelinie 2	
			BQA01	=P001.LB01.WGA02.BQA01	Rauchmelder	Melder 2.1
			SGC02	=P001.LB01.WGA02.SGC02	Druckknopfmelder	Melder 2.2
			SGC03	=P001.LB01.WGA02.SGC03	Druckknopfmelder	Melder 2.3
			BQA04	=P001.LB01.WGA02.BQA04	Rauchmelder	Melder 2.4
			BQA05	=P001.LB01.WGA02.BQA05	Rauchmelder	Melder 2.5
			BQA06	=P001.LB01.WGA02.BQA06	Rauchmelder	Melder 2.6
			SGC07	=P001.LB01.WGA02.SGC07	Druckknopfmelder	Melder 2.7
			BQA08	=P001.LB01.WGA02.BQA08	Rauchmelder	Melder 2.8
		WGA03		=P001.LB01.WGA03	Meldelinie 3	
			BQA01	=P001.LB01.WGA03.BQA01	Rauchmelder	Melder 3.1
			SGC02	=P001.LB01.WGA03.SGC02	Druckknopfmelder	Melder 3.2
			BQA03	=P001.LB01.WGA03.BQA03	Rauchmelder mit Sirene	Melder 3.3
			BQA04	=P001.LB01.WGA03.BQA04	Rauchmelder	Melder 3.4
			BQA05	=P001.LB01.WGA03.BQA05	Rauchmelder	Melder 3.5
			BQA06	=P001.LB01.WGA03.BQA06	Rauchmelder	Melder 3.6
			SGC07	=P001.LB01.WGA03.SGC07	Druckknopfmelder	Melder 3.7
			BQA08	=P001.LB01.WGA03.BQA08	Rauchmelder	Melder 3.8

Quelle: eigene Darstellung

Bild 13.34: RDS-Beispiel Brandmeldesystem in der Strukturdarstellung

Die Anwendung der Referenzkennzeichnung nach ISO 81346-12 im Bereich der Raumlufttechnischen Anlagen zeigen die Beispiele in Bild 13.35 und Bild 13.36.

In beiden Beispielen ist die übliche Struktur umgesetzt, d. ein Funktionales System besteht aus mehreren Technischen Systemen und diese bestehen aus mehreren Komponenten, die weiter in unterlagerte Bestandteile unterteilt werden.

Im Fall des Abluftsystems wäre auch aufgrund des sehr einfachen Systems eine alternative Struktur denkbar bestehend auf einem Funktionalen System, das unterlagert aus Komponenten besteht, z. B. =J02.GQA01, Ventilator des Abluftsystems =J02 und =J03.GQA01, Ventilator des Abluftsystems =J03.

=J02 Abluftsysteme

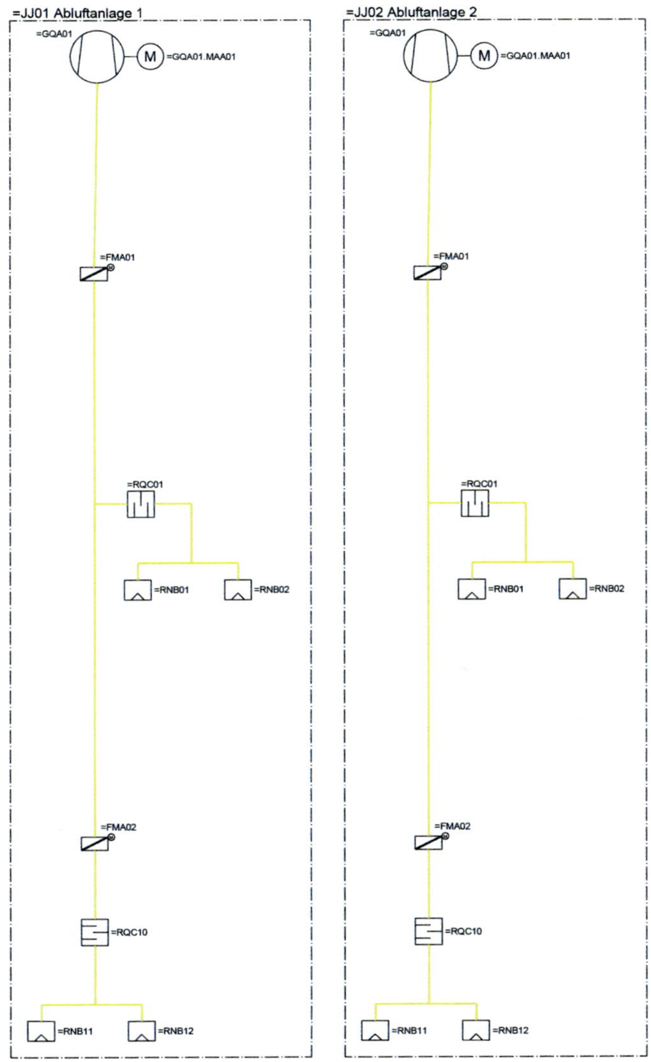

Quelle: eigene Darstellung

Bild 13.35: RDS-Beispiel Abluftsysteme

=J01 RLT-System Bereich 1

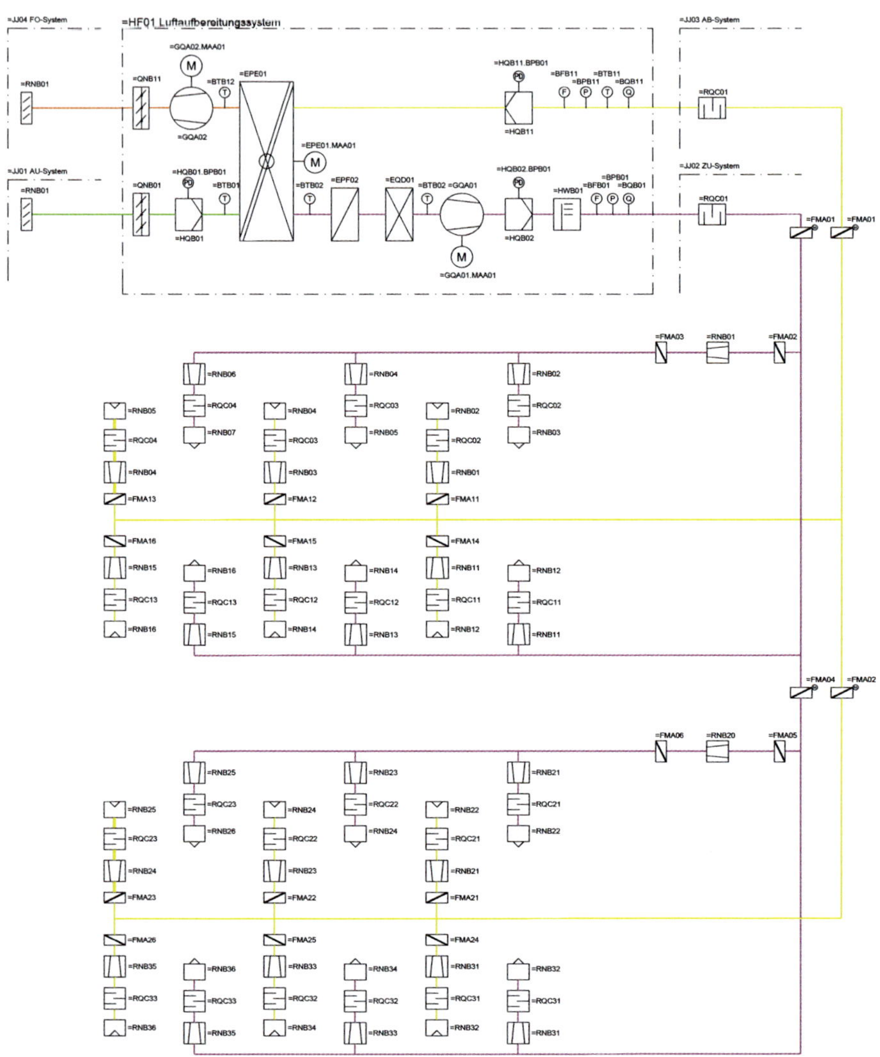

Quelle: eigene Darstellung

Bild 13.36: RDS-Beispiel RLT-System

Die jeweiligen Strukturdarstellungen zu den RLT-Schemata sind in Bild 13.37, Bild 13.38 und Bild 13.39 dargestellt.

Aufgrund der Festlegung in ISO 81346-12, dass den Objektklassen von Funktionalen, Technischen und Komponenten-Systemen ein, zwei bzw. drei Kennbuchstabencodes zugeordnet werden, ist eine Interpretation der jeweiligen Referenzkennzeichen und der jeweils zugehörigen Kennbuchstabentabellen eindeutig und einfach möglich. Die Kennbuchstabentabelle zu den Komponenten ist der IEC 81346-2 zu entnehmen.

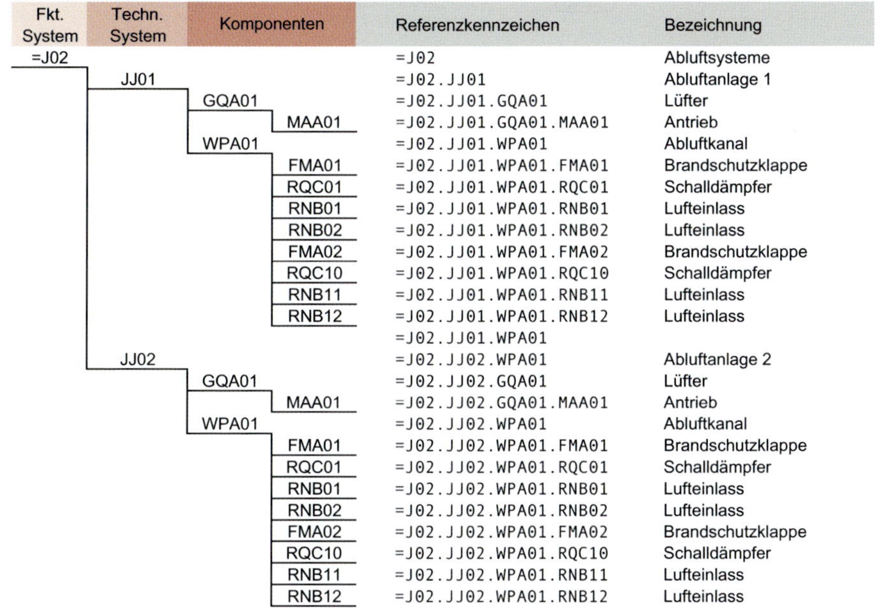

Fkt. System	Techn. System	Komponenten		Referenzkennzeichen	Bezeichnung
=J02				=J02	Abluftsysteme
	JJ01			=J02.JJ01	Abluftanlage 1
		GQA01		=J02.JJ01.GQA01	Lüfter
			MAA01	=J02.JJ01.GQA01.MAA01	Antrieb
		WPA01		=J02.JJ01.WPA01	Abluftkanal
			FMA01	=J02.JJ01.WPA01.FMA01	Brandschutzklappe
			RQC01	=J02.JJ01.WPA01.RQC01	Schalldämpfer
			RNB01	=J02.JJ01.WPA01.RNB01	Lufteinlass
			RNB02	=J02.JJ01.WPA01.RNB02	Lufteinlass
			FMA02	=J02.JJ01.WPA01.FMA02	Brandschutzklappe
			RQC10	=J02.JJ01.WPA01.RQC10	Schalldämpfer
			RNB11	=J02.JJ01.WPA01.RNB11	Lufteinlass
			RNB12	=J02.JJ01.WPA01.RNB12	Lufteinlass
				=J02.JJ01.WPA01	
	JJ02			=J02.JJ02.WPA01	Abluftanlage 2
		GQA01		=J02.JJ02.GQA01	Lüfter
			MAA01	=J02.JJ02.GQA01.MAA01	Antrieb
		WPA01		=J02.JJ02.WPA01	Abluftkanal
			FMA01	=J02.JJ02.WPA01.FMA01	Brandschutzklappe
			RQC01	=J02.JJ02.WPA01.RQC01	Schalldämpfer
			RNB01	=J02.JJ02.WPA01.RNB01	Lufteinlass
			RNB02	=J02.JJ02.WPA01.RNB02	Lufteinlass
			FMA02	=J02.JJ02.WPA01.FMA02	Brandschutzklappe
			RQC10	=J02.JJ02.WPA01.RQC10	Schalldämpfer
			RNB11	=J02.JJ02.WPA01.RNB11	Lufteinlass
			RNB12	=J02.JJ02.WPA01.RNB12	Lufteinlass

Quelle: eigene Darstellung

Bild 13.37: RDS-Beispiel Abluftsysteme in der Strukturdarstellung gem. Abbildung 13.35

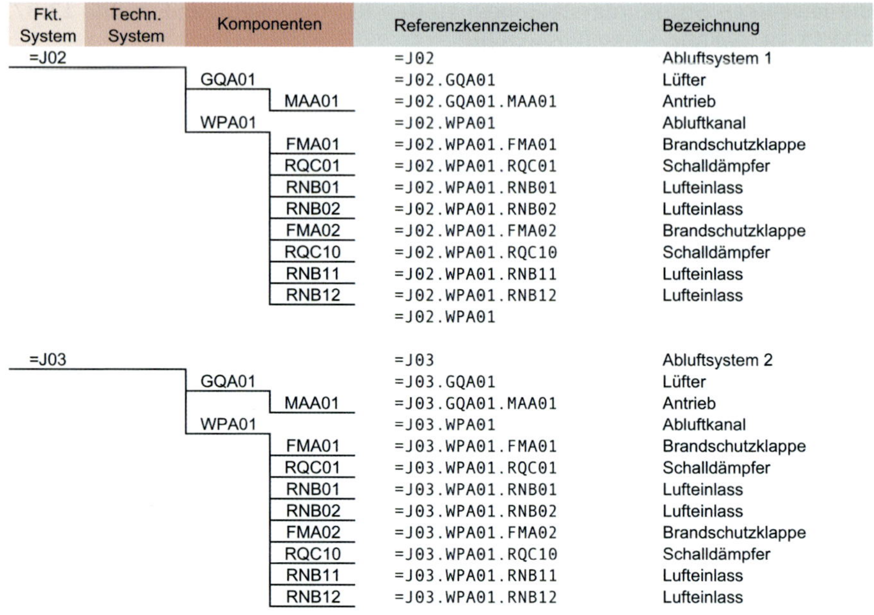

Fkt. System	Techn. System	Komponenten	Referenzkennzeichen	Bezeichnung
=J02			=J02	Abluftsystem 1
	GQA01		=J02.GQA01	Lüfter
		MAA01	=J02.GQA01.MAA01	Antrieb
	WPA01		=J02.WPA01	Abluftkanal
		FMA01	=J02.WPA01.FMA01	Brandschutzklappe
		RQC01	=J02.WPA01.RQC01	Schalldämpfer
		RNB01	=J02.WPA01.RNB01	Lufteinlass
		RNB02	=J02.WPA01.RNB02	Lufteinlass
		FMA02	=J02.WPA01.FMA02	Brandschutzklappe
		RQC10	=J02.WPA01.RQC10	Schalldämpfer
		RNB11	=J02.WPA01.RNB11	Lufteinlass
		RNB12	=J02.WPA01.RNB12	Lufteinlass
			=J02.WPA01	
=J03			=J03	Abluftsystem 2
	GQA01		=J03.GQA01	Lüfter
		MAA01	=J03.GQA01.MAA01	Antrieb
	WPA01		=J03.WPA01	Abluftkanal
		FMA01	=J03.WPA01.FMA01	Brandschutzklappe
		RQC01	=J03.WPA01.RQC01	Schalldämpfer
		RNB01	=J03.WPA01.RNB01	Lufteinlass
		RNB02	=J03.WPA01.RNB02	Lufteinlass
		FMA02	=J03.WPA01.FMA02	Brandschutzklappe
		RQC10	=J03.WPA01.RQC10	Schalldämpfer
		RNB11	=J03.WPA01.RNB11	Lufteinlass
		RNB12	=J03.WPA01.RNB12	Lufteinlass

Quelle: eigene Darstellung

Bild 13.38: RDS-Beispiel Abluftsysteme in der alternativen Strukturdarstellung

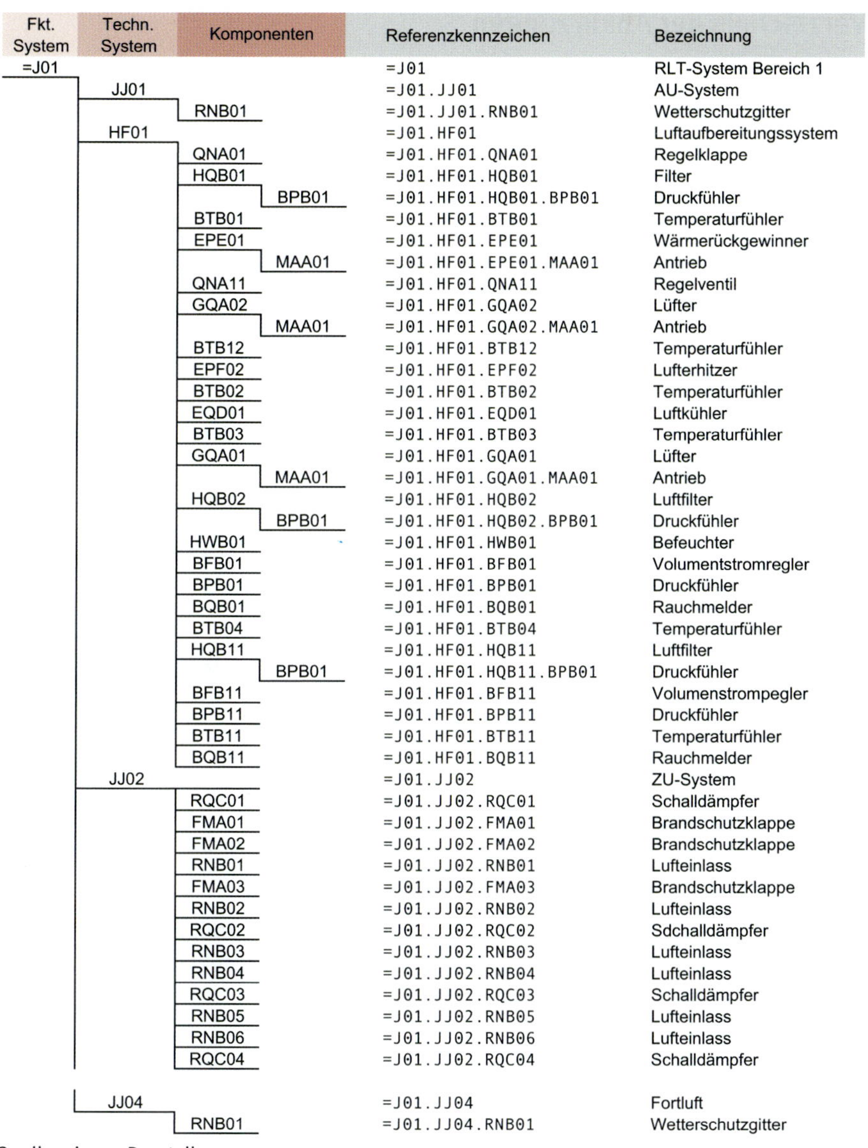

Fkt. System	Techn. System	Komponenten	Referenzkennzeichen	Bezeichnung
=J01			=J01	RLT-System Bereich 1
	JJ01		=J01.JJ01	AU-System
		RNB01	=J01.JJ01.RNB01	Wetterschutzgitter
	HF01		=J01.HF01	Luftaufbereitungssystem
		QNA01	=J01.HF01.QNA01	Regelklappe
		HQB01	=J01.HF01.HQB01	Filter
		BPB01	=J01.HF01.HQB01.BPB01	Druckfühler
		BTB01	=J01.HF01.BTB01	Temperaturfühler
		EPE01	=J01.HF01.EPE01	Wärmerückgewinner
		MAA01	=J01.HF01.EPE01.MAA01	Antrieb
		QNA11	=J01.HF01.QNA11	Regelventil
		GQA02	=J01.HF01.GQA02	Lüfter
		MAA01	=J01.HF01.GQA02.MAA01	Antrieb
		BTB12	=J01.HF01.BTB12	Temperaturfühler
		EPF02	=J01.HF01.EPF02	Lufterhitzer
		BTB02	=J01.HF01.BTB02	Temperaturfühler
		EQD01	=J01.HF01.EQD01	Luftkühler
		BTB03	=J01.HF01.BTB03	Temperaturfühler
		GQA01	=J01.HF01.GQA01	Lüfter
		MAA01	=J01.HF01.GQA01.MAA01	Antrieb
		HQB02	=J01.HF01.HQB02	Luftfilter
		BPB01	=J01.HF01.HQB02.BPB01	Druckfühler
		HWB01	=J01.HF01.HWB01	Befeuchter
		BFB01	=J01.HF01.BFB01	Volumentstromregler
		BPB01	=J01.HF01.BPB01	Druckfühler
		BQB01	=J01.HF01.BQB01	Rauchmelder
		BTB04	=J01.HF01.BTB04	Temperaturfühler
		HQB11	=J01.HF01.HQB11	Luftfilter
		BPB01	=J01.HF01.HQB11.BPB01	Druckfühler
		BFB11	=J01.HF01.BFB11	Volumenstrompegler
		BPB11	=J01.HF01.BPB11	Druckfühler
		BTB11	=J01.HF01.BTB11	Temperaturfühler
		BQB11	=J01.HF01.BQB11	Rauchmelder
	JJ02		=J01.JJ02	ZU-System
		RQC01	=J01.JJ02.RQC01	Schalldämpfer
		FMA01	=J01.JJ02.FMA01	Brandschutzklappe
		FMA02	=J01.JJ02.FMA02	Brandschutzklappe
		RNB01	=J01.JJ02.RNB01	Lufteinlass
		FMA03	=J01.JJ02.FMA03	Brandschutzklappe
		RNB02	=J01.JJ02.RNB02	Lufteinlass
		RQC02	=J01.JJ02.RQC02	Sdchalldämpfer
		RNB03	=J01.JJ02.RNB03	Lufteinlass
		RNB04	=J01.JJ02.RNB04	Lufteinlass
		RQC03	=J01.JJ02.RQC03	Schalldämpfer
		RNB05	=J01.JJ02.RNB05	Lufteinlass
		RNB06	=J01.JJ02.RNB06	Lufteinlass
		RQC04	=J01.JJ02.RQC04	Schalldämpfer
	JJ04		=J01.JJ04	Fortluft
		RNB01	=J01.JJ04.RNB01	Wetterschutzgitter

Quelle: eigene Darstellung

Bild 13.39: RDS-Beispiel Teilklimaanlage in der Strukturdarstellung (Auszug)

Verzeichnis der Abkürzungen

AMEV

Arbeitskreis Maschinen- und Elektrotechnik staatlicher und kommunaler Verwaltungen

ASHRAE

American Society of Heating, Refrigerating and Air-Conditioning Engineers

BAM

Building Assembly Modeling

BIM

Building Information Modeling

BMUB

Bundesministerium für Umwelt, Naturschutz, Bau und Reaktorsicherheit

BOOM

Building Operation Optimization Modeling

BREEAM

Building Research Establishment Environmental Assessment Method

bSDD

BuildingSMART Data Dictionary

CAD

Computer Aided Design

CAE

Computer Aided Engineering

CAEX

Computer Aided Engineering eXchange (Softwaretechnisch unterstützter Austausch für Ingenieurarbeit)

CAFM

Computer Aided Facility Management

CAM

Computer Aided Manufacturing

CMMS

Computerized Maintenance Management System

DCC

Documentkind Classification Code (Dokumentenartenschlüssel nach IEC 61355)

DGNB

Deutsche Gesellschaft für Nachhaltiges Bauen

EDM

Engineering Data Management

ELT

Elektrotechnik

EnEV

Energieeinsparverordnung

EPD

Environmental Product Declaration (Umweltproduktdeklaration)

ERM

Entity-Relationship-Modell

GA

Gebäudeautomation

GAEB

Gemeinsamer Ausschuss Elektronik im Bauwesen

gbXML

Green Building XML-Schema

GEG

Gebäudeenergiegesetz

GSP

Globales Service-Protokoll

GUID

Globally Unique Identifier

GLT

Gebäudeleitechnik

HKLS

Heizung, Kühlung, Lüftung, Sanitär

IBN

Inbetriebnahme

IDM

Information Delivery Manual

IFC

Industry Foundation Classes

IFD

International Framework for International Dictionaries (heute: bSDD)

IPS

Instandhaltungsplanungs- und -steuerungssystem

LEED

Leadership in Energy and Environmental Design (nach US Green Building Council)

LLA

Lebenslaufakte

LoC

Level of Coordination

LoD

Level of Development (auch Level of Detail)

LoG

Level of Geometry

LoI

Level of Information

LoL

Level of Logistic

LOIN

Level of Information Need

MLüAR

Muster-Lüftungsanlagen-Richtlinie

MSR

Messung, Steuerung, Regelung

PCE

Process Control Engineering (Ingenieurtechnische Auslegung der Prozessleittechnik)

PDM

Product Data Management

PLM

Product Lifecycle Management

RDS

Reference Designation System

RDS CW

Reference Designation System for Construction Works

RDS PP

Reference Designation System for Power Plants

RDS PS

Reference Designation System for Power Supply Systems

SPS

Speicher-Programmierbare Steuerung

STEP

Standard for the Exchange of Product model data (ISO 10303)

TGA

Technische Gebäudeausrüstung

VDI

Verband Deutscher Ingenieure

VDMA

Verband Deutscher Maschinen- und Anlagenbau

VOB

Verdingungsordnung für Bauleistungen

XML

eXtensible Markup Language (Erweiterbare Auszeichnungssprache)

14 Literatur

[Accenture] Accenture Strategy: Mut, anders zu denken: Digitalisierungsstrategien der deutschen Top 500, www.accenture.de/wachs tum, 2015

[AEC3] Hausknecht, K.; Liebich, Th.: BIM Objektkatalog Haustechnik, Version 1.0, Stand 17. 10. 2011

[AugReal] SAP and Vuzix bring you the future of Field Service https://www.youtube.com/watch?v=UlpGDrSmg38

[BIMForum] BIMFORUM: Level of Development Specification for Building Information Models; Version 2016, 19. Oktober 2016, www. bimforum.org/lod

[BIMiD] Zentrales BIM-Referenzprojekt – Volkswagen Financial Services AG in Braunschweig; BIMiD – BIM-Referenzobjekt in Deutschland, www.bimid.de, 20. Januar 2017

[BIMLeitfaden] Egger, M.; Hausknecht, K.; Dr. Liebich, Th.; Przybylo, J.: BIMLeitfaden für Deutschland – Information und Ratgeber, Endbericht; Aktenzeichen 10. 08. 17.7-12.08 i. A. ZukunftBAU, ein Forschungsprogramm des BMVBS, bearbeitet von BBSR im BBR

[BMWI] Bundesministerium für Verkehr und digitale Infrastruktur: Stufenplan Digitales Planen und Bauen, Dezember 2015

[Capital1] Auf einen Blick: Angriff der Datensammler, Capital, 04-2015, S. 40

[Capital2] Drang zur Vernetzung, Capital, 04-2015, S. 47

[digipara] DigiPara; https://de.digipara.com

[Draft] Drafting Solution Technology: LOD – What does it mean www.draftingsolutiontechnology.com.au

[Eclass] www.eclass.de

[Essig]Essig, Bernd: Beitrag zur rechnergestützten, funktionsbezogenen Leittechnik-Projektierung erläutert am Beispiel der Gebäudetechnik, Dissertation, Universität Stuttgart, 1997

[Etim] www.etim.de

[Ferguson] Ferguson, Pearl: BIM, BAM, BOOM – The life of a Building Information Model, Bachelor of Architectural Technology and Construction Management, 7th Semester Dissertation, 2011

[Foerster] Förster, Till; Herden, Wolfgang; Welfonder, Ernst: Hierarchisch, funktionsbezogene Dokumentations- und Planungsmethode für die Prozessleittechnik, atp – Automatisierungstechnische Praxis, 1988

[Fraunhofer] Braun, Steffen; Rieck, Alexander; Köhler-Hammer, Carmen: Ergebnisse der BIM-Studie für Planer und Ausführende „Digitale Planungs- und Fertigungsmethoden", Forschungsprojekt FUCON 4.0, Fraunhofer IAO, Stuttgart, 2015

[GEO12] Essig, Bernd: BIM von der Planung bis in den Betrieb, PRAXIS CAFM 2016, 15./16.06.2016 – Schloss Schwetzingen

[Grüner] Grüner, Johannes: Rechtliche Rahmenbedingungen für die Nutzung von BIM, 11. BIM-Anwendertag, 21.05.2014 – Königstein im Taunus

[Hausknecht] Hausknecht, K.; Dr. Liebich, Th.: BIM-Richtlinie für Architekten und Ingenieure – Qualitätsanforderungen an das virtuelle Gebäudemodell in den einzelnen Planungsphasen des Entwurfs- und Bauprozesses, Anhang B – BIM Objektkatalog Haustechnik; Version 1.0, Stand 17.10.2011

[Heuer] Heuer, A.: Objektorientierte Datenbanken – Konzepte, Modelle, Standards und Systeme, Addison-Wesley-Verlag, 2. Auflage, 1997

[HOAI2021] Verordnung über die Honorare für Architekten- und Ingenieurleistungen (Honorarordnung für Architekten und Ingenieure – HOAI), 7. Novellierung, 12. November 2020

[IEC61355d] IEC 61355 – Collection of standardized and established document kinds, http://std.iec.ch/iec61355/iec61355.nsf/Welcome? OpenPage [Industrie40] www.plattform-i40.de

[ISD] ISD Software und Systeme GmbH, Dortmund: HiCAD, 2011

[Kiryk] Kiryk, Dipl.-Ing. Ralf: Elektronische Produktdatenkataloge für die TGA – Die VDI 3805 auf dem Weg zu einem internationalen Standard, BDH-Köln, Heizungsjournal 2013-09

[KommGP] Bundesministerium für Verkehr und digitale Infrastruktur: Reformkommission Großprojekte – Endbericht, Juni 2015

[Kuhlmann] Kuhlmann, G.; Müllmerstadt, F.: Datenbanksprache SQL – Eine strukturierte Einführung, Rowohlt-Verlag, 1996

[Liebich] Liebich, Thomas; Schweer, Carl-Stephan, Wernik, Siegfried: Die Auswirkungen von Building Information Modeling (BIM) auf die Leistungsbilder und Vergütungsstruktur für Architekten und Ingenieure sowie auf die Vertragsgestaltung, Schlussbericht, Stand 3. Mai 2011

[Maiborn] Maiborn, Volker; Mundo, Andre: Nicht nur für Newcomer: Anleitung zur digitalen Transformation, Computerwoche 2015-16

[MacLeamy] MacLeamy, Patrick: The Future of the Building Industry: BIMBAM-BOOM!, 2010

[May] Ilka May: BIM-Strategie Deutschland (Skizze) – Digitalisierung der Wertschöpfungskette Bau, Arbeitsgruppe Moderne IT-gestützte Planungsmethoden (BIM), Reformkommission Großprojekte, 15. Mai 2014, Berlin

[Mefisto] www.mefisto-bau.de/overview.html

[Nasy] Nasyrow, Vladislav: Building Information Models als Input für energetische Gebäudesimulation, Masterthesis, Technische Universität München, 2013

[Pikart] Pikart, Manfred, VDI: BIM-Workshop – Normungsarbeiten zu BIM in Deutschland, Datenstrukturen von Produktkatalogen der Technischen Gebäudeausrüstung für BIM: VDI 3805 und ISO 16757 DIN, Berlin, 11. September 2014

[RBerger] Berger, Roland: Think Act – Beyond mainstream – Digitalisierung der Bauwirtschaft, 2016

[RB-HVB] Baumanns, Th.; Freber, Ph.-S.; Schober, K.-S.; Kirchner F.: Studie Bauwirtschaft im Wandel – Trends und Potenziale bis 2020 Roland Berger, Hypovereinsbank, 2016-04

[RDSPP] Königstein, H.; Müller, H.; Kaiser, J.: Das RDS-PP – Übergang vom KKS zu einer internationalen Norm, VGB Power Tech 8/2007

[Rietig] Rietig, Tomas: Am Bau eröffnen sich zwei neue Dimensionen, VDI Nachrichten, Nr. 22, 29. Mai 2015

[Roehrich] Röhrich, Th.; Essig, B.; Hönig, P.; Welfonder, E.: Hierarchical, Function Oriented Method for Control Sytems as a Basis for the General Planning in the Area of Industrial Plants; IFAC Congress, San Francisco, 1996

[SCG_GCS] SCHOLZE Consulting GmbH: Einsatz von Building Information Modeling (BIM) zur Zertifizierung nach DGNB, Abschlussbericht zum Modellprojekt im Rahmen von GCS_BMU nach AP 4, 2012

[Schnell] Schnell, G.; Wiedemann, B.: Bussysteme in der Automatisierungs- und Prozesstechnik, DOI 10.1007/978-3-8348-8655-2_2, Springer-Verlag, Springer Fachmedien, Wiesbaden 2012

[Siemens] Siemens AG: Plant and Systems Engineering, Information modelling – Getting started with EXPRESS-G, 1994

[Uszkoreit] Uszkoreit, H.; Jörg, B.: Datenmodellierung und Datenbanksysteme, Vorlesung Informationswissenschaft und Informationssysteme

[vanTreeck] Van Treeck, Christoph: Erweiterung von BIM Modellentwicklungsgraden zur Unterscheidung von Modellinhalt und Modellqualität, HLH Bd. 67 (2016), Nr. 11 – November

und

Building Information Modeling. In: Gebäude. Technik. Digital. Hrsg.: Viega & Co. KG, Springer Vieweg, ISBN 978-3-662-52824-2, 2016

[VDiSelektor] Pit-cup GmbH, Heidelberg: pit VDI3805 Selektor; http://www.pit.de/deu/Produkte/pit%20-%20VDI3805/pit-vdi3805.htm

[VDMA] Maex-Partners, VDMA AG Großanlagenbau: Industrie 4.0 im Industrieanlagenbau – Revolution oder Evolution, 2015-11

[Welfonder] Welfonder, E.; Herden, W.: Leitechnik-Dokumentation aus Betreibersicht. ETG/VGB-Fachtagung „Betreibergerechte Dokumentation in Kraftwerken, Einfluss der modernen Leittechnik und der Planungsmittel“, 1986, Baden-Baden

[Wernik] Wernik, Siegfried: Plattform Bauen digital – Eine BIM-Strategie in Deutschland, buildingSMART Forum 2014

[Wernik1] Wernik, Siegfried: Effiziente Prozessintegration im Bauwesen durch Building Information Modeling (BIM), Universität Weimar, 19./20. September 2013

[ZVEI] ZVEI: Klassifizierung und Produktbeschreibung in der Elektrotechnik- und Elektronikindustrie, 2006

15 Normen und Richtlinien

AMEV Wartung 2018 – Wartung, Inspektion und damit verbundene kleine Instandsetzungsarbeiten von technischen Anlagen und Einrichtungen in öffentlichen Gebäuden

ASHRAE Guideline 0-2013 – The Commissioning Process

ASHRAE Guideline 1.1-2007 – HVAC&R Technical Requirements for The Commissioning Process

ASHRAE Standard 202-2013 – Commissioning Process for Buildings and Systems

ASHARE Standard 90.1 – ANSI/ASHRAE/IES Standard 90.1-2016 ~= Energy Standard for Buildings Except Low-Rise Residential Buildings

ASR A3.4 – Beleuchtung, Ausgabe April 2011, zuletzt geändert GMBl 2014, S. 287

DIN 276:2018-12 – Kosten im Bauwesen (zurückgezogen, ersetzt durch DIN 276)

E DIN 277:2020-12 – Grundflächen und Rauminhalte im Hochbau

DIN 6779-12:2011-04 – Kennzeichnungssystematik für technische Produkte und technische Produktdokumentation – Teil 12: Bauwerke und Technische Gebäudeausrüstung

DIN V 18599 – Energetische Bewertung von Gebäuden – Berechnung des Nutz-, End- und Primärenergiebedarfs für Heizung, Kühlung, Lüftung, Trinkwarmwasser und Beleuchtung

DIN 18960:2020-11 – Nutzungskosten im Hochbau

DIN 31051:2019-06 – Grundlagen der Instandhaltung

DIN 32736:2000-08 – Gebäudemanagement - Begriffe und Leistungen

DIN 32835-1:2007-01 – Technische Produktdokumentation – Dokumentation für das Facility Management – Teil 1: Begriffe und Methodik

DIN 32835-2:2007-01 – Technische Produktdokumentation – Dokumentation für das Facility Management – Teil 2: Nutzungsdokumentation

DIN 69901 Teile 1 bis 5:2009-01 – Projektmanagement – Projektmanagementsysteme

DIN EN 12831:2003-08 – Heizungsanlagen in Gebäuden – Verfahren zur Berechnung der Norm-Heizlast (zurückgezogen, Nachfolgedokument: DIN EN 12831-1)

DIN EN 12831 Beiblatt 1:2008-07 – Heizsysteme in Gebäuden – Verfahren zur Berechnung der Norm-Heizlast (zurückgezogen, Nachfolgedokument: DIN/TS 12831-1:2020-04)

DIN EN 12792:2004-01 – Lüftung von Gebäuden - Symbole, Terminologie und graphische Symbole

DIN EN 15221-1:2007-01 – Facility Management – Teil 1 (zurückgezogen, Nachfolgedokument: DIN EN ISO 41011:2019-04)

DIN EN 15251:2012-12 – Eingangsparameter für das Raumklima zur Auslegung und Bewertung der Energieeffizienz von Gebäuden – Raumluftqualität, Temperatur, Licht und Akustik

DIN EN 16798 – Energetische Bewertung von Gebäuden – Lüftung von Gebäuden

E DIN EN 17412:2019-07 – Building Information Modeling – BIM-Definitionsgrade – Konzepte und Definitionen

DIN EN 60848:2014-12 – GRAFCET, Spezifikationssprache für Funktionspläne der Ablaufsteuerung

DIN EN 61082-1:2015-10 – Dokumente der Elektrotechnik – Teil 1: Regeln (IEC 61082-1:2014)

DIN EN 61131-3:2014-06 – Speicherprogrammierbare Steuerungen - Teil 3: Programmiersprachen

DIN EN 61355-1:2009-03 – Klassifikation und Kennzeichnung von Dokumenten für Anlagen, Systeme und Ausrüstungen – Teil 1: Regeln und Tabellen zur Klassifikation

DIN EN 61175:2006-07 – Industrielle Systeme, Anlagen und Ausrüstungen und Industrieprodukte – Kennzeichnung von Signalen (zurückgezogen, Nachfolgedokument: DIN EN 61175-1)

DIN EN 61666:2011-07 – Industrielle Systeme, Anlagen und Ausrüstungen und Industrieprodukte – Identifikation von Anschlüssen in Systemen

DIN EN 62424:2017-12 – Darstellung von Aufgaben der Prozessleittechnik – Fließbilder und Datenaustausch zwischen EDV-Werkzeugen zur Fließbilderstellung und CAE-Systemen

DIN EN 81346-1:2010-05 – Industrielle Systeme, Anlagen und Ausrüstungen und Industrieprodukte – Strukturierungsprinzipien und Referenzkennzeichnung – Teil 1: Allgemeine Regeln

DIN EN IEC 81346-2:2020-10 – Industrielle Systeme, Anlagen und Ausrüstungen und Industrieprodukte – Strukturierungsprinzipien und Referenzkennzeichnung – Teil 2: Klassifizierung von Objekten und Kennbuchstaben für Klassen

DIN EN ISO 4157-1:1999-03 – Zeichnungen für das Bauwesen – Bezeichnungssysteme – Teil 1: Gebäude und Gebäudeteile

DIN EN ISO 4157-2:1999-03 – Zeichnungen für das Bauwesen – Bezeichnungssysteme – Teil 2: Raum-Namen und -Nummern

DIN EN ISO 10628-1:2015-04 – Schemata für die chemische und petrochemische Industrie – Teil 1: Spezifikation der Schemata

DIN EN ISO 10628-2:2013-04 – Schemata für die chemische und petrochemische Industrie – Teil 2: Graphische Symbole

DIN EN ISO 16484-3:2005-12 – Systeme der Gebäudeautomation (GA) – Teil 3: Funktionen (ISO 16484-3:2005)

DIN EN ISO 16739:2017-04 – Industry Foundation Classes (IFC) für den Datenaustausch in der Bauindustrie und im Anlagenmanagement

DIN EN ISO 19650-1:2019-08 – Organisation und Digitalisierung von Informationen zu Bauwerken und Ingenieurleistungen, einschließlich Bauwerksinformationsmodellierung (BIM) –Informationsmanagement mit BIM – Teil 1: Begriffe und Grundsätze

DIN EN ISO 19650-2:2019-08 – Organisation und Digitalisierung von Informationen zu Bauwerken und Ingenieurleistungen, einschließlich Bauwerksinformationsmodellierung (BIM) – Informationsmanagement mit BIM – Teil 2: Planungs-, Bau- und Inbetriebnahmephase

E DIN EN ISO 19650-3:2019-10 – Organisation von Informationen zu Bauwerken – Informationsmanagement mit Bauwerksinformationsmodellierung – Teil 3: Betriebsphase der Assets

E DIN EN ISO 19650-5:2019-08 – Organisation von Daten zu Bauwerken - Informationsmanagement mit BIM - Teil 5: Spezifikation für Sicherheitsbelange von BIM, der digitalisierten Bauwerke und des smarten Assetmanagements

DIN IEC 60050-351:2014-09 – Internationales Elektrotechnisches Wörterbuch - Teil 351: Leittechnik

DIN ISO 16757-1:2015-09 – Datenstrukturen für elektronische Produktkataloge der Technischen Gebäudeausrüstung - Teil 1: Konzepte, Architektur und Modelle (zurückgezogen, Nachfolgedokument: DIN EN ISO 16757-1:2019-10)

DIN ISO/TS 81346-3:2013-09 DIN SPEC – Industrielle Systeme, Anlagen und Ausrüstungen und Industrieprodukte – Strukturierungsprinzipien und Referenzkennzeichnung – Teil 3: Anwendungsregeln für ein Referenzkennzeichensystem (zurückgezogen)

DIN SPEC 91303:2015-03 – Bestandteile und Struktur einer Lebenslaufakte für Erneuerbare-Energie-Anlagen (zurückgezogen, ersetzt durch DIN 77005-1:2018-09)

DIN SPEC 91350:2016-11 – Verlinkter BIM-Datenaustausch von Bauwerksmodellen und Leistungsverzeichnissen

DIN SPEC 91391-1:2019-04 – Gemeinsame Datenumgebungen (CDE) für BIM-Projekte – Funktionen und offener Datenaustausch zwischen Plattformen unterschiedlicher Hersteller – Teil 1: Module und Funktionen einer Gemeinsamen Datenumgebung; mit digitalem Anhang

DIN SPEC 91391-2:2019-04 – Gemeinsame Datenumgebungen (CDE) für BIM-Projekte – Funktionen und offener Datenaustausch zwischen Plattformen unterschiedlicher Hersteller – Teil 2: Offener Datenaustausch mit Gemeinsamen Datenumgebungen

GEFMA 190:2004-01 – Betreiberverantwortung im Facility Management

IEC 61355 – Collection of standardized and established document kinds, http://std.iec.ch/iec61355/iec61355.nsf/Welcome?OpenPage

IEC 61346-1:1996-03 – Industrielle Systeme, Installationen und Anlagen – Strukturierungsprinzipien und Referenzkennzeichnung – Teil 1: Allgemeine Regeln

ISO 10303 – Industrielle Automatisierungssysteme und Integration – Produktdarstellung und austausch

ISO 12006 – Hochbau – Organisation des Austausches von Informationen über die Durchführung von Hoch- und Tiefbauten

- **Teil 2**: Struktur für die Klassifizierung von Informationen
- **Teil 3**: Struktur für den objektorientierten Informationsaustausch

ISO/IEC/IEEE 15288:2015 – Systems and software engineering – System life cycle processes

ISO 15519-1:2010 – Spezifikation der Schemata der Prozessindustrie - Teil 1: Allgemeine Regeln

ISO 15926-1:2004-07 – Industrielle Automatisierungssysteme und Integration – Integration von Lebenszyklusdaten für Prozessanlagen einschließlich der Öl- und Gasproduktion – Teil 1: Überblick und Grundlagen

ISO 15926-2 – Industrielle Automatisierungssysteme und Integration – Integration von Lebenszyklusdaten für Prozessanlagen einschließlich der Öl- und Gasproduktion – Teil 2: Datenmodell

ISO/TS 15926-3:2009-05 – Industrielle Automatisierungssysteme und Integration – Integration von Lebenszyklusdaten für Prozessanlagen einschließlich der Öl- und Gasproduktion – Teil 3: Referenzdaten für Geometry und Topology

ISO/TS 15926-4:2019-10 – Industrielle Automatisierungssysteme und Integration – Integration von Lebenszyklusdaten für Prozessanlagen einschließlich der Öl- und Gasproduktion – Teil 4: Initiale Referenz-Daten

ISO/TS 15926-4 AMD 1:2010-12 – Industrial automation systems and integration – Integration of life-cycle data for process plants including oil and gas production facilities – Part 4: Initial reference data; Amendment 1 (zurückgezogen, Nachfolgedokument: ISO/TS 15926-4: 2019-10)

ISO/TS 15926-6:2013-11 – Industrial automation systems and integration – Integration of life-cycle data for process plants including oil and gas production facilities – Part 6: Methodology for the development and validation of reference data

ISO/TS 15926-7:2011-10 – Industrielle Automatisierungssysteme und Integration – Integration von Lebens-Zyklusdaten für Prozessanlagen einschließlich der Öl- und Gasproduktion – Teil 7: Implementierungsmethoden für die Integration verteilter Systeme: Vorlage für die Methodology

ISO 16739:2013-04 – Industry Foundation Classes (IFC) für den Datenaustausch in der Bauindustrie und dem Anlagen-Management (zurückgezogen, Nachfolgedokument: ISO 16739-1)

ISO 16757 – Datenstrukturen für elektronische Produktkataloge der Technischen Gebäudeausrüstung

ISO 81346-12:2018-05 – Industrielle Systeme, Anlagen und Ausrüstungen und Industrieprodukte – Strukturierungsprinzipien und Referenzkennzeichnung – Teil 12: Bauwerke und Technische Gebäudeausrüstung

VDI 2078: 2015-06 – Berechnung der thermischen Lasten und Raumtemperaturen (Auslegung Kühllast und Jahressimulation)

VDI 2552 – Building Information Modeling

- **Blatt 1**:2020-07 – Grundlagen
- **E Blatt 2**:2018-06 – Begriffe
- **Blatt 3**:2018-05 – Modellbasierte Mengenermittlung zur Kostenplanung, Terminplanung, Vergabe und Abrechnung
- **Blatt 4**:2020-08 – Anforderungen an den Datenaustausch
- **Blatt 5**:2018-12 – Datenmanagement
- **Blatt 7**:2020-06 – Prozesse
- **Blatt 8.1**:2019-01 – Qualifikationen – Basiskenntnisse
- **E Blatt 9**: 2020-08 – Klassifikationssysteme
- **E Blatt 10**: 2020-01 – Auftraggeber-Informations-Anforderungen (AIA) und BIM-Abwicklungs-Pläne (BAP)

VDI 3805 Blatt 1 bis 100 – Produktdatenaustausch in der technischen Gebäudeausrüstung

VDI 3813 Blatt 1:2011-05 – Gebäudeautomation (GA) – Grundlagen der Raumautomation

VDI 3813 Blatt 2:2011-05 – Gebäudeautomation (GA) – Raumautomationsfunktionen (RA-Funktionen)

VDI 3813 Blatt 3:2015-02 – Gebäudeautomation (GA) – Anwendungsbeispiele für Raumtypen und Funktionsmakros in der Raumautomation

VDI 3814 Blatt 1 bis 7 – Gebäudeautomation (GA)

E VDI 6020:2016-09 – Anforderungen an thermisch-energetische Rechenverfahren zur Gebäude- und Anlagensimulation

VDI 6026 Blatt 1:2008-05 – Dokumentation in der Technischen Gebäudeausrüstung – Inhalte und Beschaffenheit von Planungs-, Ausführungs- und Revisionsunterlagen

VDI 6026 Blatt 1.1:2015-04 – Dokumentation in der technischen Gebäudeausrüstung – Inhalte und Beschaffenheit von Planungs-, Ausführungs- und Revisionsunterlagen – FM-spezifische Anforderungen an die Dokumentation

VDI 6039:2011-06 – Facility-Management – Inbetriebnahmemanagement für Gebäude – Methoden und Vorgehensweisen für gebäudetechnische Anlagen, 2011-06

VDI 6041:2017-07 – Facility-Management - Technisches Monitoring von Gebäuden und gebäudetechnischen Anlagen, 2015-04

VDMA 24186 – Leistungsprogramm für die Wartung von technischen Anlagen und Ausrüstungen in Gebäuden

VGB R 170 C – Richtlinie für die betriebsgerechte, funktionsbezogene Dokumentation der Kraftwerksleittechnik, 2004

16 Danksagung

An erster Stelle möchte ich dem Beuth Verlag, insbesondere meinem Lektor Axel Schmidt, für die tatkräftige Unterstützung bei der Realisierung gemeinsam mit ihren Kolleginnen und Kollegen beim Beuth Verlag.

Ich danke meiner Frau Christine und meinen Kindern Dominik, Pascal und Alina für das Verständnis und die Geduld bei vielen zeitintensiven Arbeiten abseits der Familie, gleichzeitig aber auch über ihre Erfahrungen in deren digitaler werdenden Ausbildungs- und Berufswelt mit den entsprechenden Medien.

Ebenso gilt mein Dank allen ehemaligen und aktuellen Mitarbeiterinnen und Mitarbeitern der SCHOLZE-THOST GmbH für die tatkäftige Unterstützung und die angenehme Zusammenarbeit und dabei besonders Marie-Christine Löffler und Lisa Eberhard für die fundierten Fachgespräche und dass sie ihr BIM-Wissen und ihre umfangreichen Anwendungserfahrungen mit mir geteilt haben.

Mein Dank gilt auch unseren Auftraggebern und Planungspartnern für die Zusammenarbeit, in der wir viele Inhalte dieses Buches entwickelt und angewendet haben sowie für deren Freigabe verschiedener Darstellungen und Inhalte aus unterschiedlichen Projekten.

Danke auch an alle Kolleginnen und Kollegen in den verschiedenen Arbeitskreisen, bei Projektpartnern und in Projekten für interessante und lehrreiche Diskussionen bei Projekten, Vorträgen und Vorlesungen, die mich stets fachlich weitergebracht und auch motiviert haben, die digitale Zukunft des Baus und der Technischen Gebäudeausrüstung mitzugestalten.

Ein wesentlicher Schwerpunkt und essentieller Bestandteil der BIM-Methode im Kontext Technische Gebäudeausrüstung stellt die Referenzkennzeichnung dar, die in allen Gewerken, Phasen und IT-Systemen und Dokumenten Anwendung findet. An dieser Stelle danke ich den Kollegen aus dem nationalen Gemeinschaftsausschuss Kennzeichnungssysteme (GA KS) im DIN und den Kollegen aus der ISO-Arbeitsgruppe ISO TC 10/SC 10/WG 10 „Reference Designation“ für die qualifizierten Fachdiskussionen.

Es freut mich, wenn die Inhalte des Buches auf Interesse stoßen und die eine oder andere Entwicklung zur Verbesserung von Daten- und Dokumentenqualität initiieren. Da alles weiterentwickelt und verbessert werden kann, bin ich dankbar für konstruktive Anmerkungen und Anregungen, da auch ich stets Lernender bin.

Bildverzeichnis

Tabellenverzeichnis

Inserentenverzeichnis

Die inserierenden Firmen und die Aussagen in Inseraten stehen nicht notwendigerweise in einem Zusammenhang mit den in diesem Buch abgedruckten Normen. Aus dem Nebeneinander von Inseraten und redaktionellem Teil kann weder auf die Normgerechtheit der beworbenen Produkte oder Verfahren geschlossen werden, noch stehen die Inserenten notwendigerweise in einem besonderen Zusammenhang mit den wiedergegebenen Normen. Die Inserenten dieses Buches müssen auch nicht Mitarbeiter eines Normenausschusses oder Mitglied von DIN sein. Inhalt und Gestaltung der Inserate liegen außerhalb der Verantwortung von DIN.

Zuschriften bezüglich des Anzeigenteils werden erbeten an:

Beuth Verlag GmbH
Anzeigenverwaltung
Saatwinkler Damm 42/43
13627 Berlin